日本の星名事典

北尾浩一［著］

原書房

日本の星名事典

目次

第3章 夏の星 333

第4章 秋の星 375

付編 393

［凡例］

❖本書は、日本全国で暮らしのなかで伝えられた星名伝承をまとめたものである。ただし、日本の先住民族アイヌの星名を含んでいない。アイヌの星名については、末岡外美夫氏著『人間達《アイヌタリ》のみた星座と伝承』に集大成されている。

❖出来る限り原文を尊重し旧字体のまま引用したが、必要に応じて常用漢字で表記し、また現代仮名表記に改めた。たとえば、内田武志氏著『日本星座方言資料』の場合、鹿児島縣川邊郡枕崎町とあるが、縣のみ県という表記になおし、あとは旧字体のまま鹿児島県川邊郡枕崎町とした。人名、出版社名などの固有名詞はそのままの形で表記した。

❖地域において伝承された星の名前については、星の和名、日本の星名、日本の星座、日本の星の名前等、様々な表記の方法があるが、本文では原則として「日本の星名」、必要に応じて他の表記法を用いた。ただし、「はじめに」と「あとがき」においては、「星の和名」という一般的な日常会話でよく用いられている表現を用いた。

❖原則として、「特徴を認識する過程において形成された星名」「暮らしと星空を重ね合わせる過程において形成された星名」に分類した。こぐま座β、γのように星名形成がヤライボシ、ヤロウボシを中心に限定されているもの、しし座、おとめ座等のように、星名形成自体が限定的なものについては、この限りではない。

❖第1章第7節りゅうこつ座カノープスについては、見ることが困難にもかかわらず他の星にない特徴ある星名伝承が形成された。対岸の山々や島々等水平線の暮らしの景観のなかに輝き、人びとの心を惹きつけて地域に根差した星名が誕生した。したがって、カノープスの星名伝承の全貌を明らかにするために、他の章、節とは異なった分類、構成とした。

❖今日の人権意識に照らして不適切な表現があるが、民俗文化として記録しておくという主旨からそのまま掲載した。

❖調査当時の地名と現在の地名が市町村合併等により異なる場合、現在の地名を（ ）内に記した。

❖筆者注は、［＊］で記した。

❖日本の星名についての調査研究はスタートしたばかりであり、解明しなければならないことが極めて多い。本書を手にしてくださった方のなかから解明に取り組んでいただく方が現れることを願う箇所については、「今後の課題である」「今後の研究課題としたい」と記した。

はじめに

人びとは、日々の暮らしのなかで、星を見ようと思わずとも空を見た。「いま何時頃かな」と時計を見るように星を見た。そして、あの山の上にサンジョサマがくれる（沈む）から夜なべ仕事やめるべ……というように、星だけを見るのではなく、星、山、木々とでつくる「景観」から時間を感じた。時間は、デジタル表示での数字で知ることではなく、景観で感じることであった。星は、山や海と同様、日常的な景観であり、生活及び生業と密着した自然環境のひとつであった。そして、星、海、山は別々のものではなく連続したものであった。

あの山の上にサンジョサマが……と語られたのは、ひとりひとりの日々の暮らしの現場だった。暮らしのなかに時計はなくても星があった。時計と違って止まることのない星が暮らしのなかにあった。

サンジョサマは、オリオン座三つ星の和名であるが、オリオン座三つ星だけでもそのほかたくさんの豊かな和名が暮らしの現場から生まれた。オリオン座三つ星だけでなく、暮らしのなかで様々な星と星をつないで日本の星座を語った。

星座は、国際天文連合で承認された八八個だけではなく、私たちの暮らしのなかで生まれ、語り伝えられたひとりひとりの星座があったことを本書でひとりでも多くの人に知ってほしい。

星空という景観を見ることで時を知るのではなく、現代では時計の文字盤やデジタル表示の数字で認識することが多くなった。星はそれぞれの地域で呼ばれる名称ではなく、学校で習う共通の知識となり、もしかすると人間としてたいせつな感性が薄れてしまったのかもしれない。とすると、日本の星名をいまでは役に立たない昔懐かしいものとしてではなく、心の豊かさを取り戻すためにたいせつなものとして捉えることができるのではなかろうか。

星の和名というと、野尻抱影先生の大きな仕事『日本の星』『日本星名辞典』がある。本書では、野尻先生以降に記録された新たな和名を含め、さらには単に和名の事典としてではなく、暮らしの現場でそれらの和名がどのように語られたかを重視した。

なお、本書では第1章冬の星に多くのページを割いたが、日本の星名は決して冬の星座を、冬に目標にするということではない。夏の明け方に東の空からのぼってくるのが冬の星座であること、秋の夜なべ仕事のときに高度を上げていくのが冬の星座であることによる。冬の星座とは日没後に見やすい季節が冬であることから一般的に名付けられたものに過ぎないが、本書では西洋の星座と対比しやすように各季節の星座にもとづいて「冬の星」「春の星」「夏の星」「秋の星」という章構成とした。

序章

日本の星名の誕生

01 日本の星名が生まれ育ったところ

1 方角を知るための目標として北極星（こぐま座α星）を用いることができるところ

日本は、南北に長い。北方領土を除いてもっとも北の北海道宗谷岬は、北緯四五度三一分二二秒、有人島でもっとも南の沖縄県波照間島では北緯二四度二分四四秒と、二〇度以上ちがう。従って、北極星（こぐま座α星）の高度は二〇度以上も異なり、最北端の高度は、最南端の倍近くになる。

北緯五〇度、六〇度……と緯度が高くなると、北極星が高すぎて方角を知るのに用いるのが困難になってくる。また、低くなると建物や山あるいは、雲等の影響を受けやすくなる。その意味で、最北端と最南端と二〇度以上高度が異なるとはいえ、日本は、北極星を方角の目標とするのに適した地理的条件に位置した。

2 時刻や季節を知るための目標として、順にのぼっていくプレアデス星団〜シリウスを用いることができるところ

東の空からほどよい間隔で順にのぼっていくプレアデス星団、ヒアデス星団、オリオン座三つ星、シリウスを時刻や季節を知るための目標として用いることができた。

北緯約六六度以上になると、プレアデス星団は周極星になり、その出でもって季節や時間を知ることができなくなる。

3 カノープス、北斗七星（おおぐま座αβγδεζη星）、カペラの見え方に相違があるところ

カノープス

東北南部を境界として、カノープスを見ることが可能な地域と不可能な地域に分かれる。カノープスを見ることができる地域においては、水平線ぎりぎりに見えるという他の星と異なった特徴から多様な星名が形成された。

沖縄県八重山郡竹富町波照間島(北緯24度3分)の北極星と北斗七星(岡村修氏撮影)

北海道名寄市瑞穂(北緯約44度22分)の北極星と北斗七星。北海道名寄市では北極星の高度は沖縄県波照間島より20度以上高くなり、北斗七星が周極星となる(佐野康男氏撮影)

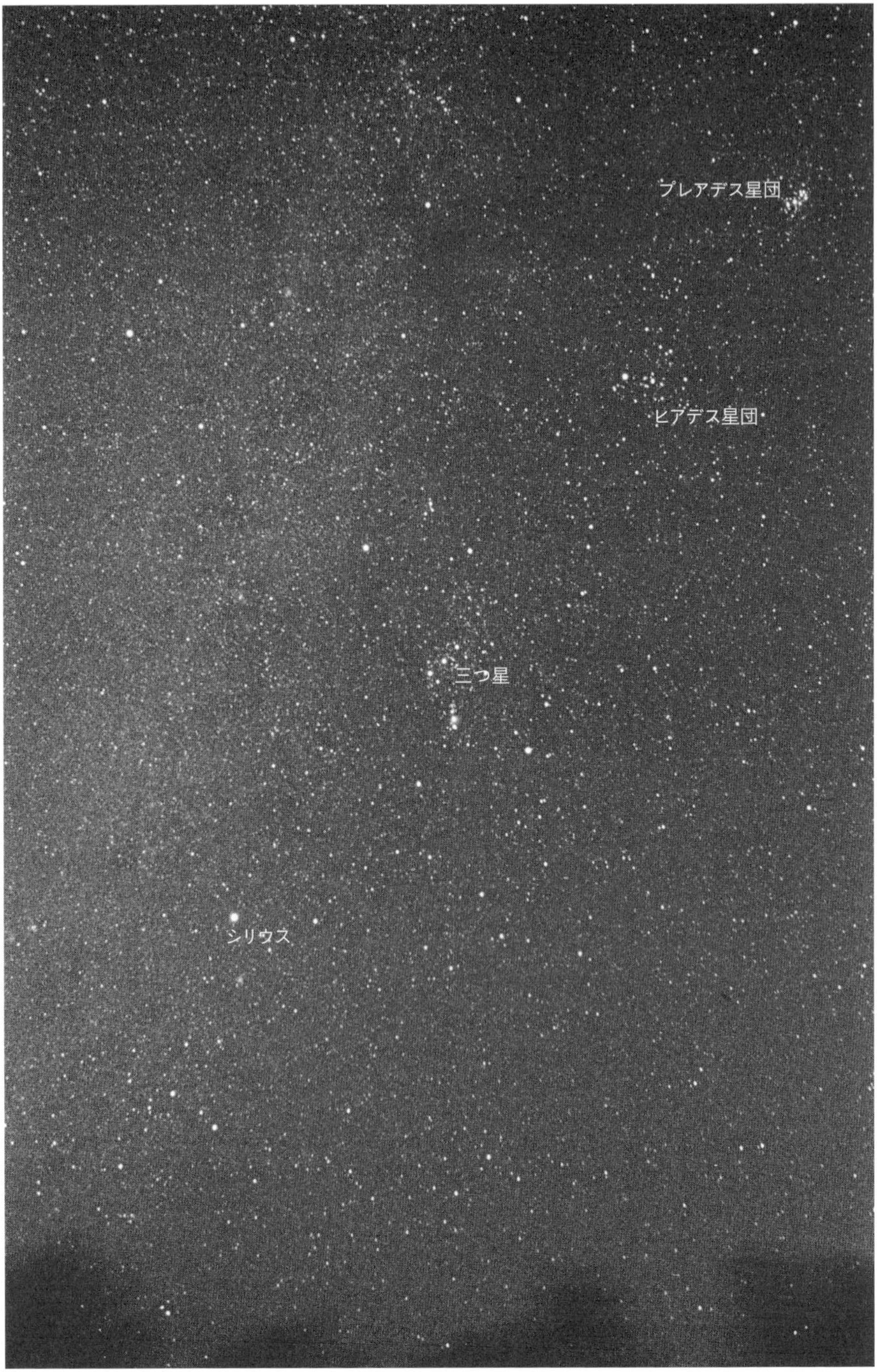

順にのぼる星ぼしが目標となった（湯村宜和氏撮影）

北斗七星とカペラ

北は、北斗七星さらにはカペラが周極星になる一方で、南は北斗七星のすべての星が周極星とならずに地平線下に没する。北斗七星の見え方の特徴が伝承の形成に結びついた。

4 時間軸の視点から——西暦一六〇〇年と一八〇〇年

時代をさかのぼると、歳差の影響を受ける。西暦一六〇〇年と一八〇〇年の場合について、その影響は次のようになる。

❶時代をさかのぼると、歳差の影響により、北極星(こぐま座α星)は、天の北極から離れていく。一六〇〇年の場合、現在の約三倍、約二・九度天の北極から離れるが、方角を知るための目標として用いることはできる。

❷順にのぼっていくプレアデス星団、ヒアデス星団、オリオン座三つ星、シリウスの出の間隔はほとんど影響を受けず、時間を知るための目標として用いることができる。

❸カノープスは、ほとんど影響を受けない。

❹周極星になる南限は、時代をさかのぼると、カペラについては北へ、北斗七星については南へ移動する。

5 空間軸の視点から——緯度による変化

星空は、地球上、どこにでもある自然環境である。海のないところ、山のないところ、花の咲かないところはあっても、星空の見えないところはない。

世界中のすべての地域のひとりひとりの暮らしのなかで輝く星ぼしであるが、緯度によって見えなくなったり、周極星になったり、のぼる順番が大きく変わる。

極端な例であるが、南極の昭和基地(南緯六九度)では、プレアデス星団は水平線の下で見ることができず、シリウスがオリオンの右上に見える。

第四七次日本南極地域観測隊の山本道成氏は、昭和基地で越冬したときの経験について、次のように述べている。

❖星で方角を知るのは難しいと感じました。ほぼ真上を中

道北の最高峰函岳（北海道中川郡美深町、北緯44度40分）のカペラ（大石尊久氏撮影）。北海道北部では、カペラが周極星となる

心に星や太陽が回っているという感じです。時刻や日時がかわると見えている方角がかわるだけという感じです。

❖オリオンとさそり座が同時に見えているので、最初は春夏秋冬の星座が見えるとびっくりするのですが、季節が巡っても星空が変らないので星空からは季節感が感じられませんでした。

❖もちろん、南緯約六九度分傾いているので、注意深く観察するとか、日時がわかっていて星や太陽をみれば方角はわかります。極夜明けだと太陽が見える方が北というように……。

山本氏は南半球の高緯度の体験者であるが、北半球の高緯度においても、星で方角を知ったり、季節や時間を知るのは困難になる。私たちの日本の星名の誕生した緯度は、星を目標に方角を知ったり、時間、季節を知るのに適しているということができないだろうか。

南極・昭和基地では、日本のように順にのぼらない（三つ星の左側の帯はオーロラ）。撮影＝第47次日本南極地域観測隊、山本道成氏

02 日本の星名誕生の特徴

日本の星名・星座は、全天をくまなくカバーしているわけではない。どのような星に多様で豊かな名前が誕生したのだろうか。

1 冬の星座に星名形成が集中する傾向

夏の明け方に星を目標にするケースが多かった。例えば、イカ釣りの漁師は、プレアデス星団、ヒアデス星団、オリオン座三つ星、シリウスと順にのぼっていく星をめあてにした。その結果、必ずしも冬に目標にするのではないが、冬の星座に星名形成が集中した。

2 他にない特徴のある配列に星名形成が集中する傾向

次のような他にない特徴があり目立つ配列が注目されて、星名形成が集中した。

❖オリオン座三つ星……三つほぼ同じ明るさの星がほぼ同じ間隔に見事にそろっている。

❖プレアデス星団……広大な空に小さくごじゃごじゃとかたまっている。

3 見やすい一等星に星名形成が集中しない傾向

日本の一等星の星名の種類は少なく、例えば、星空を見上げればすぐ目に入るリゲルやベテルギウスは、三つ星のように広範囲に多様な星名が形成されていない。豊富な星名が形成されているのは、一等星のなかで、もっとも見るのが困難なカノープスである。

星を見て、その特徴を認識する。そして、認識された特徴にもとづいて、様々な星名が形成された。広く分布するミツボシは、数の認識、ムツラ（六連）は、数と連なっているという配列の状態の認識である。スバルは、「統《す》ばる・集まって一つになる」という配列の状態の認識である。

　これらのなかで、ミツボシは今も話者が三つの星という数を認識するが、ムツラ、スバルはその意味を認識しなくなってきた。そして、ムジナ、ヒバリ等、星名の多様化が進んでいった。また、星名は、ひとつの特徴をもとに形成されたとは限らず、複数の特徴をもとに、あるいは地名等と複合して形成された。

03 星空に暮らしを描く

　人びとは、日々の暮らしのなかで、星を見ようと思わなくても無意識に星を見た。星だけを見るのではなかった。星と海、山、森等、地域の景観と連続して星があった。そして、日々の暮らしと星空を重ね合わせた。だから、星名は、日々繰り返される「食べる、飲む（食生活）」「身につける（衣生活）」「住む（住生活）」「遊ぶ」「祈る（信仰）」「生産する（つくる、とる）（農業・漁業・製糸および機織り・山樵・狩猟等の生業）」などの暮らしの様々な場面としっかりと結びついていった。ときには、暮らしの風景と星ぼしを重ね合わせて、地名に由来する星の名前を語った。

　星名には、暮らしとかけはなれたものはない。広く分布する酒桝星は、配列を認識して、毎日の食生活で使用する酒桝を、カラスキは日々の仕事で使う道具をイメージしたものである。自分たちと同じような暮らしを星空にイメージしたからこそ、食生活、生業をはじめ暮らしの様々な場面における生活用具や景観等のイメージが星名になった。

　星名の形成は、単にひとりの発想によってなされたのではない。星・人・暮らしがしっかりと結びつけられ、ひとりひとりの暮らしがあって、ひとりひとりの星の観察があった。そして、人と人との「語り」があって、世代をこえ、地域をこえて、語り伝えるという過程において、多様で豊かな星名が誕生したことを忘れてはならない。

第1章

冬の星

第1節 おうし座

01 プレアデス星団

現在もっとも広く知られ、耳になじんでいる日本の星名は、「スバル」である。「スバル」の西洋名プレアデス星団を聞いたことがない人は多いかもしれない。しかし、「スバル」という言葉を一度も聞いたことがない人は少ないのではないか。スバルは、それほど親しみのある名前である。

しかし、スバル以外にも、実に多様で豊かなプレアデス星団の日本の星名が伝えられていること、そして、次のように人びとの暮らしと深いかかわりが育まれたことは、意外に知られていない。

時刻を知る目標

オリオン座三つ星と並んで、生業や生活の様々な場面での時刻を知る目標として頻繁に使用された。イカの釣れる時をプレアデス星団の出でもって知る事例についても、北海道、東北、北陸、山陰、さらには対馬、壱岐、五島列島と広く分布している。

季節を知る目標

生業における目標(例、播種の季節等)、生活における目標(例、霜の季節等)として使用された。沖縄県石垣島、竹富島では、星見石を用いて群れ星(プレアデス星団の沖縄・奄美での名前)を観察して農業の季節を知った。

また、プレアデス星団は、冬の星と思われがちであるが、冬以外の季節、例えば夏にも見ることができる。一年中、プレアデス星団を見ることができるわけではないものの、五月の一時期を除いてほぼ一年を通して見ることが可能である。オリオン座三つ星やシリウスに比べて一年のなかで生活と共にある時間が長かった。

プレアデス星団は、まさに、人びとにとって、止まることのない大空の時計であり、正確なカレンダーであった。そして、次のような「特徴を認識する過程において形成された星名」「暮らしと星空を重ね合わせる過程において形成された星名」が形成された。なお、「スマル」「スバル」については、集まってひとつになる（後述）という意味であることから「特徴を認識する過程において形成された星名」に分類した。また、「スマル」「スバル」「ムツラ」「群れ星」については、特に項目を設けた。

1 特徴を認識する過程において形成された星名

スマル

スバルという星名は、約千年前に枕草子で、「星はすばる……」と登場し、今ではハワイの「すばる望遠鏡」の名前にもなっている。ところが、瀬戸内海の水軍の『能嶋家傳』には、次のように「スバル」ではなく、「スマル」という星名が記録されている。

「星すまると云星を見る也。月の出入に日和易らねどもすまるの入に替るは日和損する也。殊に秋冬はすまるの入を専に見る也。余の星は日和見る事無之」［住田1930］

ここに登場する「すまる」は、現在も瀬戸内地方で記録することができる。桑原昭二氏は、「すばる」は近畿から東海、関東の一部の地域にしか分布していないのに対して、兵庫県から中国・四国・九州には「すばる」でなく、「すまる」が分布していると指摘している［桑原1996］。

スマルという星名について、野尻抱影氏は、『倭名類聚抄』（略称『倭名抄』、「スバル」の項参照）より前の記述を引用して次のように記している。

「ところで、《倭名抄》より約二十年前の延喜六年、《日本紀竟宴歌》には、『天《アメ》ノ穂日《ホビ》は、神の御祖《ミオヤ》は、八尺瓊《ヤサカニ》の五百《イホ》津儒波屢《ツスバル》の玉とこそ聞け』とあって、スバルは記紀にしばしば出る神々の玉飾り、八尺瓊五百箇御統《ヤサカニノイホツミスマル》、または、美須《ミス》麻流之珠《マルノタマ》のスマルであることが判る。万葉集には、須売流《スマル》

玉《タマ》とある」［野尻1973］

倭名類聚抄は承平年間（九三一から九三八年）の編纂であるから、九〇六（延喜六）年と言えば、約二〇年以上前である。しかし、『日本紀竟宴和歌』の「天穂日《あまのほひ》神のみ祖《おや》は、八坂瓊《やさかに》の五百箇《いほつ》統《すは》るの瓊《たま》とこそ聞け」［西崎亨1994］を見ても、星の昴の記述であると断定できないのではなかろうか。

野尻氏は、「この御統を《倭名抄》の星の名〈須八流《スバル》〉の語源として考証し、今日の定説としたのは、江戸の国学者たちによるものだった」と記し、貝原益軒の辞書『日本釈名』、平直方（小野高尚）の随筆『夏山雑談』等に〈すばる〉の星名を日本紀の御統としていることを指摘している。

江戸中期の語源辞書『日本釋名巻之上』（一六九九〈元禄一二〉年成立）には、「昴《スマル》　星の名也。すはつらぬく也。つとすと通ず。まるはまるき也。此星の形いとを以玉をつらぬけるがごとくつらなりてまるし。日本紀神代巻に、いをつのみすまるといへるも、五百顆《クワ》のつらぬける玉のつらなりてまるきを云」とある（益軒会1973）。しかし、日本釋名においては、「いをつのみすまる」を「玉のつらなりてまるきを云」とあるが、星の名前であることを明確に述べていると言えるのであろうか。

江戸中期の随筆『夏山雑談巻之三』（一七四一〈寛保元〉年序）には、「〇すばる星　昴星をすばる星と云は統星《すばるぼし》なり。一所に統《すべ》あつまりたる故にかく云ふなり。統の字をすばると訓ず。すまると云も同音に通ずる也。神代の巻に八尺瓊五《い》百箇御統《ほつみすまる》とあるなり」とある（日本随筆大成編輯部1974）。この夏山雑談においても、「統《すべ》あつまりたる」を意味する「統《すばる》」と「すまる」「五百箇御統《みすまる》」と関連づけて考証してはいるが、八尺瓊五百箇御統を星の名前であると明確に述べていると断定できるのであろうか。

プレアデス星団は、古事記に登場する古代の玉飾り「美《ミ》須麻流之珠《スマルノタマ》」に通じるのであろうか。私自身は、本当に古代の人びとが暮らしのなかで玉飾りと重ね合わせたのか、と疑問にも思う。今後の課題としたい。一方、そのような見方とは別に、タコツボ等をひっかける漁具「スマル」をイメージしたケースも伝えられている。航海とプレアデス星団のかかわりは深く、海での暮らしが星名に結びついていったのである。

千田守康氏は、宮城県本吉郡歌津町字桝沢（現・南三陸町）でミスマルを記録している［千田C］。スマルの起源が美須麻流であることを意味する原型に通じる星名だろうか。それとも、スマルからの転訛であろうか。
　ところで、「スバル」あるいは「スマル」という言葉は、「統《す》ばる」「統《す》まる」（集まってひとつになる）という意味で、ひとところに集まっているプレアデス星団の様子をうまく表現している。しかし、スバルという言葉を、そのことを意識しないで使っている。
　一九八四年二月、愛媛県越智郡魚島村魚島で、次のような俚謡を記録した（話者生年＝明治三九年）
「天がせまいかよー、スマルボシャなーらぶよ、海がせまいか、エビかごむーよー」［北尾C］
　空は広大なのにもかかわらず集まってひとつになっているスマルボシ（プレアデス星団）を、海は広大なのに体を小さく曲げているエビにたとえた俚謡は、昔からの「統（す）まる」という思いに通じる。
　大分県東国東郡姫島村においても次のように伝えられている。
「天がせまいかスマル星しゃ、ごちゃごちゃ、海がせまいかえびの腰や曲った」［北尾AC］
　野尻抱影氏によると、前大納言為家、西行法師の連歌に登場しており、プレアデス星団を海老と対比した俚謡は、山口、高知に伝えられている［野尻1973］。
　大田南畝の随筆『一話一言』巻四十四「反古さらへ両㒵編」に、後嵯峨院、源頼義朝臣、従二位家隆と続き、次のようにスバルと海老が登場する［浜田1987］。

馬の背にいかなる淵のあるやらん　前大納言為家
ひろき空にもすばる星かな
ふかき海にかゞまる海老のあるからに　西行法師
手にとるばかり手こしをぞ見る

　古くから、一二世紀から、人びとの心としっかりと結びついて、語り伝えられたのだった。そして、前述のように、瀬戸内海の魚島等において今も伝承されている。また、山口県防府市野島の伝統的な盆踊りの唄「クドキ」の場合は、「エビ」の次に「家の広いのにトットと……」が加わった。
「スマルまんぞく（真上）、はや夜（よ）は七つ、天（てん）の広（ひろ）いのにスマルボシやごじょごじょ。海の広いのにエビのこしやかごんだ、家の広いのにトット（とうさん）とカカア（かあさん）はごじょごじょ」［北尾C］

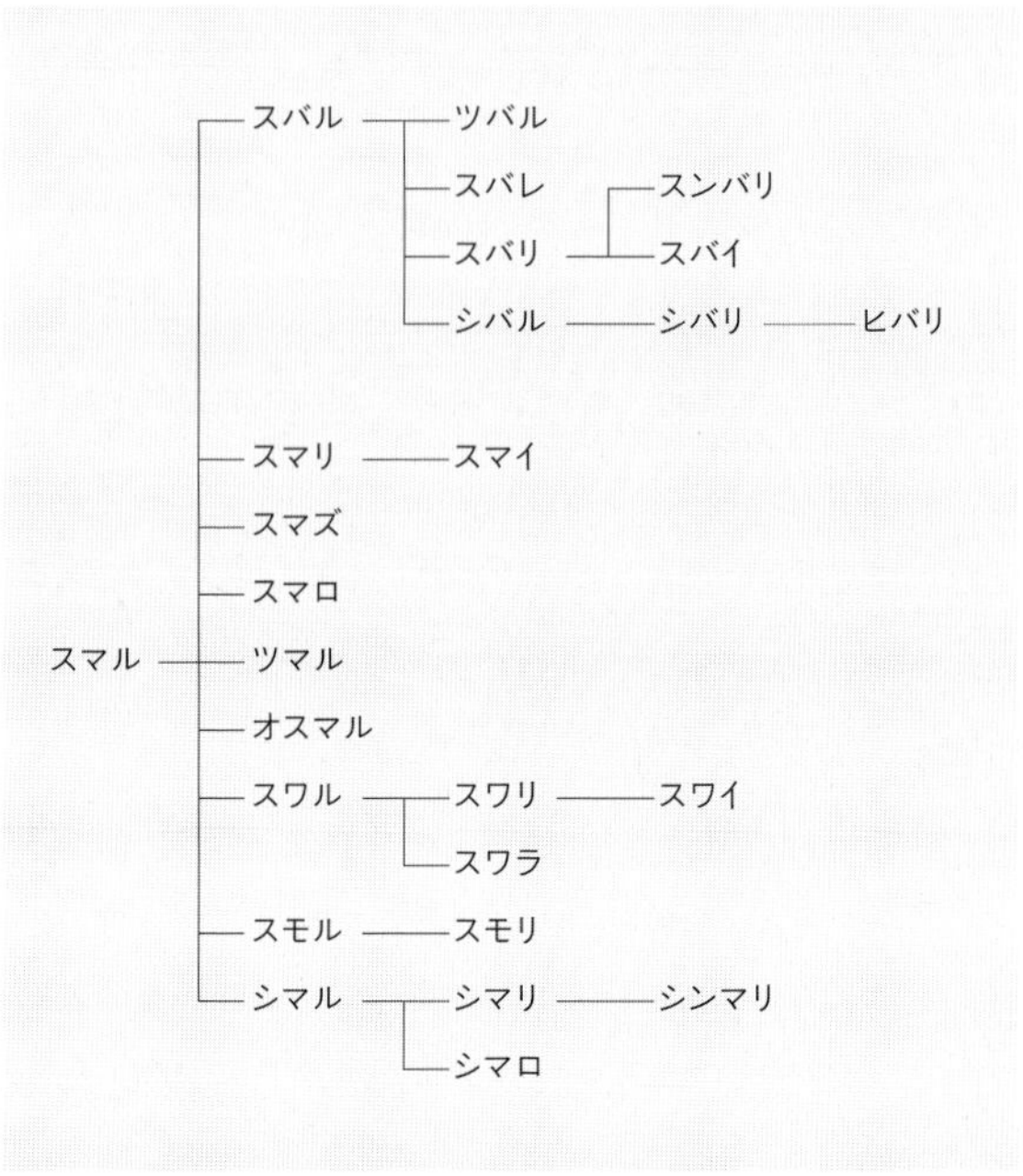

スバルの名前の転訛

スマルが頭の真上にきたら、もう朝の四時、天はあれだけ広いのにスマルはごじょごじょとかたまっている、海は広いのにエビは腰を曲げている、家は広いのに父さんと母さんはごじょごじょと近くにいる、という意味である。

スマルから多様な星名への転訛をたどってみた（右図）。

スマル、スバルのグループの星名の南限は、次のように鹿児島県トカラ列島宝島である。喜界島・奄美大島より南では、群れ星のグループや七つ星のグループの星名が分布している。

❖西之表市西之表……スバリ［北尾C］
❖西之表市住吉……スバリ［北尾C］
❖熊毛郡南種子町広田……スバリ［北尾C］
❖熊毛郡上屋久町永田（現・屋久島町）……スマル［北尾C］
❖熊毛郡屋久町栗生《くりお》（現・屋久島町）……スマル、スモル［北尾C］
❖熊毛郡屋久町中間（現・屋久島町）……スマル［北尾C］
❖鹿児島郡十島《としま》村口之島……スマル、スガル［北尾C］
❖鹿児島郡十島村中之島……スマル［北尾AC］
❖鹿児島郡十島村悪石《あくせき》島……スマル［下野1994］
❖鹿児島郡十島村宝島……スマル［北尾AC］

口之島のスガルもスマルのグループに含めた。横山好廣氏によると、横浜市金沢区柴町にスガルボシが伝えられている。

スマル・スバルのグループの星名の南限

スマル（スマリ、ツマル等へ転訛した星名を含む）のグループの星名が伝えられているところを、筆者の調査の一部ではあるが、次に記す。スマルに「ボシ」をつけたり、スマルサマ、スマルサン、オスマルサン、スマンサンと、敬称をつけて親しみをこめて呼ぶ［北尾C］［北尾AC］。

❖京都府竹野郡丹後町間人（現・京丹後市）……スマル
❖兵庫県芦屋市……スマル、スマルサン
❖兵庫県神戸市深江……スマル、スマルサン
❖兵庫県神戸市長田……スマルボシ、スマルサン
❖兵庫県神戸市塩屋……スマルサン
❖兵庫県神戸市垂水……スマルボシ
❖兵庫県明石市林崎……スマルサン
❖兵庫県明石市江井ヶ島……スマルサン
❖兵庫県明石市魚住……スマル
❖兵庫県明石市東二見……スマル、スマルサン
❖兵庫県高砂市……スマルサン
❖兵庫県揖保郡御津町岩見（現・たつの市）……スマルボシ、スマルサン
❖兵庫県揖保郡御津町室津（現・たつの市）……スマル、スマ

ルボシ、スマルサン

❖兵庫県相生市……スマルサン

❖兵庫県赤穂市福浦……スマル、スマルサン

❖兵庫県津名郡北淡町富島（現・淡路市）……スマリ

❖兵庫県津名郡北淡町斗の内（現・淡路市）……スマルサン、スマリサン

❖兵庫県津名郡北淡町室津（現・淡路市）……スマルサン

❖兵庫県飾磨郡家島町坊勢《ぼうぜ》島（現・姫路市）……スマリ、スマリボシ、スマリサン

❖鳥取県東伯郡泊村（現・湯梨浜町）……スマル

❖鳥取県気高郡青谷町夏泊（現・鳥取市）……スマル

❖岡山県和気《わけ》郡日生《ひなせ》町（現・備前市）……スマルサン

❖岡山県邑久《おく》郡牛窓町（現・瀬戸内市）……スマル

❖岡山県倉敷市下津井……スマル、スマルボシ、スマルサン、スマルサマ

❖岡山県笠岡市北木島……スマル

❖岡山県笠岡市白石島……スマル

❖広島県福山市鞆……スマル、スマルボシ、スマルサン

❖広島県尾道市吉和……スマルサン

❖広島県竹原市二窓《ふたまど》……スマル、ツマル、ツマルボシ

❖広島県豊田郡豊浜町豊島（現・呉市）……スマル、スマルボシ

❖山口県防府市野島……スマル

❖山口県宇部市床波……スマルボシ

❖徳島県鳴門市土佐泊……スマル

❖徳島県鳴門市里浦……スマル、スマルサン

❖香川県高松市男木島……スマル、スマルボシ

❖香川県坂出市瀬居町……スマルボシ

❖愛媛県西条市大保木……スマルサン

❖愛媛県西条市西之川……スマル、スマルサン

❖愛媛県周桑郡小松町（現・西条市）……オスマルサン

❖愛媛県東予市（現・西条市）……スマルサン

❖愛媛県伊予郡双海町上灘（現・伊予市）……スマル、スマルサン

❖愛媛県伊予郡双海町下灘（現・伊予市）……スマル

❖愛媛県喜多郡長浜町（現・大洲市）……スマルボシ、スマルサン

❖愛媛県西宇和郡三崎町（現・伊方町）……スマル

❖愛媛県南宇和郡西海町内泊（現・愛南町）……スマル

❖愛媛県南宇和郡西海町外泊（現・愛南町）……スマル

❖愛媛県南宇和郡城辺町深浦(現・愛南町)……スマル
❖愛媛県越智郡魚島村魚島(現・上島町)……スマル、スマルボシ
❖愛媛県越智郡魚島村高井神島(現・上島町)……スマルボシ
❖愛媛県越智郡弓削町(現・上島町)……スマル
❖愛媛県越智郡宮窪町(現・今治市)……スマルボシ
❖愛媛県越智郡大三島町宗方(現・今治市)……スマルサン
❖福岡県宗像市鐘崎京泊……スマリ
❖福岡県福津市津屋崎……スマル
❖福岡県福岡市東区志賀島……スマル
❖福岡県福岡市西区小呂島《おろのしま》……スマル、スマルボシ
❖福岡県福岡市西区玄界島……スマル、スマルボシ
❖大分県宇佐市長洲……スマルサマ、スボシサマ
❖大分県東国東郡姫島村西浦……スマルサマ
❖大分県北海部郡佐賀関町(現・大分市)……スマル
❖大分県津久見市……スマル
❖大分県南海部郡上浦町(現・佐伯市)……スマル
❖宮崎県串間市……スマル
❖佐賀県唐津市肥前町高串……スマル
❖長崎県壱岐市勝本町勝本浦……スマル、スマリ、スマリボシ
❖長崎県壱岐市芦辺町瀬戸浦……スマル、スマリ
❖長崎県壱岐市石田町印通寺浦……スマリ
❖熊本県八代市新開町……スマンサン、スマンボシ

生活のなかのスマル

スマルと生活との様々なかかわりの一例を、次に記す。

❖兵庫県揖保郡御津町室津(現・たつの市)
明け方、西の空にスマルが沈む時季から寒くなるので、それまでが勝負であった。
「スマルさん入るまでに金もうけしとかなんだら、それから先なったら寒なる言うて。先なったら寒さがえらい。そうすると、魚もよく取れんさかい、スマルボシの入るまでに、金儲けしとかな」
また、室津では、「やーれ、月もスマルもみな西西とよー。やがて東がのおー、やーれ寂しかろよー」という歌

が伝えられていた［北尾2001］。月もスマル（プレアデス星団）も西の空へ動いていって東の空が寂しいので、子の星（北極星）が東へと動く、という意味である。子の星の動きについては、「子の星は夜に三寸、東に行くようなかげんのあることは言いよりましたね」と伝えられていた［北尾C］（第2章第2節こぐま座参照）。

❖広島県竹原市二窓

前項の室津と同様、明け方ツマルボシが沈むまでが勝負であった。

「もうツマルボシの入りからは、もうけた金は灰になる言うて。寒いけん、みな、たき火してあたって灰になる言うて」

話者によっては、ツマルボシではなく、スマルと言う。

次のような俚謡が伝えられていた。

「スマル、ミツボシ、くろくものかげ、私ら二人のおやのかげいう歌がある。誰でも子どもは、親のおかげじゃけんのお」［北尾C］

❖香川県坂出市瀬居町

何時頃か知るための目標にしたことを、「時間をくる」と表現した。

「スマルボシな。あれは言いよったいうように思うわ。年のいった人は言いよったな。オオボシで夜明けくったり、あれで時間くったりした。どれくらいあがっとるから今何時頃じゃ。だいたいあいよったけどな」［北尾C］

❖愛媛県伊予郡双海町上灘（現・伊予市）

星の高度を一間、二間とはかった。例えば、「スマルが一間ぐらいあがった。二間ぐらいあがった」と言って、時間を知った。中国の古記録の一尺がほぼ一度に相当するのと通ずるものを感じる［北尾C］。

❖愛媛県喜多郡長浜町（現・大洲市）

一一月頃、日の入り後、スマルが東の空に登場する時季から、小さいナマコが岩の間から出てくる。

「スマルさんが出だしたらナマコが出てくると言った」［北尾C］

❖愛媛県南宇和郡城辺町深浦(現・愛南町)

水平線を一合、そのままの姿勢で上目を使って見た角度を一〇合として、星の高度をはかった。

「スマルが目八合になったから夜明けが近いぞ!」

目八合は、上目を使って見た角度(一〇合)からやや下にさがった高度である[北尾C]。

❖福岡県宗像市鐘崎京泊

「スマリが入《い》りゃ、フカがつけん。フカが魚を食わなくなる。冬のほうがよい。夏は、フカがつけてあかん。フカは、金ならん」

「一一月くらいなったらフカがつけん。フカがタイを取らん。今です。スマリの……」

一一月頃の明け方、西の空のスマリが低くなっていく。一二月になるとスマリが沈んでいく。その時季になると、フカがタイを取らなくなる。一二月から一月いっぱい、タイ縄をはえる季節の到来である。

「タイ釣りは、日の入りからはえて……」

日の入りから日の出まで漁をする。夜明けが近づくにつれてスマリが低くなり、やがて沈んでいったのである[北尾C]。

❖福岡市西区玄界島

「スマル、小さい星の十ばかり固まってる」

「スマル、出てからヨアケボシ。五時頃、四時くらいしらむ」

「昔の漁師は、スマル。魚取れたら、朝まで操業したり、時間は一定しない」

島の近くでイカがついた。夏イカは、六月から八月だった。夕方から朝までイカつけに行ったこともあった。スマルの出る頃ついた(釣れた)。

「スマルボシあがったら帰ろう。高くあがると夜が明ける」

スマルの高度が高くなると夜が明けていく。人の顔の見える時間帯になるとつかなくなった[北尾C]。

❖福岡市西区小呂島《おろのしま》

「固まってる。おやじ、スマルボシ。スマルがあがったけん、夜明け」

一晩中仕事して眠たくて辛い。そんなときスマルボシがあがると、もうすぐ夜明けでほっとした。新の七月の話だった。

「このくらいスマルのぼると夜が明く。スマル一〇個以上固まっている」

一〇個以上の星を見ることは、鋭い視力があれば可能であったのだろう［北尾C］。

❖大分県宇佐市長洲

「それがな、ミツボシさんの前に。何というのかな。わしたちはスマルサマって言いよったけどな。柄杓みたいな。こういうふうにな、星がいっぱい。こっちに筋があってな。こういうふうになってな、このなかに星がいっぱいあるよ」

スマルサマを構成する星の数については、様々な伝承がある。

「いくつくらい」と尋ねると、「なんぼかしらん。二つか三つじゃねえ」という答えがかえってきた。

「数えきれないくらいあるのですか」と尋ねると、「数えれんことねえけど、十《とお》くらいありやせんかな」と説明してくださった［北尾C］。

❖大分県東国東郡姫島村西浦

構成する星の数について、「一〇も一五も」という具体的な数字を、自信持って語ったケースである。

「数が多いのが、スマルサマ。星が多い。星が三つがミツボシ。一〇も一五も集まったのがスマルサマ、特別。東の空に上がる。スマルサマ」［北尾C］

❖熊本県八代市新開町

具体的な数ではなく、「いくつか」と表現したケースである。

「いくつか固まって見えます。秋から冬、東の空に固まった星さん出た。いくつか固まった……」

「スマンサン、固まって。少し帯状の横に固まって。帯状に縦に広がって。横に狭くて、縦に長くて。秋から冬にかけて」［北尾C］

❖佐賀県唐津市肥前町高串

構成する星の数を、「七つ」と表現していたケースである。

「スマル、かたまってる星。七つ」

「スマル、七つ並んで、五寸くらいの高さ」

「歌あった。スマルが入って恥ずかしや……」〔北尾C〕

❖鹿児島県鹿児島郡十島村口之島

スマルの南限、トカラ列島において記録した「びっちりとかたまって」「たくさん」「いっぱい」という表現は、この星の特徴を的確に表している。

「びっちりとかたまって、たくさんある。小さか星がいっぱいある」

「スマル、じいちゃん（明治五年生まれ）に習った。小さいとき、庭に連れて行って、真っ暗、あれ何の星、これ何の星と習った。スマル、北斗七星、おじいちゃんに習った。じいちゃん、ばあちゃん、時計ないので星で教えてくれた」〔北尾C〕

長崎県壱岐市においては、次のようにスマルをイカ釣りの役星として活用してきた〔北尾C〕。

❖壱岐市勝本町勝本浦

「スマル、かなり大きなかたまり」「星の出、イカさわぐ。魚は知っている」

「七つ並ぶ。スマリ小さい。スマリ、かたまって」

❖壱岐市芦辺町瀬戸浦

「スマリ、七つ、夜中に小さくこまかくて。小さい」

「スマリ出たときにイカがつく。潮時やったかな？　スマリ、水面から出る。上へ。イカつけば、スマリ、それ見て帰る」

壱岐では、イカ釣り以外の目標としても活用した。

❖壱岐市芦辺町瀬戸浦

「スマル、五つ、六つかたまってる」

「スマルの天井《てんじょう》がわりはサンマは潮時。一一月、一二月、スマルが天井（頭の上）を通る。夜中。そのとき、海をサンマがはねる。サンマの潮時」

❖壱岐市石田町印通寺浦

「スマリ、かたまってる星。いくつかわからん、いっぱい」

「スマリあがるから、網やろう、と言った」

なお、山口麻太郎氏によると、壱岐にスバルも伝えられている(後述)。

◉スマルと気象予知

星は、気象予知に際して重要な存在であった。人びとにとって、気象と星は別々のものではなく、同じ空で繰り広げられる日常的な景観であり、生活、生業に密着した環境であったのである。

スマルを気象予知に用いる事例として、次の事例がある。

❖鳥取県気高郡青谷町夏泊(現・鳥取市)

一九八四年一一月、明治三一年生まれの漁師さんは、翌月一二月、明け方の西の空低くなっていくスマルを思い浮かべながら語った。

「来月なると、スマルが海に入るようになる。宵にあがっとったスマルが夜明けに入るようになる。そうするとな、どういうことか、スマルの入りに天候が変わってくるわな。その頃になると、何ともないこともあるんだけど、明け方にしけてくる。スマルの入りに模様が変わってくることがようあるな」[北尾C]

スマルが夜明けに沈むときに何もないこともあるが、日和が悪くなることがよくあった。

❖鹿児島県熊毛郡屋久町栗生(現・屋久島町)

スマルが夜明けに沈む一一月下旬頃、風速三〇メートルくらいの突風が吹く時季をスマルのイイゲシと呼んだ。

「スマルはちょうどな、一一月の下旬頃な、沈むんですよ。海の中に入ってな。そういうときには、ちょうど一一月の下旬頃にな、ニシカゼ、アラカゼが吹くんですよ。明け方に沈むのがいちばんアラカゼ吹くんです」[北尾C]

ところで、星の伝承は文字に記録されることが少ないが、この気象予知方法は、次のように瀬戸内海の水軍の『能嶋家傳』に記録されている。

「星すまると云星を見る也。月の出入に日和易らねどもすまるの入に替るは日和損する也。殊に秋冬はすまるの入を専に見る也。余の星は日和見る事無之」[住田1930]

歳差という現象によりプレアデス星団の入りの時季が変化していくことに留意しなければならない[北尾2001]。

また、プレアデス星団の入りではなく、輝き方で判断したケースもある。

❖鹿児島県鹿児島郡十島村中之島

スマルがビカビカとする時は、まもなく北西の季節風が強くなると言われている［北尾AC］。

◉乗り初めの式とスマロウ

櫻田勝徳氏が一九三六（昭和一一）年に高知県安藝郡室戸町（現・室戸市）において記録した乗り初めの式のコマヲトコとオヤヂとの間の問答に「スマロウ」が登場する。櫻田氏によると、乗り初めの式は、元朝午前三時から行なわれ、船員は羽織を着て鉢巻をしめ、オヤヂが舵柄を握り、アマノカタ（帆柱の支柱）の下には中乗りが座を占め、サダツ（船の表に立っている杭。この杭に矢帆をたてる）のもとにはコマヲトコが立つ。コマヲトコが舳で神酒、米を入れた桝を供えて山の神と龍王とを祭ったあとに、次のような問答がはじまる。

コマヲトコ「艫に申しようござんすか」

オヤヂ「良うござんす」

コマヲトコ「今日は天氣日柄も良し、月すまろうのすわりも良し、向ふに見えるのは寶の島、寶の島へ寶を積みにまはろうではござらぬか」

オヤヂ「それようござんしよう」［櫻田1936］

問答は続く。この乗り初めの式の「すまろうのすわり」については、野尻抱影氏が『日本星名辞典』においても指摘している。スマロウもスマルの転訛であろう。

◉漁具スマル

『日本星名辞典』の「漁具スマル」という項には、「愛媛の越智勇治郎君は、スマルという漁具は、昔から来島海峡でタコを釣り上げるのに用い、壬生川地方では、その形のものをカニ釣りに使っていると報じて、スケッチを送ってくれた」と記されている。そして、漁

漁具すまる（星の民俗館所蔵）

具スマルとの関係について、野尻抱影氏は、「現に瀬戸内の漁夫には、星の〈すまる〉をこの漁具の形から名づけられたと信じている者があるという」「おそらく〈龍吒〉という漁具が初め大陸から伝わり、形が星のすまるに似ているので、その名をよんだのだろう……」と記している［野尻1973］。

一方、『日本星座方言資料』には、静岡市のスマルについて、「圓石の周圍に數本の竹爪を強く縛りつけてそれに綱を結んだもので、漁船が海底に網綱を落した時に投げこんで引き上げる具である」［内田1949］と記されている。

筆者（北尾）は、岡山県笠岡市白石島において、スマルという星名について、「ここらで漁師使う道具に似とるからな。スマルという蟹《かに》をとる道具に似ている。こうもりがさ、ひっくりかえしたような。まんなかにエサおいて……」と記録した。

スバル（昴）

スバルという星名は、約千年前に、『枕草子』で、「星はすばる……」と登場し……と記したが、野尻抱影氏が指摘しているように、その前の源順編纂の『倭名類聚抄』（天部第一、星宿類第一、九三一～九三八年頃成立）に「須八流」とあるのが最初である［野尻1973］。

なお、多様な星名については、野尻氏が『日本星名辞典』で引用している狩谷棭斎氏著『箋注倭名類聚抄』（巻第一）［狩谷1883］に、須波流とともに、「須萬流、須夫流、志婆流、志萬流」という名前が掲載されている。星の数は七、統《す》べ括《くく》られた物の状、さらには、今俗に或いは六連星（後述）と呼ぶとある。

スバルについて、山口麻太郎氏によると、長崎県壱岐で、つぎのような俚諺が伝えられている。

❖渡良村（現・壱岐市）……「スバル天上夜八合」
❖渡良村（現・壱岐市）……「蕎麥一升に粉八合。團子に作って四十八、六人家内に八つ宛」
❖沼津村（現・壱岐市）……「蕎麥一升に粉八合。それを食たれば腹八合」

山口氏は、渡良村において、「スバル天上夜八合」と「蕎麥一升に粉八合。團子に作って四十八、六人家内に八つ宛」を対句のように言うことについて、「只兩方に八合があるからの事で、内容の關係は如何かと思ふ」と記している［山口1934］。

「八」を何度も繰り返す、この俚諺について、山口氏は、「スバル星と蕎麥の蒔時とに關する傳へは今のところ私は聞いて居ない」と記している。『壹岐島民俗誌』が出版されたのは一九三四年であるから、野尻抱影著『日本の星』の初版(一九三六年)が出版される前である。

その後、プレアデス星団が夜明けに南中したとき(まんどき)に蕎麦を蒔くという伝承が記録されるようになる(後述)。

ところで、スバルのグループの星名も広く分布している。前項において、兵庫県から中国・四国・九州には「すばる」でなく、「すまる」が分布しているという指摘を引用したが、鹿児島県においては、次のようにスバルあるいはスバルが変化したスバリ、スバイ、シバイ等が広く分布している［北尾C］。

❖鹿児島県出水郡長島町諸浦……スバル
❖鹿児島県阿久根市黒之浜……スバル、スバーボシ
❖鹿児島県阿久根市港町……スバル、スバチ
❖鹿児島県阿久根市佐潟……スバルドン
❖鹿児島県阿久根市牛之浜……スバッドン
❖鹿児島県薩摩川内市鹿島町……シバイ(ボシ)
❖鹿児島県日置市東市来《ひがしいちき》町伊作田……スバイ
❖鹿児島県南さつま市笠沙《かささ》町片浦……スバイ
❖鹿児島県枕崎市……スパイ
❖鹿児島県揖宿《いぶすき》市山川……スバル、スバイ
❖鹿児島県揖宿市今和泉……スバイ
❖鹿児島県鹿児島市喜入生見《きいれぬくみ》町……スバイ
❖鹿児島県垂水市牛根境……スバル
❖鹿児島県西之表市西之表……スバリ
❖鹿児島県西之表市住吉……スバリ
❖鹿児島県熊毛郡南種子町広田……スバリ

以下、筆者の記録した星名(一部)である。「スバリ」「シバリ」「ヒバリ」等、スバルの系統の星名の多様な転訛が見られるのは、津軽半島と能登半島である［北尾C］。

❖北海道古平郡古平町……スバル
❖北海道古宇郡神恵内村……スバレ
❖青森県下北郡大間町……スバリ
❖青森県下北郡東通村……シバリ

❖青森県むつ市大畑町……シバリ
❖青森県東津軽郡三厩《みんまや》村（現・外ヶ浜町）……スバリ、シバリ、ヒバリ
❖青森県東津軽郡平舘村（現・外ヶ浜町）……スバリ、シバリ
❖青森県北津軽郡小泊村（現・中泊町）……スバリ、シバリ、ヒバリ
❖青森県西津軽郡深浦町……ヒバリ
❖岩手県久慈市……スバリ
❖千葉県浦安市……スバル
❖千葉県富津市萩生……スバリ
❖東京都新島村若郷……スバル
❖神奈川県小田原市……スバリサン
❖新潟県両津市鷲崎（現・佐渡市）……スバリ
❖新潟県両津市浦川（現・佐渡市）……スバル
❖新潟県佐渡郡相川町関（現・佐渡市）……スバル
❖新潟県佐渡郡相川町姫津（現・佐渡市）……スバル
❖石川県珠洲市……スバル
❖石川県珠洲郡内浦町（現・鳳珠郡能登町）……シバリ
❖石川県鳳至郡能都町姫（現・鳳珠郡能登町）……スバリ
❖石川県鳳至郡能都町宇出津（現・鳳珠郡能登町）……ヒバリ
❖石川県輪島市……スバリ
❖石川県羽咋郡富来町《とぎまち》（現・志賀町）……スバリ
❖福井県坂井郡三国町（現・坂井市）……スバル
❖福井県小浜市……スバリ
❖静岡県熱海市網代……スバル
❖静岡県伊東市新井……スバル
❖愛知県知多郡南知多町日間賀島《ひまかじま》……スバルボシ、スバルサン
❖三重県志摩郡阿児町《あごちょう》安乗《あのり》（現・志摩市）……スバルボシ、スバルサン
❖大阪府岸和田市春木……スバルボシ
❖大阪府岸和田市紙屋町……スバルサン
❖大阪府岸和田市大工町……スバル
❖大阪府泉佐野市……スバルボシ、スバルサン
❖大阪府泉南郡田尻町……スバルサン
❖和歌山県和歌山市加太……スバルボシサン、スバルサン
❖和歌山県和歌山市雑賀崎《さいかざき》……スバル、スバルボシ
❖和歌山県東牟婁郡太地《たいじ》町……スバル
❖長崎県平戸市薄香……スバル
❖長崎県平戸市幸の浦……スバル

❖長崎県平戸市生月《いきつき》町壱部……スバル
❖長崎県五島市奈留町浦……スバル
❖長崎県五島市奈留町泊東風泊《こちどまり》……スバリ
❖長崎県五島市奈留町泊口ノ夏井……スバリ
❖長崎県五島市奈留町船廻矢神……スバリ
❖長崎県五島市奈留町大串夏井……スバル
❖長崎県南松浦郡新上五島町日島郷……スバル
❖長崎県南松浦郡新上五島町有福郷……スバル
❖長崎県南松浦郡新上五島町桐古里郷横瀬……スバル
❖熊本県熊本市河内町船津……スバル
❖熊本県宇城市三角町郡浦舟津……ツバル

野尻抱影氏は、「〈すばる〉はもっぱら関西でいわれていた名で、これが東京でいわれるようになったのは、天文趣味がようやく広まってきた大正ごろからである」と記している［野尻1973］。

しかし、実際には、伝承の形態で、広く東日本に伝えられ、特に津軽半島ではスバルから転訛した多様な星名を記録することができた。

また、スバルから変化した星名を、横山好廣氏は山形県、礒貝勇氏は京都府、増田正之氏は富山県、香田壽男氏は岐阜県において記録している。

❖山形県酒田市飛島……シンバリ［横山C］
❖富山県下新川郡朝日町宮崎……シバルノホッサマ［増田1990］
❖富山県東礪波《となみ》郡井口村（現・南砺市）……オシバリサマ［増田1990］
❖富山県黒部市……ヒバリホッサマ［増田1990］
❖岐阜県揖斐《いび》郡久瀬村（現・揖斐川町）……スバラ、スバラボシ、スバラッサマ、スバラシサマ［香田1973］
❖京都府舞鶴市吉原……スンバラサン［礒貝1956］
❖京都府宮津市天の橋立……スンバリ［礒貝1956］

香田氏によると、出没を蕎麦《そば》の栽培の目安にしていた。また、「すばら真中夜は夜中」と言った。スバラが頭上にあると真夜中という意味で、香田氏は、「厳冬の夜空を仰ぐと、このことばの実感がわかる」と記している［香田1973］。

礒貝氏によると、「スンバリ去んで霜が降る」といった［礒貝1956］。スンバリが明け方、西に沈む頃、霜が降るのである。

生活のなかのスバル

◉イカ釣りの目標

次のようにスバルのグループの星名は、能登半島において、イカ釣りの目標として語られてきた。

❖石川県珠洲郡内浦町字小木

七つ程で小さくまとまっているとと観察してシバリと呼び、一〇月初めの日没後の出を時間認識に用いたケースである。

「シバリ……、七つ程で小さくまとまっている。一〇月初め頃あがる。そのときイカつく」［北尾C］

❖石川県羽咋郡富来町福浦港

小さい星が七つ程かたまっていると観察してスバリと呼び、イカが釣れたときにスバリの出のときのイカだと確認しあったケースである。

「スバリは小さい星が七つ程かたまっている。星の出のときイカくう。『今、スバリだ！』と言った」［北尾C］

長崎県五島列島においても、次のようにイカ釣りの目標として用いられた。

❖五島市奈留町船廻矢神

「スバリの出、オオボシの出、イカが進む。いま、スバリの出かな、オオボシの出かな、よく釣れる、進む。曇ってて、空も見えないでも勘で判断。スバリの出、オオボシの出、時間さえわかれば、曇ってても釣れる。潮変わるかもしれない。曇りでも晴れててもイカが進む。小さか、北斗七星の形。スバリの出、オオボシの出。小さい舟、寝られない、しんぼうして、スバリの出までたまに釣れるイカとって」

「スバリの出るときに釣れる。山から出るときではない。今頃、午前二時か三時に山から出る。スバリ沈むとき関係ない。スバリの出るときイカ進む。必ず進むわけでない。先輩たちの経験から判断」

「スバリの出のあと、進まなくなるときも、続くときもある。スバリの出に釣れないときもある。漁とはそんなも

の」［北尾C］

また、イカ以外の目標としても使用した。

❖五島市奈留町泊東風泊

「スバリ出たら、とれた。時間をはかった。スバリ、何時出る。アジ、サバ、イカ、とれよった。スバリ出た、魚とれる。寝てる、スバリの出まで。曇っても、スバリの出の頃、起きる。経験はしたことはないが、話で聞いたのは、ヨアケノイチバンボシ、イカは、それを目当てに寝ないで起きている」［北尾C］

❖南松浦郡新上五島町有福郷

「スバル、東から出るとき、漁がある。イカでもなんでも。アジ、サバも。ケンサキイカ、秋まで、スバルの出に釣れる」

「スバル入《い》るとき、オトシのこないときは、漁がある。ヨコゼキは、漁は関係ない。曇っているとき、夜、星が見えなくても、スバルの出は魚が釣れる。目覚ましを、スバルの出る一〇分前くらいにいれて、寝る。一〇分前に起きる」

「曇ってもスバルの出るときには釣れる。曇っても、雨でも、スバルの出、入りは漁がある。イカ、アジ、サバ」［北尾C］

次に、イカの目標ではなく、サバの目標にしていたケースである。

❖鹿児島県日置市東市来町伊作田

新暦の八月一五日〜一〇月の中頃、スバイの出にサバがたくさん釣れたと伝えられていた。星の出に、サバの食いがよくなったら、「星の『役《やく》』が今あった」と言った。

「スバイとか、スバイじゃ。星がぎらぎらと十《とお》くらいある。こうひとつにまとまって、小さい星がぎらぎらーが。スバイの出たとき食って、スバイのあと、サバの食いかた止まる。スバイのあと、こんどはサカマスの出てくる。サカマスの出てくる前、食いかたよくなってきますから」

スバイのあとサバが釣れなくなる。そのあと約三時間後のサカマス（オリオン座三つ星と小三つ星とη星でつくる星の並び）の出に再び釣れるようになった［北尾C］。

●スバルと気象予知

スマルと同様、夜明け前に沈む時期を悪天候を知る目標とした伝承(瀬戸内海の水軍の『能嶋家傳』に記録されている「すまるの入に替るは日和損する也」に通ずる)が次のように伝えられている。

❖長崎県五島市奈留町船廻矢神

「スバリの入りやから、オトシがくるけん、用心せんばってん。オトシ、突風。秋から冬。油断せずに帰る。釣れてても、無理して残らない」［北尾C］

❖長崎県南松浦郡新上五島町有福郷

「スバルが入《い》るときにオトシがという。風向き、西。朝に近い。スバルが水平線に沈むとき、絶対にニシの突風、オトシがくる。二月の上旬くらいまで、この星が入るとき突風が来る」［北尾C］

❖長崎県南松浦郡新上五島町古里郷桐横瀬

明治四四年生まれの漁師さんは、旧一一月から二月、スバルが西に沈むころ、オトシカゼ(突風)が吹いたと伝えていた。

「スバルの入《い》りから西の風のオトシ。スバルの入り、西の風。西のオトシカゼ。オトシカゼ、急に吹く風。突風」［北尾C］

❖熊本県熊本市河内町船津

「スバルの入《い》るとき、ちょっと荒れる。海が……。風が出てくる。スバルの入りには用心せんと……」［北尾C］

❖鹿児島県阿久根市黒之浜

「スバルが、この冬なれば入っていく。スバル入りから風が来る。突風が起きてくる」［北尾C］

❖鹿児島県鹿児島市喜入生見町

「一一月寒くなってから西の空にですね、スバイが山に入る。西の空に、スバイの星が沈んだ。沈むと一一月、時期的に今ですよ(筆者注＝二〇〇五年一一月一四日に訪問)」

「スバイと言うた、昔の人。スバイが西の空に沈んだら、隠れたら、時間的にそれ以降は天気が急変すると言われている星なんです」

「どのように急変するかと言うと、魚とりにいくとき五時、夜明けの五時半から六時頃にかけて、夜が明けるのが遅くなっていくでしょ。星がスバイが沈めば、雨になると……。急に急変して突風が来たり、雨、風が強くなるおそれあるから、沖に行っている人は、そのときになったら帰れよ。危ないから帰れ。スバイを漁業の手本にしている。スバイ、西の山に沈んだら、だんだん天気が急変する。スバイの入りから雨なる。雨だから早く引き上げて帰ったほうがよい。朝方ですよ、急に。朝方、夜明けに西に沈む。星が西のほうに移動しますよ」［北尾C］

●その他の伝承

❖三重県志摩郡阿児町安乗（現・志摩市）

「月はヤマバにスバルボシは西に。かわいいヌシさん真ん中に」［北尾C］

鹿児島県西之表市においても類似の伝承事例がある（後述）。

❖福井県小浜市

「スバリいうの出てね。七つほどね、かたまってるわけ」

「スバリの入りには霜がおりるとかね」

「五月末か六月じぶんにスバリというやつは出てくるんや。東から……」

スバリが明け方西に入る一一月頃に霜がおり、明け方東の空から登場するのは五月末か六月であった［北尾C］。

❖長崎県平戸市幸の浦

スバルは、夜、いわしの巻き網のときに目標にしていた。

「スバル、よけいかたまって見えとった。かたまってる。よけい。ひとつの力なかばってん。かたまっとるけん。夜明け星のように力なかばってん。全体が、かたまとるけん、大きく見えるんだ。一一時頃」

ひとつの力はなくても、みんなの力を合わせて輝いている。星ぼしも、自分たちと同じように力を合わせている、と語った［北尾C］。

❖長崎県五島市奈留町浦

「スバルって、きりんごとした星出る。小学校何年だったかな。三年、四年かな。その頃、聞いたことある」

キリンゴとは、雨霧のこと。ぼーとしたプレアデス星団をうまく表現していた［北尾C］。

❖熊本県牛深市加世浦

櫓ばやしを伝えていた。

「スバイ九つ、ヨコゼキは七つ、あわして一六、ヨメザカリ」［北尾C］

❖鹿児島県西之表市

次のような歌が伝えられている。

「月ハ山ノ端《ハ》、スバリハ西ニ、想《オモ》ウ主様《ショサマ》ハソノナカニ」

（月は山にかかり、スバリは、西にかたむいており、慕うあなたは、そのあたりにいらっしゃる）〈草切節《くさきりぶし》〉［北尾AC］

●漁具スバル

前項において、漁具スマルについて述べたが、その漁具もスマルではなくスバルと言っていたケースがある。『日本星名辞典』には、「熊本地方から、鮎の友釣りに使う針で三本カギのついたものを〈スバル〉ということも報ぜられた」と記されている［野尻1973］。

長崎県南松浦郡新上五島町桐古里郷横瀬においては、漁具はスバリで、網ひっかける道具。星は、スバルだった。スバル（星）とスバリ（道具）は関係なかった［北尾C］。

鹿児島県阿久根市佐潟では、竹製のスバルが現在も使われていた。山から孟宗竹をとってきて自分で作った。

「山でとってな、竹をわってとる。伊勢エビのアミをちぎれたの……、アミをあげる。たてアミをあげる」［北尾C］

岩場では竹製のスバル、砂場では鉄製のスバルが適していた。

阿久根市黒之浜において、スバーボシ（プレアデス星団）は、スバル（漁具）の形になっている星と伝えられていた。スバル（漁具）は三〇年くらい前は、手作りで製作した［北尾C］。

指宿市今和泉においては、スバルでなく、スバイと呼んでいた。そして、「こういう格好して」と、手のひらを上に向けて、指で爪のまねをして説明してくれた。

「スバイいう。アンカーに似てる。スバイ、昔、木の枝で作った。星にスバイいう名をつけて」

漁具スバイが星名になったと伝えられていた。

漁具スバイは、木の枝を伐って石をつけたもので、蛸つぼとか、ひもが切れたときひっかけるために使用した［北尾C］。

南種子町広田では、漁具の名前が星名になったのではなく、星名が漁具の名前になったと伝えられていた。

「スバリ、引っ掻くのをスバリ。孟宗竹《もうそうちく》で作った。おもりつけて。おもりは、石。スバリ、星からとった。七本くらい又《また》つけた。あのかたまった星からつけたと思う。切れた縄をひっかけた。スバリ、自分で作った」［北尾C］

千葉県富津市萩生では、スバリについて、「スバリ、鉛をとかして、針金を曲げたのをつける。針金を八本くっつけて。そのスバリに似た星。星の数、一〇個くらい。網が切れたときにひっかけるのに使う」というように、漁具の名前が星名になったと伝えられていた［北尾C］。

千葉県富津市萩生のスバリ

●スワル

野尻抱影氏は、スバル、スマルから変化した星名について述べた後、「さらに多いのは、寒空に坐っていると見た名で、スワリボシ、オスワリサン」と記している。野尻氏によると、「スワリボシ」「オスワリサン」は、静岡・愛知・岐阜・三重・奈良・佐渡・姫路・天草と広範囲に分布している［野尻1973］。

内田武志氏は、スワリについて、「スマルからの転訛音であったらしいが、それを一か所にごちゃりと座っている星のごとくに解して、使用しているようである。静岡県ではオスワリサマ、スワリサン、スワルボッサマなどともいっている」と記している［内田1973］。

倉田一郎氏は、「スワリサン　昴星。内海府では、これが山の端にかゝる頃が、烏賊のナヅキと知られてゐる」と記している［倉田1944］。新潟県佐渡内海府においても、スワリサンが伝えられていた。

また、香田壽男氏によると、岐阜県奥揖斐に、「オスワリサン」「スワリボシ」が伝えられている。香田氏によると、「ホシ(星)のことを、オヒトンタア(お人達)と呼んだ」「星ぼしを人にたとえて、大きい人が出とんのさ……」と言った。星も人だから、星も空に坐る。そして、オスワリサン、スワリボシと語る。星と人が全く別なものでなく、大変親近感のある一体となったものであった[香田C]。

筆者も次のように広範囲にスワル、スワリボシサン等を記録した[北尾C]。

❖愛知県知多郡南知多町師崎……スワル、スワルサマ、スワリサマ
❖奈良県山辺郡山添村……スワリボシサン
❖奈良県吉野郡川上村……スワリボシサン
❖大阪府大阪市大野……スワル、スワルボシ
❖大分県中津市小祝漁港……スワルサマ
❖熊本県宇土市戸口町網田……スワル
❖鹿児島県薩摩川内市里町里……スワイ
❖鹿児島県南さつま市坊津町……スワイドン

❖熊本県宇土市戸口町網田
昭和七年生まれの漁師さんの伝え聞いていた話である。

「スワルって言った。星で固まって。今は、たいがい上にのぼって、西のほう、さがっていく。スワル、固まってな。星が、固まってな。出ていくと。東から出て行くと、はいか」

「今も見えてる。スワル。そのあとにマスが出てくる。マスが二時ごろ。ミョージョーのずる前に出てくる。ミョージョーのずる前に、東からマスが出てくる。スワルは、その前」

「はいか」は「速い」、「ずる」は「出る」という意味。明けの明星のずる(出る)前にマス、マスの前にスワルと教えてくださった。

「マス、四角になってる。かどかどに星。マスは、太い」

四角とは、オリオン座三つ星とη星と小三つ星の一番上の星で作る配列のこと。

「東から出てくる、マス。マスの握るとこ。マス、一升枡の形」

図を書いて説明してくださった。マスの柄が小三つ星だった(第2節オリオン座参照)

「スワル、星の何十あってかたまってる。一〇月、一一時、東からスワル。マスは、そのあと。ヨアサノミョージョー、東のしらむ前。スワル、今出てきたばいな。時間わかった。エビ、網でとる。源式網《げんしきあみ》、潮に応じて流す」

網を流すとき、スワルで時間を知った。

「スワル、東から出てきたばいな。流し網、時間何時ごろ、わかる。時計なか、船に。勘というな。自分の勘。柱時計、一丁ずつ家に。小舟には時計ない」

家に柱時計がひとつあっただけで小舟には時計はなく、スワルが頼りだった［北尾C］。

❖大分県中津市小祝漁港
昭和一〇年生まれの漁師さんの伝え聞いていた話である。
「ぐじゃぐじゃしてた。スワルサマ。北斗七星みたいな形なのが、ぐじゃぐじゃと。東の空から、いちばんにスワルサマ。それが見えたら次にミツボシ」
「スワルサマの星の数は七、八個くらい。ぐじゃぐじゃと。東からあがってくる」［北尾C］

ムツラ（六連）

スバル、スマルの次に広く伝えられているのは、ムツラである。ムツラは、主に東日本に分布する。桑原昭二氏は、兵庫県の播但線の香寺町等でムヅラボシを記録しており、東日本以外にも一部分布するものの広範囲に記録できるのは東日本である［桑原1963］。

江戸時代の方言辞書『物類称呼』には、「江戸にては○むつら星といふ」とある［越谷吾山1775］。

六つの星が連なっている様子を六連星（ムツラボシ、ムヅラボシ）と呼んだのである。一方で、倉田一郎氏は、『陸前荒浜漁村語彙』にて、宮城県阿武隈川河口右岸の荒浜に伝わるムヅラボシについて、「六面星」と記している［倉田1995］。六連ではなく、六つの面（ツラ、顔）をイメージしたケースを、筆者（北尾）も秋田県男鹿市門前、茨城県北茨城市大津町において記録した［北尾C］。暮らしを星空に描いた。身を寄せ合っている六人の顔も星空に描かれた。本来の六連に新しい意味が加わり、ますます星名伝承の世界は豊かなものになっていく。

ムツラにおいても、スバル、スマルと同様、多様な星名の転訛が見られる。ムツラからムヅラ、ムジラ、ムジナ、ウズラへと転訛していった。そして、転訛とともに、鶉《うずら》という鳥がかたまって飛んでいるように見えるからウズラボシと呼んだというように、イメージはさらにひろがっていった。

北海道亀田半島地区には、ムツラのグループの星名が分布しているが、下北半島からの伝播と思われる。北海道松前地区、上磯地区のムツラのグループは、津軽半島から伝播したのではない。津軽半島には主にスバルのグループが分布する。このように東日本においてもムツラではなくスバルのグループが分布することもある。また、岩手県、宮城県には、ムヅラがオリオン座三つ星と小三つ星を意味するケースがある（第2節オリオン座参照）。

ムツラ、ムヅラ、ムジラ、ムジナ、ウズラ等については、多くの調査があるが、筆者の調査からその一部を次に記す［北尾C］。

●**ムツラ、ムヅラ**

❖北海道積丹郡積丹町野塚町……ムヅラボシ
❖北海道積丹郡積丹町余別町……ムヅラボシ
❖北海道古宇郡泊村盃村……ムヅラボシ
❖北海道函館市銚子町……ムヅラボシ
❖北海道函館市富浦町……ムツラ
❖北海道松前郡松前町博多……ムヅラボシ
❖北海道松前郡福島町福島……ムヅラ、ムヅラボシ
❖北海道北斗市茂辺地……ムヅラ、ムヅラボシ
❖青森県上北郡六か所村泊……ムヅラ
❖岩手県久慈市……ムツラ、ムヅラ
❖秋田県男鹿市戸賀……ムツラ
❖秋田県男鹿市塩崎……ムヅラ
❖秋田県男鹿市加茂……ムヅラボシ
❖茨城県北茨城市大津町……ムヅラ
❖群馬県利根郡みなかみ町藤原……ムツラ

●**ムジラ**

❖北海道松前郡福島町吉岡……ムジラボシ
❖北海道函館市釜谷町……ムジラ、
❖青森県下北郡大間町大間……ムジラ
❖青森県下北郡風間浦村蛇浦……ムジラ
❖青森県下北郡風間浦村易国間……ムジラ

❖秋田県男鹿市塩崎……ムジラ

● ムジナ

❖北海道久遠郡せたな町瀬棚区島歌蛇羅……ムジナボシ
❖北海道函館市臼尻町……ムジナボシ
❖北海道函館市尾札部町……ムジナ、ムジナボシ
❖北海道函館市元村町……ムジナボシ
❖北海道函館市釜谷町……ムジナボシ
❖北海道函館市古武井町……ムジナボシ
❖北海道上磯郡木古内町札苅……ムジナボシ
❖北海道北斗市当別……ムジナボシ
❖青森県下北郡風間浦村蛇浦……ムジナ
❖青森県下北郡風間浦村易国間……ムジナ
❖秋田県男鹿市塩崎……ムジナ
❖秋田県男鹿市門前……ムジナボシ

● ウズラ

❖北海道積丹郡積丹町日司町……ウズラボシ
❖北海道磯谷郡蘭越町港町……ウズラ
❖北海道寿都郡寿都町大磯町……ウズラ
❖北海道久遠郡せたな町瀬棚区北島歌須築……ウズラ
❖北海道久遠郡せたな町瀬棚区島歌吹込……ウズラ
❖北海道二海郡八雲町熊石根崎町……ウズラ
❖北海道二海郡八雲町熊石泊川町……ウズラボシ
❖北海道二海郡八雲町熊石館平……ウズラ
❖北海道函館市富浦町……ウズラ
❖北海道函館市元村町……ウズラ、ウズラボシ
❖北海道函館市石崎町……ウズラボシ
❖北海道函館市泊町……ウズラ、ウズラボシ
❖北海道函館市日ノ浜町……ウズラ
❖北海道松前郡松前町博多……ウズラ、ウズラボシ
❖北海道北斗市茂辺地……ウズラ、ウズラボシ
❖青森県上北郡六か所村泊……ウズラ

ところで、内田武志氏によると、ムツリガイ、ムツルガイが伝えられている。

● ムツリガイ、ムツルガイ

内田武志氏は、「ムツラからの転訛語であろうか」と指摘している。内田氏は、ガイについて、「星を意味するもの

であるらしい」と記している。ムツリガイは静岡県安倍郡清沢村相俣（現・静岡市）に、ムツルガイは静岡市に伝えられている［内田1973］。

増田正之氏によると、六連星の転訛「ムッツラボシ」が伝えられている。

◉ムッツラボシ（**六連星**）

増田正之氏が、富山県東礪波郡庄川町（現・砺波市）にて記録［増田1990］。

また、千田守康氏によると、六連星の転訛「ウンヅラ」が伝えられている。

◉ウンヅラ（**六連**）

千田守康氏が宮城県桃生郡雄勝町水浜（現・石巻市）にて記録［千田C］。

生活のなかのムツラ

ムツラ、ムヅラに関連する伝承は、次の通りである。

❖北海道松前郡福島町福島

「六つならんでムヅラボシ。南米大陸の形。イカ、ムヅラボシでついても、アトボシ（シリウス）でつかないこともある。アトボシでついてもミツボシでつかないこともある。星が出たとき、潮がだるむわけだ。潮がだるんだらつく。ムヅラからアオボシの間は絶対、眠れない。いつイカがつくかわからない」［北尾C］

❖北海道北斗市茂辺地

「ムヅラボシ……、六つ。ウズラはムヅラが訛った。星の出の際の光の関係でのみイカが寄ってくるとすれば、今のような明るいランプを使用していても星の出でイカが寄るのが説明できない。故に、光以外にも関係ある」［北尾C］

❖岩手県久慈市

「今でも、ムツラ、ミツラ(三つ星)の出はつく。水温とかが変化して、イカが腹を減らしてエサがはずむ」［北尾C］

❖秋田県男鹿市門前

「六つのツラ(顔)という意味でムヅラボシと言った。それが訛ってムジナボシになった」［北尾C］

❖茨城県北茨城市大津町

「ムヅラ言ったたな。六つのツラだね。ツラというのは面という字を書いたな。ムヅラと言ったたな。ムヅラというのも、ひとところにごじゃごじゃと、こう六つばかりかたまってる。それもねえわけなんだね。そういうねえものを名前つけて時刻をはかったりしたんだね」［北尾C］

❖群馬県利根郡みなかみ町藤原

「ムツラ、小さい星が六つかたまってる」［北尾C］

ウズラに関連する伝承は次の通りである。

❖北海道二海郡八雲町熊石根崎町

「ウズラは鳥の鶉《うずら》。かたまってる」［北尾C］

❖北海道函館市泊町

「七つばかしの星が、ごちゃごちゃとかたまっている。鶉という鳥がかたまって飛んでいるように見えるから、ウズラボシと言った」［北尾C］

群れ星

奄美大島・喜界島より南では、群れ星のグループの星名が伝えられている。プレアデス星団は、星がひとところにかたまって群れているように見えることから「群れ星」という星名が形成された。

群れ星においても、ムリブシ、ムリプシ、ムリカブシ、ブリブシ、ブリフシ、ブリムン、ムニブス、ンミブス等の多様な星名の転訛が見られる。

トカラ列島以北においては、群れ星のグループの星名はほとんど記録されていない。わずかに、ムラガリボシ(静岡県静岡市天王町、神奈川県津久井郡千木良村岡本〈現・相模原市〉)

が記録されている［内田1949］。「ゴジャゴジャボシ」「アツマリボシ」と同様、星がたくさん集まっていることから形成された星名で、群れ星とは伝播関係はないと思われる。しかし、野尻抱影氏は、沖縄・奄美の群れ星（ムリカブシ、ブレプシ）が、「昴星（ムラボシ）」（『雑字類編』1786〈天明六〉年）、「ムラガリボシ」「アツマリボシ」（内田氏、静岡地方）に遠くに通ずると指摘している［野尻1973］。今後の課題としたい。

最初に鹿児島県の群れ星の星名伝承を奄美大島より順に記す。

▼奄美大島

❖奄美市住用町市……ブリブシ（星、固まってる）［北尾C］

❖奄美市笠利町笠利……ボレフシ（ボレフシ、固まっている。群れている）［北尾C］

❖大島郡宇検村屋鈍……ブリブシ（時間わかる）［北尾C］

❖大島郡宇検村……ブレプシ（ブレプシはミツブシより三尋《ひろ》ぐらい先きに出るといっている）［野尻1973］

❖大島郡宇検村平田……ブルブシ、ブリブシ（ヨアケブシが上がる前にね、ブルブシが先にあがって）（ブリブシは集団になっているから。ここだけ集中してる）（テンノブーリブーシーヤ、ユーミバユーミナリューリ、ウヤヌユシグートゥヤー、ハテシネーラヌ、ナレーショナー、ナレーショナー）［北尾C］

❖大島郡宇検村芦検……ブレブシ（ブレブシが見えると寒が出る）［北尾AC］

❖大島郡大和村今里……ブリブシ、ブレブシ（ブリブシいうたら、天の星のことですよ。下から見たら集まってるみたいに見えるから、あれはブリブシや、年寄りなんか言っておったのです。下から見たらいっぱい集まって見えるのですよ）［北尾C］

❖大島郡大和村思勝……ブレブシ［北尾AC］

❖大島郡瀬戸内町古仁屋……ブリブシ、ブリフシ（星さ、固まってるわい。じきじきによって朝あがってくることもある。天ヌブリブシハ、ヨミモナル。オヤノユガゴトハ、ヨミハナラヌ。天のブリブシは数えられるが、親が教えることは多いから数えられない。ブリブシ、七、八個。真角《まかく》にしっぽみたいなのがついている。固まりを「ブリ」。ブリブシあがったら何時、だいたいわかる）［北尾C］

❖大島郡瀬戸内町西古見……ブリブシ（固まっているのを「ブリ」）［北尾C］

▼加計呂麻島

❖大島郡瀬戸内町芝……ブレブシ（星がいっぱいある。一〇ぐらい。固まるいうことを「ブレ」。ブレブシがどこきているから何時と、おおよそ見当ついた）

❖大島郡瀬戸内町諸鈍……ブリブシ（昔は言いよった。ブリブシ、小さい。ミッツブシ、大きい）［北尾C］

▼喜界島

❖大島郡喜界町……ブリ・フシー、ブリー、ブリヨーファー［岩倉1941］

❖大島郡喜界町小野津……ブリブシ［北尾C］

❖大島郡喜界町坂嶺……ブリブシ［北尾C］

❖大島郡喜界町手久津久……ブリムン［北尾C］

❖大島郡喜界町上嘉鉄……ブリブシ［北尾C］

❖大島郡喜界町花良治……ブリムン［北尾C］

❖大島郡喜界町手久津久の歌
天ヌ群星《ブリムン》ヤ、他人《ユス》ヌ上《ウイ》ヅ照《テ》ルリ、黄金《クカネ》三ツ星《フシ》ヤ吾ガ上《ウイ》バ照《テ》ルリ［北尾C］。

▼徳之島

❖大島郡徳之島町徳和瀬……ブレブシ［松山1984］

大晦日、ブレブシ（プレアデス星団）は、夜九時半頃南中する。真夜中〇時、新しい年を迎えるとき、プレアデス星団は南中を過ぎ、シリウスが、まもなく南中を迎えようとしている。その下のほうで、カノープスが、ほぼ南中している。以下、徳之島のブリブシとのかかわりを記す。

ブレブシヌ真カンミヤへ

ブレブシは、日に日に南中時刻が早くなり、二月になると日没後一時間あまりで南中するようになる。

松山光秀氏によると、徳之島町では、その頃のプレアデス星団について、次のように伝えられている。

「『ブレブシヌ真《マ》カンミヤ、春《ハル》ヌ節《シチ》ヌ入《イ》リ』と言った。宵の口にブリブシが真上に見える頃は『天黒（テングル）ミ』と言って曇りが多い。この時期に春の節に入る」［松山1984］

日没後の西の空でテルハンギ高へ

「ブレブシヌ真カンミヤ……」を迎えたあと、日没後のブレブシの高度は日に日に低くなっていく。四月になるとブレブシは、日没後の西の空でテルハンギ高となる。

テルとは竹製の背負い籠のこと。宵の口、薄暗くなりかけの時刻に、頭にテル籠の緒をかけた状態、すなわち、少し前かがみになって西空に向いたとき、目にブレブシが入ってくる高さにある時期をテルハンギ高と呼んだ。

徳之島町では、「西《イリ》テルハンギ高ヤ《デ》田植ドキ」と伝えられ、日没後の西空でテルハンギ高にプレアデス星団が見えたときを田植の時期の目標にした。

松山氏は、テルハンギ高について、「天空(中天)と海の水平線上のおよそ中間点あたりの高さではないでしょうか」と推測している。ひとつの試みとして、仮に中天を四五度、中間点を二二・五度として一九〇〇年の場合についてアストロアーツのステラナビゲータVer.7を用いて算出した。

◉西テルハンギ高……四月八日(太陽高度マイナス一八度)〜四月一六日(太陽高度マイナス一〇度)

松山氏によると、山に自生しているサクラ花(山ツツジ)が咲く四月上旬に田植が行なわれるので、前述の四月八日〜一六日とほぼ合致する。また、時代をさかのぼると西テルハンギ高の時期は少しずつ早くなっていく[北尾2008]。

日没後、太陽高度マイナス一〇度の場合、ブレブシ(プレアデス星団)は、五月一二日に西の地平線に沈んで見えなくなる。そして、如何なる時間にも見えない期間が五月の下旬まで続く。続いて、アルデバラン、オリオン座三つ星、シリウスが西の地平線で見えなくなる。

明け方の東の空での再会は、太陽高度マイナス一〇度の場合、アルデバランは六月中旬、オリオン座三つ星は七月中旬、シリウスは八月上旬であるが、ブレブシは、六月上旬から見ることができるようになる。ブレブシとは、アルデバラン、オリオン座三つ星、シリウスよりも早く再会できるのである。

秋が深まり、日が暮れたあと、東空でブレブシと出会うことが可能な時期になる。一晩中、ブレブシを見ることができる季節のはじまりだ。

日没後の東の空でテルハンギ高へ

日没後、東の空のブレブシの高度は、少しずつ高くなっていく。徳之島町では、宵の口、薄暗くなりかけの頃のブレブシがテルハンギ高の高度(頭にテル籠の緒をかけた状態、すなわち、少し前かがみになって東空に向いたとき、目にブレブシが入ってくる高さ)にある時期を麦植の時期とした。そして人びとは、「東《アゲレ》テルハンギ高ハ《デ》麦植《ムギウエ》ドキ」と語り伝えた。西テルハンギ高で田植の時期を、東テルハンギ高で麦植の時期を知ったのだった。

西テルハンギ高と同様に、東テルハンギ高を二二・五度として、一九〇〇年の場合についてアストロアーツのステラナビゲータVer.7を用いて算出した。

●東テルハンギ高……一一月二四日(太陽高度マイナス一八度)～一二月三日(太陽高度マイナス一〇度)

時期について、普通旧暦一〇月頃と伝えられている。旧暦一〇月は新暦の何日に相当するかは年によって異なり、一〇月下旬～一二月中旬頃になるが、前記の一一月二四日～一二月三日はこの期間に入っている。また、東テルハンギの時期は、時代をさかのぼると、西テルハンギ高と同様、少しずつ早くなっていく[北尾2008]。

また、松山氏によると、次のように、てぃんさぐぬ花が徳之島において歌われている。

「天ヌ、群星《ブレブシ》ヤ読デカ読マルシガ、吾ガ思メシ事ヤ読ミヤナラヌ」

(天に輝いている群星の星の数は、数えることができるが、私の胸の内の複雑な思いはとても数えることはできない)[松山1984]

▼沖永良部島

❖大島町和泊町……ブリフシ(burifushi)[岩倉1940]

❖大島郡和泊町永嶺……ブリブシ[北尾AC]

岩倉市郎氏が、一九三六年六月一二日、沖永良部島上平川の平前信氏から記録した「キーチャ殿の話(Kiicha-dun nu fanashi)」が、『沖永良部島昔話』に掲載されている。天の庭にのぼるまでの概要である。

　キーチャ殿は、大和の國には妻に相応しい人はいないので、那覇の王様の娘の玉のミショダイのウナグを妻にしようと、百の馬から五十、五十の馬から三十、三十の馬から十、十の馬から五、五の馬から一つ選んだ。一鞭かけたら、那覇の王様の館の庭の築山に立って、また一鞭かけたら、王様の館の一里廻りの庭を三度駆け巡った。キーチャ殿は、玉のミショダイのオナグを馬の上へ摑んで乗せて、家の裏へ行って、「お前は自分の妻になって良いだろう」と言って、それ丈言って、返答もさせずに、直ぐ大和の國へ連れて戻って來て、二人で夫婦になって暮らしてゐた。三日目に船がやってきた。妻が、「役目々々(夫を呼ぶ語)、向ふから船が來ましたが、あれは戦さ船ではありませんか」と言ったので、キーチャ殿が行って見たら戦さ船だった。キーチャ殿が船一艘の者を殺して戻って來ようとする時、巻形結ふて(髪の形)黒髯よたらめかした若者が、「汝は吾妹を戰こうて返へすか、たゞで返すか」と言った。キーチャ殿は、妻の兄と七日戰って、兄の首を取った。それを知った妻は、「さても役目々々、それは吾たった一人の兄加那志だったものをー、彼が居なくなって、私は生きてゐて何としよう」と言って、直ぐ庭の井戸に飛び込んだ。キーチャ殿が井戸に降りて妻を引き上げたら、息が切れてゐた。キーチャ殿は、「さァ良か人間の魂は、天に上るといふものだ」と言って、握り飯三つ袂に入れて、馬に乗って天の庭に上った[岩倉1940]。

　次に、天の庭に上ってからのブリフシ(burifushi)、ミツブシ(mitsubushi)(ミチブシ〈michibushi〉)、ユアキブシ(yuakibushi)との出会いを、『沖永良部島昔話』より引用する。

mânti uma ni nigirimishi kamachi chikara shimiti,
其處で馬に握り飯を食はせて力をつけて、
urikara ikukai ikyutan tuki niwa, burifushi michi ni ikyoti.
それから行くかい行きをつたら、ブレ星(六つ星)道に行逢ふた。
“Burifushi burifushi, Tamanu-misyudainu unagu miyajina.”

群星々々、玉のミショダイの女子は、見やじな。
Tûtan tuki niwa, “nâni wa mugimaki nu usunati miyamu,
問ふた處が、「自分は麥播きが遲くなつて見なかつた。
atu kara mitsubushi nu kyûndô, uri chi tûti mi.”
後から三つ星が來る。あれに問うてみ。」
Mata ikukai ijankya michibushi ikyati,
また行くかい行つたら、三つ星に行逢ふたよ、
urichi tôtan tukuruga, nâni wa taui nu usu nati miyamu,
それに問ふた處が、「自分は田植えが遲くなつて見なかつた。
atu kara yuakibushi nu kyûn dô, urichi tûti mi,”
後から夜明け星が來るよ。あれに尋ねてみ」［といふ。］
mata ikukai ikyutan tuki ni wa, yuakibushi ikiôti,
また行くかい行つたら夜明星に行逢ふた［岩倉1940］。

夜明け星（ユアキブシ）から玉のミショダイの女子の居場所を聞き、最後は、次のようにハッピーエンドとなる。
「キーチャ殿は嬉しくなつて、また元の通りに、夫婦になつて、今が今までも良か暮しをしてゐると。ガッサトーサ」

内田武志氏が、「おきえらぶ昔話、天の庭より」を引用しているのは、この物語である［内田1949］。「天の庭」は、岩倉市郎氏のつけた標題で、話者は、「キーチャ殿の話」と呼んでいた。岩倉氏によると、人は死ぬると天の庭へ上るという信仰は、現に生きているという。

内田氏は、キーチャ殿が、ブリフシに、「群星々々、玉のミショダイの女子は見やじな」と問うた處が「自分は麥蒔きが遲くなつて見なかつた。後からミチブシ（三つ星）が來る。あれに問うてみ」と、三つ星に問うたところが「自分は田植が遲くなつて見なかつた。後から夜明け星が來るよ、あれに尋ねてみ」と返事したことについて、ブリブシと麦蒔き、ミチブシと田植の関係が昔話からうかがわれる可能性を指摘している［内田1949］。

次に、沖縄県の群れ星の星名伝承を沖縄本島より順に記す。

▼沖縄本島

❖糸満市……ムリブシ［北尾C］

❖中頭郡読谷村……ブリブシ、ブルブシ、ムリブサー［北尾AC］

糸満市では、薄明の終わる頃、頭の上に桶をのせて、ムリブシが見える二月から五月頃まで突風が吹くと伝えられていた。一月まではムリブシの高度が高く桶に隠れて見えない。星の高度が一定以下にあることを知るために、桶を用いたのである。

▼伊江島／粟国島／渡名喜島

❖国頭郡伊江村……ブリブシ［北尾AC］

❖島尻郡粟国村……ブリフシ、ブリムン［北尾AC］

❖島尻郡渡名喜村……ブリムン［北尾AC］

頭の上に桶をのせてムリブシを観測した
『星と生きる』（発行＝ウインかもがわ）より

▼渡名喜村の伝承

群れをなしていることを「ブリ」と言う。群れている星という意味で、ブリムン（群れ物）と呼んでいる。ブリムンで夜明けの近いことを知り、若い男女も、その頃、夜遊びをやめて帰宅した。このブリムンが東の空にのぼると、魚釣り星（さそり座）が西の方に隠れてしまう、と言う。

▼沖縄の民謡・てぃんさぐぬ花（渡名喜村）

「天《ティン》ヌ、群星《ブリムン》ヤ読《ユ》ミバ読マリユイ、親《ウヤ》ヌヨシグトヤユミヌナユミ」（天空にむらがる星も、数えようと思えば数えられぬこともないでしょうが、親のしつけや教えたことは数え切れないほどありますよ）

「夜走《ユルハ》ラス、船《フニ》ヤ子《ニィ》ヌ方星《フハブシ》目当《ミアティ》、我身《ワン》産《ナ》チヤル親《ウヤ》ヤ我身《ワン》ドウ見当ティ」（夜航海する船は北極星を目印として北位をとらえ航行するのですが、私を生んで育てた親は、私の成長をあてにして、私を頼みとしているのですよ）

▼渡嘉敷島

❖島尻郡渡嘉敷村……ブリブシ［北尾AC］

◉**フサアーギ**（**星上ギ、渡嘉敷島**）

ブリブシ、ミツブシ（オリオン座三つ星）、ユウアカシブブシ（明けの明星、金星等の明るい星）の三つが夜明けの明星となる季節に（夜明けにのぼる季節に）、決まって、高波と東向きの強風が吹くので、季節風フサアーギと呼んでいる。その季節風が終わると台風期にはいる［北尾AC］。

▼**久米島**

❖島尻郡仲里村儀間（現・久米島町）……ブリブシ［北尾C］

❖島尻郡仲里村真泊（現・久米島町）……ブリブシ［北尾C］

❖具志川村鳥島（現・久米島町）……ブリブシ［北尾C］

◉**フシアギ**（**星上ギ、仲里村真泊**〈**現・久米島町**〉）

四月にフシアギといって、突風がある。この突風が吹いた後に夜明けにブリブシがあがる。フシアギが吹かないとブリブシが夜明けにあがらない。ブリブシが見える頃からイカの時季になってくる［北尾C］。

▼**多良間島**

❖宮古郡多良間村……ムニブス［北尾AC］

ムニブス（群れ星）の動きで時間を知り、潮の満干がわかった［北尾AC］。

▼**宮古島**

「ンミ」とは、「群れ」、「ブス」は「星」という意味である。

❖平良市（現・宮古島市）……ンミブス［北尾AC］

❖宮古郡上野村（現・宮古島市）……ンミムヌブス［北尾AC］

▼**上野村**（**現・宮古島市**）**の伝承**

ンミムヌブスは、男七人の兄達が群れになっている［北尾AC］。

▼**石垣島**

❖石垣市石垣……ムリカプシィ［喜舎場1970a］

❖大川……ムリプシィ、フナープシィ［喜舎場1970a］

❖平得……ンニプシィ［喜舎場1970a］

❖新栄町……ブリブシ［北尾C］

❖川平……ムリブシ［北尾C］、ユブス［福澄C］

石垣、大川、平得の星名は、ユンタに登場する。喜舎場永珣氏は、石垣市石垣のムリカプシィについて、「ムリカ星は、三方台に小団子を高く盛ったように、盛り上がって見えるから、方言で「盛《ム》ル星《プシィ》」と言っている。その盛る星から転じて「カ」の愛称語をつけて、ムリカ星と称している」と記している。すなわち、「可愛い盛る星よ」の意となる。また、大川のフナープシィについて、「語源は組星《クナープシィ》の転である。組合っている星の集団の意」と記している［喜舎場1970a］。ンニプシイについては、「魚群や鳥の群れをも『ンニ』（群れ）と称するところから『群《ム》れ星』すなわちンニ星とも称し……」と記している［喜舎場1970a］。

また、川平のユブスについて、福澄孝博氏は、「われわれが沖縄の方言として認識しているムリブシを標準語で……と言い切った話者に、逆にお話いただいたユブスという名称が局所的地域に根ざしたものだと確信しました」と述べている。地域において星名が多様なもので、本来はユブスと呼んでいたことを示唆する貴重な記録である。

▼石垣市川平のムリブシオガン（群れ星の御嶽）

ムリブシオガンに、次のような伝承が伝えられている。

「南風野家の女の子が、ナベに煮るものは食べないで、精進ばかりやっていた。女の子が夜中に必ずしっこ（おしっこ）しに行ったら、ちょうど向かいの山の中にムリブシ（群れ星）と通ずる火があったので、火をよく見ると、提灯が火をとぼして、おりたり、のぼったりこうして……。何かこりゃ妙な不思議なもんだ、自分ひとり心配してはいけないと思い、おうちの人に話したら……」

女の子が家族に話したところ、今度見えたとき家族を起こして確かめることになった。

「女の子は、見えたときには家族に知らせようと注意したところが、ちょうどまた例のとおりしっこしに行くと、提灯が上と下にいったり来た

ムリブシオガン（福澄孝博氏撮影）

り上下していたので、家族の人を起こしてきた。これは確かに、何か神からの知らせかもわからない、だから、よく場所を注意して記憶しておけよ、と言って、翌日、山の中に提灯がおりたところを見ると、お米の粉で机の形が印されていた。これは確かに、ここに神さまがおりてこられたからお宮にせんといかん、というので、そこではじめて神さまのオガンをたててもらった」[北尾2001]

なお、福澄孝博氏によると、ムリブシオガンは標準語的な呼び名で、地域ではユブスオンと言われていた。また、福澄氏は、毎晩光の塊(正体はユブス?)が降ってきた場所にオン(オガン)を建てた、という伝承を記録した。川平で最初に建てられたオガンで、群れ星と川平の人びととの深いかかわりを教えてくれる。

◉石垣市石垣の星見石

群れ星(プレアデス星団)を正確に観察して農耕の目標とするためにつくられた星見石がある。高さは、約一〇三センチで、ほぼ真西を向いて木に抱かれるようにして立っている。

喜舎場永珣氏によると、一六四七年に八重山の最高行政官たる頭職を拝命された長重翁は稲の播種期(種子取)日を一定する必要を痛感された。そして、各村毎の適当な高台の観測に好適な場所に「星見石(プシイミイシ)」を建てさせた。

石垣の星見石

喜舎場氏は、日没後の東の空の群れ星の観測について、次の三つの星見石を用いる方法を記している[喜舎場1970a]。

❖長重翁……群れ星―星見石―眼の三点が直線上にきた時

❖長田大主……群れ星が星見石と櫂との一直線上にきた時(櫂の高さ、普通四尺くらいある)

❖赤ハチ酋長……九尺竿を立てて竿の先端と直線上にきた時(長田大主より少し遅れる)

●ムリ星ユンタ

喜舎場永珣氏著『八重山古謡　上巻』に、「ムリ星ユンタ」（石垣市石垣）、「フナー星ユンタ」（石垣市大川）、「ムリ星ユンタ」（石垣市平得）が掲載されている［喜舎場1970a］。石垣市新栄町においての記録については、第3章第6節いて座参照。

▼竹富島

❖八重山郡竹富町竹富……ムルカプシィ［喜舎場1970b］
❖八重山郡竹富町竹富……ムリカブシ［北尾C］

ムルカプシィは、喜舎場永珣氏著『八重山古謡　下巻』に掲載されている「七星ユングトゥ」（竹富島）に、次のように登場する。

ムルカ星　昴星《スバルボシ》の
六人ユ《ルックニン》　六人に
人ダミユ　島の指揮者に
ショウリッテ　なってくれと
イユタラ　命ぜられたら
オッティジ　畏りましたと
ウキダル　お請けをした
ユンドゥ　わけで
天ヌ真中《マンナカ》　天空の真中を
トゥリオウル　運行しておる

［喜舎場1970b］

六個見えることから、「ムルカ星六人」と表現されている。

星見石の下の方に穴（直径は、西側が約一三センチ、東側が約二二センチ）があけられており、日没後その穴から群れ星（ムリカブシ）が見える時季に播種を行なった。ちょうど薄明の終わり頃に穴から群れ星が見えた時季――立冬の頃に播種を行なったのだった。

一九七九年三月、筆者は、星見石は、北岬の小高い丘にあったと聞いたが、その後、宮地竹史氏の調査で竹富島北部の與那国家の畑にあったことが判明した［宮地2009］。

星見石の穴から群れ星を観察して生業の季節を判断する必要がなくなり、星見石を児童公園である赤山公園に移転しようという案が出された。いろいろと議論があったが、多数決の結果、子どもの教育のために赤山公園への移転が

竹富島の星見石(東側から撮影)

竹富島の星見石(西側から撮影)

星見石が設置されていた場所。小関高明氏撮影。ちょうど写真で福澄孝博氏の目の前の↓の先端付近に星見石が設置されていた。竹富島北部にあたる。写真の道路を奥へ行くと島の中心部へ向かう。

星見石が設置されていた場所(拡大)。福澄孝博氏撮影。

決定した。牛三頭で引いて赤山公園へ運ばれてきた星見石は、残念ながら、その穴から群れ星を観察できるように設置されなかったが、群れ星を観察して豊かな実りを迎えた日々のことを永遠に語り継ぐという大きな使命を今日も果たしている。

▼小浜島

❖八重山郡竹富町小浜……ムリブシ［北尾AC］

▼西表島

❖八重山郡竹富町西表……ムリブシ、ブルブシ［北尾AC］

日没後、農家が竹竿を直立させて、ブルブシが真上にある時が田植えの時期。東寄りの場合は田植えは早い。西寄りの場合は田植えは遅い。竹竿の高さは約二メートル。ブルブシの高度がおおよそ七五度以上になれば真上と錯覚してしまう。一月二〇日過ぎくらいには間違えて田植えをしてしまう。西表島の田植え時期は二月からである。早すぎないように地面に竹竿を立てて両手で握ってブルブシがぼぼ天頂にやってくるときを知ったのである［北尾AC］。

▼鳩間島

❖八重山郡竹富町鳩間……ムリプシ［北尾AC］

▼沖縄の民謡・てぃんさぐぬ花（竹富町鳩間）

「テンヌ、ムリプシヤ、ユミバ、ユマリスヌ、ウヤヌ、ユンクトヤ、ユミヌナラヌ」

（天の群星は、数えれば数えられるが、親の教え事は、数えられない）

「ユウル、パラス、フニヤ、ニイヌパプシ、ミアテ、バンナセル、ウヤヤ、バンドミアテ」

（夜走らす船は、北極星を目標にして走らす。私を生んだ親は、私を目当て）［北尾AC］

▼新城島

❖八重山郡竹富町新城……ムリブシ［北尾AC］

▼与那国島

❖八重山郡与那国町……ブリフシ［北尾AC］

▼沖縄の民謡・てぃんさぐぬ花（与那国町）

「テンヌ、ブリフシヤ、ユミバ、ユマリシガ、バナシヤル、ウヤヌ、ユシグチヤ、ユミヌナラヌ」
（天の群星は、数へれば、数へられるが、僕を生んだ親の教へは数へる事が出来ない程澤山ある）［北尾ＡＣ］

数―七

一般的に北斗七星（おおぐま座αβγδεζη）を意味するナナツボシがプレアデス星団の星名となったケースがある。野尻抱影氏によると、青森、静岡、広島、大分、福岡、鹿児島等に伝えられている［野尻1973］。

また、桑原昭二氏は、『星の和名とその分布』（言語学林一九九五―一九九六）で、「七つぼし」を古くから使用されてきたものと指摘している。江戸・京都からの伝播の影響が小さく昔からの和名が消えないで残っている東北・九州に分布しているからである［桑原1996］。ナナツボシは、北斗七星を意味するケースが多いが、一方で、昔からのプレアデス星団の星名であり、次のような星名伝承を記録することができる。

◉ナナツボシ

ナナツボシは、もとはヤツボシだったという伝承を大分県別府市で記録することができた。

「ナナツボシさまはな、ハナ、八つあった。安心院のお寺の坊さんがひとつ祈り落としたという。もとヤツボシやった。八つあったけど、ひとつ祈り落としたから七つになった。八つあったけど、ひとつは安心院の剣星寺にある。ヤツボシ、ヤツボシ、ゆかりはいいわ。今はナナツ、ひとつは安心院の剣星寺」［北尾Ｃ］

安心院・剣星寺の星堂

空から落ちてきた剣で欠けたと伝えられる石

『日本星名辞典』に掲載されている飯田岳楼氏が祖母から聞いた話では、「七つ星さまは六つこそござれ、一つは深見の竜泉寺」で、八ではなく七である。野尻抱影氏は、ギリシア神話のプレアデス姉妹の一人が彗星となって姿を消したという話を連想させると指摘している[野尻1973]。

ところで、『日本星名辞典』にある「竜泉寺」は、「龍泉寺跡」という表示だけで、建物は残っていなかった。

安心院町大の剣星寺には、空から剣が落ちてきて欠けたと伝えられている石があった。

八月七日(七夕)と一四日(盆)に踊る歌に、「七つ星こそさ、六つこそござーれー……」と、ナナツボシが登場する。八月七日の昼に、各家で作った七夕の竹を持ちよって、やぐらにたてて、七夕踊りをした。

トカラ列島の有人島のなかで最南端に位置する宝島がスバルのグループの星名の南限であるが、中之島と宝島の間にある悪石島には、次のようにスバルのグループ以外のナナツボシという星名も伝えられていた。

❖鹿児島郡十島村悪石島……ナナツボシ[早川1977]

内田武志氏によると、青森県西津軽郡森田村大館(現・つがる市)、下北郡田名部町(現・むつ市)においてナナツボシが伝えられている[内田1949]。

また、千田守康氏が仙台市宮城町定義でナナツボシを記録した[千田C]。

北海道松前郡松前町博多に、ナナツボシが伝えられている。松前町博多では、「ここの人はウズラボシともナナツボシともいう」と伝えられていた[北尾C]。

鹿児島県奄美市と大島郡瀬戸内町において、次のようにナナツボシのグループの星名が伝えられていた。

◉ナナツブシ(七つ星)

鹿児島県奄美市名瀬小湊で、「ナナツブシ、夜中に見える。小さい星が七つ。ブリブシとは言わない」と記録。[北尾C]

●ナナツレブシ（七連星）

鹿児島県大島郡瀬戸内町古仁屋にて、瀬戸内町知之浦（加計呂麻島）出身の昭和八年生まれの漁師さんから、「ナナツレブシ、固まっている。七つ固まっている。奄美はブレブシ、ブリブシ、ブリフシという。年上から教えてもらったのはナナツレブシ。七つ連れて」と記録［北尾C］。

その他、次のような七つ星のグループの星名が伝えられている。

●ナナヅラ（七連）

千田守康氏が宮城県気仙沼市長磯浜で記録［千田C］。

●シチノホシ（七の星）

内田武志氏によると、七星とみて、青森県下北郡大奥村大間（現・大間町）でシチノホシ［内田1949］。しかし、大間にシチヨノホシ（七曜の星）とシチヨーボシ（七曜星）が伝えれている（後述）ことから、シチノホシはシチヨノホシからの転訛の可能性もある。一方で、ミツボシ、ムツボシと同様、数にもとづく素朴な名前として形成されたものかもしれない。

数―九

九つに見立てたケースである。実際は九つ見ることは困難であり、九曜の転訛の可能性もある。

●クヨセボシ（九寄せ星）

茨城県猿島郡岩井町（現・坂東市）に伝えられている。北斗七星の七寄せ星、カシオペヤ座の五寄せ星と対比して九寄せ星と呼んだ［野尻1973］。

数―六

●ムツボシ（六つ星）

野尻抱影氏は、「むつらぼし」の転訛のひとつにムツボシ（群馬）を挙げている［野尻1973］。内田武志氏によると、静岡県沼津市我入道他四か所、青森県、福島県に伝えられている［内田1949］。香田壽男氏は、岐阜県奥揖斐に伝えられているムツボシについて、「あっさりした名ですが、数を正確に読んでおります」と記している〔香田1960〕。六連星の転訛ではなく、ミツボシ等と同様に自然に生まれた素朴な名前だったものの、六連星やスバル・スマルの伝承の力に押されてしまったという可能性もあるのではなかろうか。

●ムボシ（六星）

ムツボシが短縮してムボシ。三上晃朗氏が山梨県北都留郡上野原町（現・上野原市）で記録した。なお、上野原町では、カシオペヤのWイツツボシを短縮してイツボシと呼んでいた（第4章第1節カシオペヤ座参照）〔三上C〕。

●ムツナリサン

ムツナリサンは、静岡県賀茂郡宇久須村（現・西伊豆町）、竹麻村（現・南伊豆町）、下河津村（現・河津町）、田方郡下大見村下白岩（現・伊豆市）〔内田1949〕、静岡県賀茂郡西伊豆町安良里〔北尾C〕に伝えられている。

●ムツナリサマ

ムツナリサマは、静岡県志太郡東益津村花澤（現・焼津市）、濱名郡芳川村大柳（現・浜松市）に伝えられている〔内田1949〕。

●ムツナミ

内田武志氏は、ムツナリサマと同系統の呼び名として位置づけており、静岡県賀茂郡仁科村（現・西伊豆町）に伝えられている〔内田1949〕。

●ムツナベサン

内田武志氏は、ムツナベサンについてもムツナリサマと同系統の呼び名として位置づけており、静岡県賀茂郡田子村田子（現・西伊豆町）に伝えられている〔内田1949〕。

固まって（集まって）いる様子

●カタマリボシ、ウズラノカタマリボシ

内田武志氏によると、神奈川県三浦郡三浦町（ママ）（現・三浦市）にカタマリボシが伝えられている〔内田1949〕。

青森県北津軽郡小泊村下前で、「かたまっているのですよ。さあ数はわからねえ」と記録。文字通り、固まっていることからカタマリボシと呼ぶ。また、六連から転訛した

ウズラを加えたウズラノカタマリボシも伝えられていた［北尾2001］。

●アツマリボシ（集まり星）

文字通り、多数の星が集まっていることからアツマリボシと呼ぶ。静岡県志太郡稲葉村助宗（現・藤枝市）等に伝えられている［内田1949］。

●ムラガリボシ（群がり星）

内田武志氏によると、静岡県静岡市天王町、神奈川県津久井郡千木良村岡本（現・相模原市）に伝えられている［内田1949］。文字通り、星が群がっていることから形成された星名である。

●ムツガリボシ

内田武志氏は、ムツガリボシについて、上記の群がり星とムツガミ（信仰の項参照）との混同の結果、生じた名前と考えた。静岡県駿東郡小山町落合に伝えられている。本書では、群がり星の次に記す［内田1949］。

●イッショボシ、イッショーボシ（一所星、一升星）

内田武志氏によると、イッショーボシについて、一所星と一升星の二つの捉え方があった。

❖一所星……多数の星が一か所に密集して見えることによる。静岡県田方郡韮山村（現・伊豆の国市）。

❖一升星……数多くの星が四角形に固まっていて一升桝のようであるというのが、静岡県富士郡田子浦村（現・富士市）。星数が多く、桝に一升もあるほどだから一升星というのが、田方郡中郷村（現・三島市）等［内田1949］。

また、横山好廣氏によると、上伊那郡宮田村にイッショボシが伝えられている［横山C］。

●グザグザボシ

内田武志氏によると、新潟県佐渡郡両津町夷（現・佐渡市）に伝えられている。小星が数多く群がっているさまからグザグザボシ［内田1949］。

●クシャクシャボシ

内田武志氏によると、愛知県愛知郡下之一色町松陰（現・名古屋市）に伝えられている。小星が数多く群がっているさまからクシャクシャボシ［内田1949］。

●ジャンジャラ（ボシ）

ジャンジャラボシが利島（東京都利島村）［野尻1973］、神津島（東京都神津島村）［北尾C］に伝えられている。

三上晃朗氏は、神奈川県横浜市柴でジャンジャラを記録した。三上氏は、「仮にプレアデス星団の星の集まりを鈴の塊と見たならば、夜空に響くすき通った鈴の音が聞こえてくるようである」と指摘している［三上H］。思わず、星空に耳を澄ましたくなる星名である。

●ゴジャゴジャボシ、ゴヤゴヤボシ

群がり集まっている様子をゴジャゴジャボシ（静岡市）、ゴヤゴヤボシ（三重県志摩郡國府村〈現・志摩市〉）と呼ぶ。内田武志氏による［内田1949］。

●ゴチャゴチャボシ

桑原昭二氏が兵庫県明石市東二見等で、「星がごちゃごちゃと集まっているので、ごちゃごちゃぼしと呼んでいる」と記録［桑原1963］。増田正之氏によると、富山県下新川郡宇奈月町（現・黒部市）に伝えられている［増田1990］。

●ガチャガチャボシ

三上晃朗氏が、山形県鶴岡市で記録。星がひと塊になった様子をガチャガチャと表現。夜のマダイ釣り漁で使用［三上H］。

●カヅヤボシ

桑原昭二氏が姫路高校の生徒を指導して、姫路市東部で、「すばるは数がぎょうさん（多く）あるので、かづやぼしといいます」と記録［桑原1963］。

●キラキラボシ

桑原昭二氏が姫路高校の生徒を指導して、「小さい星さんがぐじゃぐじゃ集まっているのをきらきらぼし」と記録［桑原1963］。

●ザク、ザクボシ（笊星）

千田守康氏が、宮城県本吉郡歌津町（現・南三陸町）で記録。次のようにイカ釣りの目標にした。

「イカの釣り時は星で見たもんですよ。船から東の空を見てると、まずザクノサキボシが出てくる。その次にザクボシが昇ってくる。続いてザクノアトボシ……」

千田氏によると、ザクボシについて、「小さな星がゴチャゴチャ集まっている」と伝えられていた。ザクの意味について、千田氏は、広辞苑の「ざく・ざく　小さい物が密集しているさま」を引用し、語源はこのあたりにあるのではないか、と記している。同感である。

なお、ザクノサキボシは、カペラ、ザクノアトボシはアルデバランを意味する［千田1987］。

●ギャクボシ（笊星）

千田守康氏が、宮城県本吉郡歌津町（現・南三陸町）にて記録。この場合は、ザクボシではなく、ギャクボシ［千田C］。

●マルカリボシ

桑原昭二氏が、和歌山県東牟婁郡古座町古座（現・串本町）にて、「固まっとるのを、まるかったと言うので」と記録［高城1982］。

2 暮らしと星空を重ね合わせる過程において形成された星名

食生活

●スイノウボシ（水嚢星）

三上晃朗氏によると、茹でたうどんなどを釜から揚げる柄付きの笊《ザル》「スイノウ」に見立てたものであり、埼玉県の秩父地方を中心とした山間地域でプレアデス星団の一般的な呼称として親しまれている［三上C］。

●コザル（小笊）

内田武志氏によると、台所などで使用する小さい笊

スイノウ（星の民俗館所蔵）

に見立てて、静岡県小笠郡倉真村（現・掛川市）でコザル［内田1949］。

◉ザルコボシ（笊こ星）

笊（ザル）に見立てた。千田守康氏が宮城県本吉郡歌津町字中山（現・南三陸町）にて記録［千田C］。

◉ミソコシボシ（味噌漉し星）

『壹岐島方言集』に「ミソコシぼシ　星の名。スバル」とある［山口1930］。

味噌をこして、かすを取り去るために使用する道具「味噌漉し」に見立てた。野尻抱影氏によると、「柄のついた揚げザル」であり、『壹岐島方言集』とともに、赤坂陽氏が福岡で祖母から聞いた事例を記している［野尻1973］。

味噌漉し（星の民俗館所蔵）

◉コヌカボシ（小糠星）

小糠にように数多いことから小糠星。静岡県駿東郡浮島村根古屋（現・沼津市）等［内田1949］。

◉ヌカボシ（糠星）

糠に見立てた。静岡県清水市駒越（現・静岡市）、濱名郡小野口村松木（現・浜松市）等［内田1949］。

◉コゴメボシ（粉米星）

砕けて粉のようになった米に見立てた［野尻1973］。

◉ブドーノホシサン（葡萄の星さん）

一房の葡萄に見立てた。内田武志氏によると、富山県上新川郡大庄村馬瀬口（現・富山市）に伝えられている［内田1949］。

◉スズナリボシ（鈴生り星）

内田武志氏によると、葡萄の実などを形容するように鈴生り星と呼んだものであり、静岡県志太郡東益津村花澤（現・焼津市）等に伝えられている［内田1949］。

●**ツトボシ**(苞星)

内田武志氏によると、静岡県清水市(現・静岡市)から静岡市以西の平野、農村方面に、苞に見立てたツトボシが広く分布している。「様」という敬称を加えたツトボシサマも静岡県内に伝えられているが、内田氏によると、濱名郡舞阪町(現・浜松市)のケースは婦人語である[内田1949]。

桑原昭二氏によると、ツトボシは、和歌山県有田郡湯浅町等に伝えられている[高城1982]。

野尻抱影氏によると、ツトボシは、ヒアデス星団、いるか座の菱星を意味するケースがある[野尻1973]。桑原氏が和歌山県日高郡美浜町浜ノ瀬で記録したツトボシは、ヒアデス星団を意味した(後述)[高城1982]。

●**ツトッコボシ**

内田武志氏によると、静岡市付近で使用しているツトッコは苞の方言(人間の脛に見立てたケースは後述)[内田1949]。『日本星名辞典』には、「つとっこぼしは、納豆・玉子などを入れる藁づとの形と見たもの」(長野の石井堅氏が塩尻付近の老人から聞いた話)と記されている[野尻1973]。また、横山好廣氏は、長野県松本市入山辺にて記録している[横山C]。

●**マスボシ**(枡星)

内田武志氏によると、静岡県田方郡西浦村(現・沼津市)におけるマスボシは、プレアデス星団を意味する。内田氏は、「星数が多く、枡で量るほどもあるからさう呼ぶ」という現地での説明に対し、「然しそれでは量器を星名にしたとは思はれないから、やはりこれを結んで小さい柄付きの枡とみたのかと考へられる」と記している[内田1949]。マスボシはオリオン座三つ星と小三つ星とη星を意味するケースがほとんどであり、一部は北斗七星を意味するもの の、プレアデス星団を意味するケースは稀である。

農業

●**ツチボシ**(槌星)

内田武志氏は、「農家で使用する木槌、太くて柄の短い藁などを打つ具に見立てたのかと思はれる」と記している。静岡県静岡市廣野に伝えられている[内田1949]。野尻抱影氏によると、静岡だけでなく、千葉、長野、和歌山に伝えられている[野尻1973]。

●サンダラボシ（桟俵星?）

内田武志氏によると、静岡市下川原に、サンダラボシが伝えられている。「十数箇の星が群がつて見える」とあり、プレアデス星団のことを意味しているのは間違いないだろう［内田1949］。サンダラの意味については明記していないが、桟俵（さんだわら、さんだらぼっち）の可能性はないだろうか？

●ミボシ（箕星）

農具「箕」は、いて座ζτσφ、からす座四辺形、ヒアデス星団をはじめ様々な星と星を結んで描かれた。内田武志氏は、静岡県周智郡三倉村三倉（現・森町）のミボシについて、「秋から冬にかけて出現する、十箇ほどの星が固まつて箕の形に見える」と伝えられているのは、プレアデス星団を指して小型の箕あるいは篩（ふるい）に見立てたと推測している［内田1949］。

槌（星の民俗館所蔵）

●イリアイボシ（入りあい星）

内田武志氏によると、静岡県磐田郡掛塚町掛塚（現・磐田市）に伝えられている。内田氏は、「暁の西空に昴星のあるのをみて、麥などの播種をなす習俗から生れたのであらう」と推測している［内田1949］。一一月下旬頃のスバルの山入りの光景が思い浮かぶ。

●ノーボシ（農星）

内田武志氏によると、静岡県志太郡焼津町横町新地（現・焼津市）に、農作に関係ある星として、農星《ノーボシ》が伝えられている。内田氏は、静岡県等では、「ノー」と言えば、田植えの作業期間を意味していることから、農星は田植開始の時季を知るための星であることに由来する名称であろうと推測している［内田1949］。

●ヒツケボシ

内田武志氏によると、静岡県志太郡焼津町（現・焼津市）と小川村小川（現・焼津市）にヒツケボシが伝えられている。内田氏によると、「ヒツケ」はものの口火を切ることで、明け方に田植の始まる旧五月に東天に昇り、稲刈のすむ旧一

○月頃に沈むことから稲作の開始を知らせる星であった[内田1949]。

●イネウエノホシ（稲植の星）

桑原昭二氏が姫路高校の生徒を指導して、兵庫県姫路市木場でイネウエノホシについて、「すまるさんという星さんは、ちょうど今頃（たなばたの頃）明け方に東の空から出はじめて、五月頃の稲を植える頃になると夕方西の方にかくれるようになるので、この星をいねうえのほしともいいます」と記録[桑原1963]。

炭焼き

●ショウギボシ

三上晃朗氏が埼玉県秩父郡大滝村出身の炭焼き経験者から記録。おうし座の17番、19番、23番、η星で作る形を白炭生産で使用されたスミショウギに見立てた[三上H]。

ショウギ（星の民俗館所蔵）

漁業

●スマル、スバル

スマル、スバル等を漁具に見立てたケースがある（「スマル」「スバル」の項を参照）。

●カジボシ（舵星）

北斗七星を意味するケースが多いが、内田武志氏によると、静岡県濱名郡南庄内村（現・浜松市）のケースはプレアデス星団を意味する[内田1949]。また、増田正之氏も、富山県黒部市にてプレアデス星団を意味するカジボシを記録している[増田1990]。

●マッツア

石橋正氏が宮城県本吉郡唐桑町（現・気仙沼市）にて記録。石橋氏によると、錨の代わりに、四方に枝の出た松を切り、これに石を結びつけて用いるものを「マッツア」と呼んでいる。プレアデス星団の形がこのマッツアに似ていることから、マッツアという星名が形成された[石橋1989]。

生活道具

◉ホーキボシ（箒星）、ホキボッサン（箒星さん）

プレアデス星団が、星がかたまって彗星のようにぼんやりと見えることから、ホーキボシと名付けた。岩手県大船渡市赤崎町では、ムヅラがプレアデス星団ではなくオリオン座三つ星と小三つ星を意味し、ホーキボシがプレアデス星団であった。また、福井県坂井郡三国町（現・坂井市）においても、ホーキボシを記録した［北尾2001］。

内田武志氏によると、静岡県賀茂郡稲取町向（現・東伊豆町）に、箒の状と見立てて、ホーキボシが伝えられている。内田氏は、六星を結んで箒の形状に見立てたというよりも、多数の小星が密集していることから箒星としたという方が適当であると指摘している。そして、新村出氏の『昴星讃仰』に「すばる星をハウキボシとよんだ事は宿曜經の註釋書に見える異名で、滿洲語又は同系の東北方言にもさういふ稱呼があるから幾らか尤もな所もある命名だといつてよい」というのを引用して、彗星と取り違えている名称ではないことを記している。

では、ホーキボシという名称が現在それほど多く記録できないのはなぜだろうか。「以前このやうな名稱が各地にあつたとしても、彗星をホーキボシと稱することが一般化するとそれと同一名稱では、昴星をも呼ぶことが出來なくなつて追々消滅したのであつたらう」という内田氏の記述には同感である［内田1949］。

香田壽男氏によると、岐阜県揖斐郡谷汲村（現・揖斐川町）の「ほきぼっさん」について、「星団のやや傾いた、細長い形をホウキに見立てた名でありましょう」と述べ、その上で、さらに詩的に見立てた名に「すすきぼし」を記している。後述のように箒より芒のほうがプレアデス星団に似合うが、その名は箒よりもさらに伝わることなく消滅してしまったようである（ススキボシについては後述）［香田1960］

◉オオブサ

石橋正氏が岩手県宮古市にて記録。形が、小さいほうきに似ているからと言う［石橋1989］。

信仰

◉ムツガミ、ムツガミサマ、ムツガミサン

内田武志氏によると、ムツガミサマが静岡県、福島県、ムツガミ、ムツガミサンが静岡県に伝えられている［内田1949］。

◉ロクタイボシ（六体星）

新潟地方。野尻抱影氏によると、小林存氏著『越後方言集』に掲載された星名で、オリオンの三体星に対して六体星であり、信仰によるものと記している［野尻1973］。

◉ロクジゾウサン（六地蔵さん）

六体の地蔵菩薩に見立てた。香田壽男氏が記録。三重県から来た行商人が伝えた星名［野尻1973］。

ロクジゾウサンについて、香田氏は、「きわめて特異な呼び名ですが、六星のその数からきた敬語でもありましょうか」と述べている［香田1960］。星空に暮らしの光景を描いた。生活道具とともに、道端の六地蔵さんも描かれた。そして、星空に祈った。星と人とが近かった時代を伝える星名のひとつである。

◉スワリジゾウ（坐り地蔵）

野尻抱影氏によると、地蔵尊が空に坐っている姿と見たものであり、広島県呉市吉浦と熊本県葦北郡佐敷町（現・芦北町）に伝えられている［野尻1973］。

◉オシャリサン（御舎利さん）

三上晃朗氏が愛知県常滑市蒲池漁港にて記録。三上氏は、この星名の由来について、「プレアデス星団の配列がノドボトケの骨である舎利、つまり第二頚椎の形に似ているところからきている。そこには坐った地蔵の姿であるとの伝承も付随しており、いずれも骨の形が重要なポイントであることにかわりはない」と記している［三上H］。筆者（北尾）は、愛知県西尾市一色町治明で、「おすわりさん」を記録したが、御舎利さんに通ずる可能性もある。

◉シチフクジンボシ（七福神星）

内田武志氏によると、静岡県周智郡熊切村（現・浜松市）に伝えられている［内田1949］。野尻抱影氏は、〈六ぢぞう〉

六地蔵さん（奈須栄一氏撮影）

を思わせると記している[野尻1973]。

◉ゴヨーボシ(五曜星)

横山好廣氏が神奈川県三浦市白石町にて記録[横山C]。カシオペアのWを五曜と呼ぶ[野尻1973]が、話者は、「星が五〜六個かたまっている」と伝えており、この場合はプレアデス星団を意味する。

◉ロクヨウセイ(六曜星)

野尻抱影氏は、「六ヨウセイ(六曜星)は北斗の〈七曜星〉に対する」と記している。埼玉県入間郡に伝えられている[野尻1973]。

◉シチヨ、ヒチヨ、シチヨノホシ、シチヨーサマ、シチヨーボシ、ヒチョウノホシ

内田武志氏によると、シチヨ、ヒチヨが静岡県小笠郡栗本村(現・掛川市)、シチヨーサマが静岡県榛原郡川崎町(現・牧之原市)、シチヨノホシが静岡市濱と青森県下北郡大奥村大間(現・大間町)、シチヨーボシが青森県下北郡大奥村大間(現・大間町)に伝えられている[内田1949]。

また、香田壽男氏が、岐阜県揖斐郡久瀬村(現・揖斐川町)でヒチョウノホシを記録している[香田1973]。

一般的には北斗七星を意味する七曜が、プレアデス星団を意味する事例である。

◉ナナヨボシ(七曜星?)

野尻抱影氏は、静岡地方に伝わるナナヨボシについて、「七曜星?」と記している[野尻1973]。七曜から変化したものではなく、数の七にもとづく可能性もあると思われる。

◉クヨーボシ、クヨノホシ、クヨーノホシ、クヨウノホシ(九曜の星)

江戸時代の方言辞書『物類称呼』(越谷吾山、一七七五(安永四)年)に、「東国にて○九ようの星と云」と登場する[越谷1775]。

内田武志氏によると、クヨーボシが青森県下北郡田名部町(現・むつ市)、山口県大島郡白木村(現・周防大島町)に、クヨノホシが、青森県下北郡大奥村大間(現・大間町)、静岡県静岡市北安東に、クヨーノホシが、静岡県安倍郡大川村(現・静岡市)に伝えられている[内田1949]。

礒貝勇氏によると、岡山県邑久郡牛窓(現・瀬戸内市)、前島(現・瀬戸内市)において、スマルとともにクヨーノホシとも言う[アチックミューゼアム1940]。

また、桑原昭二氏は、クョウノホシを兵庫県高砂等で記録。桑原氏は、「恐らくすまるが九つ見えるのでくようのほしと呼んだものと思います」と記している[桑原1963]。『物類称呼』には、「東国にて」とあるが、桑原氏の例では兵庫県で記録されている。

クヨーボシは、岡山県笠岡市白石島においても伝えられていた。年輩の人は、クヨーボシでなくスマルと言っていた。スマルより後の時代に伝えられた名前と思われる[北尾C]。

娯楽

●ハゴイタボシ(羽子板星)

羽子板に見立てた。

礒貝勇氏は、一九四六年一〇月末頃に青年団の集りに出向いての帰り道、「ハゴイタ星が出ている」と若い女性が降るような星空を仰いで話し合っているのを聞いた。礒貝氏は、「ハゴイタ星の名が綾部の町にもあるということはぼくをよろこばせた」と記している[礒貝1956]。一九四六年に「若い」というと、一九二〇年代生まれ、すなわち大正中頃から昭和初めの生まれであり、日本の星名を明治生まれから伝え聞いている世代である。

羽子板(星の民俗館所蔵)

岸田定雄氏は、ハゴイタボシが次のように大和の諸方に伝えられていると記している。

奈良県山辺郡丹波市町田部(現・天理市)、添上郡治道村(現・大和郡山市)、生駒郡昭和村(現・大和郡山市)、磯城郡三輪町(現・桜井市)、宇陀郡大宇陀町(現・宇陀市)、内牧村(現・宇陀市)。

なお、岸田氏によると、大宇陀町(現・宇陀市)や内牧村(現・宇陀市)にはハゴイタボシの名と共にスワリボシが伝えられており、スワリボシのほうはヒアデス星団を意味していた(後述)[岸田1950a]。

内田武志氏によると、静岡県志太郡焼津町(現・焼津市)、神奈川県鎌倉市大町、岐阜県稲葉郡那加村桐野(現・各務原市)、兵庫県飾磨郡花田村上原田(現・姫路市)等に伝えられている[内田1949]。

野尻抱影氏は、内田実氏から報告を受けた千葉県木更津の羽子板星について、次のように記している。

「木更津の方では、すばるが出ると、子供達が『羽子板星が出た、出た』と言って、さわぐ相(ママ)です」[野尻1973]

また、野尻氏が引用している高萩精玄氏著「京都方言襍記」(『方言』昭和八年九月)には、「北斗七星　ハゴイタボシ」となっているが、野尻氏も指摘しているように北斗七星は柄が長すぎる。星名同定の間違いの可能性があると思われる[高萩1933][野尻1973]。

また、三上晃朗氏は、東京都青梅市で、子どものころに、「ハゴイタボシが出た」と言ってよく夜空を眺めたという話を記録した。三上氏によると、奥多摩町等の山間部だけでなく、東京湾沿岸の漁師の一部においても伝承されていることが最近の調査で明らかになった[三上H]。

一方、増田正之氏は、富山県東礪波郡井波町(現・南砺市)にて[増田1990]、千田守康氏は、宮城県牡鹿郡牡鹿町字祝浜(現・石巻市)にて[千田C]、ハゴイタボシを記録した。羽子板星は、海、山での暮らしのなかで語り伝えられたのである。

●ムツレンジュ(六連珠)

群馬県利根郡に伝えられている。野尻抱影氏は、六連星の転訛として位置づけるとともに、「明らかに囲碁から出た名で、比較的新しいものだろう」と記している[野尻1973]。

衣生活

●カンザシボシ(簪星)

女性の髪飾り「簪」に見立てた[野尻1973]。

●タマカザリ(玉飾り)

玉飾りに見立てた。千田守康氏が、宮城県気仙沼市田谷にて記録[千田C]。古

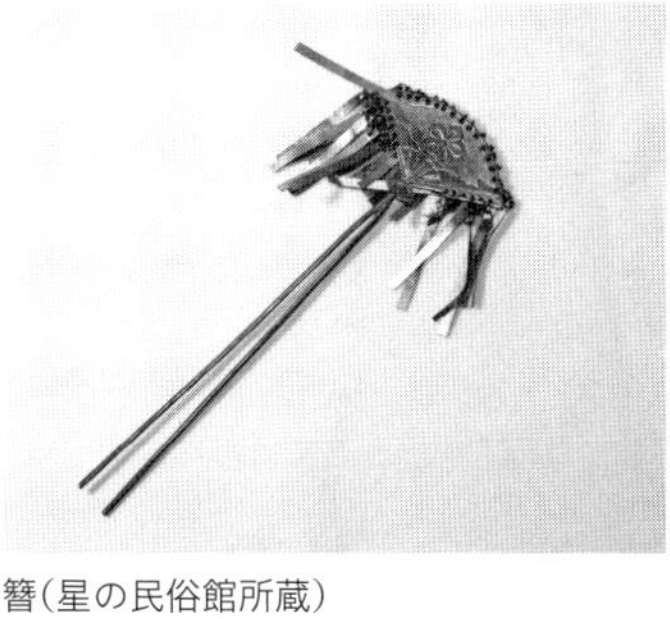

簪(星の民俗館所蔵)

代の玉飾り「美須麻流之珠《ミスマルノタマ》」に通じる、プレアデス星団への思いの原型を秘めている可能性がある星名であろうか。今後の課題としたい。

住生活

◉ハホダ、ハホガタボシ（破風形星）

石橋正氏が、岩手県九戸郡種市町（現・洋野町）で記録［石橋1989］。ハホガタボシについて、野尻抱影氏は、「農家の藁ぶき屋根にあける煙出しの穴の形と見たものらしい」と記している［野尻1973］。

人

◉ソーダンボシ（相談星）

内田武志氏によると、人間が額をあつめて相談している様子に見立てた。静岡県小笠郡下内田村稲荷部（現・菊川市）、富山県下新川郡下立村愛本（現・黒部市）に伝えられている［内田1949］。増田正之氏によると、富山県下新川郡宇奈月町（現・黒部市）に伝えられている［増田1990］。暮らしの様々な場面で星名が生まれた。ソーダンボシ（相談星）という星名は、星空にも自分たちと同じような「暮らし」があって、星ぼしが集まって相談していると考えたことを示している。

◉ヨリアイボシ（寄り合い星）

桑原昭二氏は、ヨリアイボシについて、和歌山県田辺市江川にて、「誰でも寄り合っている星で、三つ星さんの前に、小さい星さんが、寄っとての星」、東牟婁郡串本町和深にて、「ぐちゃぐちゃ集っとる星」と記録［高城1982］

◉カゾクボシ（家族星）

家族が一か所に集まっている様子に見立てた。静岡県周智郡熊切村河内に伝えられている（現・浜松市）［内田1949］。

◉ツトッコボシ

内田武志氏によると、静岡県志太郡藤枝町五十海（現・藤枝市）においては、人間の腟をツトッコと言い、腟の形に見えるからツトッコボシと伝えられている［内田1949］。

動植物

●クサボシ（草星）

野尻抱影氏は、「〈草星〉の字を当てるが、語義はまだはっきりしない」［野尻1973］、内田武志氏は、「草の状の如にみて呼んだのであらう」［内田1949］と記している。野尻氏は、北原白秋の《宵》という童謡に「出たよ草星、おらちゃんと見てた、背戸のよこっちょの川岸に」とあるのを引用し、「茨城や静岡地方では多く〈くさぼし〉といい、東北地方では〈おくさぼし〉という」と記している［野尻1973］。

内田武志氏によると、クサボシは、静岡県庵原郡由比町（現・静岡市）、志太郡焼津町小川新地（現・焼津市）等に伝えられている［内田1949］。

●オクサ（お草）、オクサボシ（お草星）

クサに敬称をつけて「オクサ」とした。岩手県下閉伊郡普代村にてオクサを記録。

「北斗七星に似た星で小さい星。お草（オクサ）と言う。北の星より早く動く。近いからかどうかわからない」［北尾C］

話者から「空に草がかたまっているようだから」と聞いたわけではないが、「お草」という字をあてた。野に草がかたまっているように、星空に草がかたまっているのは、すごく親しみを感じる。

内田武志氏によると、オクサが岩手県下閉伊郡花輪村花輪（現・宮古市）、オクサボシが氣仙郡竹駒村（現・陸前高田市）に伝えられている［内田1949］。石橋正氏によると、オクサが北海道襟裳岬［石橋1989］、岩手県上閉伊郡大槌町吉里吉里と安渡漁港［石橋1992］に伝えられている。

ところで、三上晃朗氏は、オクサについて、「柳田國男氏著『食料名彙』に重要なヒントを得ることができた」と記している。そして、「プレアデス星団のようにたくさんの星が集まっている様子を、クサグサ（種種）という素直な見方で表現した呼び名であろう」と記している。三上氏によると、草そのものでもなく、特定の食品を意味するものでもないのである［三上H］。

●オオクサボシ

三上晃朗氏によると、東京都奥多摩等の山間部でプレアデス星団をオオクサボシと呼んでいる。三上氏は、「この呼び名がどのような発想に基づくものか、今のところ明確な回答を得られていない。仮にクサが草であるとすれば、これは大草を意味することになるであろう」と記している〔三上H〕。

●オプサ

石橋正氏が岩手県宮古市田老漁港、石浜漁港にて記録〔石橋1992〕。オクサの転訛したものと思われるが、オオブサ（前述）の転訛の可能性もある。

●モクサ（ボシ）

宮城県本吉郡唐桑町津本（現・気仙沼市）で、モクサを記録した。「お草」ではなく、「モクサ」であった。

モクサという名前の由来について、「モグサ、モグサでしょう。モグサのなまっとるのじゃねえかな。モグサをこうつまんでこう……。格好が似てるっていうのじゃないかな」と伝えられていた。お灸（きゅう）をするときの「もぐさ」に結びつけたのである〔北尾2001〕。

野尻抱影氏は、『日本星名辞典』で、「おくさぼし」が訛って、『もくさぼし　岩手県気仙地方』ともいう。灸（きゅう）のもぐさ（艾）のことだろうか」と記している〔野尻1973〕。

「お草」が語り伝えられているうちに、「草」の意味を失い、灸の艾と意味づけられたのであろう。お灸は、江戸時代には庶民の間に広まっていたようであるが、星名としてはおそらく「お草」が古い形であろう。

内田武志氏によると、岩手県氣仙郡米崎村糖塚澤（現・陸前高田市）にモクサボシが伝えられている〔内田1949〕。

●ツズラボシ

内田武志氏によると、植物のつづら（葛）のようであることからツズラボシ。静岡県小笠郡三濱村濱野新田（現・掛川市）に伝えられている〔内田1949〕。

●ススキボシ（芒星）

香田壽男氏が岐阜県揖斐郡谷汲村（現・揖斐川町）で記録。香田氏は、「ほきぼっさん」に続いて、「さらに詩的に見立てた名に『すすきぼし』があります。風になびくすすきの穂」と記している。箒に見立てるより、芒のほうがプレアデス星団に似合う〔香田1960〕。

ススキボシ（奈須栄一氏撮影）

●ツバメボシ（燕星）
燕に見立てた。千田守康氏が宮城県本吉郡歌津町（現・南三陸町）にて記録。

その他

●オヤスミボシ
千田守康氏が宮城県気仙沼市字下八瀬で記録。千田氏によると、「ムヅラが出たから早く寝ろ」と言われており、休む時刻を教えてくれることが星名になった［千田C］。

●ハナビボシ（花火星）
花火に見立てた。千田守康氏が宮城県牡鹿郡牡鹿町字祝浜（現・石巻市）にて記録［千田C］。

●ジュツテボシ（十手星）
石橋正氏は、新潟県粟島において、タイ釣り漁師から「ジュツテボシ」（十手星）を記録［石橋2003］。

●ムジナ
石橋正氏が岩手県久慈市、青森県八戸市外是川で記録。ムヅラボシの転訛としてムジナが分布する。石橋氏はそのような転訛の可能性を指摘する一方で、次のように記しており、星も、人を騙すという星と暮らしとのかかわりの素朴さを感じさせてくれる。

「ボーッとした散光星雲に囲まれた星群の姿が霊妙に見え、何か人をだますような星だとその地方の老人は言っていた」［石橋1989］

《コラム》プレアデス星団・暮らしの歳時記

一時期を除いて、ほぼ一年中見ることが可能なプレアデス星団

プレアデス星団は、五月の一時期を除いて、ほぼ一年中見ることが可能であり、生活環境のなかにあった。

プレアデス星団を見ることができない期間は、沖縄県八重山郡竹富町、鹿児島県鹿児島市及び静岡県御前崎市で約二二日、北海道札幌市で約二五日（西暦一九〇〇年、太陽高度マイナス一〇度の場合）と、札幌は長くなるが、それほど日本国内での地域差はない。一四〇〇年まで時代をさかのぼったがほぼ同じである。見ることができない時期は、時代をさかのぼるにしたがって早くなり、例えば沖縄県竹富町で一九〇〇年は五月一〇日～三一日頃なのが、一四〇〇年は五月二日～二三日頃となる［長谷川一郎2002］。

プレアデス星団を見ることができない期間について、沖縄県八重山郡竹富町波照間島には、次のような「星水アユ《ブシイミジィアユ》」という古謡が伝えられている［喜舎場1970b］。

「星水ヌヨイ、ユドゥンヤヨイ、四月ヌ、イリユドゥンドゥ」

「星《ブシ》」とは、プレアデス星団、「ユドゥン（淀ン）」とは、地平線下に沈むこと。プレアデス星団は、陰暦四月八日から一週間は西に沈んで見ることができないが、一週間後の明け方の東の地平線で出会うことができると歌ったのである。

実際に一週間後に出会うことが可能かどうか、日の入り後、日の出前太陽高度マイナス一八～マイナス五度について考えた（図参照）。その結果、日の出前、日の入り後マイナス五度の場合においても、ほぼ一〇日後となり一週間では無理であることが判明した。また、実際は透明度がよくてもマイナス五度ではプレアデス星団を見ることは不可能であり、仮に太陽高度マイナス一〇度とすると、見ることができない期間は、一九〇〇年、一七〇〇年、一四〇〇年で約二二日となる［長谷川一郎2002］。

しかし、プレアデス星団との別れと出会いを観察して歌

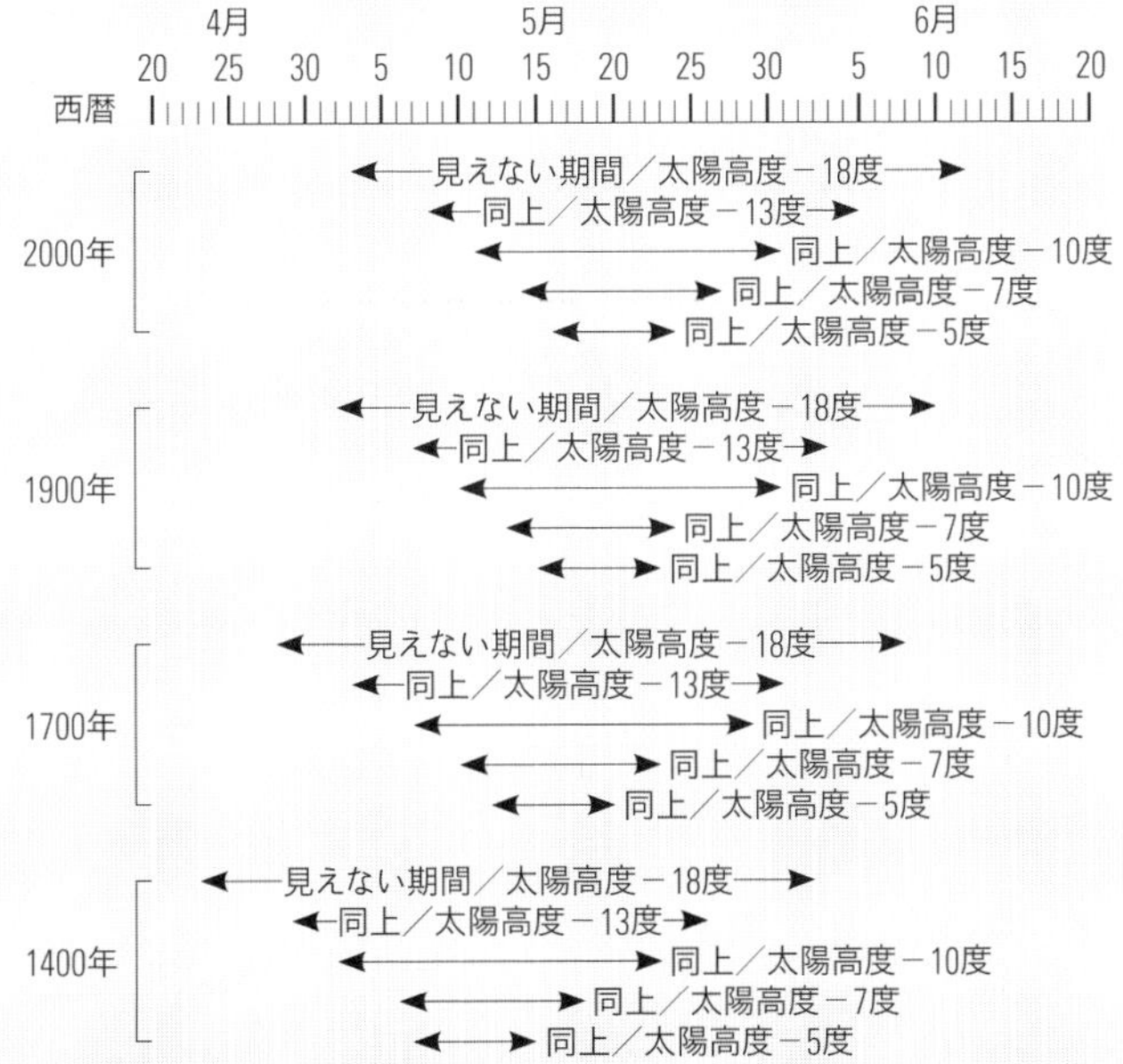

プレアデス星団が見えない期間

うことに、一日も長くプレアデス星団とともにいたいという人と星とのかかわりの原点に通じる思いを見出すことができる。

プレアデス星団との別れ、出会いについて、その他、次のような伝承が伝えられている。

別れ「稲植えの星」

桑原昭二氏は、プレアデス星団を見ることができなくなる時期の生活とのかかわりのなかで伝えられた「いねうえのほし(稲植えの星)」という星名を記録している。五月頃、稲を植える頃に夕方西の方にかくれることから形成された星名である[桑原1963]。

出会い「漁師の競争」

明け方の東の地平線で最も早く見る競争をしたという静岡県焼津の漁師の事例が伝えられている。その結果は、六月九日だったという[内田1949]。前述の福井県小浜市の例では五月末か六月じぶんであった。一九〇〇年の場合、六月九日は、太陽高度マイナス一三度のときに高度約二・二度まであがってきており、見ることが可能だったのである[長谷川一郎2002]。しかし、梅雨の季節ということもあって、ときには、出会いは夏至の頃となった。

プレアデス星団と東の水平線・地平線で出会ってから、その出会いは日に約四分ずつ早くなっていく。イカ釣りの漁師さんがプレアデス星団がのぼってくるのを目標にすることが可能なのは、この時期からである。そして、続いて七月中旬にはオリオン座三つ星と出会う。

明け方の南の空での出会い

野尻抱影氏は、スバル、スマルの星名が分布する地域に、「スマル(スバル)九つ夜は七つ」という一種の俚諺が広く伝えられていると指摘した[野尻1973]。越智勇治郎氏によると、「九つ」は、星の数ではなく、昼の太陽が九つ時(真昼)に南中する位置で、プレアデス星団がその位置(南中)にくると夜は七つ時(午前四時頃)という意味である[野尻1973]。

野尻氏は、二百十日(九月一日)頃の午前四時頃のプレアデス星団の南中で、この俚諺は蕎麦《そば》蒔きの時を誤らぬ目標として教えた農事訓だと指摘している[野尻1973]。内田氏は、「すばるまん時粉八合」と唄いながら、臼で蕎麦を挽いたと記録している。そして、プレアデス星団が夜明けに南中したとき(まんどき)に蕎麦を蒔くと、もっともよく実って、一升の実から八合の粉が穫れるほどという意味だと推測している[内田1949]。

午前四時に南中する時期は、野尻氏の言うように二百十日(九月一日)頃だろうか。プレアデス星団が午前四時に南中する日は、歳差という現象によって、時代をさかのぼるとともに変化する。内田氏が伝承を記録している静岡県御前崎市の場合、西暦二〇〇〇年には九月一五日であったのが、一九〇〇年は九月一四日、一八〇〇年は九月一二日、一七〇〇年は九月一〇日と少しずつ早くなっていくが、さらにさかのぼらないと、九月一日の午前四時には南中しない(アストロアーツのステラナビゲータver.7を用いて算出)。しかし、七つ時は、午前四時〇〇分ではなく、ある程度の幅がある。また、厳密に南中でなくても九つ時の位置と見ることができる。その他、午前四時(JST)に南中する日は、地域によっても異なる。例えば、静岡県御前崎市より西に行くと、午前四時に南中する日は遅くなり、兵庫県姫路市の場合、二〇〇〇年は九月一八日、一九〇〇年は九月一七日、一八〇〇年は九月一六日、一七〇〇年は九月一四日となる(アストロアーツのステラナビゲータver.7を用いて算出)。

一晩中見ることが可能な期間が限られているプレアデス星団

プレアデス星団は、ほぼ一年中見ることが可能であると言っても、その期間に一晩中見ることが可能であるというわけではない。一晩中見ることが可能な期間は限られており、沖縄県竹富町で約三〇日、鹿児島県鹿児島市で約三四日、静岡県御前崎市で約三七日、北海道札幌市で約四七日(西暦一九〇〇年、太陽高度マイナス一〇度の場合)と、北に行くほど長くなる。そして、一四〇〇年まで時代をさかのぼっても大きく変化しない。

一晩中見ることが可能な時期は、時代をさかのぼると早くなり、例えば鹿児島市で二〇〇〇年は一一月二日〜一二月五日頃なのが、一四〇〇年は一〇月二四日〜一一月二六日頃(太陽高度マイナス一〇度の場合)となる(アストロアーツのステラナビゲータver.7を用いて算出)。なお、一四〇〇年にはユリウス暦法が用いられていたが、現行のグレゴリオ暦法(ユリウス暦日+九日)に換算している。

日の入り後すぐ出会うことができる時期が、一晩中見ることが可能な期間のはじまるときであり、その時期を、愛媛県喜多郡長浜町（現・大洲市）では、ナマコが岩の間から出てくる目標とした。沖縄県竹富島の星見石でプレアデス星団を観察したのも、この時期である。

日の入り後のプレアデス星団の高度は少しずつ高くなっていく。そして、プレアデス星団が日の出前に沈むように

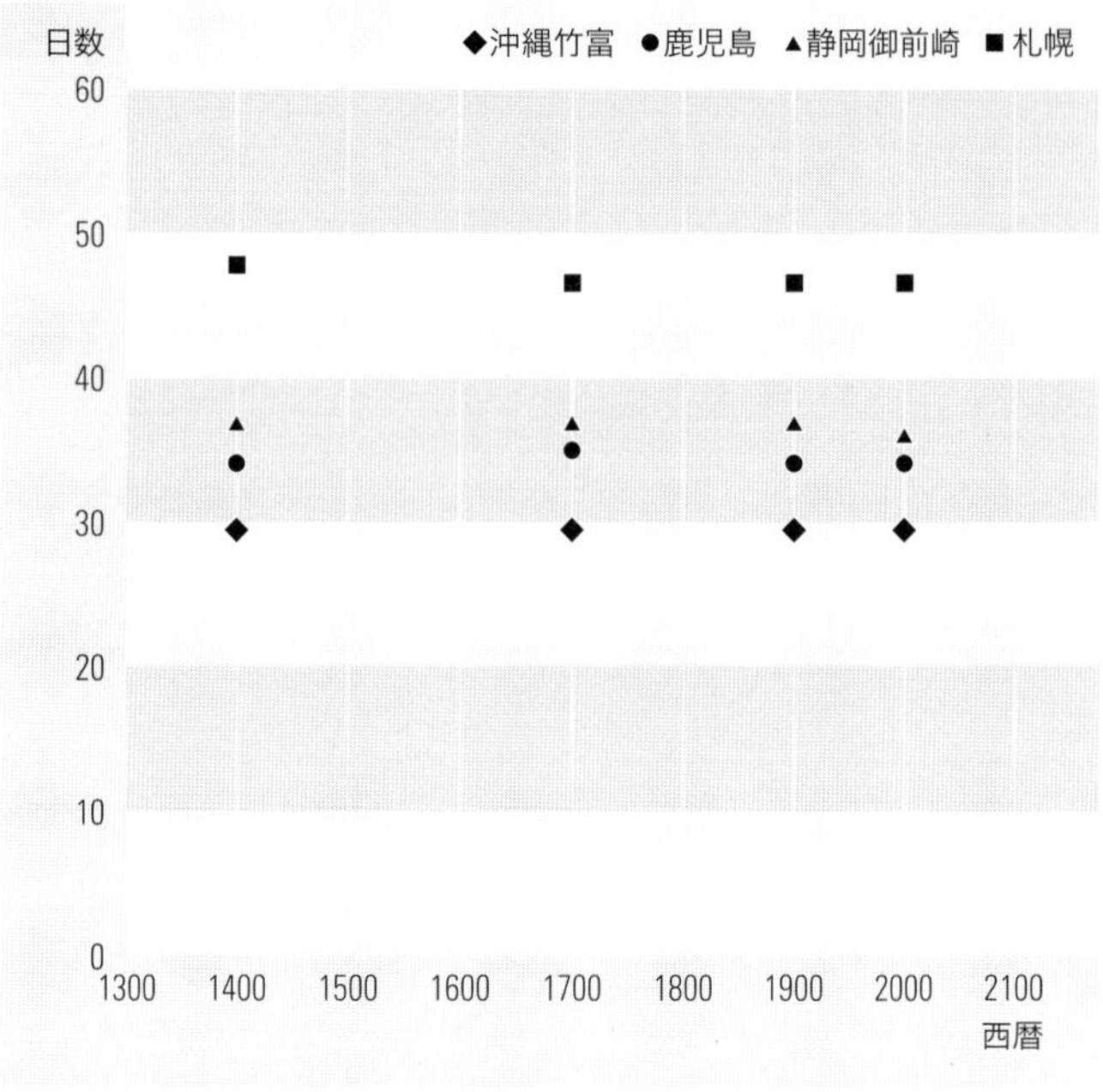

一晩中見ることが可能な日数

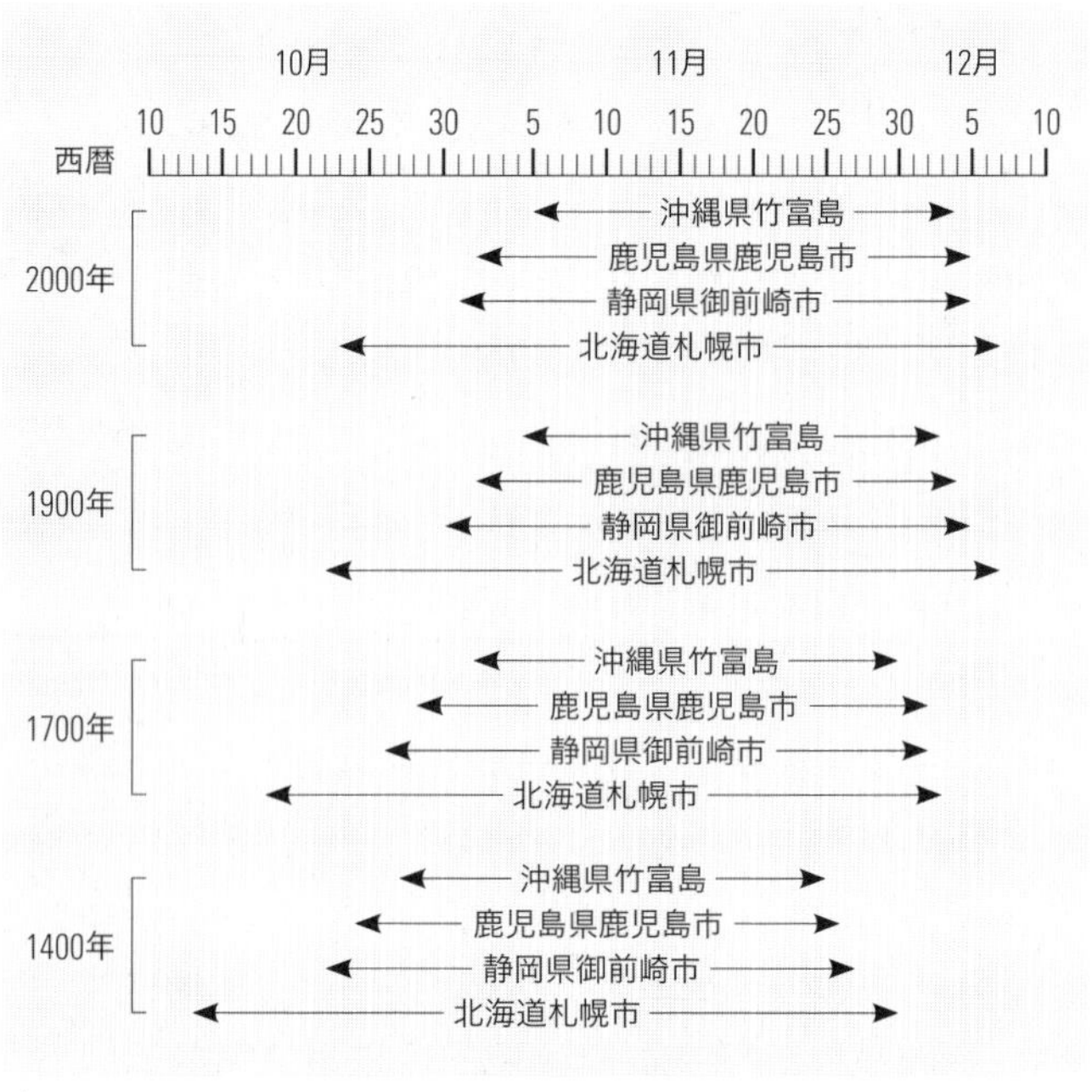

プレアデス星団を一晩中見ることが可能な期間（太陽高度－10度の場合）

なる。一晩中見える期間が終わる時期である。

瀬戸内海の水軍の『能嶋家傳』に記録されている「するまるの入に替るは日和損する也」は、そのときを天候の変化を知る目標とした事例である。プレアデス星団が夜明け前に沈んでいく時期を気象予知の目標とする伝承は、今も大阪府岸和田市、鳥取県気高郡青谷町(現・鳥取市)、鹿児島県熊毛郡屋久町(現・屋久島町)等、広範囲に伝えられている。プレアデス星団の沈む時期は、歳差という現象により変化していく。伊予の水軍の時代のプレアデス星団の入りは、現在よりも早い時期になる。気象現象にはある程度の変動があるのでそのことが気象予知の信頼性に直ちに影響せず、現在まで目標にされていた。

その他、その時期を「霜がおりるとき」と伝承していたケースもある。次のように、この時期の夜明け方、西の山に沈んでいくのを見て麦蒔きの目標としたケースもある。

「すばるの山入り麦蒔きのしん」[内田1949]

また、内田氏によると、夜明け前に西に沈み見えなくなると、「秋刀魚も少くなつたらう」と漁家では話し合う……と伝えられている[内田1949]。

プレアデス星団が西に沈む時刻は一日約四分ずつ早くな

東の空でのスバルとの出会い(奈須栄一氏撮影)

る。そして、五月、如何なる時刻にもプレアデス星団を見ることができなくなる時期を迎え、人びとは、再び、明け方の東の空でプレアデス星団を待つ。

02 ヒアデス星団

アルデバランは、ヒアデス星団の星ではない。アルデバランまでの距離は約六五光年、ヒアデス星団までの距離は約一四九光年で、アルデバランはずっと手前にある。従って、厳密には、ヒアデス星団とアルデバランで構成するV字形であるが、以下、ヒアデス星団と略記する。地中海の東岸テュロスからエウローペーを乗せてクレータ島まで突っ走ったおうし座の牡牛の顔とは違ったイメージを日々の生活のなかで描き、次のような実に多様で豊かな星名が形成された。

1 特徴を認識する過程において形成された星名

形状

◉サンカク

青森県北津軽郡小泊村下前で記録。ヒアデス星団のV字形を三角形に見立てて三角星［北尾C］。

マスボシ（オリオン座三つ星、小三つ星、η星）、ウズラノカタマリボシ（プレアデス星団）、サンカク（ヒアデス星団）のうち、どの星の出がイカが最もたくさん釣れるかは、日によって異なった。

「今日の漁は、〝マスボシ〟の出でついたとか、〝ウズラノカタマリボシ〟の出だとか、〝サンカク〟の出だとか、それぞれの漁によってイカの釣れるときを丹念してたものです」

◉サキボシ

サキボシの「サキ」は、この場合は昇る順番が先という意味ではなく、先がとがった形状を意味する。桑原昭二氏が姫路高校の生徒を指導して、姫路市南部の北条で次のように記録。

「すまるさんが出てから二間程おいて、さきぼしさんが出て、その二間程後から、からすきぼしさんが出てくる。そしてさきぼしというのは先がとがっとってやから」〔桑原1963〕

話者は、V字形を書いて説明した。桑原氏は「ヒアデス星団にまちがいないと思います」と記している。私も同感である。

2 暮らしと星空を重ね合わせる過程において形成された星名

釣鐘

●**ツリガネ、ツリガネボシ**（釣鐘星）

ヒアデス星団のV字形を、お寺の釣鐘の形に見立てた。ただ、ツリガネボシの場合、東空においてもΛの形にはならない。東空及び南空ではΛの形、西空になるとVの形になる。釣鐘を倒したような形で星空に描かれたのである。

ツリガネボシは、野尻抱影氏によると、長野県諏訪、千葉県印旛郡川上村（現・八街市）、群馬県吾妻郡等〔野尻1973〕、内田武志氏によると、秋田県由利郡金浦町金浦（現・にかほ市）、神奈川県愛甲郡愛川村原臼（現・愛川町）、静岡県田方郡伊東町（現・伊東市）、静岡市等〔内田1949〕、増田正之氏によると富山県中新川郡上市町〔増田1990〕、桑原昭二氏によると兵庫県宍粟郡一宮町（現・宍粟市）〔桑原1963〕、『瀬戸内海島嶼巡訪日記』によると、岡山県児島郡下津井（現・倉敷市）〔アチックミューゼアム1940〕、横山好廣氏によると横浜市旭区善部町〔横山C〕、北尾によると千葉県安房郡鋸南町勝山、静岡県熱海市網代等〔北尾C〕と広範囲に分布する。

日本の星座の特徴は、暮らしそのものを星空に描いたことである。だから、自分たちの故郷の寺の釣鐘も描いた。釣鐘の音が聞こえてこないか星空へ耳をすましてみたくなる、心やすまる星名である。

❖千葉県安房郡鋸南町勝山

「うすかったけどね。ツリガネ、ツリガネって言った星もあったのですよ。うすかったけど、ちょうど、こうなって、こうなって、ツリガネのようになるでしょ」

プレアデス星団に続いてのぼるヒアデス星団(奈須栄一氏撮影)

「ツリガネというのはね、ここに一個あるでしょ。一個あるとね、こうなってね、こういうふうに見えるのですよ。こういうふうに」

「ここに一個あるでしょ」というのは、おうし座のアルデバランのこと。

昔は、東京湾に満天の星がひろがっていた。そして、世代を超えて星の名前が伝承された。

「結局はですね。人が言ってるのを別にわざわざね、聞いたわけじゃないけど。トビアガリがあがったとかね、ああ、サンボシがあがったとかね、ツリガネがあがったとか、漁師が言ってるのでね。先輩が言ってるのでね。昔はなんでしょ、まっくらだったでしょ、下が。星がよく見えた」［北尾C］

ツリガネは、サンボシ（オリオン座三つ星）、トビアガリ（明けの明星）とともに、年上の人が話しているのを聞いて、自然にあれがツリガネ、というように覚えていったのである。

●ツキガネボシ（撞き鐘星）

撞木《しゅもく》でついて鳴らす鐘に見立てた。内田武志氏によると新潟県佐渡郡河崎村大川（現・佐渡市）、静岡県田方郡内浦村三津（現・沼津市）［内田1949］、増田正之氏によると富山県婦負郡八尾町（現・富山市）に伝えられている［増田1990］。

●カネツキボシ（鐘撞き星）、カネボシ（鐘星）

野尻抱影氏は、小松崎恭三郎氏による鐘撞き星（徳島附近）を、撞き鐘星と並ぶ名として掲載している［野尻1973］。また、礒貝勇氏によると鐘星が京都府綾部市有岡に伝えられている［礒貝1956］。

●ハンショノツッカラガシ（半鐘のつっからがし）

倉田一郎氏著『佐渡海府方言集』に、「北方へ出るザマタの東へあらはれる星の名。半鐘形をした七つ星であるといふ」と掲載されている［倉田1944］。野尻抱影氏が、「ひどく奇抜な名だが、外海府の森下森雄氏から、ツッカラカシは突き倒す意味と報ぜられた」と述べているが、まさに星空で突き倒された形で輝く［野尻1973］。

●ツルガネボシ

増田正之氏が富山県新湊市（現・射水市）で記録。増田氏は、「ツリガネボシがツルガネボシと訛ったのである」と記している［増田1990］。

食生活

◉ツトボシ（苞星）

桑原昭二氏によると、和歌山県日高郡美浜町浜ノ瀬で記録したツトボシは、藁苞《わらづと》の形に見える無数の星で、ヒアデス星団を意味した。有田郡湯浅町に伝えられているのはプレアデス星団であった［高城1982］。

漁業

◉ヤマデ

ヒアデス星団のV字形を漁具ヤマデに見立てた。

金田伊三吉氏が石川県珠洲市で一九八〇年～一九八一年頃に記録。野尻抱影氏が亡くなられた後で、『日本星名辞典』には間に合わなかった。

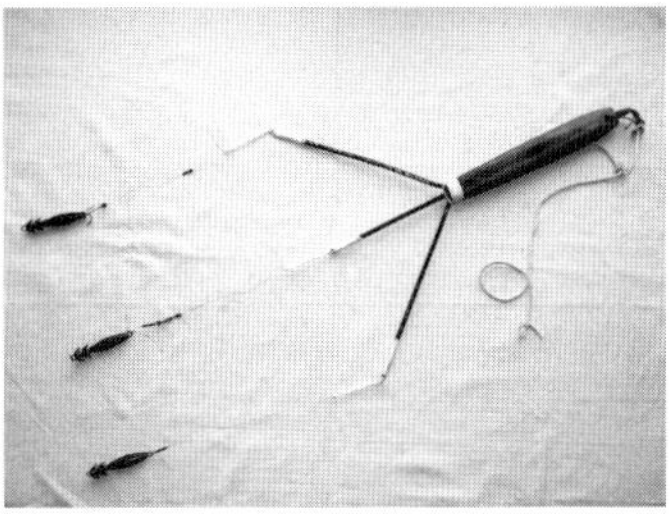

ヤマデ（星の民俗館所蔵）

ヤマデはイカ釣りの漁具で、ハネゴが浮いたイカを取るのに使うのに対し、ヤマデは探りいれるのに使うと、図を描きながら説明してくださった。なお、筆者（北尾）は、一九八〇年五月に青森県北津軽郡小泊村下前において、ヤマデという星名を記録［北尾2001］。

◉ザマタ

石橋正氏が北海道襟裳岬の港で、ザマタを記録。老人は、山犬の皮ごろもの中から節くれだった指を二本出して、「こんな形のイカ釣り道具だ」と説明した。石橋氏は、「たしかに当時、北ぐにのイカ釣りには枝の二本出た木製の釣竿を使っていて、それはザマタと呼ばれていた。おそらく、物干竿をあげ下しする時に使う「三股」（サンマタ）の語のなまりであろうと考えた」と記している［石橋1989］。ところが、倉田一郎氏によると、ザマタはハンショノツッカラガシとは別になっている（ハンショノツッカラガシの項参照）ザマタについては、ふたご座を意味するケースもあると考えられる（第6節ふたご座参照）。

◉サシダモ

鳥取県東伯郡泊村（現・湯梨浜町）で出会った漁師さんは、「サシダモのような格好になってる……」と、語りはじめた。ヒアデス星団のV字形を見て、サシダモというイカナゴやイワシをとる網をイメージしたのである［北尾C］。

サシダモ

◉ミイダマ

宮本常一氏は、『出雲八束郡片句浦民俗聞書』で、ミイダマについて、次のように記している。

「普通の星より大きい。三角になったタマ（タモ）のように見える。オリオン？」［宮本1995］

オリオン？とあるが、オリオン座の三つ星は、その次に記されている「カラツキ」である。内田武志氏は、ヒアデス星団をたも網に見立てたと記している［内田1949］。私も同感であり、鳥取県泊村のサシダモに通ずる星名と考える。

農業

◉イナムラボシ（稲叢星）

内田武志氏によると、静岡県賀茂郡白濱村（現・下田市）に伝えられている。内田氏は、「刈り採つた稲束を積んで作る稲叢の狀に看做して、イナムラボシと呼ぶ」と記している［内田1949］。「稲叢を作る晩秋の頃の夕方、東天に姿を現はすので、それに聯想され易かつたのであらう」という内田氏の指摘には同感である。

稲叢（奈須栄一氏撮影）

●**ミボシ**（**箕星**）

角形の箕に見たてて、「ミボシ」。内田武志氏によると、静岡県庵原郡両河内村中河内（現・静岡市）に伝えられている［内田1949］。

娯楽

●**ハゴイタボシ**（**羽子板星**）

野尻抱影氏は、醍醐寺の管長・佐伯老師の手紙にある広島県福山市のハゴイタ星がツリガネボシと同様ヒアデス星団を意味していことについて、『京都方言襍記』の北斗七星よりも遙かにうなずけると記している［野尻1973］。

住生活

●**スワリボシ**

岸田定雄氏によると、奈良県宇陀郡大宇陀町（現・宇陀市）や内牧村（現・宇陀市）に伝えられているスワリボシは、プレアデス星団ではなく、ヒアデス星団を意味する。

その理由について、岸田氏は次の三つの可能性を記している。

❖曾てプレアデス星団を大和一円スバルボシと云っていたであろうが、羽子板が出来てから之を彷彿さす星をハゴイタボシなる名で呼び、元のスバリボシがスバルボシに続いて上って来る牡牛座へ移行された。

❖牡牛座の星郡（ママ、筆者注＝ヒアデス星団）を屋根のスワリの形に見立てゝ、最初からスワリボシと云っていた。

❖逆にプレアデス星団からスワリボシの名を受けた牡牛座の形（筆者注＝ヒアデス星団）に似るので、屋根の形をスワリと呼ぶようになった［岸田1950a］。

●**コヤボシ**（**小屋星**）

内田武志氏によると、静岡県賀茂郡白濱村（現・下田市）に伝えられている［内田1949］。小屋の屋根∧に見立てたのだろうか。

●**スダレボシ**

内田武志氏によると、静岡県志太郡小川村小川（現・焼津市）に伝えられている［内田1949］。

運搬

●モッコ、モッコボシ（畚星）

運搬用具「畚」に見立てた。

岩手県大船渡市赤崎町で一九九三年八月に記録した話である。

「どうしてモッコというかと言うと、この辺にね、あのしょいものつくったわけ。そして、こうちょうどこう……、何してこうしよって歩くものあったんだものねえ。その格好していたからモッコと言ったもんだものね」

ヒアデス星団のV字形を「モッコ（畚）」に見立てて、次のようにイカ釣りに役立てていた。

「あー、あー、モッコボシが出たってね、そう言ったんだな。あのとき、あのスルメがいっぱい釣れたんだなーと。で、何時頃だから、あしたもそのあたりまで待ってみるか、と言ったもんだが」

モッコ（星の民俗館所蔵）

「群れがある。いっぱい来るときの群れと、それから、群れの小さいときの群れとね。それによってもちがうんだものね。モッコボシのあと、そのほか全然釣れねえか言えば、それもぽろりぽろり釣れるもんだったものね。やっぱりその日の漁によって……。だから、星に関係なく、ずっと漁のあるとき、釣れるときもあったべね」［北尾2001］

内田武志氏によると、岩手県氣仙郡米崎村沼田（現・陸前高田市）にモッコボシが伝えられている［内田1949］。千田守康氏によると宮城県気仙沼市唐桑町各地に伝えられている［千田C］。

●タガラボシ（箍ら星）

箍《たが》に見立てた。千田守康氏は、箍について、「竹を割ってたがねた輪。桶・樽その他の器具などにはめて外側を堅く締めかためるために用いる」と記している。宮城県牡鹿郡牡鹿町泊（現・石巻市）に伝えられている［千田C］。

その他

◉ウマノツラボシ、ンマノチラブシ（馬の面星）

山形地方に伝わるウマノツラボシは、雪よけの藁頭巾の形に見立てたものである。野尻抱影氏は、「雪よけにかぶるとがった藁頭巾が馬のツラに似ているからと判って、二度びっくりだった」と記している［野尻1973］。内田武志氏によると、ンマノチラブシが沖縄県那覇市高橋町に伝えられている。内田氏には昴星として報告されたが、これはおそらくヒアデス星団を馬の面の状にみて名付けたものかと思われると記している［内田1949］。野尻氏も、ウマノチラー（沖縄）をヒアデス星団の星名と記している［野尻1973］。

◉カリマタ（雁股）

野尻抱影氏によると、岩手県気仙沼地方に伝えられており、「V字形を矢じりのカリマタと見たものだろう」と記している［野尻1973］。千田守康氏は、宮城県本吉郡唐桑町鮪立（現・気仙沼市）で記録している［千田C］。

筆者（北尾）は、宮城県本吉郡唐桑町津本（現・気仙沼市）にて、一九九三年八月、カリマタについて、「背負いモッコみたいな格好ですな」と記録。岩手県大船渡市赤崎町では、ヒアデス星団のV字形をモッコと呼んでいたが、この場合、モッコではなくカリマタであった。次のようにイカ釣りの目標にした。

「イカは、一晩中釣れてるわけじゃないんですね。時間、時々釣れるわけですな。一晩一生懸命釣り具を動かしてても、常に食いついてくるわけじゃねえ。時間によって漁がでたりひらいたりするわけです。よくね、カリマタのあがりの時節に釣れたとか、モクサのあがりのときに釣れたとかということは言われたものじゃ……」［北尾C］

モクサ（プレアデス星団）とともに、カリマタが水平線から顔を出すとき釣り具を動かすと、イカが釣れることがよくあった。

03 アルデバラン

「のぼる順番」「色」等の特徴を認識する過程において、星名が形成された。

●アトボシ（後星）

増田正之氏によると、富山県新湊市（現・射水市）に伝えられている［増田1990］。

●スマルノアトボシ（すまるの後星）

桑原昭二氏が、兵庫県姫路市阿成にて、「すまるさんのあと（後）を一年中まちがいなく追っかけてゆく大きな星さんを、すまるのあとぼしというのや」と記録［桑原1963］。「一年中まちがいなく追っかけてゆく」という表現から、生活の中で常に観察していたことを教えられる。

また、桑原氏によると、香川県大川郡志度町（現・さぬき市）と岡山県笠岡市北木島においても伝えられている［桑原1963］。

●スバルのアトボシ

増田正之氏が富山県黒部市にて記録［増田1990］。桑原昭二氏が和歌山県和歌山市雑賀崎、東牟婁郡串本町にて記録［高城1982］。

なお、オリオン座三つ星のアトボシはシリウスであるので注意しなければならない（第3節おおいぬ座参照）。

●ムヅラノアドボシ（六連の後星）

六連（プレアデス星団）の後に昇ることから、ムヅラノアドボシ。千田守康氏が宮城県桃生郡雄勝町水浜（現・石巻市）にて記録［千田C］。

●オクサノアドボシ、オクサノアトポシ（お草の後星）

オクサ（プレアデス星団）の後に昇ることからオクサノアドボシ、オクサノアトポシ。千田守康氏が宮城県桃生郡雄勝町水浜（現・石巻市）にてオクサノアドボシ［千田C］、石橋正氏が、岩手県上閉伊郡大槌町安渡漁港でオクサノアトポシを記録［石橋1993］。

●オプサノアト（ボシ）

オプサ（プレアデス星団）の後にのぼることからオプサノアト（ボシ）。石橋正氏が岩手県宮古市田老漁港にてオプサノアト、石浜漁港にてオプサノアトボシを記録［石橋1993］。

●ザクノアトボシ（笮の後星）

千田守康氏が、宮城県本吉郡歌津町（現・南三陸町）で記録。イカ釣りの目標にした。ザク（プレアデス星団）の後に昇ることから、ザクノアトボシ［千田1987］。

●**スマルノオノホシ**（**スマルの尾の星**）

礒貝勇氏が、京都府竹野郡間人町（現・京丹後市）にて記録［礒貝1956］。

●**スバリノオノボシ**

福井県小浜市にて、「スバリノオノボシいうてね、大きい星さんが出るのや。ひとつね。スバリノオノボシ……、大きい星さんいうことやな」と記録［北尾C］。

●**スンバリノオムシ**

内田武志氏によると、福井県大飯郡高濱町に伝えられている。オムシについて、内田氏は、「大星の意でお主であらうか」と記している［内田1949］。スンバリの後に出るという意味で「尾星」である可能性もあるのではなかろうか。

●**スマルノニナイボシ**（**すまるの担い星**）

桑原昭二氏が、兵庫県高砂市で記録。姫路市阿成のスマルノアトボシと同じように考えてスマルノニナイボシ［桑原1963］。

●**スバルノツキアゲ**

山口県萩市外越ヶ浜に伝えられている。石橋正氏によると、アルデバランが「すばる」を突き上げているからスバルノツキアゲ（突き上げ）と呼ぶ［野尻1973］。

●**ムヅラノサギボシ**（**六連の先星**）

ムヅラ（この場合は、オリオン座三つ星と小三つ星）の先（前）に昇ることから、ムヅラノサギボシ。千田守康氏が宮城県本吉郡唐桑町高石浜（現・気仙沼市）にて記録［千田C］。

●**アイノホシ**（**間の星**）

香川県仲多度郡與島（現・坂出市）に伝えられている。ミツボシとスマルの間に出る星［アチックミューゼアム1940］。

●**ナカボシ**（**中星**）

桑原昭二氏によると、広島県生口島の瀬戸田（現・尾道市）にナカボシについて、「すまるさんと、みつぼしさんの間に出る、赤い色の星さん」と伝えられている［桑原1963］。

◉ヒカリボシ

青森県北津軽郡小泊村下前で記録。ヒアデス星団のV字形をバックに、アルデバランが光っていることからヒカリボシと呼んだ。次のように、カタマリボシ（プレアデス星団）、マスボシ（オリオン座三つ星と小三つ星とり星）、アオボシ（シリウス）とともに、イカ釣りの目標にしていた。

「だいたい昔は、とにかく今みたいに機械もなかったものだ。昔の人は星を見て、東からあがってくる星見て、今何時だ……。カタマリボシ出た、ヒカリボシ出た、マスボシ出た、アオボシ出た、こういうふうに夜明けまでずっと星を丹念して……」［北尾C］

実際は、夜明け近くに登場するアオボシのほうが明るく光る。マスボシの両脇で輝くリゲルとベテルギウスも明るく輝いている。しかし、ヒアデス星団のV字形の淡い星ぼしをバックにアルデバランがひときわ明るく光る様子はヒカリボシという星名がよく似合う。

◉アカボシ

北海道積丹郡積丹町美国町、亀田郡椴法華村元村、新潟県佐渡郡相川町姫津に伝えられていた［北尾C］。また、増田正之氏によると、富山県黒部市において伝えられていた［増田1990］。

◉キンボシ

オレンジに輝くアルデバランをキンボシと呼んだケースである。

大分県別府市亀川浜田町に伝えられていた。

「魚とりは時計持っとらんから星が時計じゃった。ナナツボシあってな、キンボシあってな、それからミツボシ」［北尾C］

ナナツボシ（プレアデス星団）、キンボシ（アルデバラン）、ミツボシ（オリオン座三つ星）と順番にのぼる星が絶対に止まらない時計であった。

◉アズキボシ（小豆星）

桑原昭二氏が姫路高校の生徒を指導して、アズキボシを記録。桑原氏は、「冬の夜空に鈍い赤い色をしたアルデバランにはあずきぼしはうってつけの名前であります」と記している［桑原1963］。

●**ヒボシ（火星）**

桑原昭二氏によると、姫路市英賀保でヒボシ（火星）が伝えられている。火のような色という意味で、アズキボシと同様、アルデバランの色にもとづく名称である［桑原1963］。

第2節

オリオン座

オリオン座の日本の星名の形成

オリオン座は、一等星が二個ある星座である。しかし、一等星の星名は限られた地域でのみしか記録されていない。

◉α星（ベテルギウス）／ゲンジボシ（源氏星）、キンワキ（金脇）

◉β星（リゲル）／ヘイケボシ（平家星）、ギンワキ（銀脇）、シモフリボシ（霜降り星）

西洋の星座「オリオン座」と同じ部分が日本の星座となったわけではない。西洋の星座と異なるある特定の部分ひとつのみが日本の星座となったわけでもない。次のように様々な部分が日本の星座となった（図参照）。

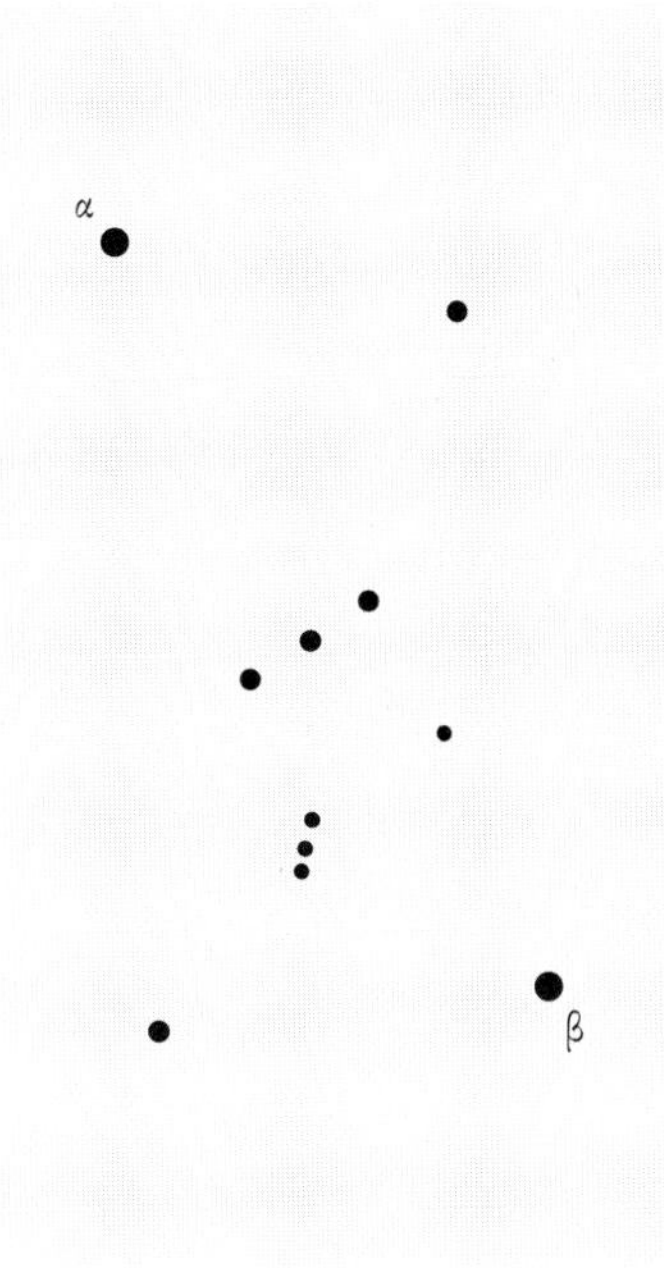

α星とβ星

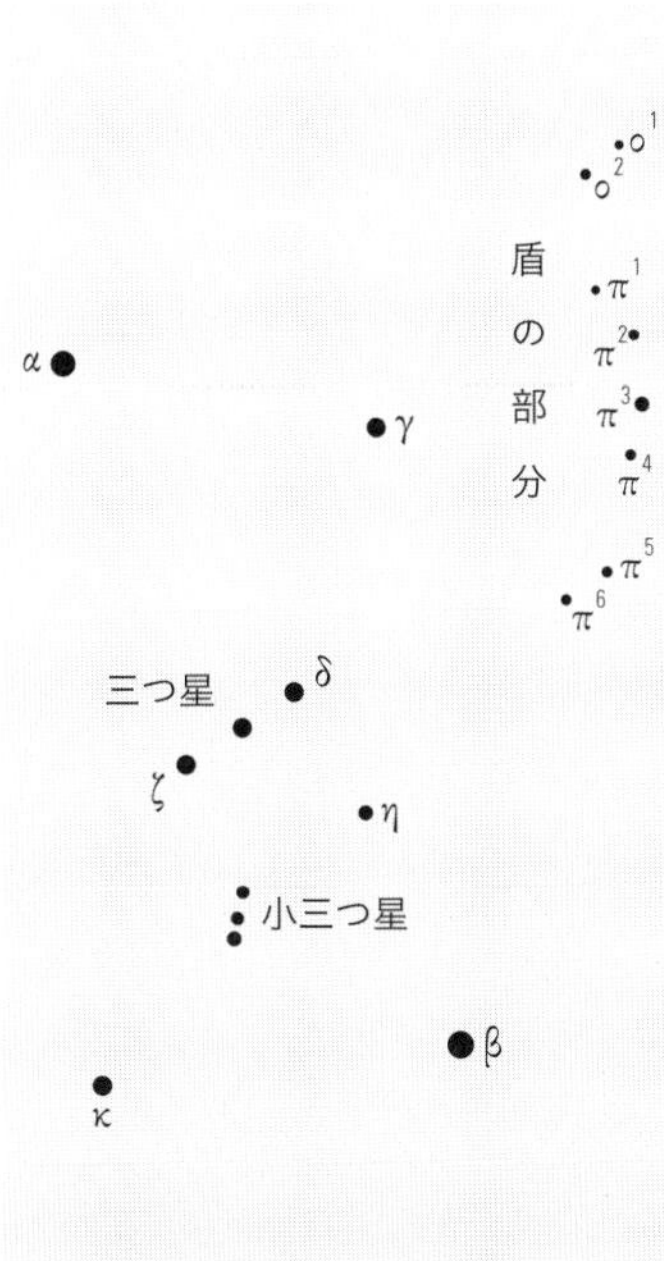

三つ星、小三つ星、盾の部分ほか

❖三つ星(δεζ)

❖三つ星と小三つ星

❖三つ星と小三つ星とη星

❖小三つ星

❖盾

❖αとβ

❖αζκβδγ

❖αβとγκ

❖αγβκ

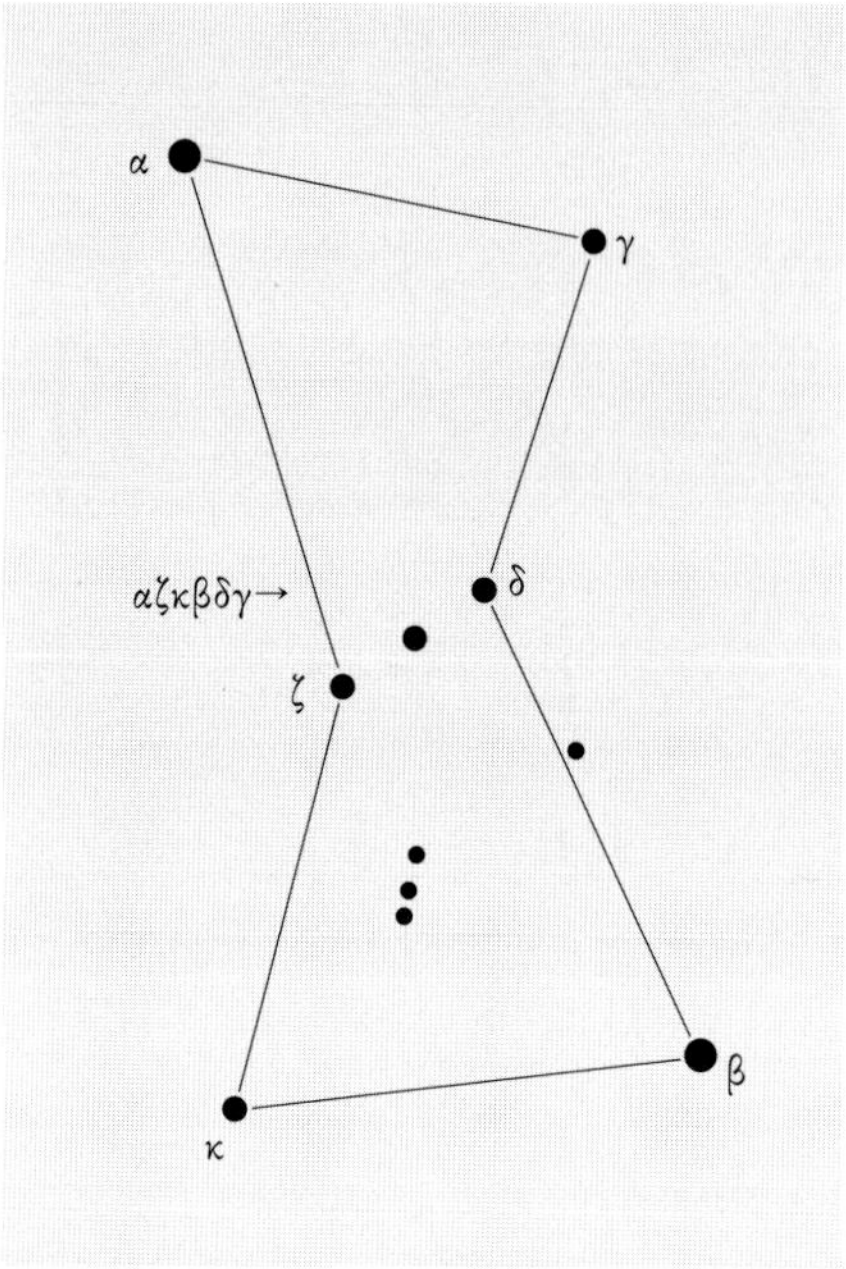

αζκβδγ

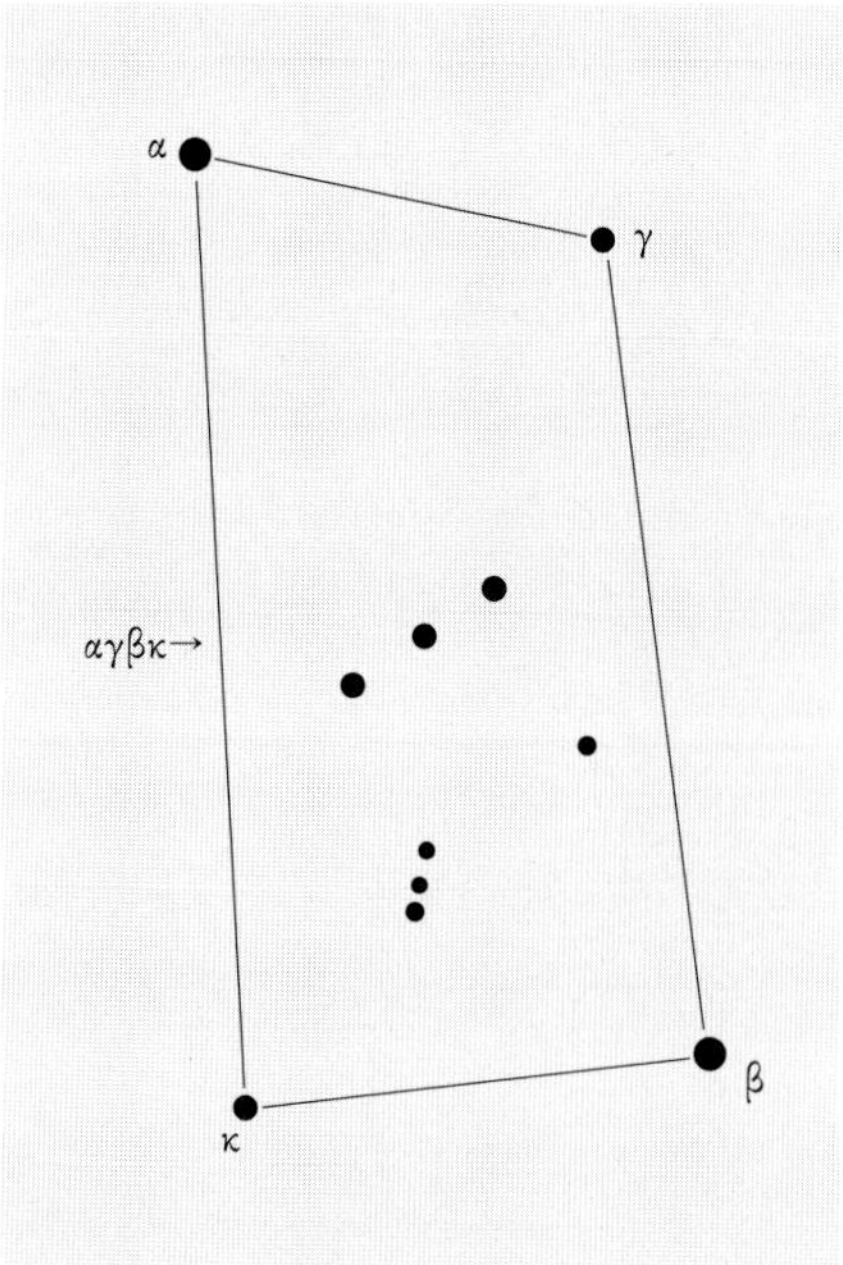

αγβκ

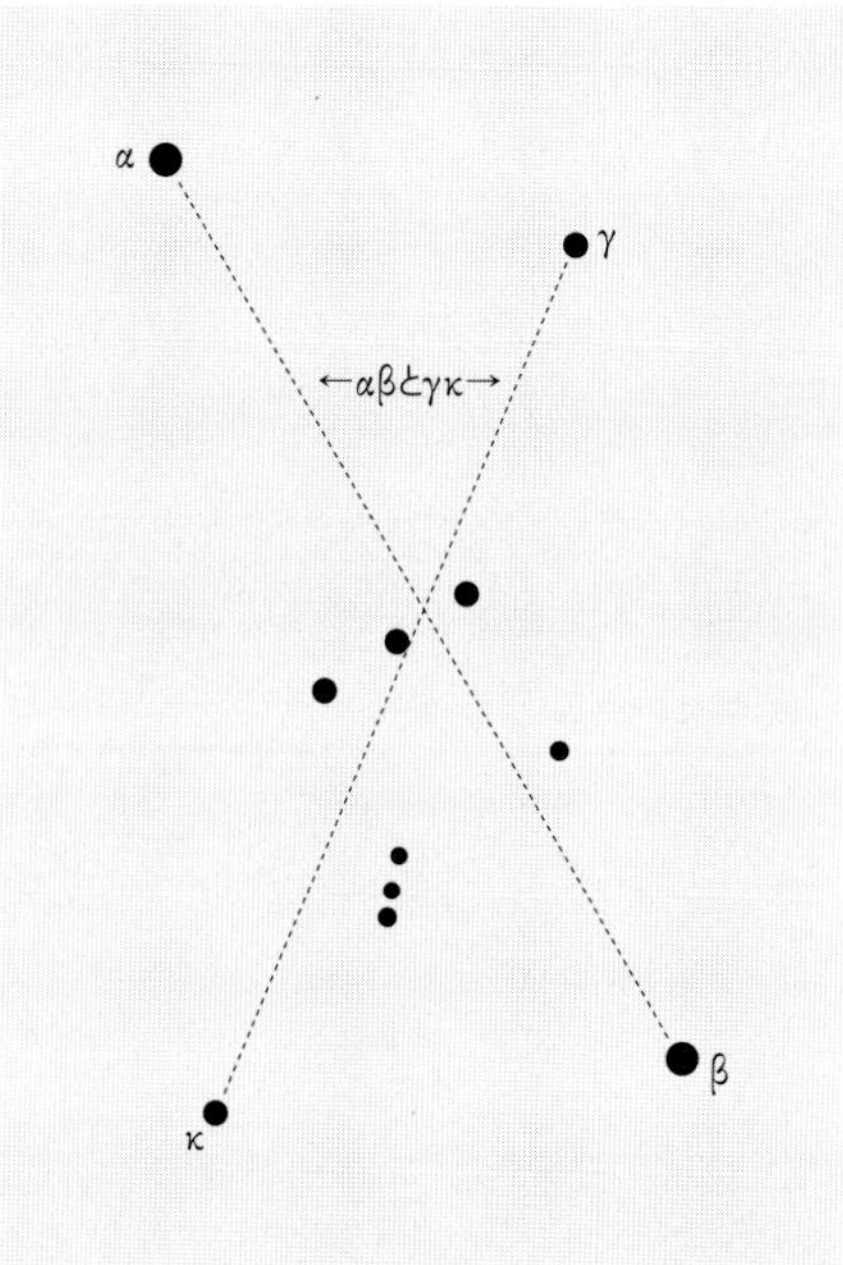

αβとγκ

オリオン座の日本の星名は、次の三つの部分の配列に集中して形成される。

❖三つ星(δεζ)
❖三つ星に小三つ星を加えたもの
❖三つ星と小三つ星にη星を加えたもの

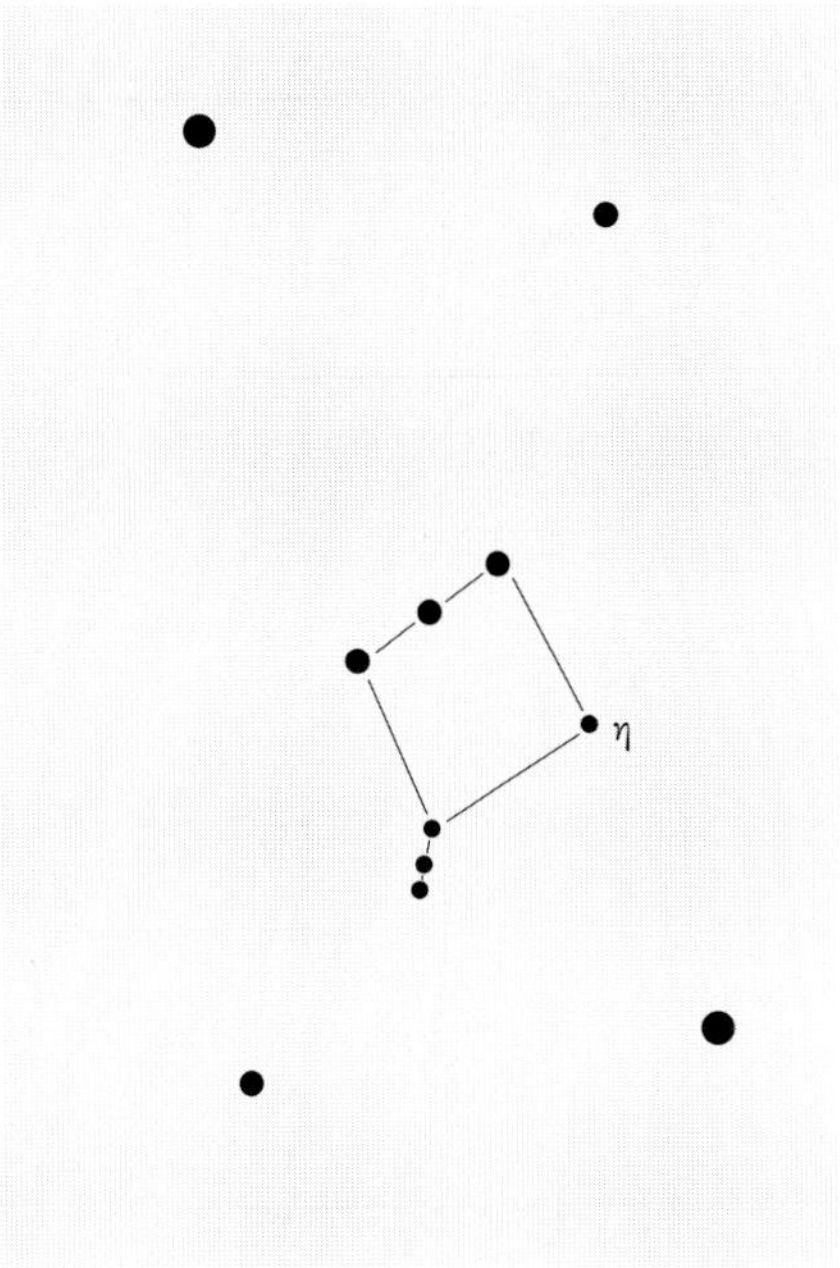

三つ星と小三つ星とη星

次のようなオリオン座周辺部分あるいは全景の日本の星名は、限られた地域でのみしか記録されていない。

❖盾の部分＝ムズラ等
❖αとβ＝ワキボシ、リョウワケ、カナツキノリョウワキダチ等
❖αζκβδγ＝ツヅミボシ、クビレボシ
❖αβとγκ＝カセボシ
❖αγβκ＝シボシ、ヨスマ
❖全景(盾の部分とαζκβδγ)＝サムライボシ

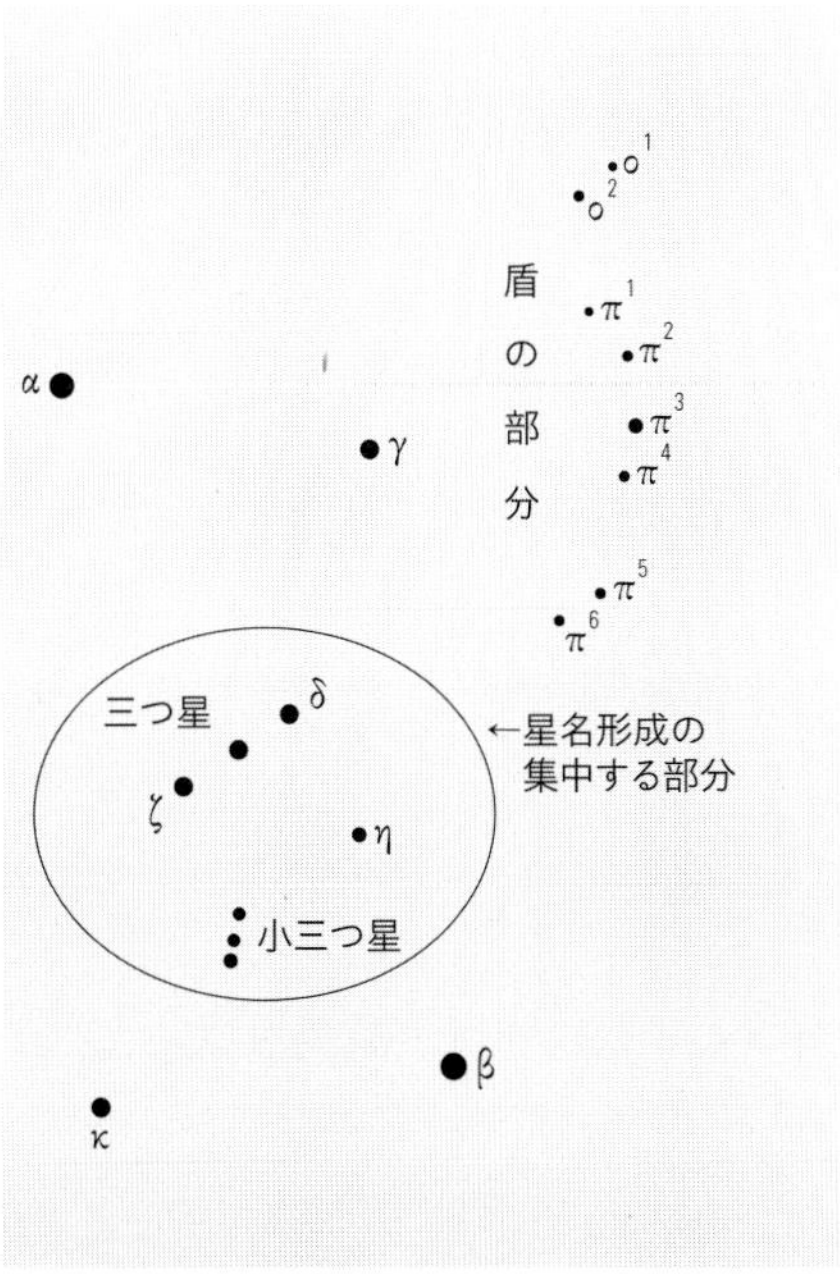

日本の星名形成の集中する部分

01 α星（ベテルギウス）

◉ゲンジボシ（源氏星）

源氏の旗が白色であることからβ星（リゲル）の星名と思われがちであるが、実際は平家の旗の色「赤色」のα星（ベテルギウス）の星名である［香田C］。

岐阜県揖斐郡横蔵村（現・揖斐川町）で香田壽男氏が当時（一九五六年頃）六〇歳ぐらいの老人から指で、「赤色」のベテルギウスを指されて教えられたものであり、西美濃では、「赤は源氏の色」と広く伝えられていたのである。

「自分たちが平家と知られたくないためにあえて反対に伝承されたのだろうか」

そう思い、香田氏に確認すると、「わざと反対に伝承するというのは面白いご指摘で、もとはそうしたものであったかとも思います」という答えが返ってきた。

元十島村歴史民俗資料館長福澄孝博氏によると、トカラ列島では、平家の落人であると疑われないために、あえて源氏に縁のある「日高」という姓を名乗ったと伝承されている。「わざと反対に伝承する」に通ずる。

◉キンワキ（金脇）

オリオン座三つ星の脇に金色に輝いていることから、キンワキ（金脇）と名付けられた。滋賀県東浅井郡虎姫町（現・長浜市）［野尻1973］。

02 β星（リゲル）

◉ヘイケボシ（平家星）

平家の旗が赤色であることからα星（ベテルギウス）の星名と思われがちであるが、実際は源氏の旗の色「白色」のβ星（リゲル）の星名である。岐阜県揖斐郡横蔵村（現・揖斐川町）［香田C］。

◉ギンワキ（銀脇）

オリオン座三つ星の脇に銀色に輝いていることから、ギンワキ（銀脇）と名付けられた。滋賀県東浅井郡虎姫町（現・

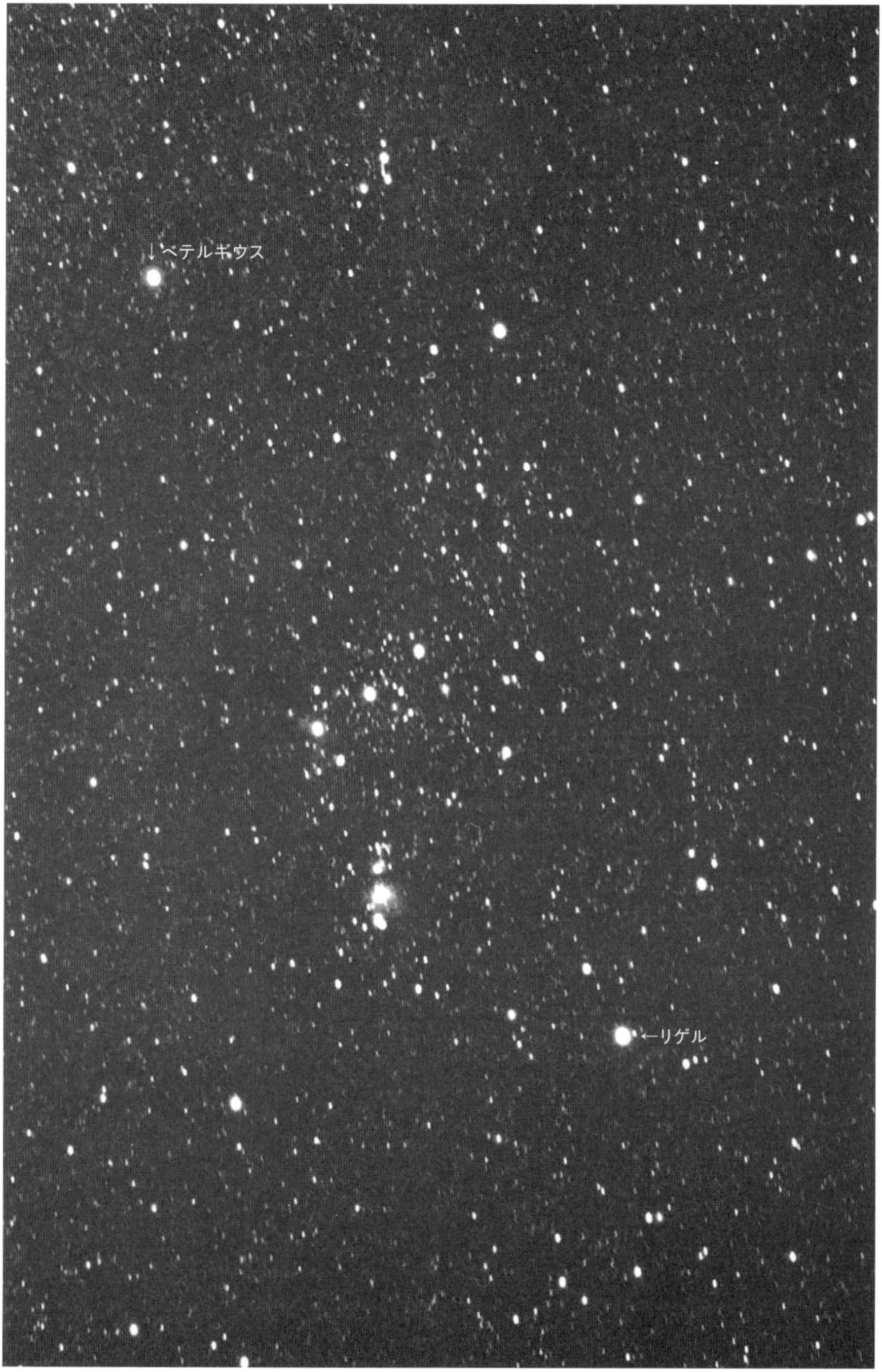

リゲルとベテルギウス（湯村宜和氏撮影）

長浜市）［野尻1973］。

●シモフリボシ（霜降り星）

香田壽男氏が記録した。岐阜県奥揖斐で伝えられた星名。夕方、東天にきらめきはじめるころ初霜を見ることによる。

03 オリオン座三つ星（δεζ）

1 特徴を認識する過程において形成された星名

天文に関心をあまり持っていない人に見つけることができる星座をたずねると、「オリオン座」という答えがかえってくることもある。しかし、オリオン座の形は本当に見つけやすいだろうか。おそらくオリオンの形を教えられているから見つけやすいだけではないか。もっとも目立つのはオリオン全景ではなく、三つ星だと思う。茨城県北茨城市大津町で聞いた話である。

「みな、星はひとつずつこうなってるのが、三つそろってね、また、そばにも小さな光で三つそろっている。こういう星は、ねえわけなんだね」

全天を見渡して三つそろった星をさがせば、それがオリオン座の三つ星だった。

全天には、次のような三つ並んだ星の配列がある。

❖オリオン座三つ星（δεζ）
❖さそり座アンタレスとσ、τ
❖わし座アルタイルとβ、γ

そのなかでオリオン座三つ星は、次のような特徴を全て備えている。

❖構成する三つの星が、ほぼ同じ間隔で並んでいる。
❖構成する三つの星が、ほぼ一直線に並んでいる。
❖構成する三つの星が、ほぼ同じ明るさ（二等星）である。

まさに、いちばん見事に三つそろっているのがオリオン座三つ星である。

そして、大津町の話にある「そばに小さな光で三つそろっている」という見事な大空のデザインが、オリオン座三つ星である。

そして、近くに輝く一等星 αとβよりもはるかに多様な日本の星名が、三つ星(δεζ)の部分の配列に集中して形成された。

三つ星(δεζ)については、次のような特徴の認識が反映された日本の星名が形成された。

❖配列を構成する星の数「三つ」の認識(星の数三)
❖配列を構成する星の数「三つ」と配列の認識(数と配列)
❖配列を構成する星の数「三つ」と「明るく光っている様子」の認識(数と明るさ)

また、人びとは、三つ星に生活用具や衣食住のなかでの様々な営み等を描いた。西洋の星座のひとつ「オリオン座」のベルトの部分について、暮らしの様々な場面から日本の星名が誕生した。

星の数「三つ」

◉ミツボシ

配列を構成する星の数「三つ」の認識にもとづく星座名の代表であるミツボシは、ほぼ全国に分布するが、例えば津軽半島においては、小三つ星とη星を含めた桝の形の配列

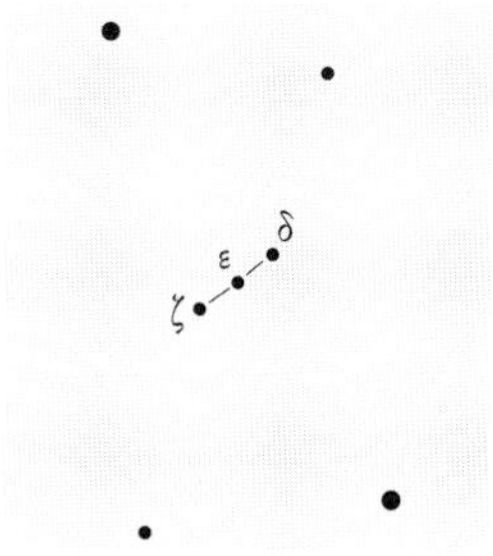

オリオン座三つ星(δεζ)

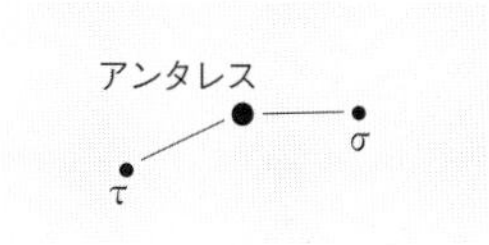

さそり座アンタレスとσ、τ

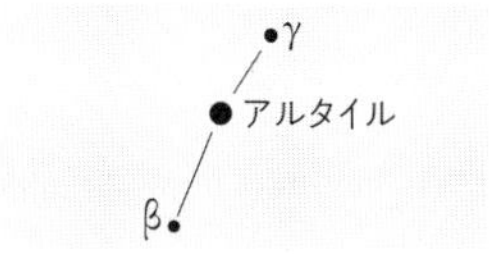

わし座アルタイルとβ、γ

オリオン座三つ星(δεζ)

さそり座アンタレスとσ、τ

わし座アルタイルとβ、γ
(湯村宜和氏撮影)

のほうの星名が主に分布しているというように地域的な偏りがある。

内田武志氏は、静岡地方を中心にミツボシサン、ミツボシサマあるいはミツボーサマ、ミツボッサン、ミツボッサマというような敬称をつけて呼んだ星名、次のようなミツボシから転訛した星名を記録している［内田1949］。

❖ミツツボシ……三重県志摩郡和具村、志島村（現・志摩市）、鹿児島県川邉郡枕崎町（現・枕崎市）、静岡県静岡市、沼津市等

❖ミボシ……鹿児島県川邉郡知覧村塩屋（現・知覧町）、枕崎町（現・枕崎市）

❖ミーボシ……福岡県若松市（現・北九州市）

ミボシは、この場合箕星ではなく、三（み）星である。

奄美大島・喜界島以南においては、次のようにミツボシから転訛した星名が伝えられている。奄美大島、喜界島以南では、「ホシ、ボシ」のことを「フシ、ブシ」と言う。

❖ミツブシ……鹿児島県大島郡与論町［三上C］、大和村思勝［北尾AC］、宇検村平田、同屋鈍、喜界町花良治《けらじ》［北尾C］、沖縄県島尻郡渡嘉敷村［北尾AC］

❖ミツブス……沖縄県平良市［北尾AC］

❖ミッツブシ……鹿児島県大島郡宇検村平田［北尾C］

❖ミチブシ……鹿児島県大島郡和泊町永嶺（沖永良部島）［北尾AC］

❖ミーチブシ、ミーチブサー……沖縄県中頭郡読谷村［北尾AC］

❖ミイチプシ……沖縄県八重山郡竹富町鳩間島［北尾AC］

❖ミツルブシ……鹿児島県大島郡大和村今里、喜界町小野津、同塩道［北尾C］

❖ニーチィブシ……沖縄県国頭郡伊江村［北尾AC］

ニーチィとは、「三つ」のことである。

鹿児島県大島郡大和村今里で記録したミツルブシの歌である（話者生年＝大正六年）。

ヨーナカミツルブシ
ミチャルチューヤーオラヌヨ
ワレハーカナーシノーデー

イキニミーチャルヤー

「カナ」は彼女、「ミツルブシ」は、オリオン座三つ星のこと。夜中まで人は起きていないから、見ている人はいない。彼女に会いにいくと、そのとき、ミツルブシが輝いていた。満天の星ぼしに響く恋人の歌であり、昔は、心のなかに星があり、そして、心で星を見ていたことを教えられる。

鹿児島県奄美大島大和村のミツルブシの歌
採譜者　北尾正子
ヨ ー ナ カ　ミ ツ ル ブ シ
ミ　チャル　チューー　ヤ ー オ ラ ヌ
ヨ ワ レ ハ ー カ ナ ー シ ノーデーー
イ キ ニ ミ ー　チャル　ヤ ー

『ふるさと星事典』（南日本新聞開発センター）より

◉サンボシ（サン）（サマ）

星の数「三《サン》」がそのまま星名となった。ミツボシと同様、敬称をつけてサンボシサン、サンボシサマと呼ぶケースもある。

❖サンボシ……茨城県那珂郡平磯町（現・ひたちなか市）、愛知県愛知郡下之一色町松陰（現・名古屋市）、福岡県若松市（現・北九州市）、静岡県賀茂郡稲取町向（現・東伊豆町）、田方郡熱海町梅園（現・熱海市）、對島村富戸（現・伊東市）、静岡市濱等［内田1949］、神奈川県三浦市三崎町［横山C］、茨城県北茨城市大津町、千葉県安房郡鋸南町勝山、千葉県浦安市猫実［北尾C］

❖サンボシサン……静岡県田方郡小室村川奈（現・伊東市）［内田1949］、宇佐美村留田（現・伊東市）［内田1949］

❖サンボシサマ……神奈川県鎌倉郡中和田村上和泉（現・横浜市）［内田1949］

❖サンボッサン……山形県［野尻1973］

サンボッサンについては、山形県のどの地域かは不明である。

暗いうちから草刈りをしている農夫が夜明けを知る目標にした。

❖山形県……うら盆過ぎから農夫たちは未明に馬で草刈りに出かける。その時、オホウ、さんぼっサンが出てる。夜明けも近い［野尻1973］。

❖神奈川県三浦市三崎町……三つきれいに並んでいる。夏、東に出ると夜が明ける。時計代わりになる星で朝を知らせてくれる［横山C］。

夜明け前、東の地平線からδ、ε、ζがひとつずつ順にのぼっていく様子を捉えた（図参照）。

❖千葉県浦安市猫実……土用入って三日目になるとね、サンボシというのがあがる。一、二と三日にあがるの。三日にひとつずつあがるの。下からこうあがってくる。するとね、じきに夜が明けるのですよ［北尾C］。

サンボシ（オリオン座三つ星）とムヅラ（プレアデス星団）に注目して名前をつけて時間を知るようになった理由を語ったケースとして、一部重複するが、北茨城市の漁師さんの言葉を引用する。

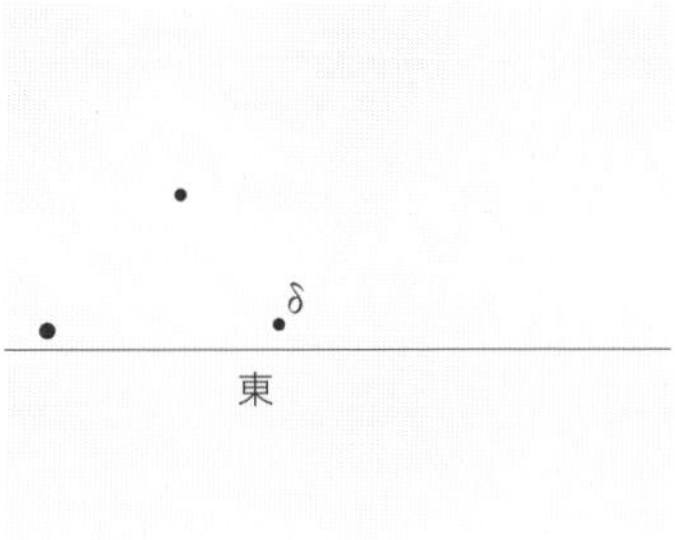

東の地平線から順にのぼっていく。東の空、サンボシ1日目

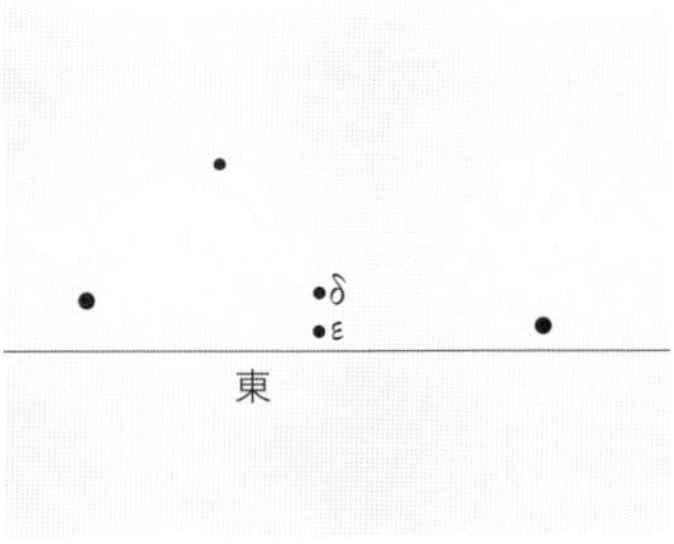

東の空、サンボシ2日目

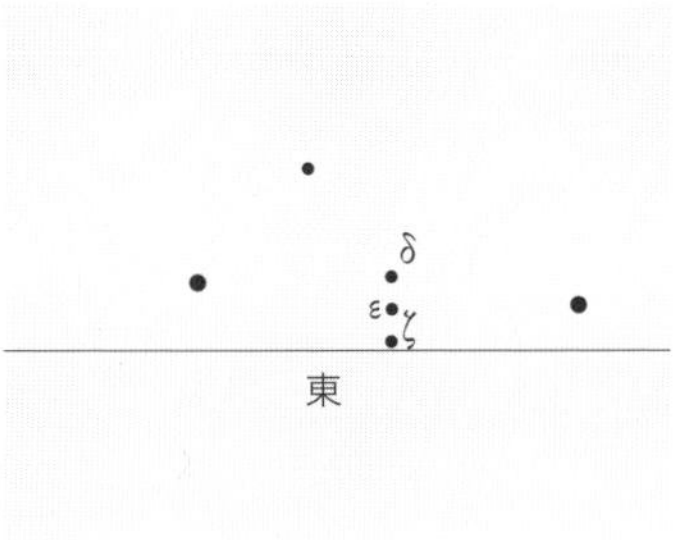

東の空、サンボシ、3日目

東の空でオリオンと出会う（湯村宜和氏撮影）

オリオン座δεがのぼる（鹿児島県トカラ列島中之島にて福澄孝博氏撮影）

❖茨城県北茨城市大津町……サンボシで時間みたり。ただ、少し格好がちがってるだけで。みな星はひとつずつこうなってるのが三つそろってね、また、そばにも小さな光で三つそろっている。こういう星は、ねえわけなんだね。ムヅラいうのも、ひとところにごじゃごじゃと、こう六つばかりかたまってる。それもねえわけなんだね。そういうねえものを名前つけて、時刻をはかったりしたんだね［北尾C］。

●サンバンボシ

次の二か所に伝えられていた。

❖千葉県南房総市富浦町［三上C］
❖愛媛県松山市津和地島［北尾C］

愛媛県松山市津和地島では、イチバンボシ（明けの明星）とともに記録したので、とっさにサンボシがイチバンボシの影響を受けてサンバンボシに変化したのかもしれないと思った。一方、三上晃朗氏は、夏の土用に一つずつ上るという三つ星を、一番、二番、三番と表現したという可能性を指摘している。宮城県でδ、ε、ζをそれぞれサンダイショウのイチバンボシ、ニバンボシ、サンバンボシと呼んだのに通ずる（千田守康氏による記録、後述）。今後の調査で新たな発見がないか楽しみである（星名の由来については、現時点では確定できず、本書では、「配列を構成する星の数『三つ』の認識にもとづく星名」の項目に含める）。

●サンジョ（ウ）サマ

サンジョウサマ（あるいは、「ウ」を省いたサンジョサマ）という星名は、星の数「三つ」の認識のみにもとづくものではない。野尻抱影氏は、三星《サンジョウ》と推測している［野尻1973］が、三所［都丸1977］、三女というように違ったイメージを抱いたケースもある。しかし、本書では、「配列を構成する星の数『三つ』の認識にもとづく星名」の項目に含める。

野尻抱影氏によると、「サンジョウサマ」は群馬、埼玉、栃木地方に分布する［野尻1973］。サンジョ（ウ）と敬称「サマ」を省かれるケース、サンジョウボシというように「サマ」ではなく「ボシ」のケース、サンシュウサマに変化したケースもある。

❖サンジョウサマ……埼玉県比企郡小川町［三上C］、秩父郡東秩父村［三上C］、皆野町［三上C］

❖サンジョウ……群馬県勢多郡赤城村（現・渋川市赤城町）［都丸1977］

❖サンジョウボシ……埼玉県大里郡寄居町［三上C］

❖サンジョウノホシ……栃木県塩谷郡栗山村（現・日光市）［北尾C］

❖サンシュウサマ……埼玉県北足立郡吹上村（現・鴻巣市）［野尻1973］

群馬県沼田市については、一九八〇年、群馬星の会の石原桂氏の案内で、故長谷川信次氏宅を訪問して記録を調べた結果、星名が「サンジョウサマ」［野尻1973］でなく「サンジャササマ」であることが判明した。

❖サンジャササマ……群馬県沼田市［長谷川信次C］

「サンジョウサマ」とともに「サンジョサマ」が広く分布しており、三上晃朗氏は、群馬県新田郡尾島町（現・太田市）、埼玉県大里郡川本町（現・深谷市）で、筆者は、群馬県利根郡水上町（現・みなかみ町）藤原原、藤原平出、藤原山口、片品村戸倉、吾妻郡嬬恋村西窪、門貝、門貝鳴尾、山田郡大間々町（現・みどり市大間々町）、藪塚本町藪塚（現・太田市藪塚町）で記録している。藤原原、藤原平出、藤原山口においては、「サマ」を省いて「サンジョ」とも言った。

三上氏は、サンジョノホシを福島県会津郡檜枝岐村で記録している。

また、小三つ星コサンジョに対して、三つ星を次のように区別して呼んでいるケースもある。

❖オオサンジョ……群馬県利根郡片品村戸倉

［北尾C］

暮らしのなかで次のようなサンジョ（ウ）サマの伝承が語られた。

日々の暮らしで時計代わりとなっていた三つ星であるが、日没後すぐ西の空に沈んでいく五月下旬から明け方東の空にのぼる七月中旬頃までは見ることができない。その特別な意味を持つ期間を伝承によって説明をしていたケースである。

西の空に、低くなっていくサンジョ（湯村宜和氏撮影）

❖群馬県沼田市……サンジャサマは麦の穂で目をついたことがあるので、その季節にはお上りにならない［野尻1973］（『日本星名辞典』には「さんじょうサマ」、長谷川信次の記録にはサンジャサマ）。

また、夜明け前に西へ沈む（かげる、くもる）様子を観察して、雪《つもり》が降る季節の到来を知った。

❖群馬県利根郡水上町（現・みなかみ町）藤原原……サンジョサマがかげればつもりがふる。朝起きてサンジョがかげる頃になれば雪がふる。一二月二〇日過ぎ、サンジョサマがかげる［北尾C］。

❖群馬県利根郡水上町藤原山口……サンジョがくもればつもりがふる［北尾C］。

❖群馬県利根郡水上町藤原平出……サンジョがかげればつもりがふるって、年寄りが言ってた［北尾C］。

冬、特に一二月頃、夜なべ仕事を終える時間を知る目標にしたケースがある。

❖群馬県利根郡水上町藤原原……サンジョサマがよっぽと上ったから寝べえや［北尾C］。

❖群馬県利根郡水上町藤原平出……サンジョサマ傾いたべ、早く帰るべ［北尾C］。

❖群馬県利根郡片品村戸倉……サンジョサマがくれるから夜なべ仕事やめるべ［北尾C］。一二月、夜遅くまで夜なべをする。夜なべが終わる頃は、サンジョウは横（西）に傾く。

❖群馬県勢多郡赤城村（現・渋川市赤城町）……師走のサンジョウ、横サンジョウ［都丸1977］

数と配列

三つという数と連なっているという配列にもとづく星名が形成された。

●ミジラ、ミツナ（三連）

千田守康氏が宮城県本吉郡歌津町（現・南三陸町）でミジラ、気仙沼市でミツナを記録［千田C］。

●**ミツラボシ**（三連星）

千田守康氏が宮城県本吉郡歌津町（現・南三陸町）でミツラボシ。歌津町では、ムジラボシ（六連星）はプレアデス星団を意味し、六連（プレアデス星団）と三連（オリオン座三つ星）を対比して捉えた［千田C］。

数と明るさ

●**サンコウ**（三光）

サンコウ（三光）とは、本来は「太陽、月、星」を意味する。しかし、この場合は、星の数「三つ」と「明るく光っている様子」の認識にもとづく星名である。野尻抱影氏の「霜夜の空に三つの輝星が並んで光相射る印象は、〈三光〉を日・月・星の概念的な名から奪うに十分である」［野尻1973］という指摘は、私も同感で、北海道・東北のイカ釣りの漁師を訪ねて歩いているうちに、「サンコウ」は、水平線から姿を現し、その力強くかつ整然とした輝きでイカがつく合図をするのにぴったりの日々の生活の言葉だと確信するようになった。

野尻氏によると、「サンコウ」は、神奈川・群馬・愛知・石川等に分布している。石橋正氏は、青森県岩屋漁港でサンコウボシ、泊漁港でサンコウを記録している［石橋C］。

筆者（北尾）は、次の地域において、「サンコウ」（サンコウボシ、サンコウサンを含む）を記録した。愛知県、石川県より東に広く分布する。

▼**北海道**

❖小樽市忍路《おしょろ》、
❖積丹郡積丹町美国町
❖積丹郡積丹町余別町
❖積丹郡積丹町野塚町
❖古宇郡《ふるうぐん》神恵内村《かもえないむら》
❖磯谷郡蘭越町《らんこしちょう》港町
❖函館市石崎町
❖松前郡松前町江良《えら》
❖茅部郡南茅部町尾札部《おさつべ》（現・函館市）
❖茅部郡南茅部町臼尻《うすじり》（現・函館市）
❖亀田郡戸井町釜谷町《かまやちょう》（現・函館市）
❖亀田郡戸井町泊町《とまりまち》（現・函館市）
❖亀田郡尻岸内町《しりきしないちょう》日《ひ》ノ浜《はま》（現・函館市）

❖亀田郡尻岸内町古武井《こぶい》（現・函館市）
❖亀田郡椴法華村富浦《とどほっけむらとみうら》（現・函館市）
❖亀田郡椴法華村元村《もとむら》（現・函館市）
❖上磯郡上磯町当別《とうべつ》（現・北斗市《ほくとし》）

▼**青森県**

❖下北郡大間町大間
❖下北郡大畑町《おおはたまち》大畑（現・むつ市）
❖下北郡風間浦村蛇浦《へびうら》
❖下北郡風間浦村易国間《いこくま》
❖下北郡六か所村　泊《とまり》

▼**秋田県**

❖男鹿市戸賀《おがしとが》戸賀
❖男鹿市戸賀加茂青砂《あおさ》
❖男鹿市船川港本山門前

▼**石川県**

❖鳳至郡能都町宇出津《ふげしぐんのとまちうしつ》（現・鳳珠《ほうす》郡能登町）
❖鳳至郡能都町姫《ひめ》（現・鳳珠《ほうす》郡能登町）
❖珠洲郡内浦町《すずぐんうちうらまち》小木《おぎ》（現・鳳珠《ほうす》郡能登町）
❖珠洲市狼煙町《のろしまち》

▼**愛知県**

❖幡豆郡《はずぐん》幡豆町東幡豆（現・西尾市）
❖幡豆郡一色町《いっしきちょう》一色（現・西尾市）
❖幡豆郡一色町佐久島《さくしま》（現・西尾市）

サンコウは、イカ釣り漁師の間で広く伝えられている星名であり、次のようにイカ釣りの目標として活用されていた。

❖北海道磯谷郡蘭越町港町の事例
明治四〇年生まれのイカ釣り漁師は、サンコウの出と潮と合わせて判断していた。
「どの星のときにでも、イカがつくとは限らない。潮と星の出が合致するとつく、と、わしらは、丹念している。サンコウの出に昨日ついたからといって、今日つくとは限らねえ。潮と合わなければだめだ」［北尾C］

❖青森県むつ市大畑町湊村

大正一一年生まれのイカ釣り漁師は、サンコウの出とその前に出るシバリ（スバルの転訛）、後に出るアオボシ（シリウス）、ヨアケボシを役星として活用していた。曇っていても、雨でも、サンコウの出を体で感じた。

「シバリ、サンコウ、アオボシ、ヨアケボシ、星の出、イカつく。星が手をのばして（手を伸ばしながら話された）一尺ぐらい上がると、つかなくなる。ついてもたまにぽつぽつ。星の出なれば、ぜんぜんつかねえときも、ついてくる。シバリ上がったあと、寝て、サンコウ上がると起きて道具（トンボ、ハネゴ）を海に入れる」

「雨で星見えてなくても、だいたい時間、星、上がる時間わかる。機械になっても星関係した。サンコウの出、雨でもわかる」［北尾C］

◉**サンコウノタマ**（**三光の玉**）

北海道磯谷郡蘭越町港町で星を玉（たま）にたとえた星名を記録した［北尾C］。

プレアデス星団の星名の場合、「スバル」は「スバリ、シバリ、ヒバリ……」に、「ムツラ、ムヅラ」は「ムジラ、ムジナ、ウズラ……」というように、多様な転訛が見られるが、「サンコウ」の場合は、それほど大きな転訛が見られない。

◉**サンダイボシ、サンダイショウ、サンダイショー**（**三大星**）

サンダイボシ、サンダイショウ、サンダイショーすなわち三大星は、三つの大きい（明るい）星という認識にもとづく星名である。野尻抱影氏は、サンダイショウにどのような字をあてるかについて、「誰でもすぐ『三大将』と思うだろう」とした上で、内田武志氏らからの報告等にもとづき「三大星」を当ててよいと決定している［野尻1973］。

野尻氏によると、サンダイボシ、サンダイショウは、静岡・茨城・福島・宮城・岩手・北海道（函館）に分布する［野尻1973］。

宮城県では、本吉郡歌津町字港（現・南三陸町）で、サンダイショウ。δをサンダイショウのイチバンボシ、εをサンダイショウのニバンボシ、ζをサンダイショウのサンバンボシと呼んでいた［千田C］。

サンダイボシは、歌津町森畑（現・南三陸町）に伝えられていた［千田C］。

福島県では、サンダイショーは、福島市飯坂《いいざか》、須賀川《すかがわ》市浜尾《はまお》、サンダイボシは、西白河《にししらかわ》郡西郷《にしごう》村、いわき市久之浜《ひさのはま》町に伝えられている［北尾C］。

須賀川市浜尾においては、「サンダイショーて、三つ並んだ星であがるんだけども、百姓はあれがあがるまで夜われやったもんだ」と記録［北尾C］。「夜われ」とは、夜なべ仕事のこと。生業は農業。秋、オリオン座三つ星が昇ってくるまで夜なべ仕事（稲こぎ等）をした。

野尻氏は、「おさんだいしょうさま、屋根の上、麦つきゃ臼のかげ杵まくら」［野尻1973］という民謡を紹介している。オリオン座三つ星が東の屋根の上に輝く真夏の夜明け前から臼に入れた麦を杵で搗く光景が歌われている。

いわき市久之浜町においては、「ここではサンダイボシいうんだけど。冬場はあがるだけども、夏場はあがんねえんだから。あがんねえことないんだ。時間が明け明けにはあがるんだけど。時計ねえ、時計ねえからね。今日は幾日だな、サンダイボシあそこだから、何時だな、まあせいぜい違ったって一〇分くらいだっぺな。一〇分か一五分だっぺ、違ったって」と記録［北尾C］。星で時間を知る場合の誤差（話者の場合は一〇～一五分）を具体的に説明した珍しいケースである。

数その他

数「三」に関係するが、意味の不明な星名。

◉サンカラボシ

東京都大田区羽田において、サンカラボシという星名が伝えられている［三上C］［北尾C］。

「果ら（木の実と草の実）」に見立てて、三つの実とイメージしたのだろうか。三上晃朗氏は、江戸時代の大名である前田家、島津家、伊達家を三柄《さんがら》大名と称した言葉があることから、これが三つ星と結びついて伝承の過程でサンカラに変化した可能性を指摘している。

「暗くなってからサンカラボシ。きれいに三つ、たてに」

「いごくよ。方言で、サンカラボシ。船の方言でサンカラボシ」

「秋口なると、東の空に三つ並んで、縦に並んで見えた」［北尾C］

サンカラボシとは夏七月下旬の明け方、東の空で出会うことができた。少しずつのぼる時間が早くなり、秋口すなわち九月下旬から一〇月になると、就寝前の午後一一時頃に東の空に三つ縦に並んでいるのを見ることができた。羽田空港のすぐ近くにおいても、星をめあてにした暮らしが営まれていた。

●サンズイボシ

千葉県富津市萩生において、サンズイボシという星名が伝えられている［三上C］［北尾C］。

明治三〇年代生まれの父親から伝え聞いていた星名伝承を記録した。

「サンズイボシ、三つの星。あの星ね、宵のうちに東のほうにあるのが、朝なれば西のほうにある。東の空にあって、夜は何時間もある。朝なれば西きちゃう」［北尾C］。

また、三上晃朗氏は、サンズイボシについて、「ズイには後から従うように出てくるという意味があるものと考えられる」と指摘している。

●サンチョウノホシ、サンチョウサマ、サンチョウボシ

サンチョウノホシは、越谷吾山著『物類称呼《ぶつるいしょうこ》』（一七七五年）に、「東國にて三ちやうの星と呼」と掲載されている。野尻抱影氏は、「おはじきや魚などを数えるいいかたと同様、『三丁』であろうと思っている」［野尻1973］と記しているが、一方で「三所」からの転訛という可能性もあり、意味が不明の項に分類した。

栃木県佐野市免鳥町では、次のように信仰の対象になっていた。

「真夜中一二時頃、機を織るのをやめてサンチョウノホシを拝む。サンチョウノホシは、機神さまで、『機が上達するように』と拝む」［北尾C］

サンチョウノホシは、サンチョウサマとも言った。栃木県栃木市西方町本郷では、サンチョウサマが伝えられ、夜なべ仕事のときの時間を知る目標にした。

また、サンチョウボシは、主に茨城県北相馬郡利根町等の利根川中・下領域に分布する［三上C］。

●サンチョロサマ

三上晃朗氏が千葉県山武市で記録。三上氏によると、サンチョウボシからの転訛であるか、別な意味を持つか不明［三上C］。

長さ

●サンジャクボシ(三尺星)

茨城県水街道に伝わる[野尻1973]。三上晃朗氏は、千葉県野田市関宿町で、サンジャクボシについて、「三尺くらいの幅で三つの星が並んでいる」と記録。三上氏は、単に三尺という長さだけでなく、三尺帯(さんじゃくおび)などを連想した可能性を指摘している。なお、この場合は鯨尺の三尺(約一一四センチメートル)である[三上C]。

●サンゲンボシ(三間星)

三間という長さが星名となった。礒貝勇氏が三浦半島走水(神奈川県横須賀市)で記録[野尻1973]。三間は約五四五センチメートルであり三尺星より大きく見立てている。

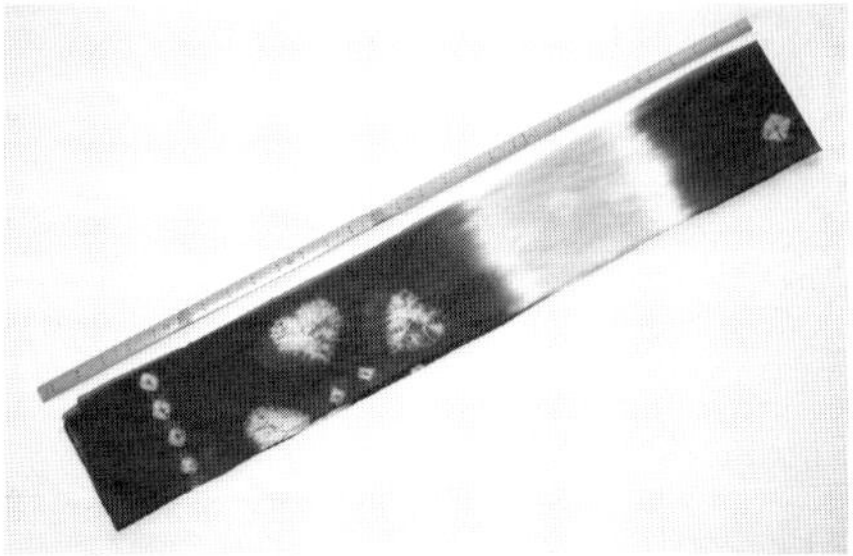

三尺帯(星の民俗館所蔵)

●サンジョウノホシ(三丈の星)

源氏星、平家星が伝わる岐阜県揖斐でのサンジョウノホシは、群馬県等に伝えられているサンジョウサマとちがい、三丈の星の可能性がある[香田C]。三丈は約九〇九センチメートルであり、三間星よりさらに大きく見立てている。なお、栃木県に伝えられているサンジョウノホシは、群馬県に広く分布するサンジョサマの転訛と思われる。

昇る様子

●オイツキ(追いつき)

兵庫県美方郡浜坂町(現・新温泉町)に伝えられている。δに追いつくようにεが昇り、続いて、εに追いつくようにζが昇ることからオイツキという星名が形成された。

「オイツキいうて三つ上がる。ひとつあがって追いつくようにひとつあがる。また追いつくようにひとつあがってくるからオイツキ」[北尾C]

2 暮らしと星空を重ね合わせる過程において形成された星名

オリオン座三つ星の星座名の特徴は、暮らしのなかの特定の場面ではなく、次のような様々な場面と重ね合わせて多様な星名が形成されたことである。

食生活

◉ダンゴボシ

串刺しの団子と重ね合わせた。富山県下新川郡愛本《あいもと》村明日（現・黒部市）、下立村（現・黒部市）[内田1949]、宇奈月《うなづき》町下立（現・黒部市）[増田1992]。

◉ミタラシボシ

みたらし団子と重ね合わせた（兵庫県揖保郡御津町室津《むろつ》〈現・たつの市御津町〉）[桑原1963][北尾1991]

桑原昭二氏の一九六〇年以前の記録と、筆者（北尾）の一九八四年の記録による。多様な星名が失われていくなかで二〇年以上の年月を経て地域に伝承されていたことが判明した。

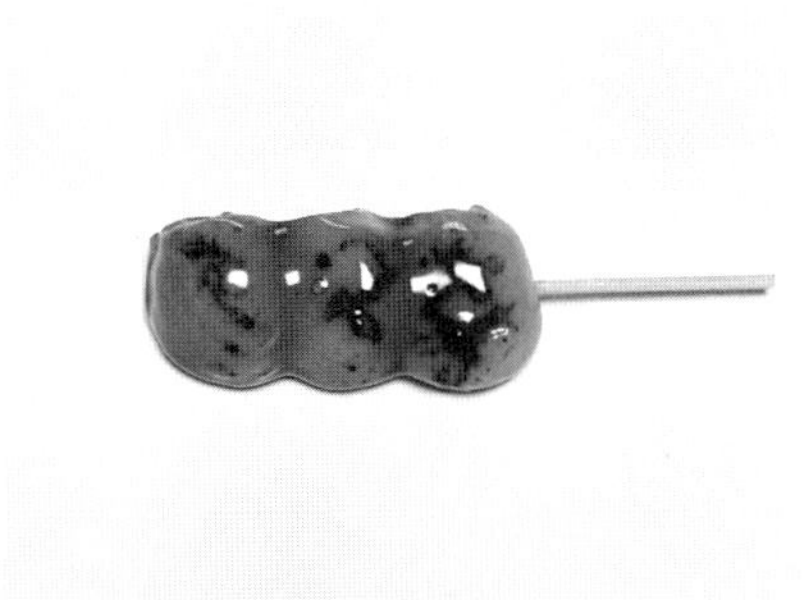

みたらし団子

ミタラシボシ（湯村宜和氏撮影）

農業

◉カラスキボシ（唐鋤星）

農具「唐鋤」と重ね合わせた。カラスキボシは広範囲に分布。カラツキボシは福井県等。

カラスキボシは、オリオン座三つ星だけを意味するケース、小三つ星、さらには他の星を含めるケースがある。また、「一番前の星さんは牛の足で、真中がからすき、最後の星さんが人や」（姫路市豊富）［桑原1963］等、多様な見方がある。

桑原昭二氏は、姫路市英賀保《あがほ》において、「三つの星のまわりに四つの星があって、田の中におかれたからすきとみて、からすきぼしといいます」と記録し、オリオン座三つ星等を農具「唐鋤」、まわりのリゲル等の大きい星（α、γ、β、κで作る四角形）を田と見立てたと指摘している［桑原1963］。

カラスキボシは広範囲に分布する星名であり、地域の星名「土用星」とともに次のように伝えられていた（大阪府泉佐野市の事例）

「カラスキいう星がな、カラスキ……、その星が三つあるよって。ほんまは土用星いう」［北尾C］

カラスキは、三つ星だけを意味するのではなく、周辺の星を含むケースがある（後述）。

◉カラツキ

カラスキがカラツキに転訛した。カラツキについては、内田氏が三つ星の星名として京都府竹野郡濱詰村（現・京丹後市）、福井県大飯《おおい》郡高濱町、加斗村鯉川（現・小浜市）、三《み》方《かた》郡耳村和田（現・美浜《みはま》町）、丹生《にゅう》郡四ヶ浦村宿（現・越前町）で記録している［内田1949］。（『日本星座方言資料』には、田ヶ浦村とあるが四ヶ浦村の誤植と思われる）

磯貝勇氏は、京都府竹野郡間人《たいざ》町（現・京丹後市）、網野町浅茂川《あさもがわ》（現・京丹後市）、宮津市、与謝郡伊根村（現・伊根町）で記録している。磯貝氏によると三つ星とその他を結んで犂の形と見たもの［磯貝1956］。

増田正之氏は、富山県新湊（現・射水《いみず》市）で記録している［増田1992］

福井県小浜市、坂井郡三国町（現・坂井市）において三つ星の星名としてカラツキが伝えられている［北尾C］。

秋、天気が荒れるごとに寒くなり、霜がおり、やがて雪

稲架の間からのぼる三つ星(奈須栄一氏撮影)

となる。その季節のめぐりと星ぼしのめぐりを別々のものではなく、連続したものとして捉えた。暮らしに、星ぼしが創る暦があった。福井県小浜市の事例である。

「秋になってね、タナバタの入りに景色が変わるてな。スバリの入りには霜がおりるとかね。カラツキの入りには雪がふるとかね」[北尾C]

　夜明け頃にタナバタ（織女と牽牛）が入る時季に天候が悪くなり、スバリ（プレアデス星団）の入る旧の一〇月頃に霜がおり、カラツキの入る旧の一一月頃に雪が降った。

　また、明け方、東の空ではじめて出会う時期について、福井県三国町の事例がある。

「カラツキってのは、土用三番からあがるという。土用の入りが、二〇日ということじゃな。土用の入りが一番じゃろ。二一日が二番なるでしょ。土用三番から、三日目から、ヨアケノミョージョーのちょっと前に上がる。大きいけど三つ並んどるわな。たてに三つ並んでる」[北尾C]

　夏の土用三番の頃（土用の入りが七月二〇日とすると二二日頃）の明けの明星（金星）がオリオン座三つ星より早くのぼるとは限らない。当然のことながら宵の明星として見ることのできるとき明け方には見えない。しかし、明けの明星は、日の出直前に出るという印象が強いために、明けの明星は最後にのぼるというように認識されるケースも多い。

●ハザノマ（稲架《ハザ》の間）

　野尻抱影氏によると、「ハザ」は稲架《いねかけ》で、正しくは「ハサ」。刈り取った稲をかけて乾かす。野尻氏は、「三つ星が西へまわって横一文字になった姿を、三本の柱でくぎったハサの横木を見たものだろうと思ったが、玉垣氏は秋の刈り入れの前後、東から昇る三つ星がハサの間に見える印象からではないかと書いてきた」を記している。明け方、まだ西には見えておらず、野尻氏が後に書いておられる次の記述のように、ハサの間から見た三つ星を名づけたものであろう。

「その後、高山に疎開していた中子稲子さんから、そこで見る三つ星は、新雪の乗鞍岳の平たい頂上から直立して現れると報ぜられて、玉垣氏の解釈にいっそう実感を深くした」

　飛驒蒲田地方に伝えられている[野尻1973]。

漁業

●カナツキ、カナツキボシ

漁具「金突き」と重ね合わせた。

カラスキがカナツキに転訛して、農具「唐鋤」から漁具「金突き」に変わった。カナツキは、内田氏が三つ星の星名として京都府竹野郡間人町（現・京丹後市）で記録している［内田1949］。筆者（北尾）も、間人にて記録した。δをサキボシ、εをナカボシ、ζをシマイノホシというように、カナツキを構成する個々の星の名前が伝えられていた［北尾C］。

桑原氏は、兵庫県香住でカナツキボシを記録している［桑原1963］。筆者は、兵庫県室津で記録している。野尻氏によるとカナツキは岡山・広島・丹後・壱岐等に分布［野尻1973］。

なお、磯貝勇氏は、京都府竹野郡下宇川村中浜（現・京丹後市）、与謝郡本庄村蒲入（現・伊根町）で記録しているが、三つ星以外の星も含み、金突きの意味ではなく、「犂《すき》」と記している［磯貝1956］。また、桑原昭二氏が兵庫県豊岡市日高町栗栖野（神鍋）で記録したカナツキボシ（金突き星）は、北斗七星を意味した［桑原1963］。

丹後町間人《たいざ》（現・京丹後市）で記録した事例である。

「スマルの下に三個の星があります。その星が、山が目をきり、水平線が目をきる場合でも、スルメイカがよく釣れるんですね」［北尾C］

「山が目をきり」とは、山から星がのぼること、「水平線が目をきる」とは、海から星がのぼることである。

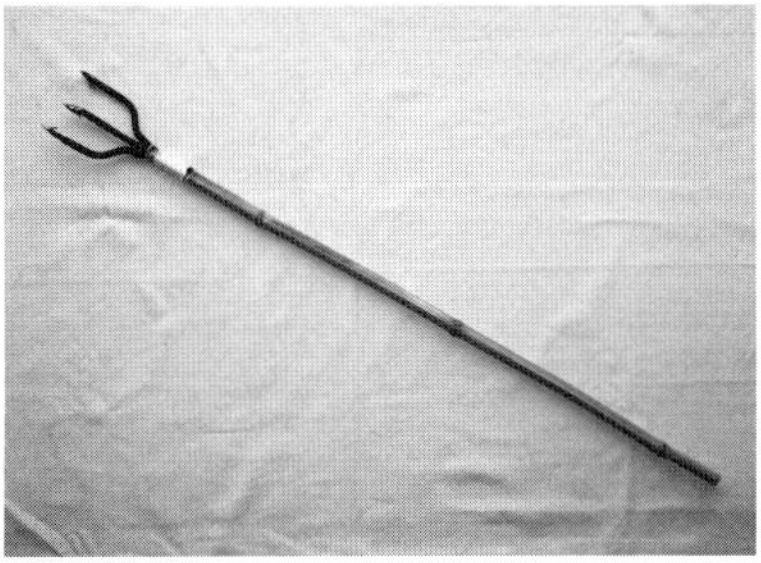
漁具「金突き」（星の民俗館所蔵）

●ヨコゼキ

石橋正氏によると、本来は、三つ星と小三つ星とη星を刺網一枚に見立てたのであるが、原意を失って、三つ星だけを意味するケースもある。

長崎県佐世保市小佐々町楠泊の昭和五年生まれの漁師さんのケースでは、子どもは上等兵星と言っていたが、年寄りは昔から言い伝えられたヨコゼキという星名を用いていた。

山仕事

◉アシアライボシ

炭焼きから帰って足を洗う時分に東の山から顔を見せるのでアシアライボシ（東京都奥多摩）［三上C］。

機織り

◉カセボシ

紡いだ糸を巻き取る道具「カセ」と重ね合わせた星名「カセボシ」は、カラスキと同様、オリオン座の様々な部分を意味する。磯貝勇氏は、高知県土佐郡本川村越裏門（現・吾川郡いの町）で三つ星の星名としてカセボシを記録している。越智勇治郎氏は、「三つ星をカセの心棒」「αβγκをカセの『わく』の先」（四国のある山地）と記録している［野尻1973］。千田守康氏も、三つ星の星名として宮城県気仙沼市でカセボシを記録。

筆者は愛媛県西条市西之川（石鎚山）で「テンテンテンとあって、七つあるのね。こうまたテンテンテンとこういうふうなふうに。まあ、早う言うたら『くの字』みたいに、こう……」と聞いた。当初は、オリオン座三つ星からσ星、小三つ星を『くの字』の形に見たのかと推測していたが、その後「αと三つ星とκ」「γと三つ星とβ」をそれぞれ『くの字』に見て、「三つ星とαβγκで合計七つ」と捉えることも可能であると考えるようになった。カセボシについては、今後もさらに検討を進めたい［北尾2001］。

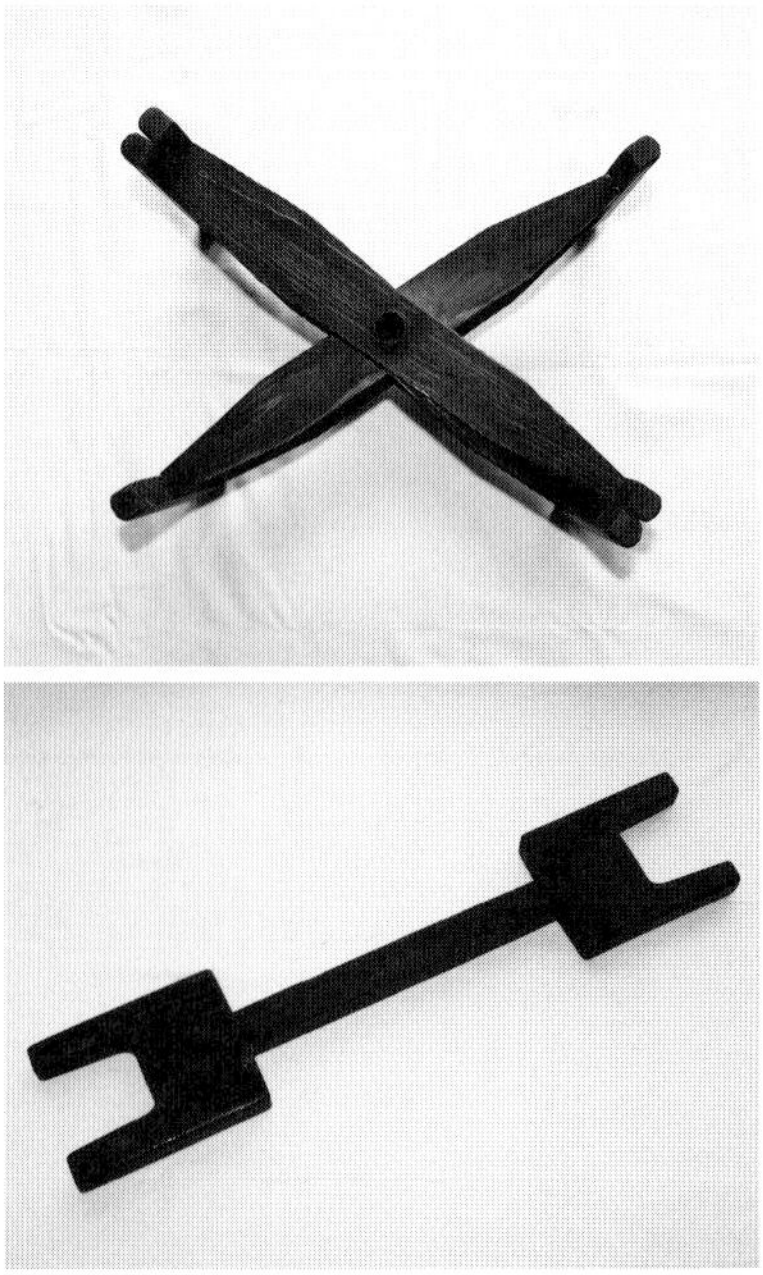

かせ（桛）（星の民俗館所蔵）

信仰

●サンニンボウズ

三人の坊主と重ね合わせた（長崎県諫早）［石橋C］。

●サンタイブツサン

三体仏と重ね合わせた（富山県中新川郡寺田村蒲田〈現・立山町〉）［内田1949］。

●サンタイボシ（三体星）

野尻抱影氏は、『越後方言考』に掲載されているサンタイボシ（三体星）について、三大星の濁りを取った名とも考えられるが、とした上でスバルの「六体ぼし」、北斗の「七体ぼし」と同様に三つ星を宗教化した方言と解釈できるとしている［野尻1973］。

サンタイボシは、福島県耶麻《やま》郡熱塩《あつしお》村（現・喜多方市）で記録することができた［北尾C］。

●サンダイシサマ（三大師様）

野尻抱影氏は、サンダイショウが転訛したサンダイシサマについて「三大師」を意味すると指摘している［野尻1973］。転訛に伴い、新たに意味づけされた可能性がある。カラスキがカナツキに転訛して、農具「唐鋤」から漁具「金突き」に変わった例がある。

千田守康氏は、宮城県仙台市各地でサンダイシサマを記録している［千田C］。福島県では、相馬郡小高町（現・南相馬市）でサンダイシサマを記録することができた［北尾C］。

●サンキボシ、サンギボシ

易者の用具「算木」と重ね合わせた。野尻氏は、サンギボシ（千葉県富津市佐貫）、サンキボシ（青森県下北郡田名部町〈現、むつ市〉）について、算木は易者の用具だが、しゃくご（ものさし）と同じ見方と推測している［野尻1973］。ところが、内田氏は下北郡のサンキボシについて、「サンコボシ（三個星）」の転訛と推測している［内田

算木（星の民俗館所蔵）

1949]。

三上氏は、算木星について、「計算用具としての算木の利用が、それほど一般的でなかったことを踏まえると、この星名の由来は易用に基づくものではないかと推測される。いずれにしても、東天から昇る三つ星を小さな角棒にたとえた呼び名である」と記している[三上C]。

サンギ(千葉県木更津市、袖ヶ浦市)、サンギリボシ(サンギから転訛)(千葉県富津市)[三上C]、サンギ(千葉県木更津市金田見立)、サンギボシ(千葉県富津市竹岡)[北尾C]等、千葉県において広く分布する。

筆者(北尾)は、千葉県富津市竹岡漁港で、昭和九年生まれの漁師から「サンギボシ、上等兵みたいな、三つ縦にならんで。夏はヨアサ。ミツボシいう人もいた。サンギボシ出た、あと一番やろうか、というように言った」と聞く。夏の夜明け、サンギボシが出たら、まだ日が昇るまであと一番網をやるくらい時間があると判断した。サンギボシが占いの算木という意味は意識しなくなったが、上等兵の三つ星をイメージした。上等兵星を星名として使っているケースもあったが、この場合の星名はサンギボシであった。

◉ミツガミサマ(三つ神様)

横山好廣氏が神奈川県三浦市松輪で記録。横山氏は、「漁師の神様になっている住吉の三神を想起させるに十分で、いかにも漁村にふさわしい」と記している[横山1981]。

◉サンジンサマ(三神様)

三上晃朗氏が栃木県足利市梁田町で記録。三上氏によると、「三光待」と深いかかわりがある可能性がある[三上C]。

運搬

◉タガイナボシ

タガ(水桶)を担う(イナウ)姿と重ね合わせた(島根県知夫郡黒木村〈現・隠岐郡西ノ島町〉)[野尻1973]

◉タガノババボシ

二〇一六年、島根県隠岐郡隠岐の島町蛸木でタガノババボシを記録した。

「タガノババボシとかいって。地平線から出てくる。三つそろった星。つぎつぎでる。東から出てくる」

タガは、水を汲む容器、桶。バは棒。三つ星の真ん中の星を担う人間の肩、両側の星をタガ（桶）に見立てた［北尾C］。

◉アワイニャボシ（粟荷い星）

『方言と土俗』第三巻第三號に掲載されている能田太郎氏著『肥後南ノ関方言類集』にアワイニャボシが掲載されている。

「アワイニャボシ　唐鋤星《みつぼし》の東位の星、西位の星をコメイニャボシ、其の中間の無名星を中心に此の二星の傾き加減で米粟の豊凶を卜した」［能田1932］

東の星ζをアワイニャボシ、中間εが名前がなく、西の星δをコメイニャボシと呼んだのだろうか。東の籠には粟、西の籠には米が入っているのであろうか。

野尻抱影氏は、「明かにオリオンの三つ星が西空で横一文字になった形象に当る」［野尻1973］と記している。粟荷い星は、さそり座アンタレスと左右の星を意味するケースもある（第3章第5節さそり座参照）。

生業以外の生活用具

◉シャクゴボシ

ものさし「シャクゴ」と重ね合わせた。千葉県成田付近、茨城県稲敷郡。野尻抱影氏は、「三つ星が東から縦一文字に昇るのをモノサシに見立てて、その高さで夜なべの時刻を測ったのに由来するらしい」と述べるとともに、『物類称呼』の「ものさし」についての「常陸にてしゃくごと云」という記述を引用している［野尻1973］。

三上晃朗氏によると、シャクゴボシは茨城県から千葉県北西部、栃木県南部に分布しており、次のような多様な伝承が伝えられている。

❖茨城県つくば市……三か所とも長さ一尺の「ものさし」に見立てた。「ものさし」の両端と中央の目印が三つ星である。

❖茨城県猿島町……一尺五寸の「ものさし」に見立てた。

❖茨城県新治村……二尺の「ものさし」のように星が三つ点々と並んでいることからシャクゴボシ。

なお、曲尺《かねじゃく》（一尺約三〇・三センチメートル）か鯨尺《くじらじゃく》（一尺約三七・九センチメートル）かについて、三上氏は、用途や長さ等から鯨尺に近いものと想定している［三上C］。

◉ミツダナサン

三つ棚さん。東の空からのぼる様子を三段の棚に見立てたと思われる。三上晃朗氏は、「ミツダナサンが出ると夜明けが近い」と記録。夏の明け方、三段の棚が高度を上げ、夜が明けていく光景が目に浮かぶようだ（静岡県賀茂郡南伊豆町妻良）［三上C］［北尾C］。

人

ニナイボシ、オヤニナイボシ、オヤカツギボシについては、人を運搬すると捉えるのは違和感があり、むしろ親孝行息子の姿そのものであるため、「運搬」の項ではなく「人」の項に含めた。

◉ニナイボシ

天に住む人を担う姿と重ね合わせた（兵庫県神鍋）［桑原1963］。

◉オヤニナイボシ

親孝行息子が老いた両親を担う姿と重ね合わせた（静岡、長野、三重、奈良、兵庫、岡山等）［野尻1973］［内田1949］。

オヤニナイボシは、さそり座アンタレスとτσ、わし座アルタイルとβγを意味するケースもある（第3章第5節さそり座、第3章第2節わし座参照）。

◉オヤカツギボシ

親孝行息子が老いた両親を担ぐ姿と重ね合わせて、オヤカツギボシと呼んだケースが、静岡県周智郡城西村野田（現・浜松市）［内田1949］と東京都八丈島八丈町末吉［北尾C］に伝えられている。オヤカツギボシは、さそり座アンタレスとτσを意味するケースもある（第3章第5節さそり座参照）。

◉オヤコボシ（親子星）

静岡市では、曾我兄弟とその父親に見立てた。静岡県小笠郡六郷村（現・菊川市）では中央の星を子ども、両端の二星を両親、福井県遠敷郡遠敷村（現・小浜市）では反対に真中の星を親、端の二星を子どもに見立てた［内田1949］。

●サンニンツレノホシ（三人連れの星）

静岡県榛原郡坂部村（現・牧之原市）では、三人連れに見立てた［内田1949］。

●ジョウトウヘイボシ（上等兵星）

オリオン座三つ星を上等兵の「星三つ」から上等兵星と呼んだ。

長崎県佐世保市小佐々町楠泊の昭和五年生まれの漁師さんの話である。

「オリオン。上等兵星。星三つ、上等兵星（ジョウトウヘイボシ）。こどもたち、上等兵星と言ってた」

なお、上等兵星は比較的新しい星の名であり、年寄りは昔から伝えられてきたヨコゼキという星の名を用いていた（ヨコゼキについては前述）。

植物

●タケノフシ、タケツギボシ

竹と重ね合わせた。タケノフシは北海道枝幸（本田実氏による記録）、青森県八戸（和泉勇氏による記録）［野尻1973］、タケツギボシは富山県中新川郡滑川町（現・滑川市）、寺田村（現・立山町）［内田1949］に伝えられている。

季節

●ドヨウボシ（土用星）

大阪府泉佐野市に伝えられている［北尾C］。明け方、東の空ではじめて出会う時期が夏の土用の頃であることから土用星。「土用」と関連した伝承が伝えられていても星名は土用星でないケースも多い（サンボシの項参照）。

大阪府泉佐野市で聞いた話である。

「その土用にはいるとひとつ出るのや。その星出るあいだに三日かかる」［北尾C］

δ、ε、ζは赤経が約4m間隔であるため、三日かかって一つずつ出る。

04 オリオン座三つ星と小三つ星とη星で作る配列

三つ星とともに、小三つ星とη星を加えた配列について、星名形成が集中している。そして、暮らしと重ね合わせて形成された星名がその特色である。

桝

◉マス、マスボシ（**桝、桝星**）

野尻抱影氏は、マスボシをサカマスの略名と見て、群馬・和歌山・淡路・岡山地方の分布を指摘している。さらに青森・秋田・福井のマスボシは、北斗七星の異名としている［野尻1973］。青森県について、筆者（北尾）はイカ釣りの役星としてオリオン座三つ星・小三つ星・η星で構成する配列の星名「マス」「マスボシ」を次のように記録している。

❖マス
青森県東津軽郡三厩《みんまや》村竜飛（現・外ヶ浜《そとがはま》町）、釜野澤《かまのさわ》（現・外ヶ浜町）

❖マスボシ
青森県西津軽郡深浦町深浦

北海道においても記録している。

❖マスボシ
北海道古宇郡泊村盃村、寿都郡寿都町、檜山郡江差町柏町

さらに南は鹿児島県においても記録している。

❖マスボシ
鹿児島県阿久根市佐潟、西之表市西之表

マスボシについては、北海道松前、青森県津軽地方等で、イカ釣りの目標にする役星としての伝承が伝えられている。プレアデス星団（カタマリボシ）、アルデバラン（ヒカリボシ）、マスボシ、アオボシ（シリウス）という一連のイカ釣りの役星のひとつとして目標にされていた青森県北津軽郡小《こ》泊《どまり》村下前《したまえ》の事例である。

「カタマリボシ出た、ヒカリボシ出た、マスボシ出た、

アオボシ出た、こういうふうに夜明けまでずっと星を丹念して……」

「昔の桝。こういう具合に手つないであったでしょ」［北尾C］

マスボシを一連の役星のなかで最も釣れる星として目標にしていたケースも伝えられている。

❖北海道松前郡松前町博多……マスボシ、いちばんよくつく［北尾C］。

❖北海道瀬棚郡瀬棚町須築……秋はマスボシのほうがよくつく［北尾C］。

マスボシとイカ釣りの伝承は、二〇〇九年一一月に北海道檜山郡江差町五勝手《ごかって》漁港にて聞くことができた。マスボシは、過去のものではなく、二〇〇九年においても語り伝えられているのである。

話者は、ウズラボシ（プレアデス星団）、ツリガネ（ヒアデス星団）、マスボシ、アオボシ（シリウス）、オオボシ（明けの明星）と星の出る順番を明確に記憶しており、マスボシについては、「桝の形、ここに柄がついた格好」と伝えていた。横で聞いていた漁師仲間（昭和一一年生まれ）は、マスボシは北斗七星といったが、話者は即座に「ちがう」と否定した。オリオン座三つ星と小三つ星とη星でつくる桝の形と北斗七星は混乱しやすいため、要注意である。

また、農業との関係では、鹿児島県西之表市において麦植えの時期の目標にした。

「マスボシが東の空にのぼってくる頃をみはからって、麦の植え付けをした」［北尾AC］

◉マスカタプシ、マシカタブシ（桝形星）

桝の形をしていることにもとづく星名「桝形星」が伝えられている。鹿児島県大島郡宇検村《うけんそん》でマスカタプシ［野尻1973］。鹿児島県大島郡徳之島町徳和瀬でマシカタブシ［松山1984］。なお、桝形星がペガスス座βαγとアンドロメダ座α（秋の四辺形）を意味するケースもある（第4章第2節）。

酒桝

◉サカマス、サカマスボシ、サカマイドン

野尻抱影氏は、酒桝星の分布について、「ほとんど全国にわたる」と指摘している。野尻氏によると、北は山形・秋田・北海道江差から、南は、九州のサカマイドンに及んでいる［野尻1973］。南限は、鹿児島県鹿児島郡十島《としま》村悪石《あくせき》島のサカマスである［下野1994］。

悪石島より南の鹿児島県大島郡喜界町においては、油を量る桝に見立てている。川野和昭氏、福澄孝博氏によると奄美地方においては酒は徳利に入れ桝では量らなかったのである［福澄他2009］。なお、北海道古平《ふるびら》郡古平町古平、愛媛県伊予郡双海《ふたみ》町下灘（現・伊予市）、鹿児島県阿久根市港町等においてもサカマスを記録［北尾C］。

内田武志氏によると、鹿児島県川邊郡枕崎町（現・枕崎市）に次のような伝承が伝えられている。

「スバイが酒を飲んでその酒代を拂はずに逃げたので、その後を酒屋のサカマスが追ひかけて、西方で漸く捕へたので、沈む時は一緒になるのだ」［内田1949］。

スバイはプレアデス星団のことである。

先に昇ったスバイ（スバル、プレアデス星団）をサカマスが追いかけるのである。但し、鹿児島県枕崎の緯度では、追いつきつつある状態で完全に追いつかない［北尾2002］。

●サカヤノマス（酒屋の桝）

酒屋の桝であることを強調した星名。福井県坂井郡三国町、熊本県熊本市要江《ようえ》等［北尾C］。

熊本市要江にて聞いた話である。

「サカヤノマス、お酒、酒屋に一合瓶いれて。一升瓶は豪農か……。上見れば、星きらきらしてる。サカヤノマスだけは、すぐわかりよった」

北斗七星については、「ホクトセイ、ナナツノホシ、タツノオトシゴみたいになって」と伝えており、サカヤノマスはオリオン座三つ星と小三つ星とη星を意味する。

油を量る桝

●アブラゴー（油合）

岩倉市郎氏は、『喜界島方言集』で、アブラゴーという星名について、「數個の星が集つて、油を量る桝の形になつてゐるのに云ふ」と述べている。ゴーとは、「一合桝」のことである［岩倉1941］。野尻抱影氏は、『喜界島方言集』のアブラゴーを引用するとともに、次のような磯貝勇氏の方言研究家が集まった席での話を記している。

「佐賀出身の金子氏が、祖父から北斗のことを、〈あぶらます〉と教えられたと話すと、喜界出身の岩倉市郎氏が、喜界では三つ星と近くの星とでできる桝形を〈アブラゴウ〉とよぶといい、いっしょに外へ出て、折りから東に昇ってきたオリオンを見て語りあったという」[野尻1973]

佐賀地方で北斗七星とすると、油を量る桝に見立てるのは喜界町のみということになる。

なお、筆者(北尾)も一九八〇年に喜界町荒木等で記録している。

漁具

●ヨコゼキ

石橋正氏によると、刺網一枚に見立てた。長崎県南松浦郡新上五島町有福郷にて、「スバルは九つ、ヨコゼキは七つ」と伝えられていた[北尾C]。「スバル九つ夜は七つ」(第1章第1節おうし座参照)が変化したものであり、本来は「九つ」は、昼の太陽が九つ時(真昼)に南中する位置で、プレアデス星団がその位置(南中)にくると夜は七つ時(午前四時頃)という意味であるのが、星の数に変化してしまった。さらに「夜」が「ヨコゼキ」に変化し、ヨコゼキは三つ星と小三つ星とη星で七つであることから、ヨコゼキの数は七つと語られるようになった。

信仰

●カンムリボシ

三上晃朗氏によると、オリオン座三つ星と小三つ星とη星でつくる配列∩を観世音菩薩が頭上に戴く宝冠と宝髻《ほうけい》に見立てたカンムリボシが埼玉県所沢市に伝えられている[三上C]。

05 オリオン座三つ星と小三つ星

1 特徴を認識する過程において形成された星名

数と配列

六つという数と連なっているという配列にもとづく星名。

◉ムヅラ

ムヅラは、一般的にはプレアデス星団のことであり、ムヅラ、ムツラ(六連星《むつらぼし》)の系統の方言は、北海道、青森県、秋田県、茨城県、群馬県等、東日本に広く分布する。しかし、オリオン座三つ星と小三つ星を意味するケースがあり、野尻抱影氏は、「〈むつら〉は、江戸の《物類称呼》以来、すばるの異名だが、これを〈おくさ〉とよぶ東北地方では、三つ星と小三つ星を併せた六つの星を〈むづら〉といい、またオリオンの総称にも用いている」と記している[野尻1973]。

千田守康氏によると、プレアデス星団でなくオリオン座三つ星と小三つ星を六連星に見立てたムヅラが宮城県牡鹿郡泊、本吉郡歌津町(現・南三陸町)各地に伝えられている。

筆者(北尾)が宮城県本吉郡唐桑町(現・気仙沼市)と岩手県大船渡市赤崎町において記録したムヅラもオリオン座三つ星と小三つ星を意味する。プレアデス星団は、唐桑町ではモクサ、大船渡市ではホーキボシであった。モクサは、お灸をするときの「もぐさ」に結びつけたと伝えていたが、オクサの転訛かもしれない。ホーキボシは、星がかたまって彗星のようにぼんやりと見えることにもとづく[北尾2001]。

青森県三戸郡階上町小舟渡漁港では、話者によって、サンコウ(三つ星)、ムヅラ(三つ星と小三つ星)と異なっていた。岩手県大船渡市[北尾C]、下閉伊郡[野尻1973]ではムヅラ、青森県八戸市ではサンコウ[北尾C]。その間に位置する階上では両方の星名と出会うことができた。ムヅラとサンコウの境界は階上あたりだろうか。なお、新潟県両津市鷲崎(現・佐渡市)においてもムツラと伝えられていた[北尾C]。

また、宮城県気仙沼市大島には、「ムヅラボシでも、横にはなるが、あたしゃあなたとこりゃほんとにいつ横に、あーよいよいよいとさ」「はー、ムヅラボシでも、ときゃくりゃ、横に。わたしゃ、あなたと、いつ横に。あーよいよいよいよいとな〜」という星を唄った甚句が伝えられている［北尾C］。

ムヅラの明るい三つ星のほうが最初は縦に並んでいるのが高度を上げて横になっていく様子を見て、自分はあなたといつ横になれるのかと想い歌ったのである。

数

◉ムツボシ

三つ星と小三つ星で、六つの星だからムツボシ。野尻氏によると群馬県に伝えられている［野尻1973］。

2 暮らしと星空を重ね合わせる過程において形成された星名

信仰

◉ムツガミサン（六つ神さん）

三上晃朗氏が静岡県下田市の白浜で記録。三つ星と小三つ星を六体の神に見立てたと思われる［三上C］。

娯楽

◉スゴロクボシ（双六星）

三つ星と小三つ星で賽の目の六に見立てた。高知県吾川《あがわ》郡《ぐん》の事例［野尻1973］。さいころの六の目に見立てるよりも三の目のさいころが二つあると見立てるのが相応しいのではないだろうか。

農業

◉カラスキ、カラスキボシ（唐鋤星）

カラスキは、三つ星だけではなく、小三つ星、あるいは小三つ星以外の星を含めた配列を意味するケースがある。野尻抱影氏は、『日本の星』（昭和一一年）にて、「からすき星《ぼし》は、みつ星の異名として恐らく最も古いものと思はれるし、農耕の國日本を代表する星名として最もふさはしいものである」「三つの星が直線に等距離に並んだみつ星をいくら眺めても、犂の形は浮んで來ないのである」と述べている［野尻1936］。

では、どのようにすれば、「からすき」の形が浮かんでくるのであろうか。野尻氏は『大和耕作繪抄』（元禄年間、石河流宣氏著）のカラスキの図を引用した。そして、次のように述べている。

「みつ星が柄で、ζからιに至るカーヴが謂ゆるさきで、これに牛をつなぐと考へるのである」［野尻1936］

辻村精介氏は、野尻抱影氏の『日本の星』の記述を引用して、カラスキと星の配列を図示し、「結べば図の如くカラスキを連想しうる（野尻抱影氏）」と述べている［辻村1939］ちょうど東空に登場したときの三つ星の見え方である。

一方、野尻抱影氏は、辻村精介氏の『宇陀の星』（原文ママ）に掲載されているカラスキボシの図についてこれとは逆、すなわち「三つ星がサキになっていた」と指摘している［野尻1973］。

これは、辻村精介氏の『菟田の星』（昭和一二年）の図を意味していると思われる。『菟田の星』には、「昭和一二年一月調」と明記して、次のように記述されている［辻村1937］

❖カラスキ星（オリオン星δεζcθι）

「師走カラスキ宵に入る」といふ事あり秋の取入れ（収穫）頃から宵に出るので百姓の人達が臼挽きが終る頃にはカラスキボシが屋根の上に来る（丸下邦子氏採）。

この星は豊年を助けて下さる星なのださうです。又若し不作な年に成る前の年には前以って大きくなるさうです（岩田文子氏採）。

辻村氏はカラスキボシを「小三つ星を三つ星の右上」に見ているが、奈良県はもちろん、日本からは、「小三つ星が右上」という見え方は起こらない。南半球、たとえば南緯三五度における見え方である。しかしながら、星空に生活道具を描く際、必ずしも星空で上下が逆転してはいけないとは言えない。たとえば、ツリガネボシの場合、東空においてもΛの形にはならない。東空及び南空ではΛの形、西空になるとVの形になる。

ところで、桑原昭二氏は、四辺形の枠組みを持つ長床鋤に星の配列を図示している〔桑原1963〕。前掲の『大和耕作繪抄』とは異なる形状のカラスキである。

東の空のオリオンにカラスキを描いた（写真参照）。

三つ星を柄に見立てたのが野尻抱影氏〔野尻1973〕、桑原昭二氏〔桑原1963〕。三つ星をサキに見立てたのが辻村精介氏の『菟田の星』であった。

流星の研究者小槙孝二郎氏（一九〇三－一九六九）の天文台が和歌山県有田郡金屋町にあった。小槙茂代氏のカラスキボシについての思い出話である。

「カラスキ星が東の空にのぼって来たら田甫に出て麦まきを始めた」

一一月になると、日が暮れてしばらくするとオリオン座三つ星がのぼってくる。麦播の季節がやってきたのである。

「麦播は朝早く起きて牛馬で耕やした田をみんなで鍬で土をこまかく砕いてから播きますので、家族、雇人達大勢で、仕事のできる一二、三才の子供まで手伝いを致し、賑やかな事でした。麦播の朝だけは午前四時から五時頃に田に出ます。まだまっくらで、お星様がキラキラと輝いてい

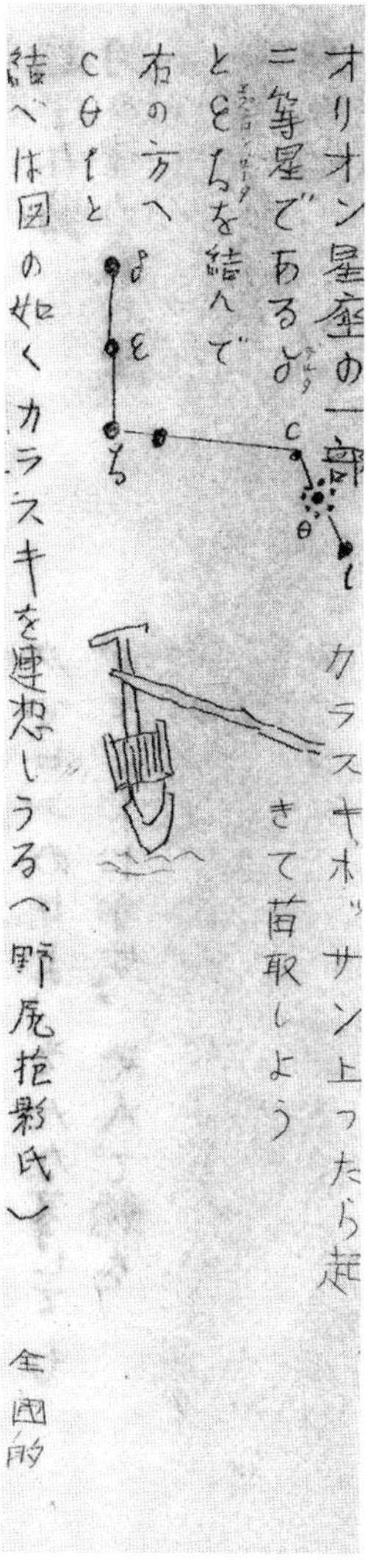

辻村佐平氏著『奈良県宇陀郡方言集「菟田の方言」』より

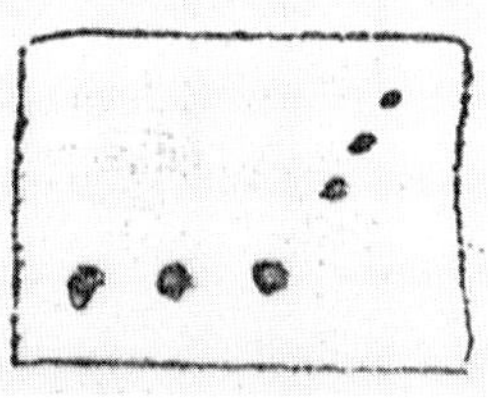

辻村精介氏著『菟田の星』より

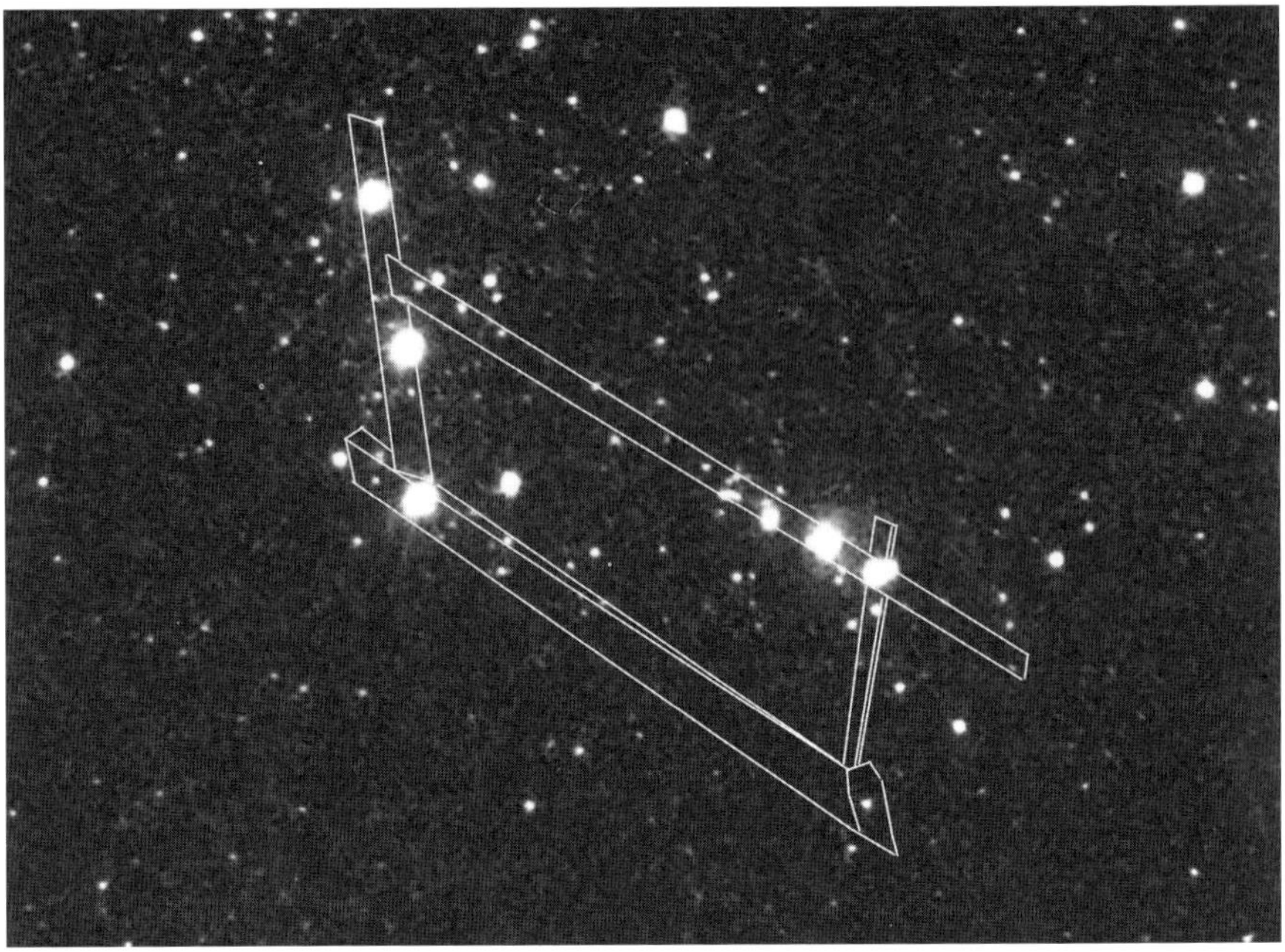

東の空のカラスキボシ（三つ星が柄。小三つ星が牛が引くところ、湯村宜和氏撮影）。

ました。すぐ目につくのはカラスキ星でした。それからゴチャゴチャとかたまったプレアデス、降ってくるような星空じゃのうと言いながら空を仰いでいました。あの時の気持ちは今も忘れません」

小槙氏によるとカラスキは農具で、小三つ星が大切な役目を果たす部分になっていた。

❖小三つ星……小三つ星のところに銑《さき》と鐴《へら》とをとりつけて、ここが大切な役目を果たして、田を耕す。

❖三つ星……大きい三つ星のところは頑丈に木で作って、人が操作して牛馬に引かせる。

流星観測で星座に詳しい小槙氏の説明になるほどと思う。

ところで、インドネシアでは、オリオン座三つ星と小三つ星等で構成する配列をリンタン・ワルクと呼んでいる。リンタンは星、ワルクは鋤のことで、暮らしを星空に描いた点で親近感をおぼえる[「アジアの星」国際編集委員会2014]。

06 オリオン座小三つ星

オリオンのベルト(三つ星)の下には剣に相当する「小三つ星」が輝いている。同じくらいの明るさの星が見事にほぼ等間隔に三つ並んでいるだけでも他にない目立つ特徴であるのに、それに加えて小さな星が傍に三つ揃っている配列は全天を探しても見つけることはできない。茨城県北茨《きたいばら》城市《きし》大津町で聞いた「また、そばにも小さな光で三つそろっている。こういう星は、ねえわけなんだね」という言葉は、そのことをうまく表現しているので再度引用する。

形状の一部

小三つ星は、次のように、星名の一部になった。

❖酒桝星等の柄=サカマスボシ、サカヤノマス、マスボシ等、桝のグループの柄の部分に見立てた。

❖唐鋤星……三つ星から小三つ星に至るカーブを、牛をつなぐサキに見立てた。辻村精介氏によると、小三つ星は柄で、牛をつなぐサキが三つ星[野尻1973][辻村1937]。

❖双六星……三つ星と小三つ星で賽の目の六に見立てた。高知県吾川郡《あがわぐん》の事例[野尻1973]。

小三つ星についての独立した星名は次の通りである。

三つ星と対比

●コミツボシ

三つ星と対比して「小さい」ことから小三つ星。ほぼ全国に分布する星名[野尻1973]。

●コサンジョ、コサンジョウ

長谷川信次氏は群馬県片品地方で「コサンジョウ」を記録[野尻1973]。筆者(北尾)は群馬県利根郡片品村戸倉で「オオサンジョ」「コサンジョ」を記録。大きい三つ星「オオサンジョ」と対比して小さい小三つ星を「コサンジョ」[北尾C]。

◉ヨコサン（横桟）

縦に並ぶ三つ星「タテサン（縦桟）」と対比して横に並ぶ小三つ星を「ヨコサン」。青森県下北郡大奥村（現・大間町）の事例［内田1949］。

◉ヨコミツボシ（横三つ星）

三つ星と対比して横に並ぶ小三つ星を「ヨコミツボシ」。内田武志氏によると、ヨコミツボシは、次のように静岡県に最も多く分布している。

静岡県田方郡中郷村安久（現・三島市）、庵原《いはら》郡興津町仲宿・清見寺《せいけんじ》（現・静岡市清水区）、駿東郡長泉村中土狩《とがり》（現・長泉町）、志太郡小川村《こがわむら》小川（現・焼津市）、志太郡焼津町城之腰《じょうのこし》（現・焼津市）、志太郡東益津村策牛《むちうし》・坂本（現・焼津市）、濱名郡舞阪町（現・浜松市）［内田1949］。

◉ミツボシノトモ（三つ星の供）

三つ星と対比し、「おとも」と捉えて「ミツボシノトモ」。静岡県榛原郡勝間田村《はいばらぐんかつまたむら》（現・牧之原市《まきのはらし》）の事例［内田1949］。

◉ヒダリムジラ

三つ星「ムジラボシ」と対比して左側に位置する小三つ星を「ヒダリムジラ」。岩手県氣仙郡米崎村（現・陸前高田市《りくぜんたかたし》）の事例［内田1949］。

農具

◉トカキボシ（斗掻き星）

群馬県利根郡の一部では、トカキボシはオリオン座小三つ星を意味している。サカマスの一升枡についている斗掻きに見立てた［野尻1973］。

漁具

◉ボンデンボシ

石橋正氏は、青森県八戸市是川にてボンデンボシを記録。延縄《はえなわ》や流し網を海中に入れたあと、その目印のために竹竿の先に布切れや小笹などを結んで浮かしてあるものを小三つ星に見立てた。三つ星は海中に入れられた延縄や流し網等の漁具［石橋1989］。

擬人化

◉サンジョウサマノアシ

擬人化して、サンジョウサマの足の部分に見立てた。群馬県片品地方。長谷川信次氏が記録[野尻1973]。

◉インキョボシ

隠居をした星に見立てた。インキョボシは静岡県小笠郡日坂村《にっさかむら》佐夜鹿《さよしか》(現・島田市)、インキョボシサンは静岡県富士郡今泉村木綿島(現・富士市)に伝えられている[内田1949]。

内田武志氏は、オリオン座が東天に姿を現わしたときと中空を過ぎて西天にあるときとでは全く異なった感じであることについて、次のように指摘している。

「三つ星が東天では眞直に立つて居るのに反し、西空では横一文字に並んで見え、それに従って他の星々にも顛倒が起るからである」[内田1949]

さらに、内田氏は、ヨコミツボシについて、「小三星が大きい三つ星の斜め横に在るときの名と云ふから、それは當然東天での状をみたと思はれる」と指摘している。「タテサン」「ヨコサン」についても東天の同様の見方と指摘している[内田1949]。

三つ星と小三つ星の東の空、南の空、西の空での位置関係は図のようになる。

図より、小三つ星の星名形成の相応しい位置について、内田氏の指摘を含めて分類すると、次のようになる。

❖いずれの空においても星名形成されるに相応しい位置で

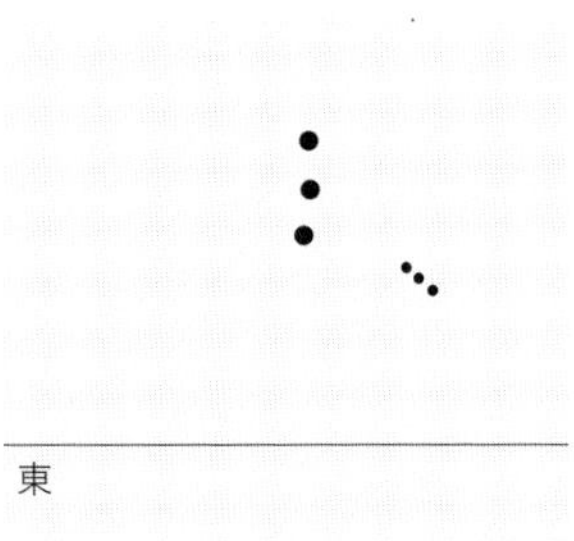

東の空の三つ星と小三つ星

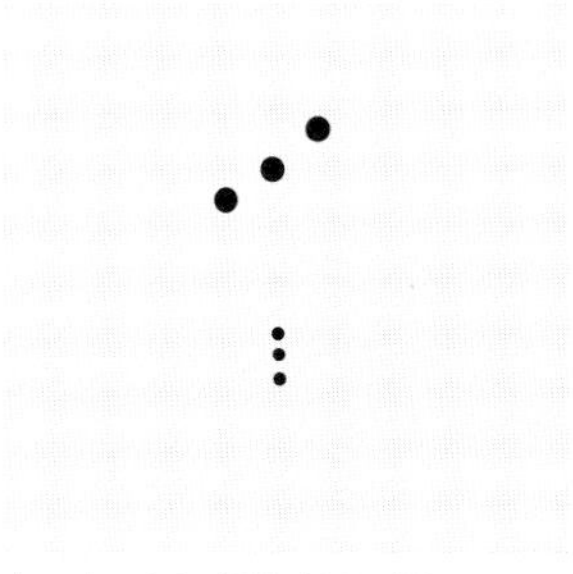
南の空の三つ星と小三つ星

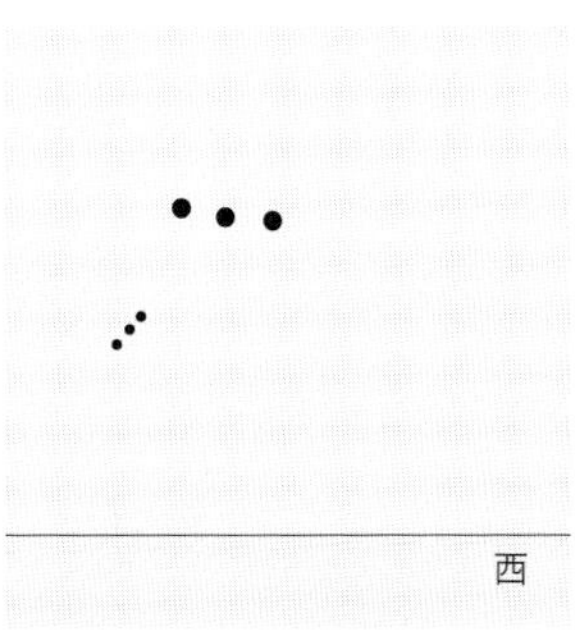

西の空の三つ星と小三つ星

あるケース

酒桝星、双六星、ムヅラボシ、ムツボシ、コミツボシ、コサンジョ、ミツボシノトモ、インキョボシ。

❖東の空が星名形成がされるのに相応しい位置であるケース

唐鋤星、ヨコサン、ヨコミツボシ

❖南及び西の空が星名形成されるのに相応しい位置であるケース

サンジョウサマノアシ

❖西の空が星名形成されるのに相応しい位置であるケース

ヒダリムジラ

しかしながら、ツリガネボシのように星名形成に相応しい位置にならない事例もあり、必須の条件とすることはできない。

07 オリオン座の周辺部分「盾」の日本の星座

イカ釣りの役星「ヒアデス星団」と「三つ星」の間に姿を現すワボシに出会ったのは、最初の星名調査である。空の暗い所では目立ち、盾の部分を表した星名がもっと記録できてもよいと思うが、現時点で私の知る限りでは、次の三種である。

●ムズラ

石橋正氏が、青森県下北半島にて記録した星名である。

❖岩屋漁港(青森県)

話者は、サンコウボシの上に出る千鳥足形に六個並んでいる星と図を書いて説明した。次のように、イカ釣りの目標にした。

「秋、『サンコウボシ』の出、『ムズラ』の出にはイカがつく」[石橋2013]

❖泊漁港（青森県）

話者は、縦並びの六個と説明した。次のように、イカ釣り・ブリ釣りの目標とする星すなわち役星のひとつであった。

「イカ・ブリが釣れるヤクボシは、『アオボシ・アトボシ・サンコウ・ムズラ』である」［石橋2013］

ムズラ（ムツラ、ムヅラ、六連）は、一般にプレアデス星団を意味し、主に東日本に分布する。岩手県大船渡市や宮城県本吉郡唐桑町（現・気仙沼市）等ではオリオン座三つ星と小三つ星を意味する。盾の部分とするのは、本事例のみかと思われる。

本事例では六個とみているが、具体的にどの星を意味するか不明である。o^1、o^2は離れているので、「π^1、π^2、π^3、π^4、π^5、π^6」だろうか。

●ワボシ（輪星）

筆者が一九七八年一〇月に新潟県佐渡郡相川町姫津（現・佐渡市）にて記録した星座名である。次のようにのぼる順番に説明してくれた。

「スバル、アカボシ、ワボシ、サキボシ、カラスキ」

次の点で、「盾」の日本の星座の可能性がある。

❖スバル（プレアデス星団）、アカボシ（アルデバラン）の次にのぼる。

❖ワボシは、輪星で、オリオンの盾o^1、o^2、π^1、π^2、π^3、π^4、π^5、π^6は輪の一部を形作っている。

しかし、二〇〇九年に出会った話者は、ワボシはひとつの星と記憶していた。同定するには、さらなる調査が必要である（第4章第3節みなみのうお座参照）。

●アマノハシダテ

石橋正氏が秋田県男鹿半島で記録した星名「アマノハシダテ」も盾である可能性がある［石橋C］。

その他、星名は伝えられていないが、盾の星について愛媛県西海町で話者が語ったケースがある［石橋C］。

08 オリオン座の全景あるいは胴の部分(αζκβδγ)

日本の星名は、西洋の星座の一部分であるという傾向があるが、西洋の星座の一部分ではなく、オリオンの全景あるいは主要部「胴体の全体」を意味しているケースがある。かんむり座とともに、西洋の星座の主要部分が日本の星名となったのである。

●サムライボシ(侍星)

香田壽男氏が源氏星、平家星とともに奥揖斐《おくいび》で記録。狩人オリオンの影響を受けたという解釈もあるが、源氏星、平家星とサムライボシが登場する失われた伝承が伝えられていた可能性もあるのではなかろうか。

●ツヅミボシ

能楽の主要楽器「鼓」に見立てた。鉄の輪に革を張ったものを胴の両側に当て、それを調緒《しらべお》という紐で互いに締め合わせる構造[下中1982]は、オリオンの胴体にぴったり合う。

日本の星名には、民衆が日常的に使用する生活用具、生産用具(農具、漁具等)にもとづくものが比較的多いが、鼓は民衆が日々の暮らしで使用していない点で例外であると当初は位置づけていた。ところが、三上晃朗氏から、山梨県塩山市(現・甲州市)の山深い集落(二之瀬)で聞き取り調査をした際に鹿の皮を使った手作りの鼓を見せてもらったことがあると聞き、鼓も民衆の生活に近いものであったと驚いた。ツヅミボシも多くの日本の星名と同様に、民衆の生活から形成された可能性がある。

星空に描くと美しいツヅミボシであるが、それほど広範囲に分布しない。単に三つ星や酒桝星の配列のほうが目立ったからであろうか。それだけの理由ではないであろう。現時点では、ツヅミボシに関する伝承資料があまりにも少数であり、星名形成と分布を明らかにするために、今後のさらなる調査研究を待ちたい。

❖ツヅミボシにふさわしい位置

周囲の四個の星(αγβκ)と三つ星(δεζ)が東空、南空、西空にある様子を図に示した。日本の楽器「鼓(ツヅミ)」を持って演奏している格好から想像すると、東空に見える位置であるかもしれない。

ツヅミボシについては、次の三人からの記録が掲載されている。

❖歌人、山田清吉氏
情報源……大阪の人
伝承者……大阪の人の老母〔野尻1973〕

❖磯貝勇氏
情報源……磯貝勇氏による調査
伝承地……綾部市有岡
〔磯貝1956〕

「この地方では、この三星とそれを囲む四星をツヅミボシという例がある。この形を鼓とする例は他地方にもある」と記されている〔磯貝1956〕。『日本星名辞典』には、磯貝勇氏が熱海市で採集したと記されているが、他地方は熱海市かもしれない。

❖矢崎豹三氏（甲府）
情報源……姉（老齢の姉が娘の頃）
伝承者……江戸から来て住みついていた遊芸の師匠〔野尻1973〕

桑原昭二氏は、和歌山県新宮市三輪崎で記録している〔高城1982〕。

また、横山好廣氏は、職場の先輩から、子供の頃、甲州出身の母親からツヅミボシを教えられたことと、「ツヅミ

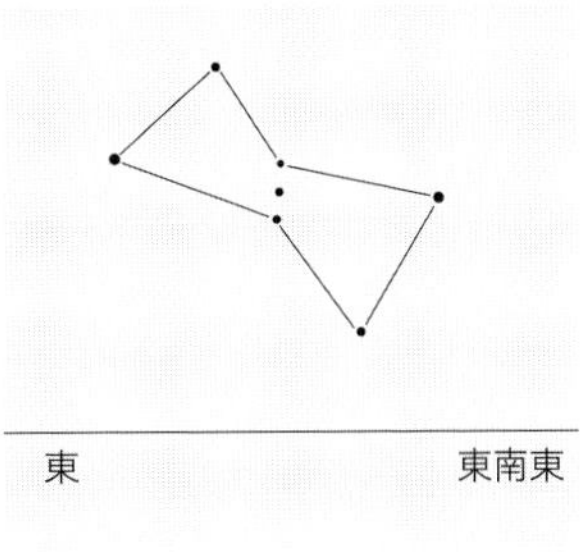

東空のツヅミボシ

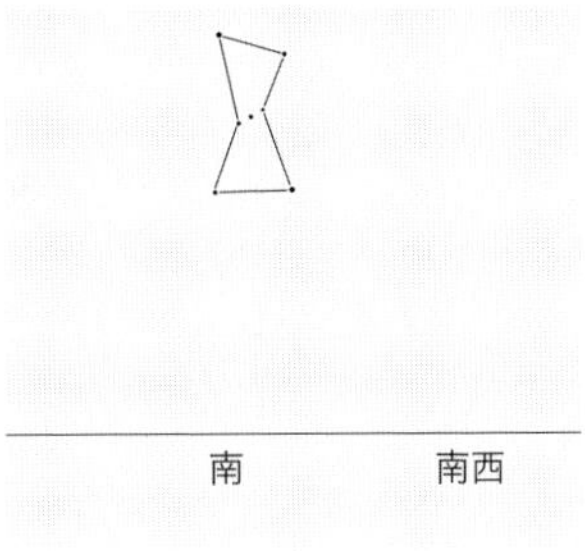

南空のツヅミボシ

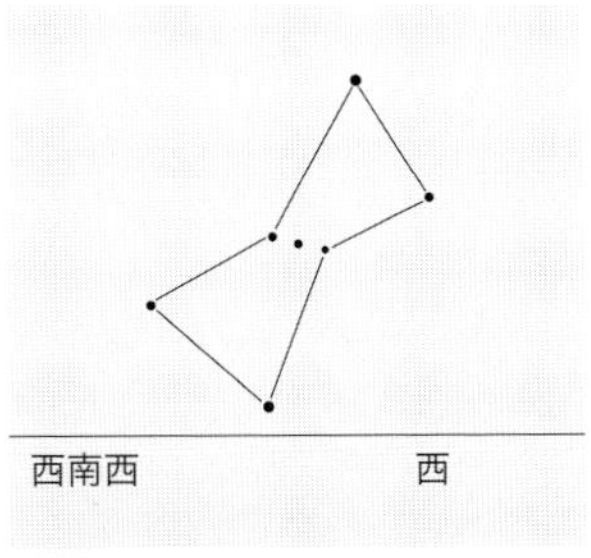

西空のツヅミボシ

ボシはオリオン座の形を鼓の形に見立てた綺麗な名前なので覚えている」という話を記録している。ツヅミ(座)とも言ったそうであるが、西洋の星座の知識が広まった影響であろう。

甲府の矢崎氏からのツヅミボシ、三上氏の山梨県塩山市の手作りの鼓の話、横山氏の甲州出身者からのツヅミボシの話……から、「山梨県」にさらなるツヅミボシの伝承が伝えられている可能性を感じる。

三上晃朗氏は、静岡県下田市白浜でムツガミサン(三つ星と小三つ星)という星名の伝承者が、「ツヅミの形をした星だ……」と説明してくれたことについて、ツヅミボシは伝承されていなかったが漁師にツヅミの見方があったという点で特筆すべきであると指摘している。

ところで、筆者(北尾)は、二〇〇一年五月、高知県宿毛市藻津にて、ミツボシとともにツヅミボシという星名を記録した(話者生年、大正八年)。

「ミツボシか、あれは見るには見よったですね。時間がね、多少はわかるんですね。あれはツヅミボシとか何とか、別の名前いうわね」

「四つ、はたにこうある。囲んでね、ミツボシを。こういうふうにこう三つ、ミツボシあるわね。ここに、こうありますね。ここに締めたやついう意味で、ツヅミ、ツヅミボシと言って、太鼓のね」

「ミツボシというのは?」と確認すると、「真ん中の……」と説明してくれた。

「ここらの人はツヅミボシいうのですか」と尋ねると、「いや、ミツボシいうんです」という答えがかえってきた。ツヅミボシは地域の生活のなかで伝えられた名前ではなく、次のように小説で読んだのだった。

「ツヅミボシいうのは、本なんかに書いています。昔の小説なんかにあるんですが……」

書名については、「どんな本……、名前は忘れてしもた」と、記憶をたどることができなかった。

内田武志氏によると、ツツミボシが『雑誌ホープ』の「再生綺譚」(玉川一郎氏著、昭和二一年三月號)に掲載されている[内田1949]。

『ホープ』は、実業之日本社から発行されていた雑誌である。「再生綺譚」は、リレー小説で、小説家玉川一郎氏は、その第二回を担当した。次のように、鼓星が登場する。

「凍てつく空には、オリオンが傾いて居た。

『鼓星が……。あゝ、あゝ、会ひてえ、会ひてえ、コト子さんに会ひてえ』」

長吉は、恋人コト子に会うために東京の焼跡へ戻った。しかし、コト子のアパートも勤め先も焼野ヶ原で会えなかった。鼓星を見て会いたいという思いが高まっていく……。鼓星をどこで知ったのだろうか。次の記述から東日天文館のプラネタリウムだったと推測できる。

「東日の天文館で、刻々うつりかはる天体の事なんか伴奏として、二人はジツと手を握りしめ、いつまでも明るくならない事を祈って居たのであつた」[玉川1946]

応召の時、鼓星輝くプラネタリウムで、手を握り夜明けの来ないことを祈り、気持ちをひとつにしたのではなかろうか。東日天文館のプラネタリウムと野尻抱影氏のかかわりは深く、鼓星が登場した可能性は大きい。石田五郎氏著『野尻抱影――聞書〝星の文人〟伝』によると、昭和一四年、野尻抱影氏は、東日天文館嘱托となった[石田1989]。

近年、生活のなかでの世代を超えた伝承という形態以外で習得した星名知識を記録することがある。特に、大正生まれ、昭和生まれの人は、新聞や書籍により様々な情報を入手する機会が多く、星名を聞いたとき、伝承という形態で習得されたものであるかどうかを確かめる必要がある。

●クビレボシ

αζκβδγを人間の胴体に見立てた。ζδの部分が他のところに比べて細くなっていることから「くびれぼし」という星名が形成された。

立っている人間の胴の「くびれ」が星名になったと考えると、クビレボシという星名にふさわしい位置は、南空である。

❖記録者……海野一江氏(静岡)
伝承者……漁夫(八十を過ぎた老人が子供のころから知った名)
伝承地……静岡県西海岸広野[野尻1973]

09 オリオン座の四星（ακβγ）

●シボシ（四星）

ακβγの四個の星の数にもとづく星名である。

内田武志氏によると、静岡県榛原郡川崎町静波（現・牧之原市）で伝えられている［内田1949］。シボシは、オリオン座ακβγよりも、四個の星がまとまって見える「からす座の四辺形」を意味するケースが多く、内田武志氏が静岡県榛原郡相良町地代（現・牧之原市）等で記録している［内田1949］。その他、秋の四辺形を意味するケースもあり、浅居正雄氏が静岡県榛原郡白羽村（現・御前崎市）で記録している［野尻1973］。

●ソデボシ（袖星）

ακβγでつくる四辺形を着物のソデに見立てた。

野尻氏が、「三つ星が南中して斜めになり、大四辺形がα、γを上の一辺としてほぼ直立した時の形を袖に見立てたのである」［野尻1989］と述べているように、ソデボシにふさわしい位置は三つ星の南中の頃である。記録者はK教諭で、伝承地は三重県白子町地方。K教諭のコメントは、「三つ星の模様のある振袖は面白いでしょう」［野尻1989］。

●ムズラバサミ

ムズラ（三つ星と小三つ星）を差し挟んでいることにもとづく星名である。

内田武志氏によると、岩手県氣仙郡米崎村（現・陸前高田市）に伝えられている。内田氏は、「報告には、三つ星の外周の四星として描かれてあったが、差挟んでゐると云ふのであれば、左右の一等星、αβのみであってもよかったように思はれる」と記している［内田1949］。

10 オリオン座αβ

αβは一等星、三つ星は二等星である。したがって、αβが「主」で三つ星が「従」である星名が形成されると思われがちであるが実際は逆でαβが「従」である。

●ワキボシ（脇星）

αβが三つ星の脇に輝いていることにもとづく。藪本弘氏によると福井県小浜地方に伝えられている［野尻1973］。

●キタワキボシ（北脇星）、ミナミワキボシ（南脇星）

ベテルギウスをキタワキボシ、リゲルをミナミワキボシと区別した星名。千田守康氏によると、宮城県本吉郡唐桑町字中井（現・気仙沼市）に伝えられている。

●リョウワケ

石橋正氏が、山口県萩市外越ヶ浜で記録［野尻1973］。

●カナツキのリョーワキダチ

αβが三つ星の両脇に輝いていることにもとづく星名である。内田武志氏によると、京都府竹野郡間人町（現・京丹後市）に伝えられてる。

三つ星の両脇、すなわち、左にα、右にβとすると、東空がふさわしい位置となる。内田氏は、カナツキノリョーワキダチについて、東天にあるときのみと指摘している［内田1949］。

●カナツキノエーテボシ

オリオン座αβが、三つ星の相手をするような位置に輝いていることにもとづく星名である。

東空、南空、西空いずれの場合も三つ星の相手をするような位置に輝いている。内田氏は、カナツキノエーテボシについて、カナツキのリョーワキダチのように東天にあるときのみとは限らなかったと指摘している［内田1949］。

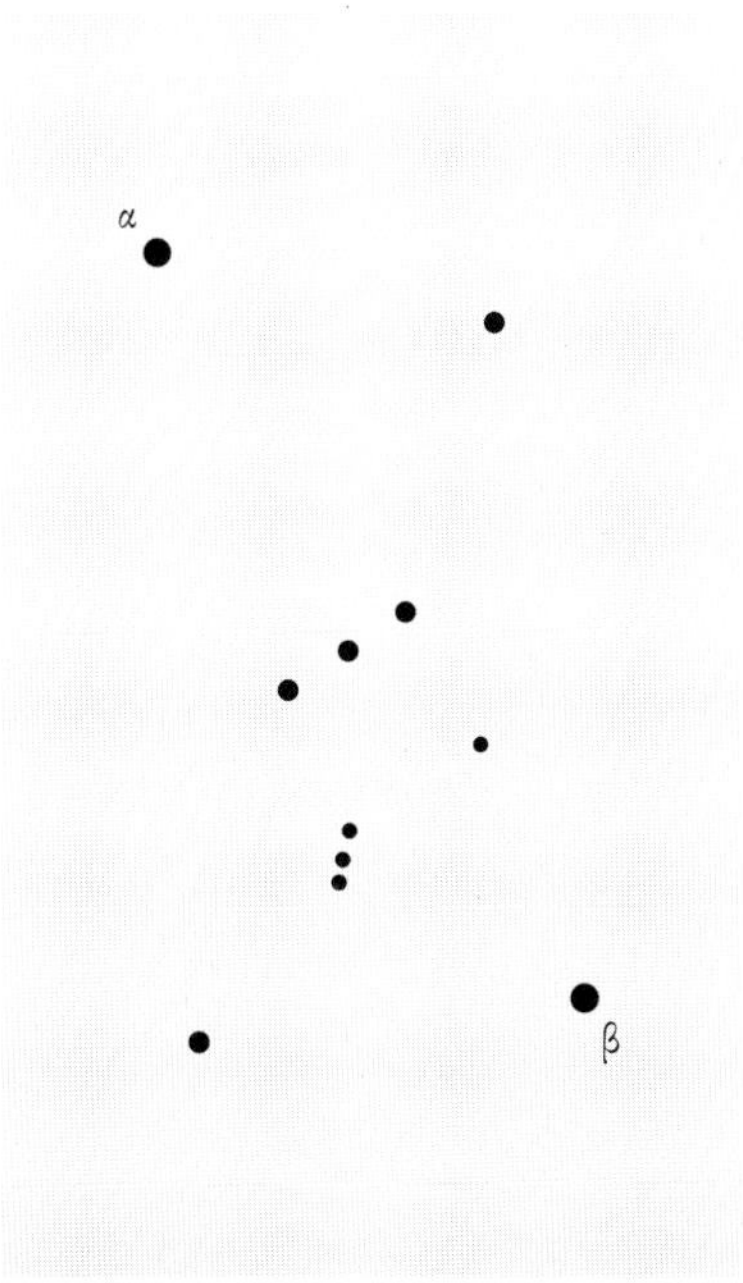

オリオン座αβ

目良龜久氏によると、カナツキノエーテボシは、壱岐島に伝えられている。

「カナツキの左右に一つずつ大きな星が現はれる、卽ちカナツキの相手星。雲の爲めスマル、カナツキが隠れてもエーテボシによってその位置を知る事が出來ると云ふ」［目良1937］

目良氏によると、生活とのかかわりにおいても、スマル（プレアデス星団）とカナツキ（オリオン座三つ星）が「主」で、雲のため隠れているときに代わりにαβを用いるという「従」な存在であった（長崎県武生水町元居浦を主とし、郷の浦、渡良村の漁士達から採集した和名が掲載されている目良龜久氏著「壱岐島漁村語彙――氣象天文篇」『旅と傳説　第十年第一二號』［目良1937］による）

相手星は、オリオン座αβではなく、シリウスのケースがある（第3節おおいぬ座参照）。

●**カラツキノアイテ**

地質学者・大平成人氏が能登輪島の漁夫から記録［野尻1973］。

第3節 おおいぬ座

おおいぬ座は、次の部分に日本の星名が形成された。

❖シリウス
❖δεηで作る三角形

01 シリウス

1 特徴を認識する過程において形成された星名

日々の労働や生活の場において、シリウスの色やのぼる順番等の観察にもとづいた星名が形成された。

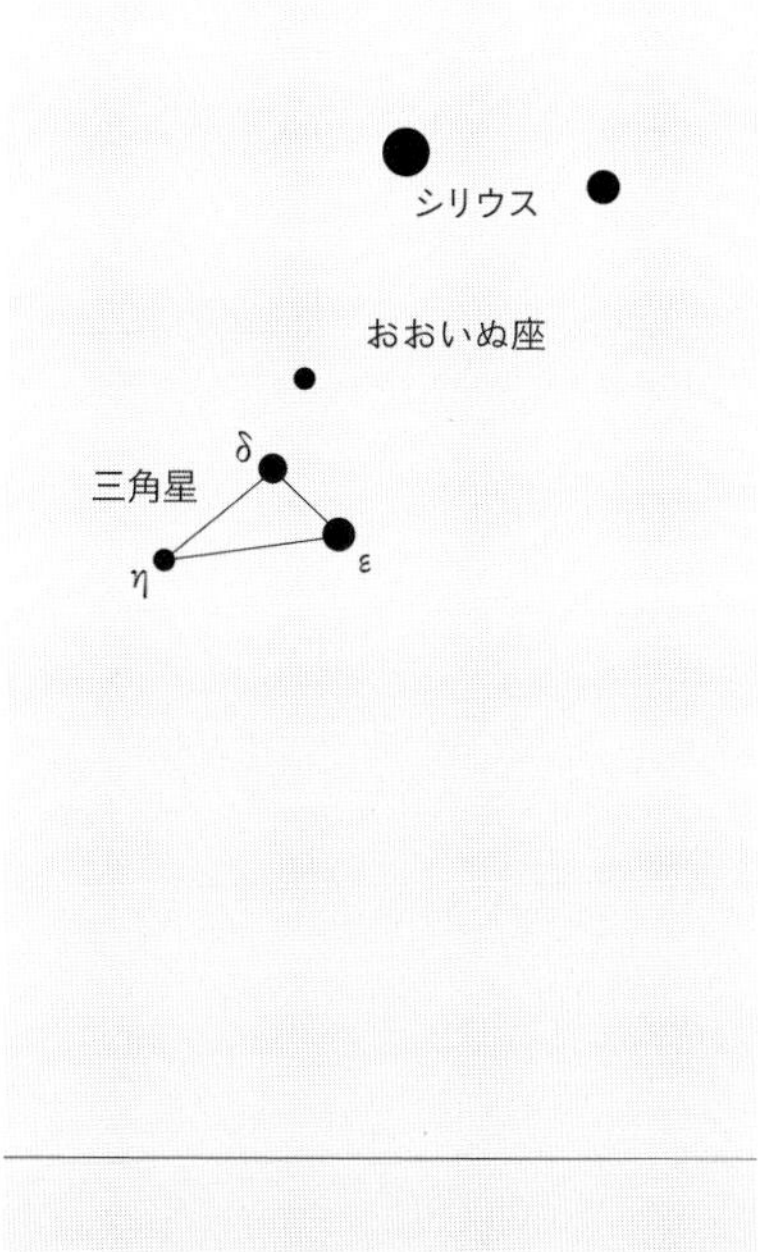

シリウスと三角星

色

◉アオボシ（青星）

シリウスを青色と観察し、アオボシという星名が形成された。厳密には、シリウスは青色ではなく白色である。しかし、肉眼では、青白色に感じることも多く、アオボシという星名が広く伝えられている。

❖青森県北津軽郡小泊村下前……アオボシ、光る青い星です。青くこう光るわけです［北尾C］。

❖北海道亀田郡椴法華村元村（現・函館市）……アオボシ、なんぼか光があって青味がかってる［北尾C］。

その他、次の地域においてもアオボシという星名が伝えられている。

❖北海道積丹郡積丹町美国町［北尾C］

❖北海道磯谷郡蘭越町港町［北尾C］

❖北海道松前郡松前町博多［北尾C］

❖北海道茅部郡南茅部町臼尻（現・函館市）［北尾C］

❖北海道亀田郡恵山町古武井、日ノ浜（現・函館市）［北尾C］

❖青森県下北郡大畑町大畑（現・むつ市）、風間浦村易国間［北尾C］

❖秋田県男鹿市塩崎、門前［北尾C］

❖山形県酒田市山居町、飛島、富山県射水市［三上C］

また、富山県魚津市、氷見市には、アオボシサンが伝えられている［三上C］。

●アオボッサマ（青星様）

アオボシを親しみこめてアオボッサマと呼ぶ。富山県黒部市に伝えられている［増田1990］。

●アオミノホッサマ（青味の星様）

青味が加わった星様という観察の眼差しを感じることができる星名である。富山県黒部市に伝えられている［増田1990］。

●シロボシ

香川県仲多度津郡多度津町多度津、佐柳島に伝えられている。シリウスを白色と観察し、シロボシという星名が形成された［桑原1963］。

のぼる順番あるいは位置関係

◉アトボシ、アドボシ（後星）

オリオン座三つ星の後からのぼってくるという観察にもとづいて、アトボシ、アドボシという星名が形成された。

❖宮城県本吉郡唐桑町宇津本（現・気仙沼市）……イカなどはね、イカなどは星勘定でね。星の時間帯でアトボシまで見ていこうかとかね。アトボシ出たからもう漁がないから帰ろうか――とか［北尾C］。

プレアデス星団から順にのぼるイカ釣りの役星を目当てにする。最後のアトボシの出こそ釣れると願い、アトボシの出まで待った。その他、アトボシは、新潟県佐渡郡相川町姫津（現・佐渡市）において記録［北尾C］。

また、宮城県桃生郡雄勝町水浜（現・石巻市）において、アドボシが伝えられていた［千田C］。

◉ミツボシノアトボシ（三つ星の後星）

兵庫県高砂市に伝えられている。ミツボシの後からのぼってくるという観察にもとづいて、ミツボシノアトボシという星名が形成された［桑原1963］。

◉サンコウノアトボシ（三光の後星）

サンコウ（オリオン座三つ星）の後からのぼってくるという観察にもとづいてサンコウノアトボシという星名が形成された。北海道積丹郡積丹町美国［三上C］、秋田県男鹿市加茂［北尾C］、青森県下北郡大間町大間［三上C］［北尾C］、大畑町大畑（現・むつ市）［北尾C］、風間浦村蛇浦［北尾C］、山形県酒田市飛島［三上C］に伝えられている。

◉ムツラノアトボシ、ムヅラノアドボシ（六連の後星）

ムツラ、ムヅラがプレアデス星団ではなくオリオン座三つ星と小三つ星を意味している地域にムツラノアトボシ、ムヅラノアドボシが伝えられている。

❖ムツラノアトボシ……岩手県下《しも》閉《へ》伊《い》郡重茂村（現・宮古市）、九戸郡宇部村（現・久慈市）［内田1949］、新潟県両津市黒姫（現・佐渡市）［三上C］［北尾C］

❖ムヅラノアドボシ……宮城県牡鹿郡牡鹿町泊（現・石巻

市)、本吉郡歌津町(現・南三陸町)[千田C]

●**アトムヅラ(後六連)**

宮城県本吉郡唐桑町荒谷前(現・気仙沼市)に伝えられている。ムヅラの後からのぼってくるという観察にもとづいて、アトムヅラという星名が形成された[千田C]。

●**マスノアトボシ(桝の後星)**

北海道積丹郡積丹町泊に伝えられている。桝(オリオン座三つ星と小三つ星とη星)の後からのぼってくるという観察にもとづいて、マスノアトボシという星名が形成された[三上C]。

●**サカマスノアトボシ(酒桝の後星)**

北海道古平郡古平町に伝えられている。酒桝(オリオン座三つ星と小三つ星とη星)の後からのぼってくるという観察にもとづいて、サカマスノアトボシという星名が形成された[三上C]。

●**カラスキノアトボシ(唐鋤の後星)**

姫路市阿成に伝えられている。カラスキ(オリオン座三つ星)の後からのぼってくるという観察にもとづいて、カラスキノアトボシという星名が形成された[桑原1963]。

●**カナツキノアトボシ(金突きの後星)**

姫路市妻鹿に伝えられている。カナツキ(オリオン座三つ星)の後からのぼってくるという観察にもとづいて、カナツキノアトボシという星名が形成された[桑原1963]。

●**カラスマノアトボシ**

大阪府泉佐野市に伝えられている。カラスマ(オリオン座三つ星)の後からのぼってくるという観察にもとづいて、カラスマノアトボシという星名が形成された[三上C]。カラスマは、カラスキの転訛である可能性がある。

●**ミツボシノアイテボシ(三つ星の相手星)**

オリオン座三つ星との位置関係の観察にもとづいてミツボシノアイテボシ(三つ星の相手星)という星名が形成された。

❖広島県福山市鞆町……ミツボシノアイテボシいうてな、ミツボシのほとりに大きい星がひとつ出るわな。それを見て、ミツボシノアイテボシやいうて、私ら言いますわな。ほかの星の倍も……、三倍もあるような。ふつうの星よりな、大きい星［北尾2002］。

◉オノホシ、オノボシ、カラツキノオノボシ、カラツキノオノホシ（カラツキの尾の星）

京都府竹野郡間人町（現・京丹後市）、与謝郡伊根村（現・伊根町）にカラツキノオノホシが伝えられている。磯貝氏は、「カラツキすなわちオリオン三星につづく星という意味である」「オノホシは尾の星でもあろうか」と記している［磯貝1956］。また、福井県三方郡美浜町日向では、オノホシ［宮本1937］、オノボシ［北尾C］、福井県小浜市西津漁港では、カラツキノオノボシ［北尾C］が伝えられている。

◉カナツキノオウボシ

京都府舞鶴市吉原に伝えられている。磯貝氏は「オリオン三星につづく大星というよりも、カナツキノオノホシの転訛とも考えられる」と記している［磯貝1956］。

明るさ

◉オオボシ、オオボシサン（大星さん）

最も明るく輝くという観察にもとづいてオオボシ、オオボシサンという星名が形成された。

❖兵庫県赤穂市福浦……オオボシサンいうたら、ミツボシさんのあとに出てくる星だな。ミツボシサンから約二時間遅れて出よったわな［北尾C］。

❖兵庫県相生市……とにかく、オオボシサン。打瀬網は、時計持っとらんいうのについてはな。この星があがったら、今、何時頃やとかな［北尾C］。

宮城県本吉郡唐桑町（現・気仙沼市）、亘理郡亘理町荒浜においてもオオボシが伝えられている［千田C］。

オオボシ（サン）は、明けの明星を意味するケースもあるので前後の星の位置関係等を話者に確認しなければならない。

●キラキラボシ

兵庫県明石市東二見に伝えられている[桑原1963]。シリウスのキラキラと瞬く様子の観察にもとづいて、キラキラボシという星名が形成された。

●サカボシノオオボシ（酒星の大星）

香川県三豊郡観音寺町（現・観音寺市）に伝えられている。単にオオボシと呼ぶと、明けの明星等の他のオオボシと混同するので、「酒星（酒桝星の略称）の」をつけた星名が形成された[桑原1963]。

●オオキナスマルサン（大きなスマルさん）

兵庫県飾磨郡夢前町置塩（現・姫路市）に伝えられている[桑原1963]。スマル（プレアデス星団）よりもずっと明るくよく光っている様子の観察にもとづいて、オオキナスマルサンという星名が形成された。

●カラツキノオムシ

福井県大飯郡高浜町に伝えられている。カラツキはオリオン座三つ星。内田武志氏は、「三つ星のお主といふのであったかと思はれる」と記している[内田1949]。カラツキ（三つ星）よりも明るく輝いているシリウスを主とみたことから「明るさの観察にもとづいた星名」に分類したが、オムシは尾星の可能性もあり、その場合、「のぼる順番あるいは位置関係の観察にもとづいた星名」の分類に属することになる（「カラツキノオノホシ〈カラツキの尾の星〉」の項参照）。

●テンカボシ（天輝星）

柴田宸一氏が、浜松市のスペースハンタークラブの近藤一雄氏から報告された星名。近藤氏がノートに天下星と書くと、話者は、いや違う、天輝星だといって訂正した（話者は、長野県下伊那郡天竜村平岡の方で、静岡県磐田郡水窪の駅で近藤氏がたまたま知り会った）[柴田1976]。

色と位置関係

●ミナミノイロシロ（南の色白）

『出雲八束郡片句浦民俗聞書』に掲載されている。色とともに、プロキオンを北、シリウスを南というように対比するための方角を加えた星名である[宮本1942][宮本1995]（プロキオンの項参照）。

明るさとのぼる順番あるいは位置関係

●アトヒカリ（後光り）

岩手県下閉伊郡普代村堀内に伝えられている。オリオン座三つ星の後からのぼってきて明るく光っているという観察にもとづいて、アトヒカリという星名が形成された［北尾C］。

●サンコウノアトヒカリ（三光の後光り）

北海道亀田郡椴法華村富浦に伝えられている。サンコウ（オリオン座三つ星）の後からのぼってきて明るく光っているという観察にもとづいて、サンコウノアトヒカリという星名が形成された［北尾C］。

●ミツボシノシタノオオボシ（三つ星の下の大星）

広島県尾道市に伝えられている。三つ星の下に位置するという観察にもとづいて、ミツボシノシタノオオボシという星名が形成された［桑原1963］。

2 暮らしと星空を重ね合わせる過程において形成された星名

シリウスは、次のような生活の場面と重ね合わせた星名が形成された。

漁業

●タラボシ（鱈星）

タラ漁に出る時間の目標にしたことからタラボシという星名が形成された。

❖石川県珠洲郡内浦町小木（現・鳳珠郡能登町）……一月頃、鱈《タラ》の船が出る時間に上がる星。仲間でタラボシと言っていたが、アオボシのこと［北尾C］。

アオボシが広範囲に用いられたのに対し、タラボシの方は仲間の間という限定した範囲で用いられた星名であった。

◉**イカビキボシ**（**烏賊引き星**）

兵庫県高砂市に伝えられている。シリウスがのぼると烏賊の旬になることにもとづいてイカビキボシ（烏賊引き星）という星名が形成された［桑原1963］。

地名

◉**ヤマダボシ**（**山田星**）

山口県立山口博物館の中島彰氏、松尾厚氏によると、山口県阿武郡《あぶぐん》田万川町《たまがわちょう》江崎（現・萩市）に伝えられている。江戸時代に領主に納めない隠し米をつくっていた山の上にある田んぼの方から、八月から一〇月頃の夜明け前にのぼるシリウスを山の田んぼ即ち山田星《やまだぼし》と呼んでいた。米の収穫期が近づくころの人びとの思いを伝えている［中島・松尾C］。

人

◉**ヒカリボウズ**（**光坊主**）

長崎県北高来郡森山町（現・諫早市）に伝えられている。オリオン座三つ星の三人坊主に対して、明るいので光坊主と呼ぶ。私財を投じて土木事業を行なったり、貧しい人びとを助けた土橋貞恵《つちはしていけい》（高来郡森山村の江戸時代の医師、多助坊さんと呼ばれていた）がこの星になったと伝承されている。石橋正氏が東亜天文学会会員（諫早在住）の北村敏資氏より聞いた星名［石橋C］。

季節

◉**ユキボシ**（**雪星**）

埼玉県秩父郡吉田町（現・秩父市）に伝えられている。シリウスが日没後に東の空にのぼると雪の季節になることからユキボシという星名が形成された［野尻1973］。

3 シリウスとイカ釣り

シリウスをイカの釣れる時間を知るために用いた事例が広範囲に分布する。シリウスは、プレアデス星団、アルデバラン（あるいはアルデバランとヒアデス星団で構成するV字形）、オリオン座三つ星（あるいは三つ星と小三つ星、あるいは三つ星と小三つ星とり星）に続いて登場し、イカ釣りにとって重要な役星であった。石橋正氏は岩手県久慈市で次のような事例を記録している。

「イカの釣れる漁模様は、アオボシ（シリウス）の時が一ばん多く、サンコウ（三つ星）の出がこれに次ぎ、アトボシ、オクサの順に少ないと逆位になっている」（＊アトボシ＝アルデバラン、オクサ＝プレアデス星団）［野尻1973］

北海道積丹郡積丹町美国においては、自分の目で確かめ試行錯誤を繰り返しながら、アオボシの出にいちばんイカが釣れることを学んだ。

「何でもかんでも、わしゃたいてい試してみた。アカボシちゅうアカメシタ星があがるの。それからサンコウだな。アカボシからサンコウだな。サンコウと言って、同じ間隔の星が三つあがるの。それからやっぱり二時間か二時間ちょっとあまりあとに、アオボシという星があがるの。数ある星のなかでアオメシテひかるの。その星がいちばんつく。その星とアカボシがつくの。どっちの星もつくけど、アオボシちゅうのがいちばんつく。完全につくだ。そのかわりずっと時間がおそいのよ」（＊アカボシ〈赤星〉＝おうし座アルデバラン、サンコウ〈三光〉＝オリオン座三つ星）［北尾C］

北海道松前郡松前町博多においては、アオボシの出を、マスボシ（オリオン座三つ星と小三つ星とり星）で釣れないとき楽しみにしていた。

「マスボシの出でつかねば、アオボシの出が楽しみだなと言って、アオボシの出を待つ。すると、アオボシの出につく」［北尾C］

その他、次のようなシリウスの出をイカが最も釣れる時間と認識したケースが伝えられている。

❖北海道茅部郡南茅部町臼尻（現・函館市）……アオボシ、いちばんつく［北尾C］。

❖石川県珠洲市飯田町……アオボシの出とか、その水平線から上がる時刻が勢いよろしいですね。二メートルほど上がるまで釣れやすい［北尾C］。

❖石川県鳳至郡能都町姫（現・鳳珠郡能登町）……アオボシ、よくつく［北尾C］。

シリウスとオリオン座三つ星の両方を最もよく釣れる星の出としてあげたケースもある。

オリオン座三つ星の後からのぼるシリウス（奈須栄一氏撮影）

❖北海道上磯郡上磯町茂辺地（現・北斗市）……ミツボシ、アオボシがいちばんつく。アケノミョージョーは朝イカとも言う。ミツボシ、アオボシほどはあまりつかない［北尾C］。

❖北海道上磯郡上磯町当別（現・北斗市）……サンコウの出、アオボシの出がよくとれた［北尾C］。

❖北海道亀田郡恵山町（現・函館市）……サンコウ、アオボシがいちばんよくついた［北尾C］。

❖北海道松前郡福島町福島……いちばんイカつく星は、ミツボシとアオボシです［北尾C］。

八月中旬の明け方にのぼったアオボシも一〇月には午前〇時を過ぎる頃にのぼるようになる。従って、仕事を終えて帰る時間も明け方ではなく午前〇時過ぎになった。

シリウスはオリオン座三つ星（または小三つ星、η星を含む）のあとに出る星として注目されてきた。オリオン座三つ星の出とシリウスの出の間隔は、時代をさかのぼってもほぼ同じ状態が続いているが、観察地が南へいくほど小さくなるのである。このような現象は、プレアデス星団の出とアルデバランの出の間隔、アルデバランの出とオリオン座三つ星の出の間隔についてもほぼ共通している。従って、プレアデス星団からシリウスに至るほぼ同じ状態の星々の出の間隔を継続して観察し、伝承を継承し続けることができる条件が備わっていたのである［北尾2002］。

02 δεηでつくる三角形

δ一・八等、ε一・五等、η二・五等で作る三角形は、δεが一等星に迫る明るさであることもあり、はっきりと目立ち、多様な星名形成がなされた。

1 特徴を認識する過程において形成された星名

数

●ミツボシ（三つ星）

横山好廣氏が、秋田県由利郡仁賀保町平沢（現・にかほ市）

で「∴の形で夜明け方に上る」と記録［横山C］。

形状

◉サンカク、サンカクボシ

三角形という配列にもとづいた星名が形成された。

❖サンカク……宮城県気仙沼市、本吉郡歌津町字馬場（現・南三陸町）、亘理郡亘理町荒浜［千田C］、静岡県庵原郡袖師村（現・静岡市）［内田1949］

❖サンカクボシ……岩手県氣仙郡高田町（現・陸前高田市）［内田1949］、徳島県鳴門市里浦［北尾C］

方角

◉ミボシ（巳星）

静岡県静岡市稲川町に伝えられている。内田武志氏は、三つの星即ち三星でもなく、箕に見立てて箕星でもなく、のぼる方向が巳（ほぼ南東）であることにもとづくという可能性を記している［内田1949］。

2 暮らしと星空を重ね合わせる過程において形成された星名

食生活

◉ナットーバコ（納豆箱）

静岡県志太郡焼津町（現・焼津市）の老漁師が伝えていた。寺院で年始巡りに配る納豆箱は特別に三角形に作られており、旧暦の正月の宵に東天に現れたδεηと重ね合わせた［内田1949］。

衣生活

◉ゾウリボシ（草履星）

岩手県久慈市侍浜町本波で石橋正氏が記録。草履に見立てた。δεηかαγθか両方かは不明［石橋C］。

住生活

●クラカケボシ（**倉掛け星**）

内田武志氏によると、静岡県志太郡焼津町（現・焼津市）に、「この星が日暮れ方、ちやうど倉の屋根の高さに現れてゐるのをみて、それで倉掛け星と呼んだ」と伝えている伝承者もいる。焼津では後述の「鞍掛け」に見立てたケースが多いようである［内田1949］。

●クラノハシ（**倉の端**）

静岡県焼津市に伝えられている。倉のとがりに見立てた［野尻1973］。

●クラノムネ（**倉の棟**）

高知県吾川郡御畳瀬村（現・高知市）に伝えられている。倉のとかりに見立てた［野尻1973］。

●ヤカタボシ（**屋形星**）

野尻抱影氏は、「宮本常一氏が《民間伝承》に書かれた、『やかたぼし（屋形星）　若狭日向』とあるのも、『六月の夜明け』で、三角ぼしをいうものらしい」と記している［野尻1973］。しかし、若狭日向（現・福井県三方郡美浜町日向）のヤカタボシをおおいぬ座δεηでつくる三角形の星名と考えるのは次のように困難である。

❖「六月の夜明け」には、プレアデス星団は東の空にのぼってきているものの、シリウスがのぼるのは八月中旬、δεηは八月下旬～九月上旬であり、たとえ旧暦で表示したとしても無理がある。

❖『民間傳承』には、「オノホシ（秋の夜あけ東南に出る）」とある。オノホシはシリウスの星名であり、δεηよりも前に出る。したがって、シリウスの「秋」よりも遥かに早い「六月の夜明け」にのぼるヤカタボシをシリウスよりも後にのぼるδεηの星名と考えることはできない。

なお、六月というのが話者の記憶違いであり、「秋の夜明け」であるなら、δεηの星名の可能性が出てくる。

運搬

◉クラカケ、クラカキ、クラガリ、クラカケボシ（**鞍掛星**）

内田武志氏によると、「馬鞍を掛ける具」または「下方に擴つた四脚の踏臺」「床几」などに見立てた。

❖クラカケ……静岡県志太郡焼津町小川新地、城之腰仲町（現・焼津市）、大洲村善左ェ衛門（現・藤枝市）〔内田1949〕

❖クラカキ……静岡県志太郡焼津町城之腰（現・焼津市）、大洲村善左ェ衛門（現・藤枝市）〔内田1949〕。

❖クラカケボシ……静岡県志太郡六合村道悦島（現・島田市）〔内田1949〕。

❖クラガリ……静岡県志太郡焼津町焼津（現・焼津市）〔内田1949〕

なお、クラカケボシは、倉に見立てたケースがある。また、からす座の四辺形を意味するケースもある（第2章第4節からす座参照）。

第4節 こいぬ座

こいぬ座の日本の星名は、「プロキオン」及び「プロキオンとβ星」に形成された。

01 プロキオン

特徴の認識、特に色や明るさの観察にもとづいて星名が形成された。

色

◉シロボシ（**白星**）

シリウスの場合は、主に青色という観察にもとづいてアオボシという星名形成がされたが、プロキオンの場合は、白色という色の観察にもとづいてシロボシという星名が次

東の空のシリウスとプロキオン（奈須栄一氏撮影）

の地域で伝えられている。

❖富山県小矢部市〔増田1990〕

❖富山県東礪波郡利賀村（現・南砺市）〔増田1990〕

❖新潟県佐渡郡相川町姫津（現・佐渡市）〔三上C〕〔北尾C〕

◉イロシロ（色白）

白色という観察にもとづいて、イロシロという星名が鳥取県気高郡青谷町（現・鳥取市）に伝えられている。イロシロの出をイカ釣りの目標にしていた〔北尾C〕。

色と方角

◉キタノイロシロ（北の色白）

『出雲八束郡片句浦民俗聞書』に次のように掲載されている。

「イロシロ　シマルの上に出る。此の色白、南の色白があり、殆ど同時に出る。この星の出る時、乾の空に七夕星が水平から一間程の所に居る」〔宮本1942〕

この記述について、「シマルの上に出る」は「シマルの下に出る」、「此の色白」は「北の色白」の誤植と思われる。後に出版された著作集〔宮本1995〕には、後者は「北の色白」と訂正されている。しかし、前者は、「シマルの上に出る」のままで訂正されなかった。おそらく、シマル（プレアデス星団）とイロシロ（シリウス、プロキオン）の位置関係までは校正担当者は判断できなかったのではなかろうか。

内田武志氏は、「シマル（昴）の下に出る星でイロシロといふのがある。この色白と殆ど同時に、南のイロシロといふ星もでる。この星が東天に現れる時分、戌亥の空には七夕星が水平から一間ほどの處に在る」〔内田1949〕と引用している。一九四九年時点において、一九四二年版を引用し、此の色白を「この色白」と記しているが、「シマルの上に出る」は、「シマルの下に出る」と訂正している。「シマルの上に出る」の誤植には気がついて訂正したものの、「此の」のほうは気づかなかったと思われる。

内田武志氏の〈イロシロ〉をプロキオン、〈南のイロシロ〉をシリウスという推定に対し、野尻抱影氏は「それに相違ない」と賛同している〔野尻1973〕。野尻氏も、「北の色白」ではなく、単に「色白」としている。しかし、本書では、宮本常一著作集（一九九五年）をもとに「北の色白」とする。

ところで、七夕星（ベガ）の高度を一間と表現している。一尺を一・五度とすると、一間は六尺であるから約九度となる。しかしながら、七夕星がほぼ北西の空約九度に輝くとき、既にシリウスは約四度、プロキオンは約七度であり、「この星の出る時」よりも高度が高くなる。勝俣隆氏は、「一尺以上では、一尺一度の割に半度を加えた」即ち一尺を一・五度という渡辺敏夫氏の考え方にもとづいて議論を進めており［勝俣1995］、筆者もそれに従ったが、いわゆる生活者の感覚で一間が何度に相当するかは相当の幅があり、実際はシリウス高度約二度、プロキオン約四度、ベガ（七夕星）約一一度で北西よりも約五度西くらいの状態である可能性はないだろうか（高度は、長い年月の間には歳差の影響も受けるが、一九〇〇年について、アストロアーツのステラナビゲータVer.9を用いて算出した）。

明るさ

◉チイサイオウボシ（小さい大星）

シリウス（大星）より暗いことから小さい大星。三重県北牟婁郡相賀町（現・紀北町）に伝えられている［野尻1973］。

◉オオボシ（大星）

愛媛県今治市美保町では、シリウスもプロキオンも両方ともオオボシと呼んでいた。

「オオボシいうて、朝の四時半。ちょうどいまくらい［＊調査を実施した九月頃］。朝の四時半なったら新居浜の上の方から出る。大きな星が四時半。オオボシあがったけん帰るぞと言って、今治へ戻ってきたら、お日さんあがる時間。市場へ行く。二つオオボシあった。ひとつ太い。二つ横にオオボシならんで。ひとつ斜め下。少し斜め下」［北尾C］

二つのオオボシの出で帰る時間を知ったのだった。

02 プロキオン（α）とβ

1 特徴を認識する過程において形成された星名

数

◉フタツボシ

石橋正氏は、神奈川県横須賀市長井においてフタツボシを記録した。

「一一月の夜明けになると、『フタツボシ』がマンドキ（南中すること）になる。この星は、サンボシの真ん中の一つを抜いた位の間隔で、その一つはサンボシより明るく、マンドキになる高さは、彼岸頃、太陽様の廻る位の高さだ。そうすると、フタツボシマンドキなったから、ダホナ（キス釣りの底はえなわ）に出かけねば遅くなる、と漁に出かけたものだ」［石橋2013］

フタツボシと言えば、ふたご座のカストルとポルックスを意味するケースが多いが、この場合は、「サンボシ（オリオン座三つ星）の真ん中の一つを抜いた位の間隔」「一つはサンボシより明るい」「マンドキ（南中）の高度と彼岸頃の太陽の高度がだいたい同じ」ということからプロキオンとβであり、石橋氏は、「古い漁師たちの星を見る目の確かさには一驚してしまった」と記している［石橋2013］。

2 暮らしと星空を重ね合わせる過程において形成された星名

年中行事

◉ミナミマツグイ（南松杭）

千田守康氏が宮城県本吉郡唐桑町鮪立（現・気仙沼市）にて、高石浜の漁師さんと中井の漁師さんから記録した［千田C］。キタノマツグイ（北の松杭）（カストルとポルックス）に対して、プロキオンとβ星をミナミマツグイ（南松杭）と呼んだ。野尻抱影氏は、宮城県亘理郡荒浜のマツグイ（カストルとポルックス）について門松の柱に見立てている［野尻1973］。この場合は、北、南とあることから、村の北のほうの家、南のほうの家の門松の松杭に見立てた可能性があるのではなかろうか。

第5節 ぎょしゃ座

ぎょしゃ座の日本の星名は、「カペラ」、「ぎょしゃ座ι、カペラ、β、θ、おうし座β」について形成された。後者は、日本の星座のなかでは珍しい二つの星座に属する星で構成されるものである。

01 ぎょしゃ座ι、カペラ、β、θ、おうし座β

五つの星に関しては、次のように構成される数、形状にもとづく星名が形成された。

◉イツツボシ（五つ星）

香田壽男氏が岐阜県武儀郡で記録した［野尻1973］。カペラを含めて五角形を構成しているが、その星の数五にもとづく星名が形成された。

◉ゴカクボシ

ぎょしゃ座ι、カペラ、β、θ、おうし座βの配列が五角形の形状であることにもとづいてゴカクボシという星名が形成された。長谷川信次氏が群馬県利根郡沼田町（現・沼田市）で記録した［野尻1973］。

02 カペラ

ぎょしゃ座カペラは最も北に位置する一等星である。カペラは一等星のなかでは、最も見えている時間が長い。北海道北部では周極星となる。

1 特徴を認識する過程において形成された星名

位置関係にもとづく星名

◉キタズマイ

兵庫県姫路市妻鹿に伝えられている。「北のすまる」という意味［桑原1963］。

◉スマルノアイボシ（スマルの相星）、スマルノウケサン（スマルの受けさん）

桑原昭二氏は、兵庫県赤穂市御崎で、「すまるさんと一緒に上ってくる星さんを、すまるのあいぼしとか、すまるのうけさんとか呼ぶんや。それはなあ、すまるさんは光が暗いんで出とったっても、低い間はわからんのや。ところがこのあいぼしさんが上ったらすまるは見えんでも、ああ、すまるがもう上っとってやなあ、とわかりよったんや」と記録した。すまるさん（プレアデス星団）は、もっとも明るい星（おうし座α星）でも二・九等星であり、地平線附近では見えにくい。そこで、〇・一等星のカペラをスマルノアイボシ、スマルノウケサンと呼んで目標にしたのである［桑原1963］。

◉スマルノエーテボシ（スマルの相手星）

目良亀久氏は、長崎県壱岐島においてスマルノエーテボシ（スマルの相手星）について、「スマルの北に少し離れて大きな星が現れる」と記録している［目良1937］。

◉スマルノアイテボシ（スマルの相手星）

香川県丸亀市御供所《ごぶしょ》町に伝えられている［桑原1963］。

◉スマルノアイカタボシ（スマルの相方星）、キタノアイカタサン（北の相方さん）

さぬき市志度《しど》、東かがわ市引田《ひけた》に伝えられている。「すまるが上っても、うすくてみえにくい時がある。こんな時でも、北にあいかたさんがみえたら、上っていることがよくわかる」と記録した。スマルを目標にしようにも透明度がよくないと低空では見つけにくく、「相方さん」が頼りになった［桑原1963］。

◉サキボシ、ウヅラノサキボシ

北海道積丹郡積丹町では、サキボシ、ウヅラノサキボシ（ウヅラは六連星が転訛したものでプレアデス星団）が伝えられている［三上C］。

新潟県佐渡市姫津では、スモル（スバル）の先に出ることからサキボシと伝えられていた。イカ釣りの目標にする役星（ヤクボシ）のひとつで、サキボシの出る一五分くらい前からイカがついた。二〇〇九年六月に姫津で聞いた話である。

「サキボシ、月、スモルというように間に月の出があることもある。月の入るときも、イカの食いがよくなってくる。月があと二〇分くらいで出るとき、釣れだす。月が上がるときいちばん食いがよい」［北尾C］

サキボシのあと約一時間（厳密には後述のような条件の場合、約五三分）でスモルが出るのであるが、その間に月が出ることもあり、星よりも月のほうがもっと釣れると伝えられていた。

ところで、前述の兵庫県赤穂市御崎では「すまるさんと一緒に上ってくる星さんを、すまるのあいぼしとか……」と伝えられていたが、佐渡市の約五三分に対して、赤穂市

秋田県田沢湖にて秋田勲氏撮影。
プレアデス星団の相手をしているように、そして、プレアデス星団を睨んでいるように輝くカペラは、スマルのアイテボシ、オクサノニラミ等の星名が形成された。

では約二八分と差は縮まり、佐渡市ほど先に上がらなかったのである（一九〇〇年の場合について、アストロアーツのステラナビゲータVer.9を用いて算出。但し、プレアデス星団はアトラスの出の値を用いた）。なお、カペラは、緯度が高くなるに従って、プレアデス星団よりもさらに先に現れるようになり、北海道北部では周極星になってしまう（「ムヅラノサギボシ」は、オリオン座三つ星、小三つ星の前にのぼるアルデバランの名称として伝えられている。第1章第1節おうし座参照）。

●オクサノニラミ（お草の睨み）

宮城県牡鹿郡牡鹿町泊（現・石巻市）に伝えられている。オクサはプレアデス星団。オクサの少し前に昇り、オクサを睨むような位置で明るく輝くことからオクサノニラミという星名が形成された［千田C］。

●ザクノサギボシ（ザクの先星）

宮城県本吉郡歌津町字馬場（現・南三陸町）に伝えられている。ザク（プレアデス星団）の先（前）にのぼることからザクノサギボシという星名が形成された。「ザク」とは小さい物が密集しているのを意味する言葉である［千田C］。

2 暮らしと星空を重ね合わせる過程において形成された星名

一杯飲めるのを楽しみに、カンビンボシと呼んだり、暮らしの風景と重ねあわせて地域に根ざした星名が形成された。地名にもとづく多様な星名が形成されている例にはカノープスがある。最も見えている時間が短く、北海道、青森、岩手、秋田では見ることができないカノープスと、見えている時間が最も長いカペラに、暮らしの風景と重ね合わせて地名に由来する星名形成がなされたのである。暮らしの風景に重ね合わせることができる時間が長いカペラを見て、時間と空間を超えて北海道まで語り伝えたノトボシをはじめ、佐渡ではヤザキサン（矢崎さん）、富山県では佐渡星等が伝えられている。

食生活

●カンビンボシ（燗壜星）

越智勇治郎氏が愛媛県周桑郡壬生川町（現・西条市）で記録した。カペラを燗壜（酒の燗をつけるための瓶）に見立てたものではなく、この星が見えると沖漁をやめて帰って一杯飲めることによる[野尻1973]。旧六、七月の朝三時頃北東から燗壜星が出るのを楽しみに頑張る海の男達の光景が目に浮かぶ。

地名

●オーギヤマボシ(扇山星)

内田武志氏によると、静岡県引佐郡三ヶ日町摩訶耶(現・浜松市)に伝えられている。三ヶ日町摩訶耶からの出現方位にあたる扇山が星名となった。八月になってカジガイ(アルクトゥルス)が西山に没して見えなくなったときは、オーギヤマボシを目標に田圃の水ひき交替時刻を知っていた[内田1949]。

●サドボシ(佐渡星)

内田武志氏によると、富山県下新川郡經田村濱經田(現・魚津市)等に伝えられている。佐渡の方向から昇ることにもとづく[内田1949]。

増田正之氏によると、魚津市経田に次のように伝えられている[増田1990]。

「イカを釣るときの時間のめあてにする」
「サドボシがみえると漁から帰ってくる」

●ヤザキ、ヤザキサン(矢崎さん)

佐渡の最北端鷲崎の港のほぼ北東にある矢崎がカペラの星名になった。矢崎のほうからカペラがのぼったのである。

内田武志氏によると、新潟県佐渡の夷地方(佐渡市両津夷)に、漁師の歌謡「……ヤザキ、スバリの出るを待つ」が伝えられている[内田1949]。ヤザキ(カペラ)とスマル(プレアデス星団)の出を漁の目標にするという生活知が歌により共有され世代をこえて伝承されていったのである。

倉田一郎氏は、『佐渡海府方言集』で次のように記している。

「ヤザキサン　單にヤザキとも呼び、またヒトツボシとも謂ふ。北に現れる。六月頃、蕗が箸の丈けになると烏賊がとれるが、その頃に現れるのがこの星である」[倉田1944]

外海府村役場より野尻抱影氏への手紙には、「……沖合(日本海)へ出漁中矢崎ニ当リテ相等大ナル星ノ昇ルヲ見ル俗ニ之ノ星ヲ矢崎ト称シ夜中烏賊ノ釣レル時ノ目標トシ……」とある［野尻1973］。筆者（北尾）も、「ヤザキが出たとかいうのを聞いたことがある」と、高千港で記録した。

●ホクサンボシ（北山星）

新潟県佐渡市田野浦《たのうら》に伝えられている。佐渡で最も高い山・北山《ほくさん》（金北山《きんぽくさん》）の方向から昇ることからホクサンボシという星名が形成された［北尾C］。

●ノトボシ（能登星）

礒貝勇氏は、『丹波の話』で、「若狭、丹後の海辺では東北方向に見えるこの星をノトボシと呼んでいる。能登の方向に現われるためである」と記している。礒貝氏は、京都府竹野郡間人町（現・京丹後市）、下宇川村中浜（現・京丹後市）、与謝郡本庄村蒲入（現・伊根町）、伊根村（現・伊根町）、舞鶴市吉原でノトボシを記録した［礒貝1956］。

三上晃朗氏は、京都府京丹後市丹後町中浜で、ノトボシについて次のように記録した。

「能登半島の方角から上る星で、漁の目当てにしていた」［三上C］

内田武志氏によると、ノトボシが京都府竹野郡間人町（現・京丹後市）、濱詰村（現・京丹後市）に伝えられている［内田1949］。

福井県坂井郡三国町安島（現・坂井市）で、能登星について、「半島の先よりちょっと、内側からひとつぼしであがる」と伝えられていた［北尾C］。

野尻抱影氏から福井の杉村丈夫氏へ送られた坂井郡雄島村安島（現・坂井市）の伝承資料の図には、次のように記されている。

「スバレ星　六月頃ニ上ル。……アト星　六月廿日頃ニ上ル。……ノト星　六月頃ヨリ午前四時頃ニ上ル」

「カシウボシ　七月頃上ル」［野尻1973］

野尻氏は、「カシウは加州かと思うが、いずれも能登半島の方向から順次に昇る星である」と記している［野尻1973］。加州（加賀）は、能登半島よりも南であり、ベテルギウスかもしれない。

宮本常一氏によると、福井県三方郡北西郷村日向（現・美浜町）で次のように伝えられていた。

「ノトボシは能登岬から出る大小の星で秋九時半頃のぼる。その頃から鰺鯖がいさんで食ふ」［宮本1937］

「大小の星」という記述は、カペラとともにε、η星等を含めてノトボシと呼んでいることを意味するのであろうか。美浜町日向では、一九七五年に三上晃朗氏が、一九八七年に筆者(北尾)がノトボシを記録したが、「大小の星」ではなく「ひとつの星」で、カペラのみを意味した。

また、三上氏によると、美浜町日向では越前岬方面に出漁しており、おそらく漁場で能登半島からのぼるカペラを見てノトボシと呼んでいたと推測している。同感である。では、美浜町日向から能登は見えるのだろうか。

「ノトボシというのは、能登の方の上からのぼってくる。越前岬のところからあがってくる」[北尾1991]

話者は、「能登の方の上」と言ってから「越前岬のところ」と言いなおしたが、実際に能登半島が見えるのかどうか確認すると、「見えへん……。その方向から上がってくる星があるんや」という答がかえってきた。ノトボシという星名が形成されたのは、漁場であった。生業の現場から、多様で豊かな日本の星名が誕生したが、ノトボシもそのひとつであった。

「能登星」は、その名の土地とは遠く離れた北海道で伝えられている。その感動的な情報を与えてくれたのは、武田みさ子氏編『岩内歳時記第2集　星の歳時記』である。武田みさ子氏は、「漁師は越前衆が多かったので、能登半島は地形が似ていることから、ホリカップの岬に出る星を郷里での呼び名の通りに『ノトボシ』と呼んだ」と述べている。また、同書には三上晃朗氏による北海道岩内郡岩内町、古宇郡神恵内村、泊村、余市郡余市町、青森県下北郡風間浦村下風呂での「ノトボシ」の記録が掲載されていた[武田1976]。

筆者(北尾)は、北海道泊村と蘭越町において、ノトボシを記録した。

能登半島を遠く離れて、北海道で語られた「能登星」……。そこに、過去のものとなった消えていく星名ではなく、はるか記憶の彼方の暮らしの風景と星ぼしを重ね合わせる人びとの思いがこめられている生きたあたたかみのある星名があった。そして、同時に北海道まで語り伝えられた伝承の力を感じさせてくれる星名だった。

ところで、青森県下北半島の風間浦村で能登星が伝承されていることについて、三上晃朗氏は、次の二点を指摘している。

❖北海道積丹半島と同様、越前出身の人たちが居住しており、こうした移住者が重要な伝承の担い手となってきた。

❖岩内町のホリカップのように地形的な類似点を見出すことができないので、もっと別な理由が隠されていることも予想される。

三上晃朗氏は、タビ漁民の移住や定着によるノトボシの伝播等について検証した。そして、「なぜノトボシだけが北国で伝承されることになったのか」という問題提起をした。佐渡星や矢崎星等の名前は北海道に伝播していないのである［三上2000］。従って、暮らしの風景に重ね合わせることができる時間が長いこと以外にも能登星の伝播の要因を見つけなければならない。

年中行事

◉ドウナカマツグイ（**真中松杭**）

千田守康氏が宮城県本吉郡唐桑町鮪立（現・気仙沼市）にて、高石浜の漁師さんと中井の漁師さんから、キタノマツグイ（北の松杭、ふたご座カストルとポルックス）、ミナミマツグイ（南松杭、こいぬ座プロキオンとβ）とともにドウナカマツグイ（真中松杭）という星名を記録した［千田C］。ドウナカとは真《まん》中《なか》という意味で、北のほうに位置する「キタノマツグイ」、南のほうに位置する「ミナミマツグイ」に対して、既に空の真中のほうにのぼっているので「ドウナカマツグイ」という星名が形成されたと思われる。なお、漁師さんとは、写真を見せながらそれぞれの星の確認を行なった。オクサ（プレアデス星団）から始まり、春のヨツガラ（からす座の四辺形）ま

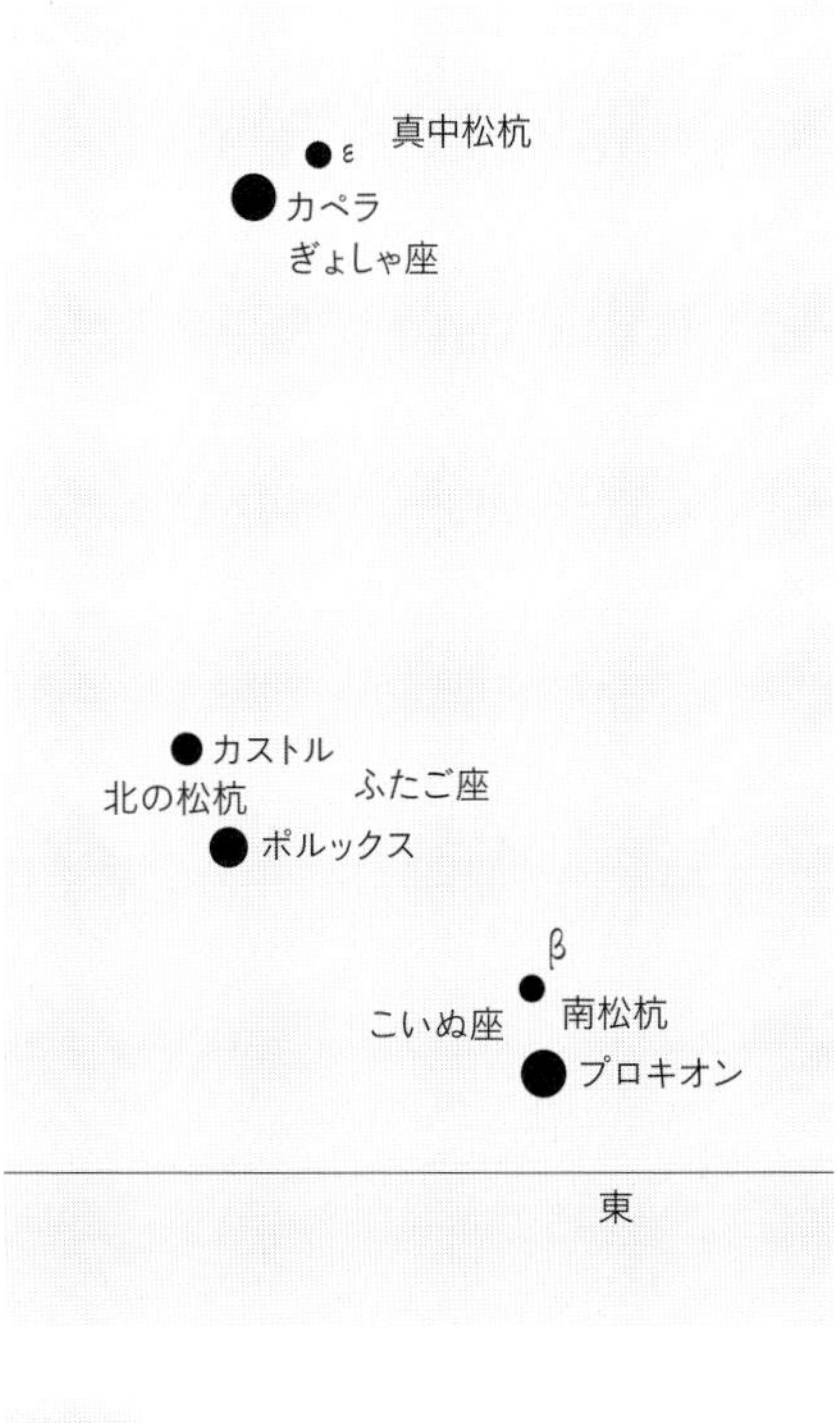

で全ての輝星をイカ釣りの役星として「イカ釣りの試し」に使っていたが、オクサとともにドウナカマツグイは最初に登場する役星であった。ドウナカマツグイがカペラだけか近くのεなどを含めた二星か、また、松杭が「門松の柱」であるか「建物の基礎に用いた松杭」であるかは不明で、今後の調査の課題である。

第6節 ふたご座

カストルが一・六等、ポルックスが一・一等、カストルはぎりぎりのところで二等星、ポルックスも一等星のなかではそんなに明るいほうではない。従って、実際の星空でも一等星と二等星が並んでいるというよりも、ほぼ同じ明るさの星が並んでいるように感じる。ポルックスがオレンジ色で実際より暗く感じ、カストルが白色で実際より明るく感じるからかもしれない。

ギリシア神話では、暗い方のカストルが兄、明るい方のポルックスが弟であるが、日本の星名でも兄弟星がある。日本の星名の特徴は、二つの星に実に多様なイメージを形成したことである。二つ並んでいる星には、ふたご座カストルとポルックス以外に、こぐま座β・γ、こいぬ座α・βがあるが、特に、ふたご座カストルとポルックスに星名形成が集中している。

ふたご座については、カストルとポルックス二星について、星名形成がされた。二列に並んでいる全景についての星名形成については現時点では確定できない。

01 カストルとポルックス

1 特徴を認識する過程において形成された星名

二つ並んでいる様子、そして、カストルとポルックスの色の違い等の観察にもとづいて星名が形成された。

数

●フタツボシ（二つ星）、フタツボシサン、フタツボッサン（二つ星さ

ん）

数にもとづいて、二つ星（さん）という星名が形成された。

磯貝勇氏は、岡山県児島郡下津井（現・倉敷市）と香川県仲多度郡與島（現・坂出市）、同郡沙彌島（現・坂出市）において、フタツボシを記録した。『瀬戸内海島嶼巡訪日記』に、下津井については「正月には山際に二つ並んで來る。之が入るとオカチン（お餅）が食べられるといふ」とある。モチクイボシ（後述）に通ずる［アチックミューゼアム1940］。

桑原昭二氏によると、兵庫県姫路市阿成でフタツボシ、相生市でフタツボシサンが伝えられている［桑原1963］。

内田武志氏によると、静岡県志太郡焼津町（現・焼津市）、小川村（現・焼津市）、神奈川県津久井郡牧野村馬本（現・相模原市）、富山県下新川郡經田村濱經田（現・魚津市）でフタツボシ、静岡県庵原郡小島村（現・静岡市）でフタツボッサンが伝えられている［内田1949］。

熊本県牛深市加世浦（現・天草市）で、「フタツボシの入りはニシかアナゼ」と伝えられていた［北尾1991］。フタツボシが西の空に低くなっていく時季にニシ（西風）かアナゼ（北西の風）が吹いたのである。

●ニボシ（二星）

内田武志氏によると、静岡県志太郡焼津町（現・焼津市）、庵原郡蒲原町（現・静岡市）、榛原郡吉田村（現・吉田町）において伝えられている。焼津町、蒲原町では、「寒になると明けに入る星」と伝えられている［内田1949］。沈む頃が寒の入り（一月五、六日頃）であるとあるが、低くなっているものの実際に沈むのは寒の明け（後述）の頃になる。野尻抱影氏によると、千葉北条（現・館山市）、三浦三崎（現・三浦市）、静岡・瀬戸内海に伝えられている［野尻1973］。

●オオキイニボシ（大きい二星）

内田武志によると、静岡県榛原郡吉田村（現・吉田町）において、「三つ星の二時間後に沈む、大きいニボシの入合ひは寒の明けである」と伝えられている。大きいニボシは、カストルとポルックスであり、小さいニボシはこぐま座βγである［内田1949］。寒の明け（二月四日、五日頃）であるというのは、モチクイボシ、雑煮星に通じる見方である（実際は、三つ星の約三時間四〇分後に沈む。アストロアーツのステラナビゲータVer.9による。西暦一九〇〇年について、二つ星はポルックス、三つ星はオリオン座δ星で算出）。

色

◉キンメギンメ（金目・銀目）

岐阜県揖斐郡に伝えられている。野尻抱影氏は、「金目銀目の猫の目と見ても通るが、それ以上にこれら二星――βのオレンジと、αの白とを見わけて、金・銀とよんだことは、和名として珍重していい」と記している［野尻1973］。

金目・銀目を記録した香田壽男氏に次の点を確認した。

❶オレンジ色のポルックスを「金目」、白色のカストルを「銀目」というようにひとつずつを分けて呼んでいたか。

❷金目銀目即ち、一方が金色で他方が灰青色の目の猫をイメージしたか。

香田氏からの手紙には、近所の老婆が、西にある小島山に懸ったポルックス・カストルを見て、「アノオヒトンタア（お人達）がキンメトギンメジャ」と一緒に呼んでいたように記憶しているとあった。

ホシ（星）のことを、オヒトンタア（お人達）と呼んだのだった。猫の目ではなく、ポルックスを「金目」、カストルを「銀目」というように分けてでもなく、星ぼしを人にたとえて、大きい人がでとんのさ、キンメ、ギンメ……と親しみを持って語ったのだった。

2 暮らしと星空を重ね合わせる過程において形成された星名

食生活

◉モチクイボシ

ふたご座カストルとポルックスを二つの餅に見立てたのではない。朝方、西の空にカストルとポルックスが入る時季になれば餅を食べることができる時季になることからモチクイボシという星名が形成された。

岡山県倉敷市下津井で聞いた話である。

「モチクイボシやいうてな。それが入るようになったら正月なるから、餅が食えるから、モチクイボシ」［北尾1991］

新暦の正月の日の出約一時間前（太陽高度約マイナス一二度）の高度は、ポルックス、カストルともに約二五度である(西暦一九〇〇年一月一日、岡山県倉敷市の場合)。旧暦の正月(一月下旬〜二月中旬)の頃にならないと伝承のように沈まない。しかし、山や丘などのために地平線まで見えるとは限らず、新暦の正月の餅を食べる時季が近づけば、生活の景観のなかでは存在しなくなったのではなかろうか。

桑原昭二氏は、家島本島(兵庫県姫路市)において、「旧の正月、餅をついていると夜明けの西の山の上に、二つのお星さんが、きちんと並んで出とってや、いかにも餅を食いたそうにしとってやさかい、もちくいぼしと呼んどる」と記録している。桑原氏によると、赤穂市、姫路市妻鹿にもモチクイボシが伝えられている[桑原1963]。水平線まで見えるという条件の場合は、旧暦の正月頃まで生活の景観のなかに存在していた。

磯貝勇氏によると、香川県仲多度郡牛島(現・丸亀市)にモチクイボシが伝えられている。『瀬戸内海島嶼巡訪日記』に、「節分が來たら夜明け頃に入る星で、此星が入ると餅が食べられるといふ」と掲載されている[アチックミューゼアム1940]。

節分にも餅を食べた。従って、モチクイボシは、正月の餅を食べるとは限らない。節分の頃の日の出約五五分前(太陽高度約マイナス一二度)の高度は約三度であり、伝承の通りほぼ夜明けに入る(西暦一九〇〇年二月三日、丸亀市の場合。アストロアーツステラナビゲータVer.9を用いて算出)。

●ゾーニホシ(雑煮星)

モチクイボシと同様、星の配列にもとづいて雑煮をイメージしたのではなく、明け方に西の空低くなっていくと、雑煮を食べることができる正月がやってくることによる。

岡山県邑久郡牛窓町牛窓(現・瀬戸内市)で聞いた話である。「正月、ゾーニホシ……。大きい、ずーと、ふつうの星、三つよしたくらい」[北尾1991]

磯貝勇氏によると、岡山県邑久郡牛窓(現・瀬戸内市)、香川県仲多度郡與島(現・坂出市)、櫃石島(現・坂出市)においてゾーニホシが伝えられている[アチックミューゼアム1940]。

漁具

●ミトボシサン(水門星さん)

桑原昭二氏によると、兵庫県揖保郡御津町岩見(現・たつの市)に伝えられている。カストルとポルックスを「みと(水門)」(逃げて行った魚をうけるための網の入口)の目印のために二つ浮かせた小さな樽「みとだる」に見立てた[桑原1963]。

生活道具

●メガネボシ(眼鏡星)

広島県豊田郡豊浜町豊島(現・呉市)に伝えられている。次のようにヤライボシ(こぐま座β・γ)とともに二つ並んでいる星として注目していた。

「ヤライボシというのはのお、二つ並んでるけんのお」「メガネボシいうのはのお、二つのお……」[北尾1991]

眼鏡が日本に伝わったのは一六世紀で、庶民に普及したのは明治以降であるからメガネボシの起源はそんなに古くはないと思われる。

桑原昭二氏によると、メガネボシは、姫路市妻鹿でメダマボシとともに伝えられている[桑原1963]。もともとは眼鏡に見立てたものではなく、人の目に見立てた目玉星が眼鏡の普及とともにメガネボシに変化したのかもしれない。

娯楽

●ビリボシ

香川県東かがわ市引田に伝えられている。二つとも賽の目が一と出たときに見立てた。二つとも、賽の目が一と出たときが一番びりだからである[桑原1963]。

衣生活

●モンボシ

徳島県鳴門市里浦では、羽織の紋に見立てた[北尾C]。一般的には、門の柱を意味する(後述)。

住生活

●モンボシ、モンバシラ

内田武志氏によると、静岡県榛原郡川崎町静波(現・牧之原市)にモンボシが伝えられている。二星が並んでいるのを門の柱に見立てたものである[内田1949]。

志太郡焼津町(現・焼津市)では、モンバシラである。内田氏は、「一月一日の暁に、一間上方に現れる星」「西方に門の如くに見えるので門柱と名附けた」と記している〔内田1949〕。

暁の頃の西空での高度を一間と表現したのであろうか。

西の空のカストルとポルックス（湯村宜和氏撮影）

生活のなかで使用される一間という表現は、使用する人によって異なり幅がある（第4節こいぬ座参照）。

人

●キョウダイボシ（兄弟星）

ギリシア神話では、カストルとポルックスは、ゼウスとレーダーの間に生まれた双子の兄弟であるが、日本の星名においても兄弟という見方がある。

熊本県牛深市加世浦（現・天草市）で、フタツボシのことを兄弟星とも呼んでいた〔北尾1991〕。

●オトエボシ、オトトエボシ（弟兄星）

京都府何鹿郡綾部町（現・綾部市）に伝えられている〔内田1949〕（さそり座のλ、υの星名としてもオトドイボシ、オトデエボシ〈弟兄星〉が伝えられている。第3章第5節さそり座参照）。

●ミョートボシ、ミョウトボシ（夫婦星）

カストルとポルックスを夫婦に見立てた。

❖ミョートボシ……静岡県榛原郡吉田村（現・吉田町）［内田1949］。

❖ミョウトボシ……兵庫県赤穂市等［桑原1963］。

人の目

●メダマボシ（目玉星）

兵庫県姫路市妻鹿に伝えられている。人の目に見立ててメダマボシ（目玉星）という星名が形成された［桑原1963］。

●リョウガン（両眼）

磯貝勇氏は、香川県仲多度郡與島（現・坂出市）においてリョウガンを記録した。『瀬戸内海島嶼巡訪日記』に、「カニノメ、蟹の目、之をリョウガンといふ。二つ並んで出る。ミツボシの下に出るといふ」と掲載されている［アチックミューゼアム1940］。リョウガンは、東の空で、オリオン座三つ星の左下に出る。

●ニラミボシ（睨み星）

畝川哲郎氏が吉浦（広島県呉市）の漁夫から記録した。二つの目に睨まれているように輝くことから形成された星名である［野尻1973］。

魚の目

●ガニノメ（蟹の目）

ほぼ同じ明るさの星が二つ並んでいるのを目に見立てるのは自然な見方である。特に蟹の目はぴったりである。桑原昭二氏によると、兵庫県姫路市妻鹿、高砂市伊保、淡路市郡家などの海岸では、夜に海の中で光る蟹の目にみて、「がにのめ」と呼んでいる［桑原1963］。

また、大阪府岸和田市大工町では船を進める方向を知るための目標にしたと伝えられていた。

「ガニノメ（蟹の目）みたいにな。名前ってわからへんけど、めあてにしてよう走るわな。沖走るとき、ガニノメみたいな星さん、それくらいだったら淡路の正面、今向いているな」［北尾C］

西の空に蟹の目のように輝く星に向かって進むと淡路の正面に向いていた。蟹の目みたい、と伝えていたが、西洋名で何の星に相当するかはわからない、という意味で、

「名前ってわからへん」と言った。後述の宮城県亘理郡荒浜村のマツグイと同様、方角を知る目標にしたケースである。

◉ガネノメ（蟹の目）

蟹の目に見立てて、ガネノメという星名が広範囲に形成された。

永山卯三郎氏はガネノメを記録した。『瀬戸内海島嶼巡訪日記』に、「編者の不注意にて場所不明なれど確か男木島と思はれる」と記した上で、「ガネノメ　蟹の目。二ツ同大の星が並んでゐる故此名がある。宵頃西天に現はれ、十一時頃西山に没す時恰も鰆の漁獲最中である」と掲載されている［アチックミューゼアム1940］。

筆者が、香川県高松市男木島で聞いた話である。

「ガネノメ、ガネノメいうこと言いよったですよ。蟹のことをガネと言う。ふたつ並んだ星があるんです。同じくらいの明かりの星でね」［北尾1991］

◉ガンノメ（蟹の目）

ガネノメと同様、蟹の目に見立てた。カニノメ→ガニノメ→ガンノメと変化した。兵庫県加古郡播磨町で聞いた話である。

「それでな、こっちにガンノメいうてな。大きい星ふたつ。なんぼもあいてへんで。わしらに言わしたら四〜五間くらい離れているのやないか」［北尾1991］

◉カタヤサン

エイに属する魚カタヤの目に見立てた。桑原昭二氏が兵庫県高砂市の船着き場で一本釣りの漁師さんからカタヤサンという星名について、次のように聞いた。

「二つきれいに並んだ明るい星をかたやさん」

「かたやというのはかたえいのなまったもので、魚のえいの一種である」［桑原1963］

一方で、桑原氏は、「かたやというのは相撲の西東の小屋という意味がありますから、案外西東の二つの星という意味かもしれません」と記している［桑原1963］。

以下の項目に記すカタヤサンから変化した「カドヤサン」「カロヤサン」「カザヤサン」を含めて西東の二つの星という可能性を否定できないものの、おそらくエイに属する魚であろう。今後の課題としたい。

◉カドヤサン

桑原昭二氏は、兵庫県高砂市でカタヤサンと同様エイに属する魚に見立てた「カドヤサン」も記録した。桑原氏は、「同じ高砂で聞いたものですから、かたやがなまって、かどやになったものと思います」と記している[桑原1963]。

◉カロヤサン

桑原昭二氏は、兵庫県姫路市坊勢島でカタヤサンと同様エイに属する魚に見立てた「カロヤサン」を記録した。カタヤサンが「カロヤサン」に変化した[桑原1963]。

◉カザヤサン

桑原昭二氏は、兵庫県明石市東二見、南あわじ市沼島で「かたやさん」が訛った「かざやさん」を記録した。桑原氏は、「いまのところではどれが正しいか決定しかねます」と断りながら、うみがにを古語で「かざめ」ということから「かざや」も蟹の目となり、「がにのめ」という星名とよくあうことを指摘している[桑原1963]。蟹の目に見立てていたのが「カザヤ」に変化し、あとでエイに属する魚の目になったというのも確かにひとつの可能性として考えることができる。

◉カザエイ

兵庫県明石市東二見に伝えられている。エイに属する魚の目に見立てた[北尾1991]

◉カレーンメ(鰈の目)、カレーンホシ(鰈の星)

目良龜久氏によると、長崎県壱岐島には、カレーンメ、カレーンホシという星名が伝えられている。西空に大きな星が二つ並んでいるのを鰈の目に見立てたのである。目良氏は次のようにタコ漁の目標にしたと記している。

「舊三四月タコノオを延へる時この星がマ天上に來た時から延へはじめると取りあげる時には水平に沒して夜が明けた。春先、この星は午前二時三時頃には水平線に沒した、それからタコノオを延へたとも聞いた」[目良1937]

動物の目

◉ネコノメボシ(猫の目星)

猫の目に見立てたネコノメボシが鹿児島県熊毛郡屋久町(現・屋久島町)に伝えられている[北尾C](ネコノメが、さそり座の二重星を意味するケースについては、第3章第5節さそり座参照)。

●**イヌノメ**(**犬の目**)

礒貝勇氏によると、広島県安佐郡伴村(現・広島市)に伝えられている[野尻1973]。

年中行事

●**カドグイ**(**門杭**)

内田武志氏によると、静岡県賀茂郡稲取町(現・東伊豆町)にカドグイが伝えらている。旧正月の頃にたてる門松の杭にみたててカドグイ(門杭)と呼んだのである[内田1949]。

●**マツグイ**(**松杭**)

野尻抱影氏の甥は、宮城県亘理郡荒浜村(現・亘理町)でマツグイを記録した。次のような伝承が伝えられている。

「漁船が沖から帰る時に目当てとする星で、天上から少し北へ下がった辺を沖から山の方へ動く。そして戌の方角に収まって、二つ負けずにぴかぴか光る大きな星」[野尻1973]

内田武志氏は、マツグイについて、「これも同様、門松の杭にみて、松杭と云ふのであつたらうか」と記している[内田1949]。野尻氏は、「単に一対の星をいうのでなく、これを神話の双子の頭とするからだの星列が並行して、天頂から西へかけて直立する印象をいうものと思う。ブランコを振る二本の綱か、むしろ旧正月ごろの凧のしだり尾を連想させるが、大地に立つ門松の柱とはいさぎよい」と記しており、ちょうど大晦日の新しい年を迎えるにあたって、ふたご座全景に門松をイメージした伝承者もいたのかもしれないという可能性も否定できなくなる。しかし、日本の星座は西洋の星座全景よりも小さくまとまった配列に形成されるケースが多く、後に千田守康氏が、宮城県亘理郡亘理町荒浜で記録したマツグイ(松杭)がカストルとポルックスのみを意味することからも、おそらく全景ではなく、カストルとポルックスのみの星名であろう。

●**キタノマツグイ**(**北の松杭**)

千田守康氏が宮城県本吉郡唐桑町鮪立(現・気仙沼市)にて、高石浜の漁師さんと中井の漁師さんから記録した。ミナミマツグイ(南松杭、こいぬ座プロキオン、β)に対して、キタノマツグイ（北の松杭）という星名が形成された［千田C］。

●**セツブンボシ**（**節分星**）、**セチボシ**（**節星**）

『星の和名伝説集　瀬戸内はりまの星』の「瀬戸内の星」の項にセツブンボシ（節分星）が掲載されている［桑原1963］。徳島県鳴門市里浦では、モンボシとともにセツブンボシを略したセチボシという星名が伝えられていた。

「モンボシって、これはモンボシとも言い、セチボシとも言い、あの節分さんがきたら入るようになるんじゃや。出るんかいな。忘れてしもたけんど、それはよう言いますよ。セチボシは二つあるんじゃや。二つこうな」［北尾2004］

最初は、入るときか出るときかはっきりしなかったが、サンカクボシ（おおいぬ座δ、ε、η）のあとに入ると記憶をたどることができた。節分の頃、西の空に入ることからセチボシと呼んでいたのである。

季節

●**トシトリボシ**（**年取り星**）

畝川哲郎氏が吉浦（広島県呉市）でニラミボシとともに記録した。『日本星名辞典』に「わしら、にらみぼしを見て年を一つ取るけん、これのことを年取り星ちゅうじゃが、正月にようわかる」とある［野尻1973］。正月の明け方の西の空のカストルとポルックスで、お正月を迎えるごとに一歳ずつ加えるという日本で昔から伝わる数え年という年齢の考え方にもとづいて年取り星と呼んだことから季節に分類した。

02 ふたご座全景

暮らしと星空を重ね合わせる過程において、ザマタという漁具に分類される星名形成がされたが、ふたご座全景かどうかは確定できない。また、前述の松杭は、全景である可能性も否定できない。

漁具

◉ザマタ

『佐渡海府方言集』に、「ザマタ　北方の空へ∴形に出る星の稱呼」とある［倉田1944］。北方に出るザマタの東にハンショノツッカラガシ（アルデバランとヒアデス星団で構成するV字形）が現れるという記述から、ザマタはカストルとポルックスである可能性もある。また、内田武志氏は新潟県佐渡郡両津町夷、河崎村（現・佐渡市）に伝えられているザマタについて、「昴の近くにある二列に並んだ七八個の星」で、アルデバランとヒアデス星団で構成するV字形と推測している［内田1949］が、野尻抱影氏は、内田氏の図の頭部に疑問を指摘しながらも二列の星から「ふたご座」に似ているようであると記している［野尻1973］。石橋正氏は、アルデバランとヒアデス星団で構成するV字形をザマタというイカ釣りの漁具に見立てたという事例を北海道襟裳岬の港で記録している［石橋2013］。ひとつの日本の星名が複数の星を意味するケースもあるものの「ふたご座」を意味するかどうかについては現時点では確定できない。

第7節 りゅうこつ座

見やすい星＝暮らしのなかで注目される――とは限らない。りゅうこつ座のカノープスは、水平線まで晴れわたっているときしか見ることができないが、大気差を含めても高度一度以下の茨城県北茨城市まで星名伝承が伝えられている。見ることが困難なのにもかかわらず、カノープスと人との多様なかかわりが育まれてきた。カノープスと異なって、空を見上げれば簡単に目に入る星、例えば、リゲルやベテルギウス、スピカ、フォーマルハウト等と比較すると、カノープスは暮らしのなかで注目され多様で豊かな星名伝承が伝えられてきた。

01 カノープスの日本の星名の北限

西暦五〇〇年から一九〇〇年のカノープスの赤緯は、表のようにほとんど変化していない。

したがって、カノープスを見ることができる北限は、ほとんど変化していないことがわかる。一九〇〇年、標高〇メートル、大気差を考慮しなかった場合、北限は北緯三七・四度となる。ちょうど福島県郡山市付近の緯度である。しかし、実際は、大気差により、北緯約三八度がカノープスを見ることができる北限となる。これは、宮城県白石市付近の緯度である。

標高が高くなると、さらにカノープスを見ることができる条件は有利になり、標高によってはさらに北においても見ることが可能となる。山形県月山において撮影された例もある。しかし、現時点でカノープスの星名伝承を記録できている北限は、次のように、これよりさらに南に位置す

カノープスの赤緯

年(西暦)	赤緯δ
1900年	-52°.6
1500年	-52°.5
1000年	-52°.4
500年	-52°.6

Paul V. Neugebauer, 1912, Sterntafeln von Chr. bis zur Gegenwartより

宮城県牡鹿半島（北緯38度19.8分、標高230m）から見た高度0.05°のカノープス（藤井修一氏撮影）。左下の陸地が牡鹿半島の清崎。中央の街明かりのある島が網地島。

山形県月山（北緯38度32.9分）から見たカノープス（竹内秀明氏撮影）

る茨城県北茨城市である。

1 北限の星名伝承——メラボシ

カノープスの北限の日本の星名は、メラボシである。内田武志氏によると、茨城県多賀郡《たが》平潟町《ひらかた》(現・北茨城市平潟町)に伝えられている。筆者(北尾)は、一九八五年五月、北茨城市大津町《おおつ》にて記録している。

❶内田武志氏による記録[内田1949]

❖見える季節……秋の夜
❖出る方向……南の端
❖見える頻度=稀にしか見えぬ。
❖見えた場合=南風が吹いて、海が荒れる。

❷筆者による記録[北尾C]

❖見える季節=一〇月三日から一〇日くらいのうち
❖上記以外の季節に見えない理由=空気が澄んでこの星まで見えるような空にはならない。

岩壁の少し窪んだところにメラボシが見えた(茨城県北茨城市大津町にて撮影)

❖出る方向＝崖にのっかって見ると、水平線の一間くらいのところにあがる。岩壁の少し窪んだ所に見えた。

❖見えた場合＝南の風が強くなってくる。

❖見える理由＝南の風が強くて、向こうの空気がすいてしまい、曇っている空気を吹きとばすので、この星が見える。

❖生活との関連＝メラボシが見えれば、船はこれは出てもだめだ、と休みになる。出てても戻ってくる。

❖星名の由来＝休むという意味を含んでいる。「船は休みだ。これはだめだな、メラになっちゃうな」と言った。


内田氏、筆者ともに、記録した場所は、現在は北茨城市であるが、元は、多賀郡平潟町（内田氏）、同郡大津町（筆者）と異なっていた。内田氏の記録した平潟町（北緯約三六・八五度）のほうが、大津町（北緯約三六・八三度）よりも若干北に位置している。メラボシの南中高度は、平潟町で僅か約〇・九五度、大津町で約〇・九七度、すぐ北は福島県である。

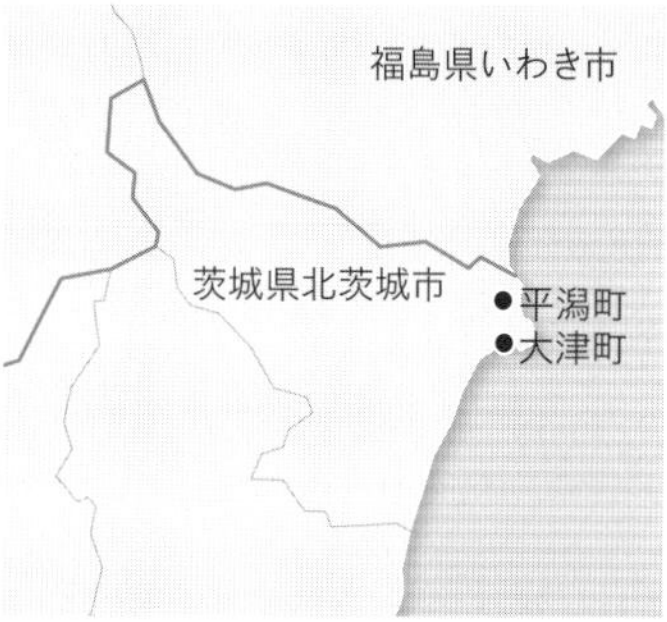

2 メラの意味

メラボシの「メラ」イコール千葉県館山《たてやま》市の「布良《めら》」ではない。茨城県北茨城市の場合は、地名の布良とは関係しないのである。また、『角川日本地名大辞典12千葉県』に掲載されている地名「布良」の次のような由来とも関係しない［竹内1984］。

❖海草（布）が繁茂する浦「布浦《めうら》」の転訛
❖紀伊国の目良《めら》あるいは伊豆国の妻良《めら》の住人の移住地にちなむ。
❖天富命《あまのとみのみこと》が上陸した際、土民が献上した布を「良い布」と賞したことによる。

内田氏は、「メラ」について、次のように述べている［内田1949］。

「メラボシの星名が、主に海に南面する地方に分布してゐることなどから考へて、それは單に布良方面から運搬されたものを授受してゐたのではなかつたろうと思つてゐる」

「結論をまづ申述べるならば、これは、南の方位の星といふ呼稱であつたかと推考するのである」

すなわち、「飛躍し過ぎてゐるかも知れぬが」と断りながらであるが、メラボシについて、房州布良の地名を冠稱したのではなく、南方に現れる星として捉え、南風を意味するニヤ、ミヤに注目し、「ミヤ、ニヤなどに縁をひいてゐるらしいことはいたずらな想像ではなかろう」「ニヤ、メラなどの語は、單に南方を指稱したものではなく、遥か彼方の遠くの處といふほどの意……」と考察を進めている。

筆者は、「休む」という意味を含んでいると記録している。

メラボシの意味については今後の課題であるが、三上晃朗氏は、「伝播の過程で布良の地名に転訛したとも考えることができよう」「語感それ自体が布良あるいは妻良の地名と直接結びついて、次第に伝播経路を拡大したものと考えられるのである」［三上H］と記している が、同感である。後述の西日本の地名にもとづくカノープスの星名が、その地名が南に相当する限定された地域でしか伝承されていないのに比べてメラボシは広範囲に分布しており、見える方向としての布良から形成されたものではないと思われる。

02 千葉県……メラボシと入定星

最北端の和名メラボシは、千葉県に広く伝えられている。一九四〇年代〜二〇一〇年の調査からも、この地域での伝承の力が強いことがわかる。また、メラボシ以外にも入定星等が伝えられている。

1 草下英明氏による記録

草下英明氏は、一九四〇年代に、次の地域でメラボシを記録している［草下1982］。

❖南房総市砂取

草下氏は、「『めら星』の本家である布良と横渚の中間にある砂取の漁夫は、『めら星』のことは知っていたが、『入定星』のことは知らなかったのにおどろいてしまった」と述べている。すぐ近くの横渚で入定星が伝えられていたからである。

草下氏は、次の地域において「にゅうじょう星」の伝承を記録している[草下1982]。

❖安房郡西岬村字塩見(現・館山市塩見)(一九四七年八月)

塩見において、草下氏が元漁師から記録した「にゅうじょう星」の伝承を項目に分けて整理すると次のようになる。

❖めら星とも言うが、塩見辺りでは「にゅうじょう星」と言う。

❖横渚村にいた「にゅうじょうさん」という坊さんが自分で生き埋めになり、死ぬ時に、「おれが死んだら星になって出るが、その星が見えたら海が荒れるから船を出すな」と言い残した。

❖漁師たちは、「にゅうじょう星」が出ると船を出さない。

❖「にゅうじょう星」は、元漁師が若い頃に見たことがある。いつ見えるということはない。何十年に一度といったもので、今日でも時化がくる前には出ます。西南方向に低く見える。

草下氏は、一九四八年五月に安房郡長尾村字横渚(現・南房総市)の入定塚を調査した。草下氏が、近くの山口若松氏から記録した入定星の伝承を項目に分けて以下に整理する。

❖若い頃見た。

❖曇って南風の吹くなま暖かい、雨がぼろぼろ落ちるような晩見える。

❖水から一尋(ひろ)ぐらい離れたところに見える(南西、大島の方向)。

❖入定星が見えると海が荒れると言った。

2 石橋正氏による記録

石橋正氏が南房総市白浜町において記録した伝承においい

ては、「メラボシ」ではなく、「メラデの星」である。

「昔、新孔坊という名の不思議なカシキ（船の司厨員《しちゅう》、メシタキ）が乗っていた。外房州のはるか沖、もう山が見えなくなるような遠い場所で漁をしている時、ある乗組員が『ナマスを食いたい』と言った。すると、その新孔坊の姿が急に見えなくなり、間もなく酢を持って船の中に現われ、ナマスを作ったという」

「新孔坊は、変わった漁夫で、船上でもなぜか常にぞうりをはいていて、『俺が死んだら必ず星になる』と言い、『海にその星が出たら気をつけろよ』と、言い残して死んだということである」

「『おそらくメラデの星となった』『雨や風の前兆』と、漁師の間で語り伝えられている」

星名はメラボシではなかったが、「星になる」と伝承されていた［石橋1992］。

3 三上晃朗氏による記録

三上晃朗氏は、二〇〇八年～二〇一一年に、次の地域でメラボシという星名を記録している［三上C］。

❖鋸南町龍島漁港（二〇〇九年一月）
❖館山市船形漁港（二〇〇九年三月）
❖館山市相浜漁港（二〇〇八年八月）
❖館山市布良漁港（二〇〇八年八月、二〇一一年一二月）
❖鴨川市浜荻漁港（二〇〇九年一二月）

館山市布良において、三上氏は、「めったに見られない星だが、昔はこの星をあてにしていた」「南の海上すれすれに出るというが、たぶん沖の船上から見ていたのではないか」と記録している。鋸南町龍島においては、「古い漁師が話をしていたのを聞いたことがある」と記録している。船形においては、「冬、南東の方角に出る明るい星で、昔布良の漁師がたくさん海で死んだので、それが星になって現れるという伝承がある」と記録している。鴨川市浜荻においては、「南の空に出る星で、これが上がると二、三日は日和がわるくなる」と記録している。

船形においては、筆者の記録した「布良のマグロ延縄漁で遭難した漁師の後家さんの亡骸に見立てた」という伝承に対し、三上氏の場合、布良の漁師自体であり、同じ地域でも伝承の多様性がみられる。

4 横山好廣氏による記録

横山好廣氏は、次の地域でメラボシ（布良においては、メラボシサマとも呼ぶ）を記録している。

❖館山市布良（一九八四年八月）
❖館山市相浜港（一九八三年八月）
❖南房総市白浜（一九八三年一〇月）

横山氏は、布良においては、複数の漁師から記録している。「和船でマグロ延縄漁をした漁師が利用した。この星が出ると時化の前触れで風が出てくる。縄船は休む」と伝承されており、生業に欠かすことのできない知識として世代を超えて継承されたものである。

次の地域では、メラボシではなく、ニュウジョウボシ（入定星）を記録している。

❖南房総市千倉町（一九八四年八月）

二人の漁師さん（一人は大正一〇年生まれ）からの記録である。

5 筆者（北尾）による記録

筆者は、二〇〇九年一〇月千葉県館山市船形、一二月に南房総市白浜町、二〇一〇年八月に鴨川市浜荻《はまおぎ》と鴨川市太《ふと》海《み》、九月に館山市布良において、メラボシを記録した。浜荻において、二〇〇九年一二月、三上晃朗氏がメラボシを記録している。この地区でのメラボシの伝承力は強い。

❶館山市船形

三名に聞き取りをした。表のように高齢だから必ずしもメラボシの伝承者であるとは限らない。

館山市船形での調査

生年	メラボシを伝承	星名の伝承者だがメラボシを伝えていない	星名の伝承者ではない
昭和6年	–	○	–
昭和15年	–	○	–
昭和17年	○	–	–

布良の方向に見えることに由来する布良星は伝承されていなかったが、布良のマグロ延縄漁で遭難した漁師の後家さんの亡骸に見立てた点で、布良と関連があったケースを一名から記録することができた。

「メラボシは女のなきがら。女の人が後家さんなって悲しいから、南のほうに出る。布良はマグロ延縄漁の発祥地。そのマグロ船が遭難した。南東の風、イナサが吹いた。イナサの風はいちばん悪い風。メラボシ、かわいそうな星だ。メラボシは、北の風のとき、空気のきれいときに南の低い所に見える」

❷南房総市白浜町

九〇歳くらいの話者一名からメラボシの星名伝承を記録することができた。

「漁師、海の上を歩いていくことができる漁師。メシタキをしていた。ごはん炊いて。横渚へ行って、俺がここに入るから、念仏聞こえなくなったら穴ほって。砂場で穴ほれた」

「布良の縄船《なわふね》、出ても帰ってこない。ある時、男たちいなくなった。布良の縄船やるなよ、と失敗するなという意味でつかった」

「メラボシこうだったら漁休み。メラボシこうだったら漁休んで沖いてもかえる」

「横渚へ行って、俺がここに入るから……」という伝承の通り、白浜町横渚には、西春法師の入定塚がある。昭和五

西春法師の入定塚

七年設置の西春法師入定塚の説明文（教育委員会作成）には、海上を歩く等の不思議な術を持っていた漁師の本名は「武田長治」とある。説明文によると、武田長治が、仏門に入り、寛文七年入定の行に入り、「土中より鉦の音がきこえなくなったら三年後掘り出し……」と言い残した。

❸鴨川市浜荻

七名に聞き取りをした。船形と同様、高齢だから必ずしもメラボシの伝承者であるとは限らない。

浜荻で記録したメラボシの伝承の概要は次のとおりである。

（ⅰ）Aさん（昭和四年生まれ）のケース

昭和二年生まれの兄は伝えていなかったが、昭和四年生まれの弟が伝えていた。

「メラボシ、天気が悪くなる。年寄りが、メラボシみて天気どうだと言っていたのを聞いたが、自分でメラボシを見て天気を判断したことはない」

カノープスは、高度が低いため、風が強く汚れた空気が吹き飛ばされ透明度が良いときのほうが見やすい。そのため、カノープスが見えたとき風が強く天気が悪くなる前兆と考えられたのかもしれない。

（ⅱ）Bさん（昭和八年生まれ）のケース

メラボシという星名を伝え聞いていたが、最初は、次のように明けの明星と混同していた。

「メラボシ、夜明けに上がる、ひときわ光りの強い星。大きく見える」

しかし、次のように明けの明星は、メラボシではなく、トビアガリと記憶をたどることができた。

鴨川市浜荻での調査

生年	メラボシを伝承	星名の伝承者だがメラボシを伝えていない	星名の伝承者ではない
昭和2年	－	○	－
昭和4年	○	－	－
昭和5年	－	－	○
昭和8年	○	－	－
昭和8年	○	－	－
昭和10年	－	－	○
昭和20年	－	－	○

「トビアガリ、早く上がる。ふつう夜明ける前に起きた。何の仕事をしても夜明ける前に起きた。トビアガリ、光り強い。東からあがる」

(iii)Cさん(昭和八年生まれ)のケース

Bさんから話を聞いていたとき、同席していたCさんが、気象との関係を語ってくれた。

「メラボシが見えると時化《しけ》がくる」

また、地名布良と関連しており、「布良の人に聞いたら……」と助言してくれた。

浜荻においては、三上晃朗氏が「南の空に出る星で、これが上がると二、三日は日和がわるくなる」と記録しており、本地域において広く気象予知に用いられていた。

❹鴨川市太海

八名に聞き取りをした。船形・浜荻と同様、太海の場合も、表のように高齢だからといって必ずしもメラボシの伝承者であるとは限らなかった。

太海で記録したメラボシの伝承の概要は次のとおりである。

(i)Dさん(大正二年生まれ)のケース

星の特徴については、「大きい星、メラボシ」と伝えていた。また、気象との関連については、次のように伝えていた。

「メラボシ上がったら、雨だとか」

(ii)Eさん(昭和三年生まれ)のケース

メラボシという星名を伝えていたものの、記憶がはっき

鴨川市太海での調査

生年	メラボシを伝承	星名の伝承者だがメラボシを伝えていない	星名の伝承者ではない
大正2年	○	−	−
大正14年	−	○	−
昭和3年	○	−	−
昭和4年	○	−	−
昭和5年	−	○	−
昭和10年	−	○	−
昭和11年	○	−	−
昭和13年	○	−	−

りとせず、明けの明星と混同していた。

「朝、メラボシ、大きい星でます」

「サバ、夜釣りやって、『メラボシ出たか、じきに夜が明ける』って昔の人は言った」

(iii) Fさん(昭和四年生まれ)のケース

年寄りから星名は聞いた記憶があるものの、どのような星かは伝えていなかった。

「メラボシ、聞いたような感じ」

(iv) Gさん(昭和一一年生まれ)のケース

自らは観察した経験はないが、明治二九年生まれの父親から聞いた伝承を伝えていた。

「言葉では、メラボシ、聞いたことある。見たことない。おやじ、メラボシを見てた。おやじどもは、メラボシが時化の前兆だとか言っていた」

「年配の人、メラボシ、おやじから、時化の前兆と聞いていた。メラボシを見たことがない。どの星か知らない」

「メラボシ、年寄りの人、言っていた」

鴨川市太海

（ｖ）Hさん（昭和一三年生まれ）のケース

布良の人から、メラボシという星名を聞いたケースである。真っ赤に上がってくる……というように具体的に伝えていたものの、実際に見た経験はなかった。

「南西のほう、メラボシとかあった」

「メラボシ、年寄りが言っていた。布良ってとこ。向こうの人、布良の人が、メラボシって言った」

「一五の頃、南のほうに上がると、布良の人が言っていた。年寄り、明治生まれの人が言っていた」

「メラボシ出たら、気象悪くなる。漁がある。メラボシ、上がり方によって、風が吹いてきたから気をつけろ！　メラボシが真っ赤に上がってくるでしょ、風が吹くとか」

カノープスの見える方向について、南のほうに島等の障害物がないにもかかわらず、「南西」と伝えていた。草下氏の南房総市の例でも「南西」である。今後の調査の課題としたい。

❺館山市布良

メラボシについては、布良のバス停の待合室に「めら星」と明記されており、年上から年下への地域の伝承という形態ではなく、地域の星文化として、広く知られるようになった。

バス停のなかにメラボシの解説があり、次のように、メラボシがカノープスであることとともに、伝承の概要が記されていた。

❖真冬の深夜、真南の水平線すれすれに現れる「カノープス」は空気がよく澄んでいなければなりませんので、めったに見ることができません。

❖赤く輝くこの星を、布良で遭難した漁師の魂が成仏出来ずに漂っているのだとして「布良星」と呼ぶ所があります。

❖明治から大正のはじ

布良のバス停の待合室（2009年12月撮影）

［ママ］にかけて、この浜のマグロ延縄漁では五〇〇人以上が海の藻屑と消えています。

近年、生活のなかでの世代を超えた伝承という形態以外で習得した星名知識を記録することがある。筆者も、小説で読んでオリオン座の日本の星名「ツヅミボシ」を知った話を聞いたことがある。特に、大正生まれ、昭和生まれは、新聞や書籍により様々な情報を入手する機会が多く、星名を聞いたとき、その星名知識を伝承という形態で習得されたものであるかどうかを確かめる必要がある。

三上晃朗氏は、千葉県のメラボシを記録しているが、本来の生業を介した伝承かどうかの精査の必要性を指摘している。特にバス停で広く伝えられている本地域の調査では、伝承による形態で伝えられたかどうかを慎重に確認する必要ある。

館山市布良での調査

生年	メラボシを伝承	伝承以外の形態でメラボシ	星名の伝承者だがメラボシを伝えていない	星名の伝承者ではない
昭和8年	○	－	－	－
昭和10年	－	○	－	－
昭和10年	－	○	－	－

筆者は、三度目の訪問で、二〇一〇年九月にようやくメラボシの伝承と出会うことができた。

館山市布良において三名に聞き取りをしたが、伝承の形態でメラボシを伝え聞いていたのは一名であった。

メラボシの伝承の概要は次のとおりである。

❖見える場所……大島のほうに、メラボシ、見える。南の天気のよいとき（指さして、あちらのほうに見えると教えてくださった）。

❖名前の由来……伝えていなかったが、「布良から見えるからメラボシという？」と推測。

❖天候との関係……メラボシが見えたときは、時化がくるとかなんとか。メラボシ、風が吹く。時化がくるとか。迷信だから、信じない。天気予報ないから星頼りして。昔から、メラボシ、しける。星、頼りにして。

❖伝承のはじまり……明治の人、昔の人言っていた。メラボシ、明治かもっと前かわからない。言い伝え、いつからはじまったのかわからない。

横山氏による一九八四年八月の記録と同様、時化の前触れと伝えられていたが、話者の場合は迷信だからという理由で目標にしていなかった。

❻館山市相浜

布良漁港から徒歩で一〇分近くのところに相浜漁港があり、三上氏、横山氏ともにメラボシを記録している。相浜において、二名に聞き取りをした。昭和八年生まれの漁師は、昼間の漁専門でメラボシを伝えていなかった。昭和一五年生まれの話者は漁師ではないが、九六歳で亡くなった父親(漁師)からメラボシについて、「ひかりが違うらしい」「ひかりが大きいらしい」と伝え聞いていた。

館山市相浜での調査

生年	メラボシを伝承	伝承以外の形態でメラボシ	星名の伝承者だがメラボシを伝えていない	星名の伝承者ではない
昭和8年	－	－	○	－
昭和15年	○	－	－	－

6 千葉県のカノープスの星名の分布

千葉県のカノープスの星名について、メラボシ以外の星名も含めて次に記す。

❖山武郡九十九里町……ダイトウボシ[野尻1973]
❖勝浦市……メラボシ[野尻1973]
❖鴨川市浜荻……メラボシ[三上C][北尾C]
❖鴨川市太海……メラボシ[北尾C]
❖南房総市千倉町……ニュウジョウボシ[横山C]
❖南房総市白浜……メラボシ[横山C][北尾C]、メラデノホシ[石橋C]。
❖南房総市横渚……ニュウジョウボシ[草下1982]
❖南房総市砂取……メラボシ[草下1982]
❖館山市布良……メラボシ[三上C][横山C][北尾C]
❖館山市相浜……メラボシ[三上C][横山C][北尾C]
❖館山市塩見……ニュウジョウボシ[草下1982]
❖館山市船形……メラボシ[三上C][北尾C]
❖安房郡鋸南町勝山……メラデ[野尻1973]

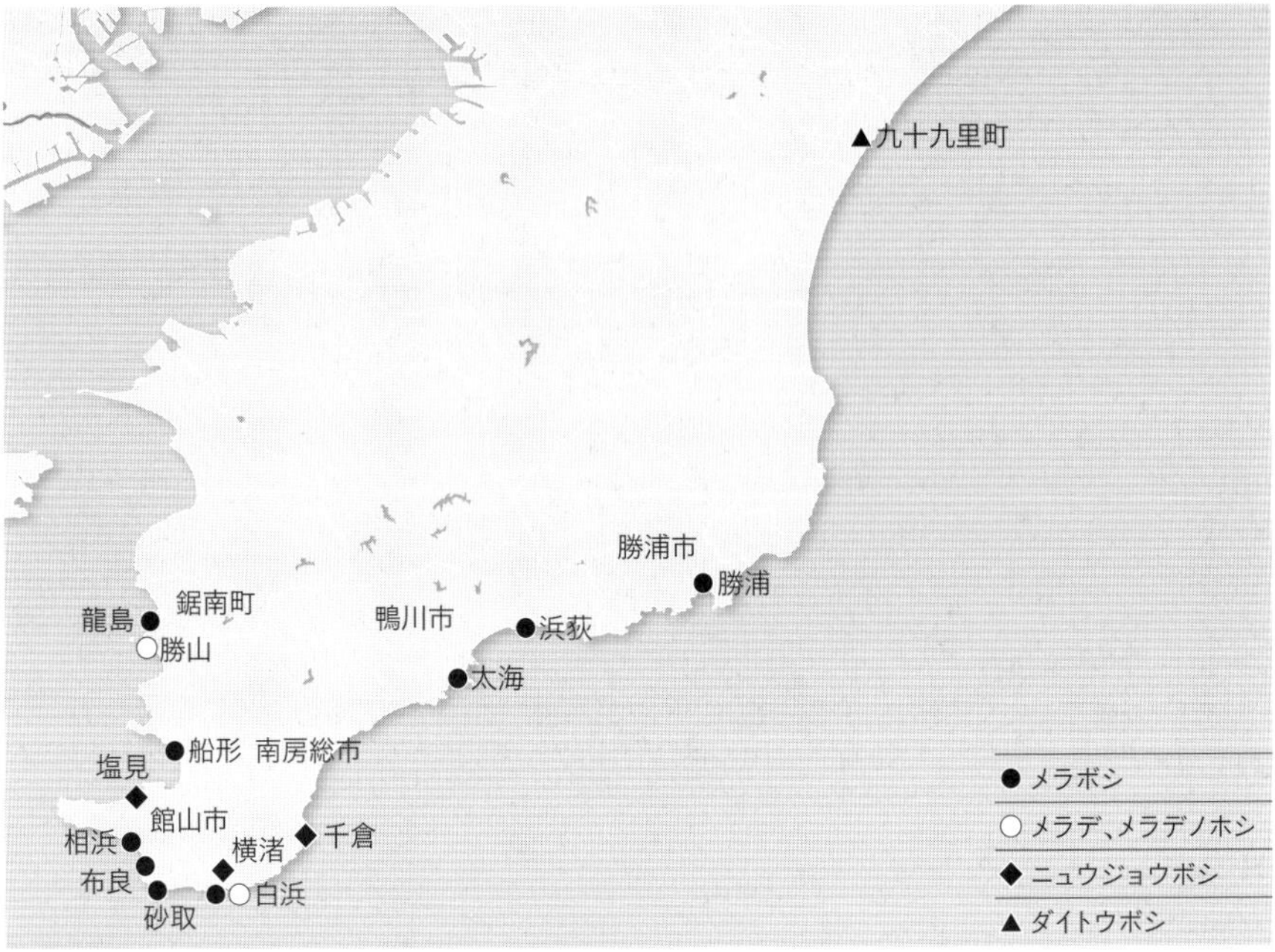

千葉県房総半島におけるカノープスの星名分布図

❖安房郡鋸南町龍島……メラボシ［三上C］
❖浦安市……ロクブノホシ［野尻1973］

なお、ダイトウボシ（大東星）は、大東崎の上に出る赤い大きな星。伝承地は、山武郡豊海町（現・九十九里町）。出ると暴風雨になる［野尻1973］。

関東地方南部のカノープスの星名分布図については、草下氏が、氏の調査及び野尻抱影著『日本星名辞典』、内田武志著『日本星座方言資料』をもとに作成されている［草下1982］。本書においては、近年実施された三上晃朗氏、横山好廣氏、筆者による調査で記録された星名も含めて千葉県房総半島の分布図を作成した。

03 東京都・神奈川県・静岡県

❶星名

茨城県、千葉県で分布していたメラボシは、神奈川県・

布良星。千葉県鴨川市江見真門海岸にて、浦辺守氏撮影。

静岡県においても伝えられている。

千葉県には入定星が分布していたが、神奈川県、静岡県においては、入定星は記録できていない。また、西日本に見ることができるような南の地名にもとづく星名も記録できていない。神奈川県にはメラボシとダイナンボシが分布している。三浦市には両方伝えられている。

三上晃朗氏は、鎌倉市由比ヶ浜にて一九七六年に当時五〇歳前後の漁師からデェナンボシを記録、二〇〇九年にはダイナンボシを記録した。三上氏によると、デェナンはダイナンの転訛で「遥かな沖合」を意味し、静岡県焼津の漁師(伊豆沖へカツオ釣り)が釣り餌の調達に立ち寄った際に話しており、相模湾から駿河湾にかけて広く伝承されていた可能性が高い。筆者(北尾)も二〇一〇年九月、ダイナンボシを記録(話者生年＝昭和三年)。自らダイナンボシを見た経験はなく、ダイナン(沖)のほう、南のほうに見えることから方角を知る目標にしたのではなかろうかと推測していた。

東京都、神奈川県、静岡県のカノープスの星名は、次のようになる。なお、本地域の星名伝承は、文献(内田武志氏、野尻抱影氏)及び三上晃朗氏、横山好廣氏の調査に負うことが多い。

❖東京都八丈島八丈町中之郷……ヨイドレボシ[北尾C]
❖東京都三宅島坪田《つぼた》村(現・三宅島三宅村)……メラボシ[内田1949]
❖神奈川県横浜市金沢区柴町……ナンキョクボシ[横山C]
❖神奈川県横須賀市……メラボシ[三上C][横山C]
❖神奈川県三浦市……デェナンボシ[三上C]
❖神奈川県三浦市南下浦松輪……メラボシ[横山C]
❖神奈川県鎌倉市由比ヶ浜……デェナンボシ[三上C]、ダイナンボシ[三上C][北尾C]
❖神奈川県鎌倉市腰越……ミナミノヒトツボシ[磯貝C][野尻1957]
❖神奈川県藤沢市江の島……ダイナンボシ[磯貝C][野尻1973]
❖神奈川県中郡二宮町……メラボシ[横山C]
❖静岡県田方郡伊東町(現・伊東市)……メラボシ[内田1949]
❖静岡県富士郡元吉原村(現・富士市)……メラボシ[内田1949]
❖静岡県小笠郡三濱村濱野新田(現・掛川市)……ナンキョクセー[内田1949]

❖静岡県安倍郡大川村（現・静岡市）……ゲンスケボシ［野尻1973］［柴田1976］

❷伝承

鮪をキーワードに、生業のなかで広く伝承が伝えられていった。暴風等、天候と関係する伝承が伝えられているケースと、そうでないケースがある。

(i)東京都八丈島八丈町中之郷

酔いどれて赤い顔をしているように低空で赤く見えることから酔いどれ星（ヨイドレボシ）［北尾C］（詳細は「15色にもとづく星名」参照）。

(ii)東京都三宅島坪田村（現・三宅島三宅村）

内田武志氏によると、暴風と関係する。

❖メラボシといふ南天の星がある。これが現れると二三日を出でず必ず南颶風《ぐふう》が襲ひくると云はれる［内田1949］。

(iii)横浜市金沢区柴町

横山氏は、一九八一年一〇月、カノープスを北極と同様に日周運動の軸として捉える伝承を記録している。

❖ナンキョクボシ（南極星）……なかなか見ることが出来ない星。余程晴れないと見えない。北極星と南極星を軸にして星は回る［横山C］。

ナンキョクボシは、桑原昭二氏が兵庫県揖保郡御津町（現・たつの市）で記録している［桑原1963］。内田武志氏は、静岡県小笠郡三濱村濱野新田（現・掛川市）において、ナンキョクセー（南方に現れる大きい一つ星）を記録している［内田1949］。筆者も、茨城県北茨城市大津町において、メラボシとともに南極星と呼ばれたケースを記録している。

(iv)横須賀市鴨居

横山氏は、一九八三年八月、メラボシと天候に関係する伝承を記録した。

❖メラボシが出たら陽気が変わる。陽気が悪い。南の方に青っぽい星が出る。つるざき（剣崎）の上に見え、中空にぶら下がって動かない。季節・時刻に関係がなく出っぱなしで動かない。他の星とは違う［横山C］。

「季節・時刻に関係なく出っぱなし」と伝えられているのが気になるが、北極星と対比して考えたために生じた捉え方と考えることはできないだろうか。

（v）横須賀市野比

野比においては、次のような天候に関係する伝承が伝えられていた。

❖冬、南のほうに出てすぐに沈む。高さは四〜五メートル。「メラボシが出たら陽気がよくないぞ」と言ったものだ。房総の布良に由来するらしい。今までに数回みたことがある［横山C］。

（vi）横須賀市長井町荒井

長井町においても、天候に関係する伝承が伝えられていた。

❖小さいときに親父から聞いた。この星が見えると陽気が悪くなるという［横山C］。

❖海からあまり上がらない。この星が出ると陽気がくるってくる［横山C］。

横山氏は、長井町荒井からカノープスが見えないことから海上で使用されていたであろうと推測している。

（vii）横須賀市佐島

横山氏が二〇一一年七月、横須賀市佐島港で出会った見突き漁を専門にしていた大正一五年生まれの元漁師は、父親から海が荒れる前に現れる星のことを聞いていたものの、星名の記憶をたどることはできなかった。横山氏は、横須賀でメラボシを記録していたこともあり、「もしかして、メラボシと言いませんでしたか」と確認すると、「そうだ、メラボシだ」という答えが返ってきた。「デーナンボシとかダイナンボシとか言いませんでしたか」と尋ねても、「そうではない。メラボシと言った」と、メラボシであると自信を持って語った。時期は冬で、房総のメラの漁師は、マグロの延縄もやっていて遭難が多かったという話を父親から伝え聞いていたものの、自らメラボシを目当てに気象予知を行なった経験はなかった［横山C］。

(viii)神奈川県三浦市南下浦松輪

三浦市南下浦松輪においては、次のような天候に関係する伝承が伝えられていた。

❖冬、南天に見える大きく赤い星。因縁のよくない星で、いいことがない。メラデではよく遭難する［横山C］。メラデは、房総半島布良・白浜の沖にある瀬。

(ix)神奈川県中郡二宮町

梅沢海岸においては、天候に関係する伝承は伝えられていなかった。

❖伊豆にマグロ釣りに行くと、南の方角を決めるのにメラボシを見た。

❖この星が出ると天候が悪くなるとか、海が時化るというようなことは聞いていない。ここから(梅沢海岸)は見えない星だと聞いている［横山C］。

横山氏は、伊豆の子浦を拠点にした和船によるマグロ延縄漁である「子浦マグロ」を通して二宮町に伝わってきた星名で、二宮町でメラボシが生まれ伝わったものではなさそうであると指摘している。「マグロ延縄漁がメラボシの名を各地に広げた」という横山氏の指摘に、私も同感である。

(x)静岡県田方郡伊東町玖須美八幡町(現・伊東市)

『日本星座方言資料』に、玖須美八幡町に居住している老漁師(生れは房州布良)の次のような話が掲載されている。

❖和船で鮪を釣る縄船の盛んであった當時、廿歳代であった自分が南伊豆の稲取港から小澤三平氏所有の三平丸に乗込んで出港した。

❖稲取を出てから南東五十浬の海上で、生死も危ぶまれるほどの大暴風に遭遇した。

❖その時南の水平線上に宵の明星ほどに明るい大星が現れた。すると同船してゐた房州安房郡布良出身の老漁夫は、あれはメラボシと云って海上より一〇間も昇ればまた見てゐるうちに海中に下ってしまふ星だと教へてくれた。そして、あの星が現れると必ず暴風雨になると云った。
❖それから自分が縄船乗組中の八年間に、この星を二度見ることができたが、いつも暴風雨であった［内田1949］。

04 上総の和尚星

野尻氏は、『日本星名辞典』において、上総の和尚星について記している。茨城県鹿島郡（筆者注＝現在は、合併により鹿嶋市、神栖市、鉾田市等となり、消滅している）が、上総の和尚が殺された地であり、「わしの怨念は星となって雨の降る前夜には必ず出るから南の空を見よ」と言い残したという。また、新治郡牛渡《うしわた》村（現・かすみがうら市）において、上総の和尚星という星名が伝えられており、野尻氏は市川信次氏の報告を次のように紹介している［野尻1973］。

「寒い頃に汀から向うの岸を見て、上総の山の上に、四、五寸離れたところに星がギラギラ見えると、明くる日には風が吹く。土地ではそれを〈上総の和尚星〉という」

星名はメラボシではないが、風の前兆という点においては、北茨城市と共通していた。

ところで、野尻抱影著『日本の星』（昭和一一年）において、「上總《かづさ》の和尚星《おしょーぼし》」が掲載されているが、カノープスの和名ではなかった。シリウスとアンタレスが候補であり、野尻氏は、「今のところまだいづれとも決定は出來ない」と述べていた［野尻1936］。

野尻氏と「上總の和尚星」との出会いは、友人から口碑傳説集にあったものを報告されたことであった。しかし、野尻氏は、「漠然とした説話として、忘れるともなく忘れてゐた」と記している。野尻氏が注目したのは、市川信次氏から次のような伝承の報告を受けてからであった。

❖風との関係……茨城県鹿島郡白鳥村大字上幡木《かみはたき》（現・鉾田《ほこた》市《し》）の農民は、上總の和尚星が出ると明白にきつと雨が降ると云つてゐる。
❖伝説＝上總の國の或る寺の和尚が村の者にむごい責め方をされて殺されて星になった。
❖和尚の死ぬときの言葉……私が死んだら、雨の降る前の晩に必ず出るから南の方を見てくれ。

❖村の人の観察……村の者が氣をつけて居ると、果して雨の降る前の晩には、南の空に、山に間近く朦朧としてさも怨しさうな星が現れてゐた。今でも此の星は相變らず出る。

また、前述のように『日本星名辞典』にも掲載されている市川氏が新治郡牛渡《うしわた》村(現・かすみがうら市)の漁師から聞いた話が続けて記されている。

野尻氏は、『日本の星』(昭和一一年)において、「茨城のその地方で見る上總の山は大體東の方角に當るし、寒い頃であるとすると、どうも大犬座のシリウスではないかと思ふ……」と述べている。しかし、上總の山は、鹿島郡白鳥村大字上幡木(現・鉾田市)の東に位置しない。上總の山の候補として鹿野山《かのうざん》、愛宕山《あたごやま》、清澄山《きよすみやま》、上總富士《かずさふじ》等が考えられるが、すべて南南西から南西方向である。新治郡牛渡村からは、南から南南西方向に相当する。

野尻氏は、もうひとつの候補として、「初め讀んだ傳説では赤い火の玉のやうな星であったと記憶する」ということから蠍座のα(アンタレス)を挙げ、「執念の星たる名を恥しめない……」と述べ、布良星の漁師の執念と結び付けているが、最後まで上總の和尚星の候補としてカノープスを挙げていない。昭和三二年に大幅に改訂されに『日本の星』において、上総の和尚星はカノープスの星名として掲載される。

『日本の星』(昭和三二年)においては、内田武志氏の伊東の老漁夫のメラ星の伝承(静岡郷土研究)、松本泰氏の報告を受ける前に、「上總の和尚星」の伝説を、故高木敏雄氏の本で読み、後に市川信次氏、河村翼兩氏から別々に報告を受

上総の山は、上幡木から南南西～南西、牛渡から南～南南西の方向に相当する

けたとある。

昭和一一年版の市川氏報告の伝承内容と似ているが、「所持金に目をつけられ、むごたらしく殺された」［野尻1957］というのは昭和一一年版にはない記述である。また、地名については、昭和一一年版のように「鹿島郡白鳥村大字上幡木」というよう明記されておらず、「鹿島郡の××村」と記述されているだけであった。

注目すべき点は、「冬の天氣の變り目に南の山ぎわに低く現れ、うらめしげな印象であるというのは、もしやカノープスではないかと、わたしは考えていた」「そこへメラボシの報告を受けたので、オショウボシもこれと同じ星で、共にカノープスをいうものと思いはじめた」［野尻1957］と述べ、昭和一一年版のようなシリウスや蠍座のαという記述は全くないことである。そして、「上總の和尚星」の次に、続いて松本泰氏の布良星の報告が掲載されている。昭和三二年版においては「西風」ではなく「西南風」と記され、野尻氏は、「これで、メラボシは地元に移って、西南風の強い舊二月に見えるのでは、いよいよカノープスと決まった」と述べているのである。

昭和一一年版に掲載されていた上總の和尚星についての「どうも大犬座のシリウスではないかと思ふ。又、そうであって欲しい」［野尻1936］というシリウスへの思いが全く見当たらない。なぜだろうか。

その理由として、新村出氏よりのお便り、草下英明氏よりの報告等から、死んだ漁夫の靈が移ったという伝説のある布良星と上總の和尚星が同一視されるに至ったからではなかろうか。

❖新村出氏よりのお便り……本日（四月三日）俚言集覧（太田全齋）を見てゐしに偶ゝ西心星といふ名にあたり申候、すでに何かにて御發表と存候へ共申上候。房州布良に見ゆる星、其土俗に云ふ、西心と云ふ道心者化して星となりしといへり［野尻1957］。

すなわち、野尻氏は、この新村氏よりのお便りにもとづいて、「メラボシは西心という坊さまの化したものとも見られ、浦安でいうロクブノホシは『六部の星』に相違なく、同時に上總で殺された旅僧も西心のことであろう……」と直感し、一九四七年八月、一九四八年五月の草下英明氏よりの次のような調査結果の報告［草下1982］を受け、決定的

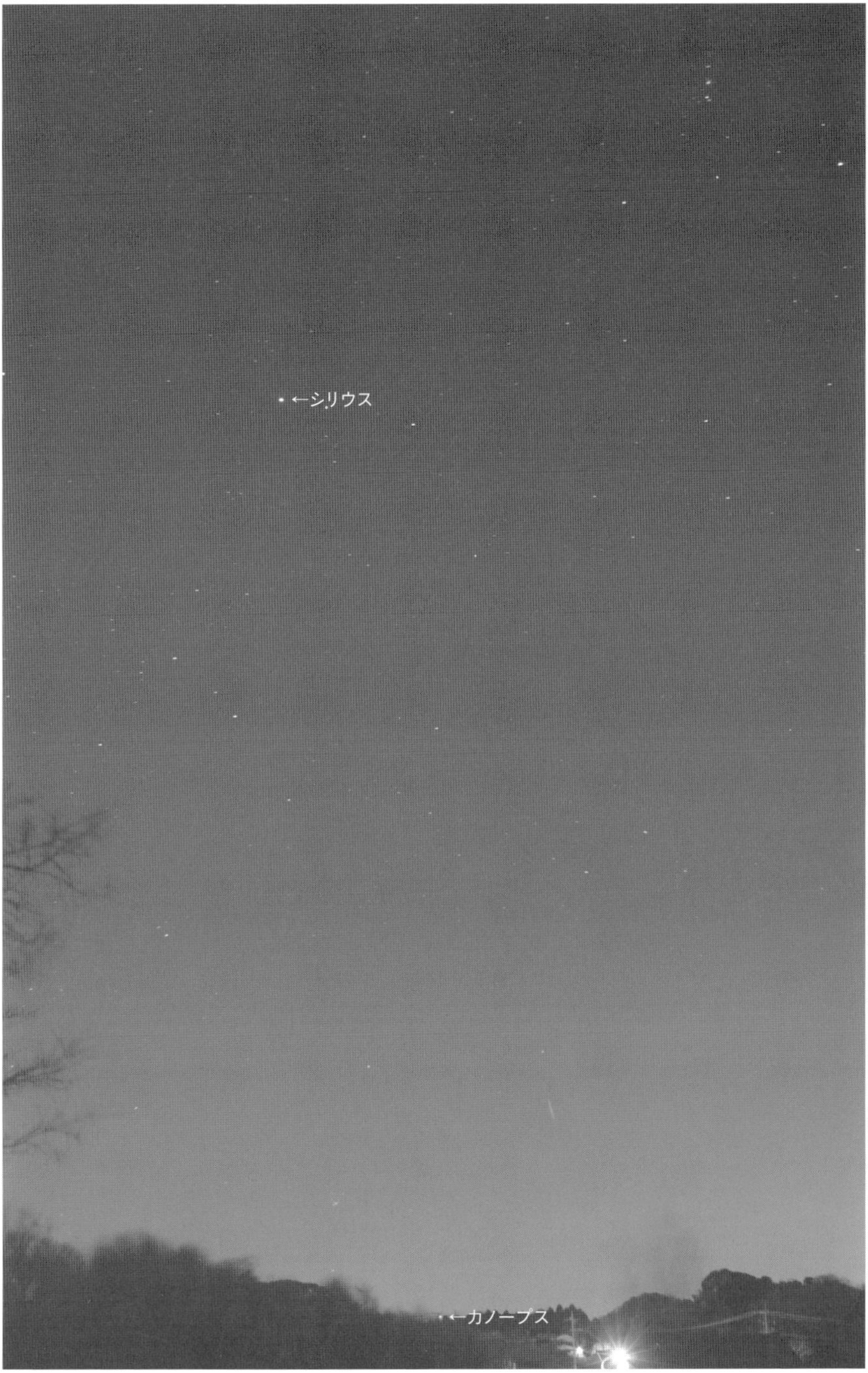

茨城県からカノープスを見る（茨城県稲敷郡美浦村にて、西山洋氏撮影）

となったのであろう。

❶一九四七年八月安房郡西岬村字塩見（現・館山市塩見）

元漁師からの「にゅうじょう星」の伝承を記録。

❖横渚村にいた「にゅうじょうさん」という坊さんが自分で生き埋めになり、死ぬ時に、「おれが死んだら星になって出るが、その星が見えたら海が荒れるから船を出すな」と言い残した。漁師たちは、「にゅうじょう星」が出ると船を出さない。

❷一九四八年五月安房郡長尾村字横渚（現・南房総市）

入定塚の調査。西心でなく、西春と判明。

すなわち、新村氏からのお便りの時期は、「戦争の半ばごろ」とあり、その時期より徐々に上総の和尚星と西心星が結びつき、一九四七年、一九四八年、草下氏よりの俚言集覧の「西心星」が「西春星」であることと横渚の「入定さん」の報告を受けるというプロセスを経て、布良星と上總の和尚星は切り離すことができないものになったのだと思われる。

なお、『日本の星』昭和三二年よりも前に上総の和尚星をカノープスとしている書に『新星座めぐり』（昭和二七年）がある。そこにも、「常陸の鹿島郡や新治郡の農村では、上總から來た和尚が殺されその執念が星となつて上總の山の上低く、雨か風もよひの日に朦朧と見える。それを『上總の和尚星』と呼んでゐます。僕は久しくこれを布良星と同じ星ではないかと思つてゐましたが、その後新村先生から、俚言集覧に……」［野尻1952］とあり、シリウスへの思いは掲載されていない。

ところで、上総の和尚星は、上総の山の上に見えるということでは、昭和一一年版も昭和三二年版も共通する。本当に上総の山の上に見えるのであろうか。

きっかけは、西山洋氏が茨城県稲敷郡美浦村から撮影されたカノープスの写真に木は写っていたが山は写っていなかったことである。西山氏に、「牛渡からは上総富士は見えるのでしょうか。また、鹿野山や、清澄山、愛宕山は牛渡から見えるのでしょうか？」と尋ねたところ、「私には上総の山並みが見えたという経験は皆無です。ただ、私はそれを見ようと意識したことがないですし、また見えるか他人に聞いたこともないです。ですから見えたのだという記録があるかもしれません。しかし、林の荒廃で近年近隣の木立の背が伸びていますから、昔の環境とはかなり違うと思われます。そういうわけで、この点については調べないとなんともお返事できません」という答えが返ってきた。二〇一〇年一〇月一二日のことである。上総の山は、地域の人びとにとって日常的な景観になっているかもしれないと思っていただけに予想外の答えに驚いた。しかし、『日本の星』には、次のように「上総の山の上」と明記されている。

『日本の星』（昭和一一年）の記述

茨城県鹿島郡白鳥村大字上幡木《かみはたき》（現・鉾田市《ほこたし》）……村の者が氣をつけて居ると、果して雨の降る前の晩には、南の空に、山に間近く朦朧としてさも怨しさうな星が現れてゐた。今でも此の星は相變らず出る。

　茨城県新治郡牛渡村……寒い頃に、汀から向ふの岸を見ると、上総の山の上四、五寸はなれたところに、星がギラギラ見えると、明くる日には風が吹くと云ふ。

『日本の星』（昭和三二年）の記述

❶鹿島郡……果して雨もよいの前の晩には、南の上總の山ぎわにもうろうと、さも怨めしげな星が現れるという話で、殺された村も鹿島郡の××村となっていた。

❷新治郡牛渡村……昭和一一年版とほぼ同じ

　なお、昭和一一年版の鹿島郡のほうは「南の空に、山の間近く朦朧としてさも怨めしさうな……」というように、「上總の山」とは明記されていないが、昭和三二年版には「上総の山」とある。『日本の星』は、昭和三二年版をもとに、昭和五一年中公文庫として発行されたが、内容的には同じである。また、昭和四八年に発行された『日本星名辞典』には、「南の上総の山ぎわにもうろうと」［野尻1973］とある。上総の山の上に見えるという点では、『日本の星』昭和一一年版、昭和三二年版、『日本星名辞典』は共通すると考えてよいであろう。野尻先生の記述にまず間違いはないだろう、と上総の山の標高も調べずにいたところ、先入観を打ち破る指摘が西山氏から一〇月一三日に届いた。

西山氏は、牛渡から上総の山が見えるかどうかを「見通せる距離（山から何キロまでその山を見ることができるかの距離／キロメートル）＝3.57×√〈標高（m）〉」を用いて計算した。なお、標高三〇メートルの牛渡から上総の山が見えるかどうかを知るために、3.57×√30＝19.6キロメートルをプラスする。標高は、上総富士二八五メートル、鹿野山《かのうざん》三七九メートル、清澄山《きよすみやま》三七七メートル、愛宕山《あたごやま》四〇八メートルとして計算したところ、表のようになり、牛渡から上総の

上総の山が見えるか（大気差考慮なし）

	牛渡からの距離	見渡せる距離	標高30M＋19.6km	牛渡から見ることは
上総富士	93km	60.3km	79.9km	不可能
鹿野山	95km	69.5km	89.1km	不可能
清澄山	100km	69.3km	88.9km	不可能
愛宕山	109km	72.1km	91.7km	不可能

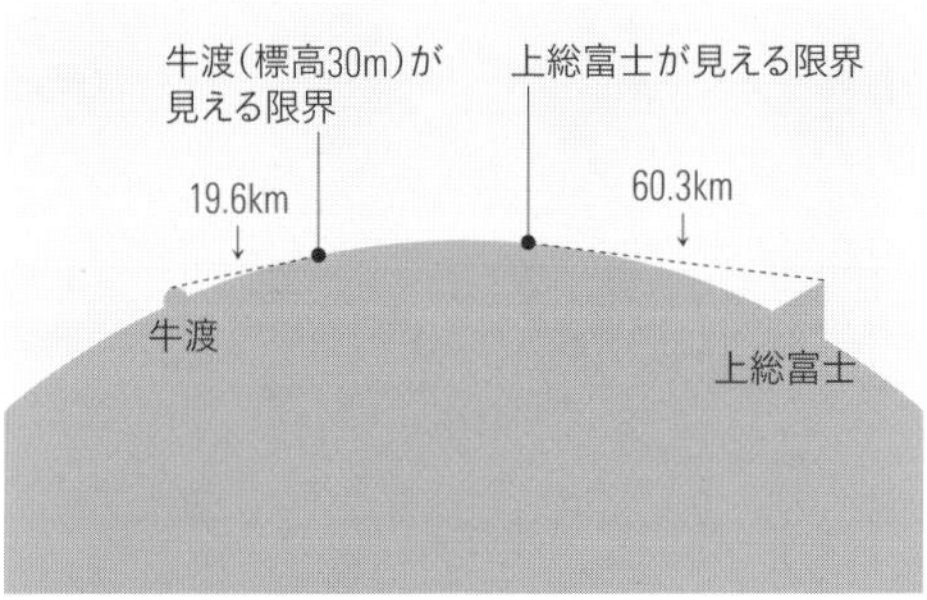

牛渡から上総富士を見ることはできない

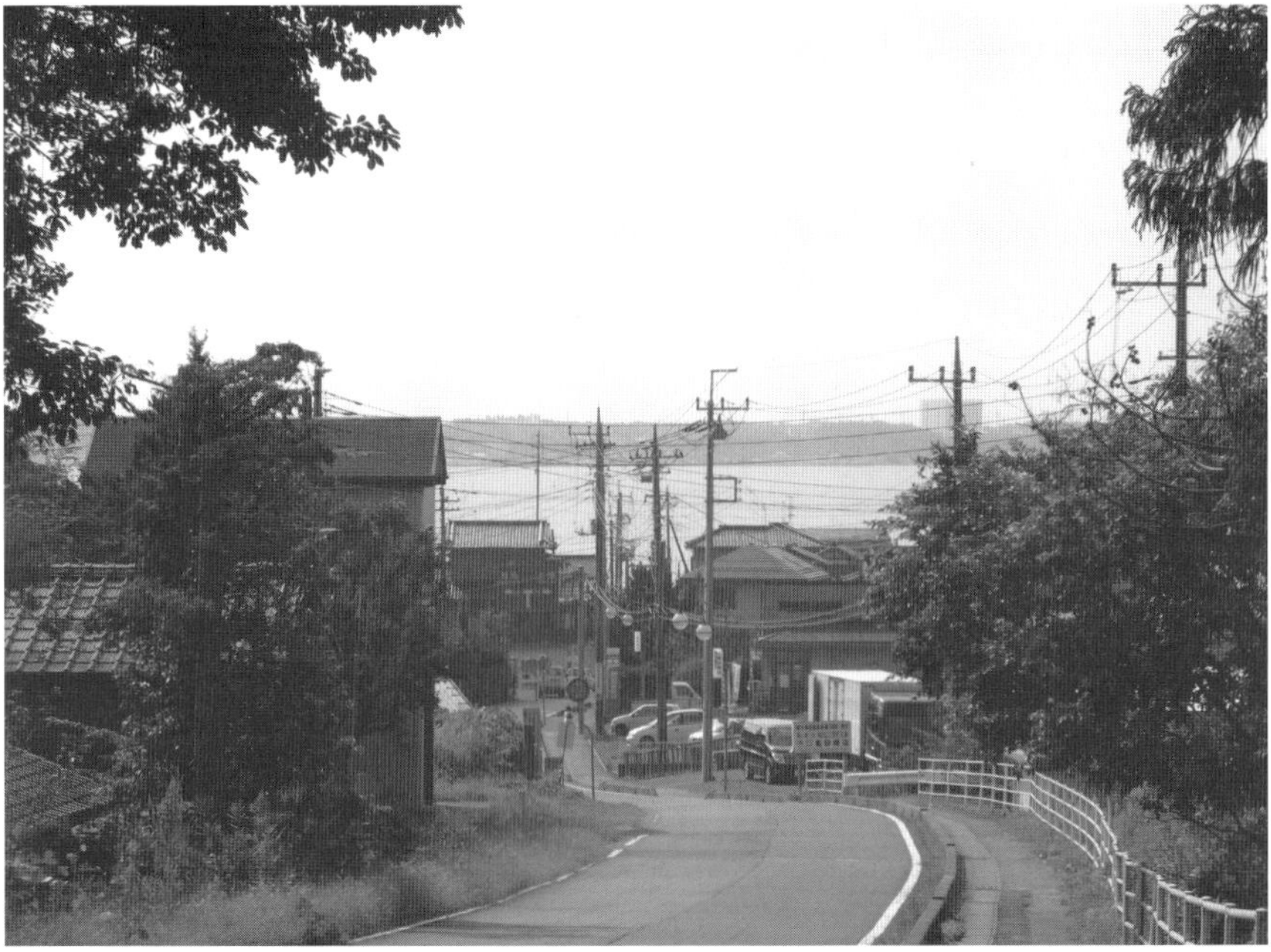
牛渡の丘陵の坂の途中から南南西方向を見る（丘陵の上からは眺望が開けていなかった）。西山洋氏撮影

山並みを見ることが不可能であることがわかった。さらに遠い白鳥村からも、もちろん不可能である。鹿島郡から鹿野山はさらに西に相当するのでやはり見えない。

大気差による効果を入れても上総の山を見ることは不可能であった。蜃気楼その他の原因でさらに浮き上がったとしても、牛渡から鹿野山の方位は真南から西へ＋二二度、カノープスの出と入りの方位角度は真南を挟んで±一四・八度（大気差を考慮して南中高度二度としても±一八度くらい）であり、カノープスは鹿野山の上には見えないことを、西山氏は突き止めてくれた。

なお、牛渡から南のほうに、稲敷台地と呼ばれている霞ヶ浦の南岸が見えるが、上総の山は見えていない。上総の山ではなく、上総の方に見えるのが「上総の和尚星」というのなら矛盾はない。

05 奈良県

カノープスの星名は、海での暮らしとのかかわりが深く、圧倒的に漁村部で記録されている。桑原昭二氏は、『星の和名とその分布』（言語学林）において、「漁村のみで使用されている星座」に分類している［桑原1996］。カノープスは、高度が低いため、海での暮らしのなかで注目されやすいが、本項で取り上げる奈良県のように、漁村地区以外において多様で豊かな人とのかかわりが広範囲に育まれてきた事例がある。

1 奈良県吉野郡川上村枌尾《そぎお》の事例

一九八三年一二月、筆者（北尾）はゲンクロボシというカノープスの星名を記録した。

「来て、来て、おまえら。ゲンクロボシ！　南のほうにゲンクロボシ！　ゲンクロボシ見てみてみぃ！」［北尾C］

「ゲンクロ」の意味を尋ねたところ、「ゲンクロさん、狐みたいな名前だね」という答えが返ってきた。

2 辻村精介氏による記録

辻村精介氏は、『菟田の星』に、ゲンゴロウ星について、次のように記録している［辻村1937］。

❖南極に上る星

❖稀に南に見える大きな星。雨となる兆（榛原町）

また、『奈良県宇陀郡方言集「菟田の方言」』には、次のように記録されている［辻村1939］。

❖ゲンゴローボシ……星の名、山上嶽のげんごろう坂？の上に見えるによりこの名ありといふ。南極老人星也。この星見ゆるときは雨兆と。

筆者は、一九八四年一月、辻村精介氏に会い、直接確認したところ、次のように説明してくださった。

「池にいるゲンゴロウと動きが似ているからつけたのとちがうか」

辻村氏によると、榛原高女（現在の榛原高校とは場所が異なる。現在の消防学校付近）から向こうへ行けばカノープスが見えた。山上嶽（山上ヶ岳、大峰山）のげんごろう坂については、どこにあるかは不明であった。

辻村氏の記録は、野尻抱影氏が『日本星名辞典』で紹介している。野尻氏は、「山頂でちょろちょろするのが、小川のゲンゴロウムシに似ている」と、カノープスの動きと関連づけた説を紹介するとともに、源五郎坂を『諸国里人談』に登場する源五郎狐と結びつけて、次のように記している。

「地元の農民が雨降りの前兆として山上ヶ岳の頂上に見る赤い星を、いつとなくこの狐のともす灯と考えて、それが明滅するあたりを〈源五郎坂〉とよんだのではないかと臆測したのである」［野尻1973］

続けて、野尻氏は、茨城県新治郡牛渡村の旅僧の伝説「上総の和尚星」等に通じなくもないと指摘している。

ゲンゴロウボシ。奈良県吉野郡十津川村杉清にて(湯村宜和氏撮影)

3 岸田定雄氏による記録

岸田定雄氏は、『近畿方言4』に、次のようなカノープスの星名伝承を記録している（岸田1950b）。

❖大和盆地では、西南の山のすぐ上に出る大きい一つ星をゲンスケボシと呼ぶ。荒れる二、三日前に此の星が出る（三輪町〈筆者注＝現・桜井市〉）。

❖ゲンスケボシは普通の星よりも大きく南の低い所に出ると言うから、まづ（原文ママ）カノープスと考えてよい。この星が出て二、三日して雨が降る（二階堂村〈筆者注＝現・天理市〉）。

岸田氏は、源九郎（ゲンクロウ）源助（ゲンスケ）という名前について、「狐狸に珍しくないと云うが、郡山町（筆者注＝現・大和郡山市）にも名高い源九郎稲荷がある」と記している。一方で、次のように方言「ゲンスケ」と結びつけている。

「失敗した時或は間の悪い時など『ゲンスケや』など言う。ゲン（験）が悪いなど言うゲンを人称化したゲンスケを暴風雨などを予見する星に被せたのではあるまいか」

辻村氏も、『奈良県宇陀郡方言集「菟田の方言」』に、次のように記している［辻村1939］。

❖ゲンスケ……やりそこなった場合に使ふ言葉

4 カノープスに対する三つのイメージ

奈良県に伝えられたカノープスのイメージを三つに分けると、次のようになる。

❶源五郎虫……池・小川で水面をちょろちょろと動く様子をカノープスに結びつけた。

❷狐……カノープスを狐のともす灯に結びつけた。

❸失敗した時等に使う方言……他の星のように、「東から出て高度を上げて西に沈んでいく」という動きをするのに失敗して、南に少し顔を出して短時間で沈んでいくカノープスを「ゲンスケ」という失敗した時等に使う方言で表現した。

それぞれのイメージを、特定の星名に結びつけると次のようになる。

❶ゲンゴロウボシは源五郎虫……辻村氏が、ゲンゴロウボシについて、「池にいるゲンゴロウと動きが似ているからつけたのとちがうか」と指摘したようにゲンゴロウボシという星名については、源五郎虫に見立てたと考える（源五郎狐の可能性も有）。

❷ゲンクロボシは狐……「ゲンクロさん、狐みたいな名前だね」（川上村）からも、ゲンクロボシは、大和郡山市の源九郎稲荷と同様、狐に結びつけることができると考える。

❸ゲンスケボシは「失敗した時等に使う方言」……東から出て高度を上げて西に沈んでいくという他の星と同様の動きをするのを失敗してしまったことからゲンスケボシと呼んだと考える。野尻氏の「横着星と同じ見かたかもしれない」という指摘の通り、横着星と似たイメージ。

奈良県においても、日々の暮らしのなかにカノープスが輝き、それが一方で源五郎虫、狐、一方で普通の星のように上にのぼらないで沈んでしまうことに失敗をしてしまった星という多様で豊かなイメージが形成されていったのではないだろうか。

06 静岡県の源助星

奈良県において記録されたゲンスケボシが静岡県において伝えられている。

❖静岡県安倍郡大川村（筆者注＝現・静岡市）……ゲンスケボシ（源助星）［野尻1973］［柴田1976］

柴田宸一氏によると、春田氏が採集した星名。柴田氏は、「これと同じものが奈良県にもあるが、果たして大川のげんすけボシはカノープスを指すのであろうか。もしカノープスならその伝播経路に興味がある。ただし、げんすけボシがいずれの星の呼び名か、まだ決まっていない」と記している。したがって、静岡県の源助星がカノープスの星名と決まったわけではない。

07 見える方向の地名にもとづく星名

大阪以西においては、それぞれの地域の見える方向に由来する多様な星名が伝えられている。伝承地のほぼ南のケースが多いが、真南とは限らない。港からは見えず、漁をする場所から見るケースもある。東日本における「見える方向の地名にもとづく星名」は、大東星のみである。

見える方向にもとづく星名は、分布の範囲が見える方向の地名が南に相当する地域のみに限定される。前述のメラボシは、布良という方向に見えることにより形成された星名ではなく、茨城県から静岡県まで広範囲に分布する。

1 ダイトウボシ（大東星）・千葉県山武郡九十九里町

九十九里町のほぼ南に相当する大東崎の上に出ることから大東星という名前が形成された。

2 キシュウボシ（紀州星）・大阪府泉佐野市

大阪湾で船を進めていると、カノープスと紀州の山の上でめぐり会える。大阪府泉佐野市の明治三四年生まれの漁師の話である［北尾C］。

「紀州星いうのは、南から出て南にはいるよってな」

東から出て南の空から西の空へと動いていかないで、紀州の山の上に現れてすぐ見えなくなることから紀州星と呼んだのである。

3 アワジボシ（淡路星）・兵庫県姫路市〜明石市

明石市東二見において、明治三三年生まれの漁師から淡路星を記録した。淡路島の上に見えるから淡路星と名づけたのである［北尾C］。

桑原昭二氏は、姫路市的形、木場、高砂市、明石市東二見で淡路星を記録している［桑原1963］。

明石より見ると、淡路島の上に見えるので淡路星と呼ん

淡路星。1964年11月17日2時30分～2時45分、明石市人丸町、明石市立天文科学館14階展望室にて菅野松男氏撮影。下方の線は船の光跡

だ。現在では、明石海峡大橋が完成し、写真とは随分と違う光景になってしまった。

4 ナルトボシ（鳴門星）・兵庫県姫路市網干、妻鹿、家島

妻鹿及び家島諸島のほぼ南に相当する地名「鳴門」が反映された鳴門星という名前が形成された。兵庫県姫路市妻鹿（家島出身）の明治四三年生まれの漁師の話である［北尾C］。

「鳴門星いうて、一〇月末くらいに、鳴門海峡よりやや淡路に近いところから出た。漁師は、こりゃとうとう秋が来た、魚がおらんようになる、と言った」

鳴門星は、魚がいなくなる時季の到来を教えてくれると伝承されていた。

桑原昭二氏によると、姫路市網干あたりから家島、妻鹿附近にかけての地域で鳴門星と呼ばれている［桑原1963］。

鳴門星。2012年12月31日23時36分～2013年1月1日0時8分、姫路市小赤壁にて井上毅氏撮影。ナルトボシは新しい年を迎える頃、南の空に輝いて見える。

5 エジマボシ（家島星）・兵庫県たつの市御津町室津

兵庫県たつの市御津町室津からは、カノープスは「家島」のほうに見えることから、家島星という名前が形成された。明治二九年生まれの漁師の話である。

「家島星いうて南に出ますよ。家島星いうのは大きいのや。ちょうどネボシみたいな。家島星出た。もうヨアサや。時間ない、と言った」［北尾C］

「大きい」というのは、「明るい」という意味。明るさをネボシ（子星、即ち北極星）にたとえているが、カノープスの高度が低いために北極星ぐらいの明るさにしか感じなかったのである。

6 サヌキボシ（讃岐星）・岡山県倉敷市下津井

岡山県倉敷市下津井の南に相当する地名「讃岐」が反映された讃岐星という名前が形成された。明治三五年生まれの漁師の話である。

「讃岐の方にあった。ひとつあがりよる星が……。子の星みたいなじゃったんじゃろう思うんだけど、讃岐星いうた」［北尾C］

北の方角を教えてくれる子の星（ネノホシ、北極星）に対して、南の方角を教えてくれる星であると伝承された。そして、北の心棒―北極星のまわりをまわる星ぼしを観察しているうちに、カノープスが南の心棒という見方が形成された。

「讃岐星が南のしんぼうになっとるのだと思うんです」

もちろん、北極星と異なる。

「讃岐星は、いつもあることはない。見えるおりと見えんおりある。子の星はな、こうふちからあがっとるわ。だいぶん上にな。讃岐星いうのは、こう真正面に向いたぐらいの程度やわいな。低い、低い。あれ出るおりと出んおりある」

子の星（北極星）とちがって、季節と時間によって見えるときと見えないときがある讃岐星について、「いつもあることはない。見えるおりと見えんおりある」と、また、子の星の高度は約三四・五度、讃岐星の南中高度は約三・一度であることを、「ふちからあがっとるわ。だいぶん上にな」「真正面に向いたぐらいの程度やわいな。低い、低い」と正確に観察していた。

7 マエダボシ（前田星）・香川県さぬき市志度

さぬき市志度から見ると、前田村（現・高松市）の上に出るので前田星［桑原1963］。

8 コウヤボシ（高野星）・香川県仲多度郡多度津町佐柳島

佐柳島から見ると、弘法大師ゆかりの地「善通寺」の方向に出るので高野星［桑原1963］。

9 イヨボシ（伊予星）・広島県尾道市

尾道から見ると、伊予の上に出るので伊予星［桑原1963］。

10 サツマボシ（薩摩星）・佐賀県唐津市呼子町呼子

唐津市呼子町呼子の南に相当する地名「薩摩」が反映された薩摩星という名前が形成されたケースである。

「薩摩星はな、下から二・三間出てるばってんな。もういっときすると、また下がってしまうと。あれは、もう南の端やろな。薩摩の上なかろうばってん」［北尾C］

南中高度（四・一度）について、二・三間という表現方法が伝承されていた。

薩摩星の分布は、見える方向「薩摩」が南の方向に相当するある一定範囲の地域に限定されるものの、地名にもとづく星名のなかでは、その範囲は広い。山口博物館の中島彰氏、松尾厚氏によると、山口県阿武郡阿武町奈古において薩摩の方向に見えることから薩摩星と呼んでいる。桑原昭二氏によると熊本県において伝えられている［桑原1996］。また、目良龜久氏によると、長崎県壱岐において、「サツマボシ　夜明けがたに南方―薩摩の國の上とおぼしい邊りへ現れる大きな星」と伝えられていた［目良1937］。

また、『言語学林』には、桑原昭二氏によるカノープスの星名分布図が掲載されている。広島県には、土佐星、福岡県には日向星等の地名にもとづく星名が伝えられている［桑原1996］。

08 食べ物にもとづく星名

大阪以西においては、次のような食べ物にもとづく星名が記録されている。

1 ミカンボシ（蜜柑星）

蜜柑星は、次の地域で伝えられている。播磨町の場合は淡路島の蜜柑、明石市の場合は紀州の蜜柑である。播磨町の南は淡路島であるが、明石海峡から大阪湾に入れば、紀州の上にカノープスを見ることができる。

❖兵庫県明石市西二見

蜜柑の色づいてくる頃に、蜜柑の実る紀州の方向に出るので蜜柑星と呼んだ［桑原1963］。

❖兵庫県加古郡播磨町古宮

明治四三年生まれの漁師の話である。

「蜜柑がようけ、淡路みかんがでますやろがいな。そのときに蜜柑星いうてこっちにあがりまんね。昔、櫓で商売しよるときは、蜜柑星めあてやったんや。星ばかり見て商売しよったんや」

「みなわかりまんが。淡路あそこに蜜柑星が出とんのお。あれが真南やな」［北尾C］

古宮の南に相当する淡路島の産物「蜜柑」のみが反映された蜜柑星という名前が形成されたケースである。南の方角を知るための目標として蜜柑星が伝承された。

❖香川県高松市女木島［桑原1963］

みかんの色づく頃に南に見えるので蜜柑星と呼んだ。

❖香川県丸亀市本島［桑原1963］
女木島と同様、みかんの色づく頃に南に見えるので蜜柑星と呼んだ。

2 イモクイボシサン（芋食星さん）

桑原昭二氏が、兵庫県赤穂市の漁業協同組合において記録した。カノープスが、四国の芋畠を腹這いになって芋を食うていると考えた［桑原1963］。

3 イモタキボシ（芋たき星）

桑原昭二氏が、広島県福山市鞆において記録した。芋をたく頃に見えるのでイモタキボシと呼んだ［桑原1963］。

09 季節にもとづく星名

カノープスを見ることができる期間は、限られている。日の出一時間前に南より少し東よりから顔を出すのがちょうど秋の彼岸の頃になり、三月末には西の空低くなり見るのが困難になる。従って、秋の彼岸から四月になって暖かくなるまで、即ち寒い季節に、私たちの生活環境のなかで輝く。その季節の特性から生まれた次のような星名が大阪以西で記録されている。

1 ヒガンボシ（彼岸星）

はじめて明け方に姿を現すのは、秋の彼岸の頃であることから形成された星名「彼岸星」が次の地域に伝えられている。

❖和歌山県和歌山市雑賀崎［北尾C］

彼岸星。2015年9月22日5時、大分県大分市にて奈須栄一氏撮影。カノープスと明け方にはじめて出会うことができるのが秋の彼岸の頃であることから彼岸星という星名が形成された。

❖兵庫県明石市東二見［桑原1963］

2 ザブザブボシ（寒寒星）、サブサボシ、サムサボシ（寒さ星）

桑原昭二氏は、兵庫県姫路市妻鹿《めが》にて、「なるとぼしが寒くなってから見えるのでざぶざぶぼしと呼ぶ」「一一月の末に、ねのほしの反対の方向に出る星をさぶさぼしといい、寒くなってから出る」「一二月のはじめに真南に上る星をさむさぼし」と記録［桑原1963］。姫路市妻鹿において、鳴門星とともに伝えられていた寒寒星、寒さ星は、カノープスが寒い季節に見え、決して暖かい季節には見えないことを意味している。いわゆる冬の星座「オリオン」が真夏の明け方に東の空から高度を上げていく様子を見ることができるのと大きく異なる。

10 動きにもとづく星名

大阪以西においては、次のようなカノープスの動きの特徴にもとづく星名が記録されている。

1 ドウラクボシ（道楽星）

桑原昭二氏は、淡路島の南側の沼島（兵庫県南あわじ市）でドウラクボシを記録している。名前の由来については、「この星はちょっと上ってすぐに入ってしまうのでこの名がある」と記録［桑原1963］。水平線から高くのぼることは決してなく限られた時間しか存在しないという動きを「道楽」と捉えたのである。

2 ミッチャナボシ

桑原昭二氏は、兵庫県南あわじ市福良において、ミッチャナボシを記録している。名前の由来については、「みっちゃなというのは、やくざのことで、あまり長く出ずにすぐに入ってしまうので、ちょうどやくざが顔だけ出して、ピンをはねてゆくのに似ているのでこの名がある」と記録［桑原1963］。

3 オーチャクボシ（横着星）

磯貝勇氏が岡山県瀬戸内市牛窓町において記録した星名であり、『瀬戸内海島嶼巡訪日記』に、「横着星。一寸出て直ぐに引っ込むといふ」と掲載されている［アチックミューゼアム1940］。広島県三原市古浜においても伝えられていた［北尾C］。水平線から高くのぼることは決してなく限られた時間しか存在しないという動きの性格「横着」が反映された名前である。

4 ヤママワリ（山まわり）

桑原昭二氏が中国地区の日本海沿岸で記録。寒うなると南の山に出てまわるという動きにもとづく星名［野尻1973］。

5 フヨタロー（不用太郎）

山口県立山口博物館の中島彰氏、松尾厚氏によると、山口県長門市にはフヨタローという星名が伝えられている。漁をしているとき、夜明け前に三隅《みすみ》のほうから昇るが、一間か二間くらいの高さまでしかのぼらずに一時間ほどで沈む。他の星のように上のほうまで高くのぼっていかないで、ちょっとのぼってすぐ沈むことから「フヨタロー」と呼んだ。フヨタロー（フョータロー、不用太郎）とは、「不精者」「怠惰な人」という意味であり、他の星のように東から出て南の空高くのぼり、西に沈まないというカノープスの動きを実にうまく表現している。フヨタローは、山口県萩市にも伝えられており、陸地からは見えないが、玉江港から沖に三〇分ほど出ると見える［中島・松尾C］。

6 イザリボシ

山口県立山口博物館の中島彰氏、松尾厚氏によると、山口県阿武郡阿武町奈古にはイザリボシという星名が伝えられている。カノープスが上にのぼらない動きを足が不自由で立てない人にたとえた［中島・松尾C］。

7 トビアガリボシ

桑原昭二氏が和歌山県日高郡美浜町浜ノ瀬で「明るい星さんで、朝三時から四時ごろ、とび上るように出ようとする（九月初）」と記録［高城1982］。トビアガリは、一般的には明けの明星を意味するが、この場合は九月初とあることからカノープスと思われる。

11 生業にもとづく星名

大阪以西においては、次のような生業にもとづく星名が記録されている。

1 アキラコボシ（秋蛸星）

桑原昭二氏が、兵庫県明石市東二見において記録した。カノープスが出る頃になると、秋のたこの季節になるということから秋蛸星と呼んだ［桑原1963］。

2 カスカイボシ（粕買星）

香川県観音寺市において伝えられている。カスカイボシが出だしたら、西宮へ酒造りに行く［桑原1963］。

12 人名にもとづく星名

大阪以西においては、次のような人名にもとづく星名が記録されている。

1 ブンヨモボシ

香川県小豆郡小豆島町蒲生において伝えられている。カノープスが明け方に南に出るようになると、「ぶんよも」という人が蛸やアナゴをとりにいく時季になることからブンヨモボシ［桑原1963］。

2 オエイボシ

香川県小豆郡小豆島町蒲生において伝えられている。いつまでたっても上ってこないカノープスを「おえい」という背の低い人に見立ててオエイボシ［桑原1963］。

3 スケイシボシ

香川県観音寺市において伝えられている。カノープスが出だしたら、「すけいし」という人が西宮へ酒造りにいくのでスケイシボシ［桑原1963］。

4 ロクブノホシ（六部の星）

野尻抱影氏の台所へやってきた浦安の魚売りが伝えていた。六部の星は、西心星に通ずる［野尻1973］。

5 サイシンボシ（西心星）

『俚言集覧』に、「西心星　房州布良に見ゆる星其土俗に云ふ西心と云道心者化して星となりしといへり」［村田

1899]とある。野尻氏は、西心星は西春星であるとしている[野尻1973]が、現時点では西春星という和名ではなく入定星という和名しか記録できない。『俚言集覧』の発行された時点において伝承されていたサイシンボシをまだ記録できてない。

13 見える方向の地名と食べ物にもとづく星名

キシュウノミカンボシ(紀州の蜜柑星)という星名が伝えられている。神戸市深江からは、カノープスは紀州の方向に見えるが、沙弥島から紀州は見えない。

❶兵庫県神戸市深江

神戸市深江の南に相当する地名「紀州」とともに、紀州の産物「蜜柑」が反映された紀州の蜜柑星という名前が形成された。明治三九年生まれの漁師の話である。

「紀州の方、和歌山の方、まあ大きい星出まんのや。紀州の蜜柑星いう。三時頃によう出よった。紀州の蜜柑星出たら間《ま》ないわ。夜明けてくる」[北尾C]

「蜜柑」が名前になっているように、蜜柑の実る時季から見えはじめ、この星によってまもなく夜明けと判断したと伝承されていた。

❷香川県坂出市沙弥島

磯貝勇氏が沙弥島において記録した星名であり、『瀬戸内海島嶼巡訪日記』に、「キシューノミカンボシ　舊九月頃紀州の上の方に出て、金比羅さんの方に歸る。蜜柑の出る頃でなければ出ぬといふ」と掲載されている[アチックミューゼアム1940]。坂出市付近からは、南より約一七度東より出て約一七度西に沈む。従って、金毘羅さんの方向に沈むのはよいとして紀州の上は東過ぎる。紀州が見えるわけではないので、おそらく漠然と東よりという意味で使用したのであろう。

14 見える方向の地名と動きにもとづく星名

大阪以西においては、次のような見える方向の地名と動きにもとづく星名が記録されている。

1 サノキノオーチャクボシ（讃岐の横着星）

磯貝勇氏が岡山県倉敷市下津井において記録した星名であり、『瀬戸内海島嶼巡訪日記』に、「讃岐の横着星。サノキ星とも云ふ。寒くなると十月頃から一寸上って直ぐ下りる。ヨアサ近くに二三間上ると直ぐ入る。宵からは上らない」と掲載されている［アチックミューゼアム1940］。

2 トサノオーチャクボシ（土佐の横着星）

磯貝勇氏が岡山県倉敷市下津井において、讃岐では、「土佐の横着星」と呼んでいると記録している［アチックミューゼアム1940］。

3 イヨノオーチャクボシ（伊予の横着星）

広島県福山市鞆町で記録した星名である。福山市鞆町の南に相当する地名「伊予」とともに、水平線から高くのぼることは決してなく限られた時間しか存在しないという動きの性格「横着」が反映されたイヨノオーチャクボシという名前が形成された。明治三三年生まれの漁師の話である。

「イヨノオーチャクボシ、四国のな、沖にな、夜明けにちょっと出るんですよ。そのしこなし（ふるまい）がオーチャクボシ。ここらのものがつけとるのです」

自分たちのみで名付けた名前で他の地域では通じないと伝承されていた［北尾C］。

4 サンベマワリ（三瓶廻り）

島根県大田市において、桑原昭二氏が記録［桑原1996］。

15 色にもとづく星名

岐阜県と東京都八丈島において、次のような色にもとづく星名が記録されている。

1 エヌグボシ（絵の具星）

香田壽男氏が岐阜県の奥揖斐にて記録した星名。星名の意味について、「絵の具——ぎらつく虹のような色彩の形容でしょうか。あるいは今は磨滅してしまったなにかの方言なのでしょうか」、見える方向については、「オリオンのはるか下方、揖斐の山口からいいますと、大垣市、赤坂町のすぐ上に、ほんのしばらく動いて沈む赤い星」と記している。香田氏によると、昔、揖斐郡が物質輸送を舟運に託して森前・井の口・前島・桑名の定期船が揖斐川を上下していた頃に船頭さんが方位や時刻をはかるのに用いた星である［香田C］。

2 アカボッサン（赤星さん）

岐阜県奥揖斐の星名で、香田壽男氏による。さそり座アンタレスもカノープスも「アカボッサン」と呼んでいる［香田C］。

3 ヨイドレボシ（酔いどれ星）

東京都八丈島八丈町中之郷で、「ヨイドレボシって言わなかったか。赤い星。うちのばあさんから聞いたような。酔いどれ星、赤い顔しているという意味かな……」と記録。酔いどれて赤い顔をしているように、低空で赤く見えることから酔いどれ星。酔いどれて水平線から高くのぼることは決してなく限られた時間しか存在しないで沈んでいくという動きを「酔いどれ」と捉えた可能性もあり、その場合は、「色と動きにもとづく星名」に分類される［北尾C］。

16 南極と捉えた星名

カノープスを北極星に対して南極星として捉えるケースである。実際には、南極にある星ではない。

1 ナンキョクボシ（南極星）

横浜市金沢区柴町［横山C］、兵庫県揖保郡御津町（現・たつの市）［桑原1963］に伝えられている（第7節りゅうこつ座／03東京都・神奈川県・静岡県／❷伝承／iii参照）。

2 ナンキョクセー（南極星）

静岡県小笠郡三濱村濱野新田（現・掛川市）［内田1949］、茨城県北茨城市大津町［北尾C］において南極星と伝えられている（第7節りゅうこつ座／03東京都・神奈川県・静岡県／❷伝承／iii参照）。

17 数及び数と方向に関連する星名

1 ヒトツボシ（一つ星）

広島県福山市走島で、「南極星はヒトツボシと言った。秋ごろ出てくる。ヒトツボシ、南に出る。北極星は言わない」と記録［北尾C］。秋の明け方のカノープスを意味した。一つ星は、多くの場合、こぐま座α星（北極星）を意味する。

2 ミナミノヒトツボシ（南の一つ星）

見える方向と数にもとづく星名である。神奈川県鎌倉市腰越のミナミノヒトツボシについて、「南の星はめったに見えないが、これが見えると風が吹く」とあり、フォーマルハウトではなくカノープスを意味する［野尻1973］（第4章第3節みなみのうお座参照）。

18 その他

❖タカダボシ（高田星）

桑原昭二氏が、和歌山県有田郡湯浅町にて記録。有田市高田海岸が名前の由来である［高城1982］。湯浅の沖から高田は北側にあたるので、見える方向の地名にもとづく星名ではない。高田海岸から、あるいは高田海岸の沖合いはるかで見たことに由来すると思われる。

19 竜の赤い目

長野県大町市木崎湖で一二月下旬頃の真夜中から二月下旬頃の日没後にかけて湖の南に低く竜燈が現れる。『日本星名事典』には、「一〇月の早朝から」とあるが、丸山祥司氏によると、霧のため一二月下旬頃にならないと見えない［野尻1973］。丸山氏は、「真冬のよく晴れた夜、湖を赤い目をした竜が渡る」という伝説の出所は、海ノ口の「海口《かいく》庵《あん》」（現在は廃寺）の明治後期から昭和初期の住職ではないかと推測されている。丸山氏は、実際に木崎湖の北岸から冬、湖面を竜が渡るかのように輝くカノープスを撮影された。カノープスを竜の目に見立てたため、カノープスを星と捉えておらず、星名は形成されていない。

木崎湖を渡る竜の目伝説のカノープス。山の上の光跡がカノープス。丸山祥司氏撮影。

20 隠岐のカノープス

野尻抱影氏の甥は、島根県隠岐郡隠岐の島町那久浜那久で、「よくシケ前や荒れ前に、南の方にフクク(低く)大きな赤い星が出る……」と記録。星名は不明である［野尻1973］。

21 カノープスの星名を考える

カノープスの名前・伝承の事例から、次の点が明らかになった。

❖それぞれの地域の南に相当する地名やその地域の産物、さらには動きが反映された多様で豊かな名前が形成された。その形成は地域に根ざしたものであり、限られた範囲でのみ伝承される固有のものであった。

❖特定の地域に関連しない例えば「南のひとつ星」等の名前が広範囲に形成されるということはなかった。

次のように特定の地域に関連しない名前が広範囲に形成された北極星（こぐま座α星）やプレアデス星団等と大きく異なったのである。

❖北極星……例えば、北の方角を意味する「子《ね》の星」等が広範囲に形成（北極星は、水平線に存在することはない）。

❖プレアデス星団……例えばムツラの系統の名前が北海道から青森、岩手、秋田、茨城、群馬と広範囲に形成（プレアデス星団は、東の水平線に現れ、高くのぼっていき西の水平線に沈む）。

大崎正次氏は、『中国の星座の歴史』において、中国のカノープスの名前「老人星」について、「この星を見ることは、延命を願う人たちにとっては、まことにめでたいこととされたのである」「特に東晋時代から隋唐時代にかけて、道教の流行とともに老人星信仰も盛行し、南極老人星望見に関する数多くの文章（賦、表）が伝えられている（『全唐文』、『冊府元亀』、『全上古三代秦漢三国六朝文』）」と記している［大崎1987］。

野尻抱影氏著『星と東西民族』には、アラビア半島の遊牧民族ベドウィンが南へ下るときの歌の句が掲載されている［野尻1958］。

「スハイルを正面に、アル・ゲディを馬のしりの上に」

スハイルはカノープス、アル・ゲディは北極星のこと。野尻氏によると、一〇月一日にスハイルが現れると、ベドウィンは、「スハイルが出た。奥地へ進め」と叫び合って荷物をまとめて出発するという。

中国では、ひとりひとりの願いを老人星に託した。砂漠では、スハイルが現れると天幕をたたんで大雨で増水する前に避難をした。日本では、あるときは、命を守る気象予知に用い、あるときは、暮らしの風景と重ねて親しみある地域に根ざした名前を伝承した。カノープスは、それぞれの地で、命の支えに、心の支えになり、多様で豊かな伝承が形成された。

第2章

春の星

第1節 おおぐま座

なんと言っても、漢名「北斗七星」(おおぐま座のα星、β星、γ星、δ星、ε星、ζ星、η星)がそのまま世代を超えて伝えられた「ホクトヒチセイ」「ホクトシチセイ」が最も馴染みのある名前である。例えば鹿児島県の次の地域において、ホクトヒチセイが伝えられている。

鹿児島県出水郡長島町獅子島片側、獅子島幣串、長島町伊唐島、阿久根市黒之浜、出水市高尾野町江内、日置市東市来町伊作田、垂水市海潟[北尾C]。

内田武志氏によると、ホクトヒチセーと呼ぶところが静岡県等に広く分布している[内田1949]。

しかしながら、実際は、おおぐま座には北斗七星のほかにつぎのような部分に多様で豊かな日本の星名が形成された。

❖ α《アルファ》 β《ベータ》 γ《ガンマ》 δ《デルタ》 ε《イプシロン》 ζ《ゼータ》 η《エータ》

❖ γ δ ε ζ η

❖ α β γ

❖ アルコル

おおぐま座のα星、β星、γ星、δ星、ε星、ζ星、η星(北斗七星)のなかでいちばん頭の上までのぼっていくのがη星、東京付近では、頭の真上に約一四度まで近づく。北海道宗谷岬では約四度まで近づく。ほぼ天頂までのぼるという感じだ。しかし、石垣島では、頭の真上から二五度以上も離れてしまう。北海道においては、α星、β星、γ星、δ星、ε星、ζ星、η星全ての星が周極星になるが、沖縄においてはα星、β星、γ星、δ星、ε星、ζ星、η星全ての星が周極星とならない。(西暦一九〇〇年の場合)

このような見え方の違いが伝承形成の背景にあった。

01 αβγδεζη（北斗七星）

1 特徴を認識する過程において形成された星名

数

構成する星の数にもとづいて形成された。

●ナナツボシ（七つ星）

野尻抱影氏が「ほとんど全国でいう」［野尻1973］と記しているように、次のように鹿児島県まで広範囲に記録できる。鹿児島県出水市福ノ江町、薩摩川内市寄田町、枕崎市、肝属郡南大隅町大泊［北尾C］。

鹿児島県奄美大島以南においては、ナナツブシが広く分布する（後述）。

宮崎県延岡市鯛名町では、次のように伝えられていた。

北極星を見つけるのに役に立つ北斗七星は、毎日の暮らしで使う柄杓（湯村宜和氏撮影）

「北斗七星と言わなかった。ナナツボシと言いよったですね」

軍隊では北斗七星と習ったが、昔は漁師仲間ではナナツボシと呼んでいた。

愛媛県松山市高浜町では、ナナツボシは、左甚五郎が彫った宝が光っていると伝えられていた［北尾C］。

大阪府岸和田市中之浜町では、昭和七年生まれの漁師さん（出身は堺市）が、「キタノホシは、屋根の瓦三枚しか動かん。杓子ですくおうと、ナナツボシはまわっている」と語ってくださった［北尾C］。ナナツボシ（北斗七星）を杓子の形に見て、日周運動をちょうどキタノホシ（北極星）をすくおうとしていると伝えていた。ナナツボシと素朴な名前で呼んでいても杓子の形をイメージしていたのである。その他、山口県周南市櫛ヶ浜、広島県福山市走島、香川県三豊市詫間町志々島［北尾C］、宮城県宮城郡七ヶ浜町、本吉郡歌津町（現・南三陸町）［千田C］等、広範囲に伝えられている。

◉ナナツブシ

奄美大島以南に伝えられている。

奄美市住用町市では、「ナナツブシ。水のむ杓文字みたいになってる」と伝えられていた［北尾C］。

鹿児島県奄美大島大和村の七夕の歌
採譜者　北尾正子
アマノカワヲホダ メ ラレテ テリヨ
ル ブシーダモ ソ イノリタナ ーバタ
ニ ヤ レ イチオチ マ タ ボ ー レ ー
テンニトヨ ーマレ ル ハ ナ ナ ツ
ブシースブ シ ジンニ ト ヨ ーマレル
ハ リャナ キャ ト ワー キャ トゥ

『ふるさと星事典』（南日本新聞開発センター）より

鹿児島県大島郡大和村今里には、次のような歌が伝えられている。

「アマノカワヲホダメラレテ、テリヨルブシーダモソ、イノリタナーバタニヤレイチオチマタボーレー」

「テンニトヨーマレルハ、ナナツブシー、スブシ、ジンニトヨーマレルハリヤ、ナキャトワーキャトゥ」

スブシはアルコルを意味する（後述）。

歌の伝承者は、「うちの島は、天に兄妹《きょうだい》がおったわけよ。

天の川があるから、雨が降るときには川が水が出るから愛がならなかったいうことよ。七夕のときに雨が降ったら天の川の兄妹が会わなかったいうて……」と説明してくださった。

七夕と言えば、ベガとアルタイルであるが、この場合はナナツボシ（おおぐま座αβγδεζη）とスブシ（アルコル）であった。地域の伝承が七夕の伝承の影響を受けたのであろうか。

なお、ナナツブシが女、スブシが男、「ホダメラレテ」は、こんなに離れていていうこと、「イチオチマタボーレー」は、「会わしてくれる」ということ。

『奄美方言分類辞典』には、スブシは天女であり、異なった伝承が伝えられている［長田1977］（後述）。伝承の多様性のなかに、人と星とのかかわりの原風景に通ずるものを感じる。

ナナツブシは、次のように奄美大島以南に伝えられている。

鹿児島県奄美市住用町市［北尾C］、大島郡大和村思勝［北尾AC］、大和村今里［北尾C］、大島郡徳之島町［松山1984］、和泊町永嶺［北尾AC］

●ナナチブシ、ナナチフシ、ナナチィブシ、ナナチプシ

ナナチ、ナナチィとは七つのこと。ナナチブシは沖縄県島尻郡粟国村、渡名喜村、渡嘉敷村、ナナチィブシは国頭郡伊江村、ナナチフシは島尻郡伊是名村、ナナチプシは八重山郡竹富町鳩間島に伝えられている［北尾AC］。

●ナナチブサー

星のことを「ブサー」と呼んだ。沖縄県中頭郡読谷村に伝えられている［北尾AC］。

●ナナツブス

星（ホシ）を「ブシ」でなく「ブス」と呼んだケースである。沖縄県宮古郡多良間村に伝えられている［北尾AC］。

●ナナツノホシ

横山好廣氏によると、神奈川県横浜市金沢区野島町に伝えられている［横山C］。

●ナナボシ

鹿児島県肝属郡南大隅町佐多伊座敷［北尾C］、香川県観

音寺市伊吹島［北尾C］、神奈川県横浜市旭区善部町［横山C］に伝えられている。

観音寺市伊吹島で聞いた話である。

「北斗七星、ナナボシいうてな。ナナボシいうて。ナナボシ、あばきよったら風。ナナボシ、杓《しゃく》の柄《え》になって」［北尾C］

ナナボシがキラキラ光ったら風が吹いたのだった。

◉ナナチョウ（七丁）、ナナチョウボシ（七丁星）

埼玉県、千葉県の利根川流域、埼玉県加須市、千葉県野田市に伝えられている。オリオン座三つ星のサンチョウに対してナナチョウ。三上晃朗氏は、「七丁」と解するのが一般的であるが、「星《しょう》」の転訛とも考えられると指摘している［三上C］。

◉ヒチジョウノホシ（七星の星）

埼玉県秩父郡東秩父村に伝えられている。オリオン座三つ星のサンジョウサマに対してヒチジョウノホシ［三上C］。

◉シチケンボシ

神奈川県横須賀市走水に伝えられている［横山C］。横山好廣氏は、星の数を一ケン、二ケンと数えた可能性を指摘している。横山氏は、七間というように間という長さで表現するのに疑問を感じ、内田武志氏の記録したカジガイ（うしかい座のアルクトゥルス）、スジカイ（オリオン座三つ星）の「カイ」「ガイ」に通じる可能性も指摘している。しかし、一方で剣先星（η星）や七星剣等、剣との関連で「七剣星」という可能性もあり、今後の研究課題である。

数と方角

構成する星の数に方角を加えた星名が形成された。

◉ニシナナツンブシ（北七つ星）

沖縄では、北のことを「ニシ」、西のことは、「ニシ」ではなく「イリ」と言う。したがって、ニシナナツンブシは、北七つ星という意味になる。

沖縄県石垣市新栄町には、ニシナナツンブシとハイナナツンブシ（いて座）は、天のあるじから国を治めよと言われたが、従わなかったため各々北と南の方へ追いやられ、群れ星(プレアデス星団)が従ったため、天頂を通り、農耕の目標になったと歌われている[北尾2001](第3章第6節いて座参照)。伝承形成の背景には、おおぐま座α星、β星、γ星、δ星、ε星、ζ星、η星全ての星が周極星とならずに地平線に沈むという石垣島での見え方があった。

●ニシナナチブチ(北七つ星)

北を「ニシ」と呼ぶ。ニシナナチブチは「北七つ星」という意味である。八重山郡竹富町小浜島に伝えられている[北尾AC]。

●ニチナナチ(北七つ)

「ニチ」とは北のこと。ニチナナチは「北七つ」という意味である。沖縄県八重山郡与那国町に伝えられている[北尾AC]。

数と配列

●ナナヨセボシ(七寄せ星)

茨城県猿島郡岩井町(現・坂東市)に伝えられている。プレアデス星団の九寄せ星、カシオペア座のWの五寄せ星と対比して七寄せ星と呼んだ[野尻1973]。

形状

●ブッチガイ

静岡県沼津市我入道に伝えられている[横山C]。ブッチガイという言葉は、整然としないで互い違いになっている様を言い表している。αβγδεζηが真っ直ぐではなく互い違いに並んでいる様子をうまく表現している。

動き

●ヨモドリ(夜戻り)

静岡県静岡市田町に伝えられている。秋の日没後、北西の空に見えた北斗七星(おおぐま座αβγδεζη)が一度沈んでから再び夜明け前に北東の空に戻ってくるように現れることによる［内田1949］。なお、静岡市ではη、γのみ沈み、他は周極星となるが、北東の空に戻ってくるように見えることからヨモドリと呼ぶにはふさわしい光景である。

●カエリボシ（返り星）

福井県遠敷郡西津村（現・小浜市）に伝えられている。ヨモドリと同様の見方であると思われる［内田1949］。

数と動き

●ナナホシテンコロボシ

兵庫県龍野市神岡町東觜崎（現・たつの市）、姫路市南部に伝えられている［桑原1963］。野尻抱影氏は、「〈天転ばし〉か？」と記している［野尻1973］。藁を打つ木槌「テンコロ」に見立てた可能性もあるが、今後の課題である。本書では「数と動き」に分類した。

2 暮らしと星空を重ね合わせる過程において形成された星名

柄杓

柄杓星は、星空に描かれた暮らしの道具の代表的な存在である。柄杓は、水等を汲むのに用いる柄のついた容器で、もとは瓢《ひさご》を半割りにしたものを言い、瓢が使われたためひしゃくになったと言われている。柄杓は日々の暮らしで使われるとともに、社寺へ願かけをするとき、願いが汲み取れるように真新しい柄杓を奉納する風習があった［日本民具学会1997］。柄杓は、食生活だけではなく、信仰、生産等様々な分野とかかわりがあり、柄杓に関係する多様な星名が形成されており、食生活の項とは独立して特に分類をした。なお、杓子も本項に含めた。

●ヒシャク（柄杓）

鹿児島県阿久根市黒之浜［北尾C］、静岡県濱松市元濱、福井県遠敷郡奥名田村（現・大飯郡おおい町）［内田1949］に伝えられている。

●**ヒシャクボシ**（**柄杓星**）

鹿児島県出水市住吉町［北尾C］、長崎県北松浦郡宇久平村佐賀里（現・佐世保市）、熊本県八代郡松高村大島（現・八代市）等熊本県に三か所、香川県小豆郡坂平村（筆者注＝坂手村と思われる。現・小豆島町）、高知県長岡郡ト市村東ト市（筆者注＝十市村、現・南国市）をはじめ山口県、島根県、岡山県、兵庫県、大阪府、福井県、岐阜県、富山県、三重県、愛知県、静岡県、神奈川県、千葉県、茨城県、福島県、岩手県、山形県、青森県に伝えられている［内田1949］。宮城県においては、牡鹿郡牡鹿町泊（現・石巻市）［千田C］、気仙沼市大島［北尾C］に伝えられている。

宮城県気仙沼市大島では、次のようなヒシャクボシを唄った甚句が伝えられていた。

「ひしゃくぼしでも、ありゃこりゃ水くむわざい、あたしゃあなたとありゃほんとにいつくめる」［北尾C］

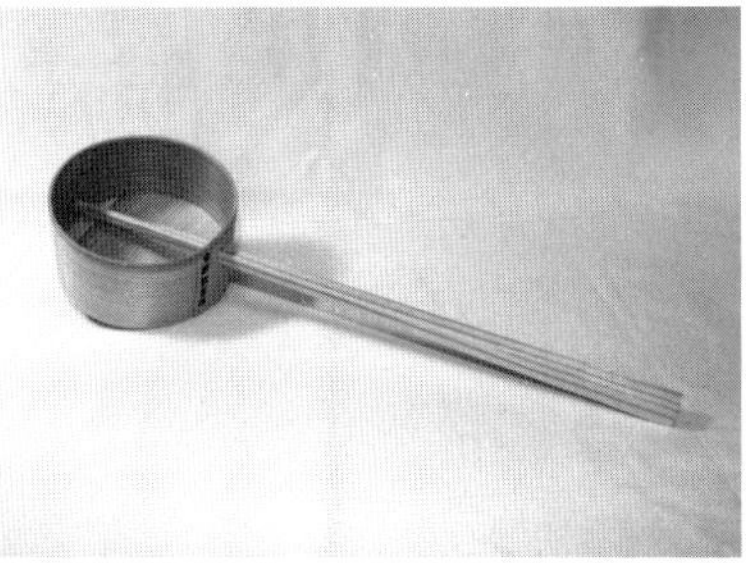

柄杓（星の民俗館所蔵）

歌詞について、甚句の伝承者は「ヒシャクボシさえ水くむ形、わたしはあなたといつくめる。とりくめるのくめる。わたしはあなたといつくめる。いついっしょになれるかということ。ヒシャクボシというのは北斗七星のこと。北斗七星、ひしゃくの形してるでしょ。北斗七星とは言わない。江戸時代もっと前から使われていると思うから。ここの島が三つに分かれたのは貞観時代の津波ですから。ヒシャクボシの歌、おかあさんから聞いた」と説明してくださった。

●**ヒシャクノホシ、ヒシャクノホシサマ**（**柄杓の星、柄杓の星様**）

ヒシャクボシが転訛。さらに、「サマ」という敬称を付けた。静岡県志太郡焼津町（現・焼津市）等に伝えられている［内田1949］。

●**シャク**（**杓**）

シャク（杓）すなわち柄杓に見立てた。静岡県焼津市小川にて、昭和一五年生まれの漁師さんから、「シャク。北斗七星のことをシャク」と記録［北尾C］。

●**シャクボシ**（**杓星**）

シャク（杓）すなわち柄杓に見立ててシャクボシ。神奈川県三浦市岩浦に伝えられている［横山C］。

●**シャグボシ、ヒャグボシ**（**杓星**）

シャクの転訛。シャグボシは宮城県牡鹿郡女川町鷲ノ神に、ヒャグボシは本吉郡唐桑町字港（現・気仙沼市）に伝えられている［千田C］。

●**シシャクボシ**（**柄杓星**）

柄杓をシシャクと言ったケース。秋田県由利郡金浦町（現・にかほ市）に伝えられている［横山C］。

●**シャアクボシ、シャアグボシ**（**柄杓星**）

ヒシャクボシが転訛。シャアクボシは長野県松本市入山辺、シャアグボシは秋田県由利郡西目町海士剝（現・由利本荘市）に伝えられている［横山C］。

●**シャグガタ**（**杓形**）、**シャクガタボシ**（**杓形星**）

柄杓の形に見たてた。シャグガタは宮城県牡鹿郡女川町高白、本吉郡歌津町（現・南三陸町）に、シャグガタボシは牡鹿郡女川町荒立に伝えられている［千田C］。

●**ヒシャクノエボシ**（**柄杓の柄星**）

内田武志氏は、「柄の長い柄杓とみて、柄杓の柄星と呼んだのであらうか」と記している。静岡県志太郡東益津村（現・焼津市）、和田村（現・焼津市）等に伝えられている［内田1949］。

●**ニーウーフシ**

シサク（柄杓）のことを「ニーウー」と言う。沖縄県島尻郡伊是名村に伝えられている［北尾AC］。

●**フダルプシ**

沖縄県八重山郡竹富町鳩間島に伝えられている。フダルとは柄杓のこと。水汲み柄杓に似ている［北尾AC］。

●**シャクシ**（**杓子**）、**シャクシボシ**（**杓子星**）

杓子に見立てた。飯を盛ったり、汁物をすくいとるために毎日の食生活で欠かすことのできない「杓子」も、星空に描かれた。シャクシは、千葉県銚子市外川に伝えられている［北尾C］。シャクシボシは、鹿児島県枕崎市に伝えられている［北尾C］。内田武志氏によると、山口県大島郡白木村（現・周防大島町）、福井県福井市清川下町、静岡県賀茂郡下河津村谷津（現・河津町）、青森県八戸市類家町等にシャクシボシが伝えられている［内田1949］。

●タマンジャク（玉の杓）

三上晃朗氏が茨城県猿島郡境町および同郡三和町（現・古河市）で記録した。丸形の器に柄をつけた汁杓子（玉杓子）に見立てた［三上C］。

●シャグシボシ（杓子星）

シャクシボシの転訛。宮城県牡鹿郡牡鹿町給分浜（現・石巻市）、本吉郡歌津町（現・南三陸町）に伝えられている［千田C］。

玉杓子（星の民俗館所蔵）

●シャモジボシ（杓文字星）

飯や汁をすくうのに用いる杓文字に見立てた。今日では、杓文字というと飯を盛るものを意味するようになったが星名としては、飯に限定していない。香川県小豆郡小豆島町蒲生に伝えられている［桑原1963］。

杓文字（星の民俗館所蔵）

●シャモツボシ（杓文字星）

シャモジボシの転訛。宮城県牡鹿郡牡鹿町祝浜（現・石巻市）に伝えられている［千田C］。

●クサキ

クサキとは水を汲む柄杓。鹿児島県南さつま市坊津町久志に伝えられている。

「水を汲むもの。クサキ。昔、竹で作って。孟宗竹で作って。その形に北斗七星なって。クサキが出た。北斗七星、クサキが出た。クサキ、水を汲むひしゃく。水道なくて瓶（カメ）に水を汲んでカメの水をすくいあげる、瓶の水を汲むクサキ。それ（クサキ）を見て帰ってきた。クサキ、竹で自分で作る」［北尾C］

◉ジョウロ（如雨露）

静岡県伊東市新井に伝えられている。ジョウロに見立てた。

「北斗七星。それを目標に三宅から帰った。桝形、ジョウロ、ジョウロと言った。竹で作った」［北尾C］。

昔は、北斗七星とは言わずにジョウロと言ったのである。なお、ジョウロの語源はポルトガル語とも言われており、日本古来の名前ではなく、比較的新しい時代に生活に身近なものが星名になった可能性がある。

食生活

桝、酒桝に見立てた星名は、オリオン三つ星と小三つ星とη星に多いが、次のように北斗七星（おおぐま座αβγδεζη）を意味するケースがある。

◉マスボシ（桝星）

桝の形の星とみた。青森県弘前市、福井県坂井郡北潟村（現・あわら市）等に伝えられている［内田1949］。

◉マスカタフシ（桝形星）

鹿児島県大島郡瀬戸内町古仁屋にて、瀬戸内町知之浦（加計呂麻島）出身の昭和八年生まれの漁師さんは、北斗七星の配列を指で椅子に書いて説明してくださった。米などを量る柄のついた一升桝の形であることからマスカタフシ［北尾C］。

◉サカマスセイ（酒桝星）

大分県別府市亀川浜田町に、「サカマスセイというのは な、ネノホシのぐるりをまわる」と伝えられていた［北尾C］。別府市亀川浜田町では、オリオン三つ星と小三つ星とη星を意味するケースが多い酒桝星が北斗七星（おおぐま座αβγδεζη）を意味し、北斗七星を意味するケースが多いナツボシがプレアデス星団を意味した（第1章第1節おうし座参照）。

●サカヤンマッスサン(酒屋の桝さん)

熊本県玉名郡南関町に伝えられている。酒屋の桝に見立てた。

「此星の有明《ありやけ》に現はれる頃が麥のシヲ(蒔き時)なりと」[能田1932]

有明(夜明け方)に、サカヤンマッスサンが北北東の空からのぼってくる頃が、麦蒔きの時季だった。

農業

●タノクサボシ(田の草星)

本田實氏による。広島県沼隈郡に伝えられている。田の草を取る乙女の列に見立てた[野尻1973]。

●ダエガラボシ(台唐〈台碓〉星)

おおぐま座のεζη(北斗七星の柄)を杵、αβγδを臼に見立てた。山口県周防大島に伝えられている[野尻1973]。

なお、台唐星は一般的には、からす座を意味する(第4節からす座参照)。

漁業

●カジボシ(舵星)

野尻抱影氏は、「北斗七星の形を和船のカジに見たてたので、同じ北斗のふなぼし(船星)や、カシオペヤWのいかりぼし(錨星)などとともに、海上生活の生んだすぐれた和名である。初秋に西北の中空に逆立つ北斗の姿が最もこれをうなずかせる」と記している[野尻1973]。人びとは、星空にも自分たちと同じ暮らしを描いた。自分たちと同じように星空でも航海している、とイメージをふくらませて舵星を描いた。

広島県尾道市正徳町吉和で聞いた話である。

「昔の人は船のカジ(舵)とるでしょ。あれじゃ言いよったんじゃ。あれにたとえて、舵みたいにこういうふうになっとるけんな。カシラ(頭)が細うてあとの方が広うて、テンテンテンとこうあるけん、カジボシ(舵星)じゃいうて言いよったんじゃ。ここの人は」[北尾C]

また、福井県坂井郡安島(現・坂井市)に伝わるナンボヤ踊りにカジボシが登場する[野尻1973](第2節こぐま座参照)。

●カヂボシ（舵星）

カジボシの転訛。福井県坂井郡三国町安島（現・坂井市）に伝えられている［北尾C］（第2節こぐま座参照）。

●キタノオオカジ（北の大舵）

金田伊三吉氏が石川県珠洲市で記録した。一九八三年三月、金田伊三吉氏とお会いして、昭和一六年当時八五、六歳の人がミナミノコカジ（第3章第6節いて座参照）、ホカケボシ（第4節からす座参照）、ツリボシ（釣り星、第3章第5節さそり座参照）とともに伝承していたと確認することができた。いて座の南斗六星（ミナミノコカジ）と違い、大きく、また、北のほうに輝くことからキタノオオカジという星名が形成されたのである。

●ヨコゼキ

長崎県南松浦郡新上五島町桐古里郷横瀬に伝えられている。

「ヨコゼキ七つ。ヨコゼキ、北の方、通る。ヨコゼキは北斗七星」［北尾C］。

念のためオリオン座三つ星と小三つ星とη星か北斗七星か図で確認したが、間違いなく柄の長い北斗七星を意味した。また、外に出て実際の空で北の方を通ることも確認した。オリオン座三つ星と小三つ星とη星を刺網一枚に見立てたケースが多いが、この場合は北斗七星（おおぐま座αβγδεζη）を意味した（第1章第2節オリオン座参照）。

●ツボアミボシ（壺網星）

岡山県和気郡日生町（現・備前市）に伝えられている。壺網に見立てた［桑原1963］。

●タテアミボシ（建網星）

香川県大川郡津田町（現・さぬき市）に伝えられている。建網に見立てた［桑原1963］。

生活道具

●ハリサシボシ（針刺星）

αβγδを針山、εζηを支柱と見立てて、絎台《くけだい》付の針刺をイメージした。兵庫県揖保郡御津町室津（現・たつの市）に伝えられている［桑原1963］。

●**カギボシ**（**鍵星**）

長谷川信次氏によると、群馬県利根郡、碓氷郡、吾妻郡に伝えられている。頭が直角に曲がった、柄のふとく長い土蔵の大鍵に見立てた［野尻1973］。

●**クラカギ**（**倉鍵**）

倉で使われていた鍵に見立てた。滝山昌夫氏によると、静岡県焼津市に伝えられている［野尻1973］。

●**ツルカケ**

倉田一郎氏著『佐渡海府方言集』に「ツルカケ北斗七星」と掲載されている［倉田1944］。野尻抱影氏は、「鍋ヅルをかける自在鍵の形と見たものらしい。初秋の西北の天頂から下がる北斗七星を思うと、同じく鄙びた名に感心させられる」と記している［野尻1973］。初秋の生活の情景が星空に描かれた。

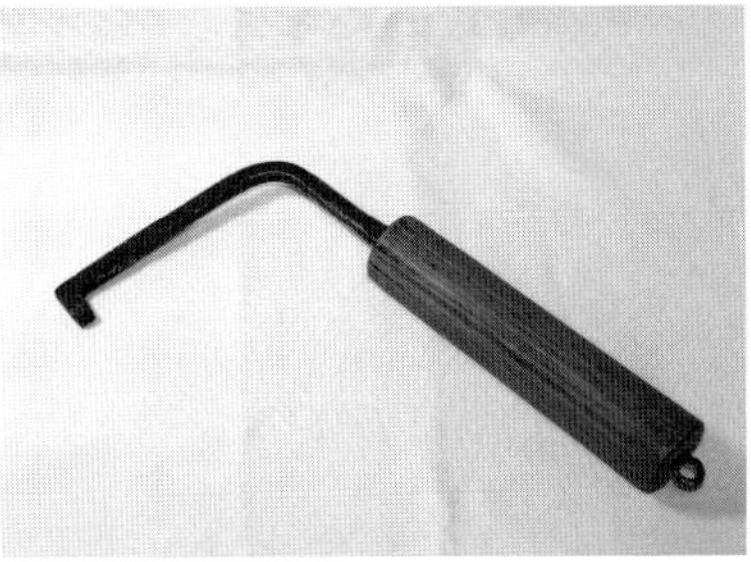

倉鍵（星の民俗館所蔵）

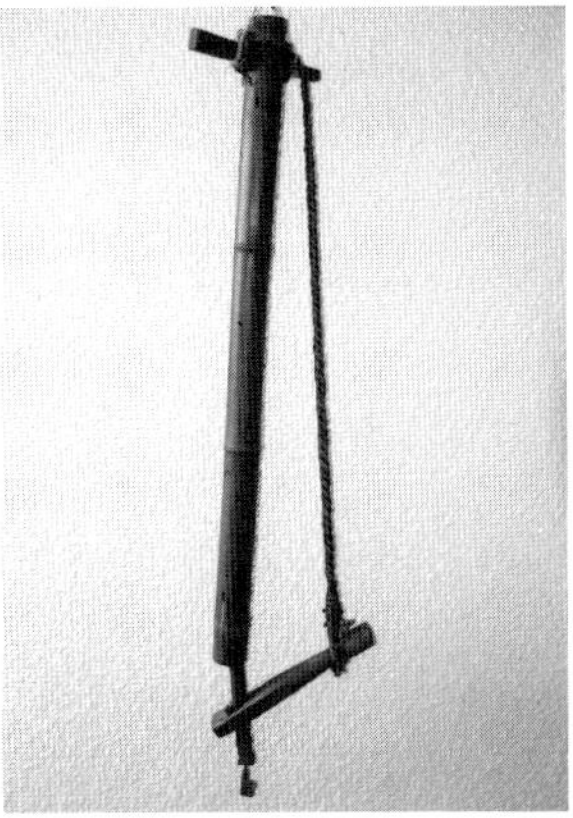

自在鉤（星の民俗館所蔵）

●**ツリボシ**（**吊り星**）

七月、八月頃の日没後の柄杓の柄を上にした状態を吊り具の一種に見立てた。εζηを軸、αβγδを鉤にみた。東京都武蔵村山市に伝えられている［三上C］。

●**トッテボシ**（**把手星**）

把手に見立てた。岩手県下閉伊郡花輪村（現・宮古市）に伝えられている［内田1949］。

信仰

日、月と木星、火星、土星、金星、水星の五星を意味する七曜が、おおぐま座αβγδεζη（北斗七星）の星名となった。野尻氏は、「仏教の星辰信仰で、原意を転じて北斗の七菩薩のこととなり、やがて和名と化したので、九曜

（すばる）・五曜（カシオペヤ）などと通じている」と記している。「信仰」の項には、星占いに関係するものや信仰に通ずる伝承が伝えられている七曜、破軍の星、作法星等を含めた。

◉ヒチヨー（七曜）

静岡県榛原郡吉田村（現・吉田町）に伝えられている。北斗七星をヒチヨー、こぐま座αδεζηγβをコヒチヨーと対比して呼んでいた［内田1949］。

◉シチヨウ（七曜）

神奈川県横浜市旭区善部町に伝えられている［横山C］。

◉シチヨーノホシ、シチヨウノホシ（七曜の星）

安永四年（一七七五年）の『物類称呼』に、「東國にて七曜のほしと称す」とある。シチヨーノホシは、静岡県は沼津市我入道等一九か所、東京都は伊豆諸島青ヶ島、御蔵島の二か所、青森県、岩手県、福島県、茨城県に各一か所伝えられている［内田1949］。シチヨウノホシは、神奈川県三浦市白石町に伝えられている［横山C］。

◉キタシッチョウ

シチヨウ（七曜）が転訛したシッチョウに方角を示す北を加えて、キタシッチョウ。埼玉県入間郡名栗村（現・飯能市）に伝えられている［三上C］。

◉ナナヨノホシ（七曜の星）

宮城県気仙沼市、本吉郡志津川町（現・南三陸町）に伝えられている［千田C］。

◉サホウボシサン（作法星さん）

兵庫県小野市粟生に、「北に出とっての七つの星さんは、さほうぼしさんいうて、もったいない星さんでなあ。わてら一ぺんもこの星さんの方（北）向いて、おしっこなんかしたことありまへん」と伝えられている［桑原1963］。サホウボシの方には神聖なるものを感じたのであろうか。

◉ハグンノホシ（破軍の星）

桑原昭二氏は、播磨地方においてはη星だけではなく北斗七星（おおぐま座αβγδεζη）全部を指しているようであると指摘している。勝負師が破軍の星に向かって賭けをしたら必ず負けると伝承されており、破軍の星を背に受けて賭けたのである。兵隊さんが戦争に行くとき、千人針に破軍の星の形を縫いこんだ。兵庫県だけでなく、小豆島や鳴門においても伝えられていた［桑原1963］。

●ケンサキボシ（剣先星）

桑原昭二氏によると、η星（後述）ではなく北斗七星（αβγδεζη）全部を意味するケースが兵庫県相生市矢野に伝えられている。

「若い時分に夜遊びしておったときになあ、ああ、けんさきぼしがあんなところに出とってやいうてな……急いで帰ったもんです」［桑原1963］

●シソウノケン（四三の剣）

岡山県笠岡市、香川県仲多度郡多度津町佐柳島に伝えられている。桑原昭二氏は、シソウノホシとケンサキボシが合わさった名前と推測しているが同感である［桑原1963］。本来はη星のみを意味していたケンサキボシと北斗七星（おおぐま座αβγδεζη）を意味したシソウノホシが合わさって、七つの星を合わせてシソウノケンと呼ぶようになったのであろう。一方で、合わさらないでケンサキボシだけで北斗七星（おおぐま座αβγδεζη）全体を意味するようになったケースも多かったのであろう。

●オニボシサン（鬼星さん）

桑原昭二氏によると、姫路市白浜に、鬼星さんが子の星さん（こぐま座α星〈北極星〉）を食べてしまおうと追っかけているが、番星さん（こぐま座βγ）が食べないように張り番をしているので食べることができないと伝えられている［桑原1963］。北極星を食べようと狙っている鬼に見立てたのである。

娯楽

●シソウノホシ（四三の星）

北斗七星の桝をサイコロの四の目に柄を三の目に見立てた。野尻抱影氏によると、愛媛、広島、山口、和歌山、千葉、茨城、神奈川他……と、広範囲に伝えられている［野尻1973］。また、安永四年（一七七五年）の『物類稱呼』に、「東國にて七曜のほしと称す又四三の星ともいふ」と掲載されている。野尻氏は、「その道の人に聞いたのでも、四と三の目がそろって出る確率はそう少なくはない。それをとくに重んずるようになったのは、陰陽道で尊崇した北斗七星の布置に似ているからで、その賽の目を〈シソウ〉とよび、それが再転して北斗の和名となったと考えられる」と記している。さらには、熊野那智神社の田楽舞の田植歌に「青い雲がさし出たしその星かな、ヤヨ、アリヤ、ソヤ、ソヤヨ、アリヤ、ソヤソヤ」というように四三の星が登場することを指摘しており、古い時代から広く語り伝えられていた星名であることがわかる[野尻1973]。

兵庫県高砂市戎町の明治三〇年生まれの漁師さんも四三の星を目標にしていた。

「シソウノホシいうのがある。ネノホシのぐるりをまわる。シソウノホシは七つの星。それがネノホシのぐるりをまわる」[北尾C]

大空にサイコロをころがすと四と三の目が出た。ころがったサイコロは、その勢いで、ネノホシ(北極星)のまわりをまわり続ける。まさに、星空の壮大な景観だ。

●シソー、シソウ(四三)、シソーボシ、シソウボシ(四三星)

シソウノホシを略して「シソー、シソウ」、「ボシ」を加えて「シソーボシ」と呼ぶ。能嶋家傳に四三星が登場する[住田1930]。

内田武志氏によると、シソーは静岡県田方郡宇佐美村留田(現・伊東市)、小室村川奈(現・伊東市)に、シソーボシは静岡県賀茂郡稲取町向(現・東伊豆町)、田方郡伊東町(現・伊東市)、三重県南牟婁郡荒坂村二木島(現・熊野市)、和歌山県東牟婁郡太地町等に伝えられている[内田1949]。鹿児島県西之表市西之表には、シソウボシが伝えられている[北尾AC]。兵庫県姫路市妻鹿においては、「しそう七つ星八つ」と伝えられている[桑原1963]。四三を構成する星の数は七つであるが、アルコルを含めると八つになるという意味である。また、香川県小豆郡小豆島町福田においては、「しそう七つに子一つ」と伝えられている[桑原1963]。四三を構成する星の数は七つであるが、子どものように小さく(暗く)輝くアルコルが一つという意味である。

●シソボシ(四三星)

磯貝勇氏は、石鎚山の山小屋で、「スマル、カセボシ入る処《く》はあるが、わしらシソボシ入る処《く》ない」という俚謡を記録した。野尻抱影氏は、「たぶん労働唄だが、北斗の周極運動をいったのがめずらしい」と記しているが、俚謡の意味は不明であった[野尻1973]。

●シゾウノホシ、シジョウノホシ(四三の星)

シソウノホシの転訛。宮城県本吉郡唐桑町(現・気仙沼市)に伝えられている[千田C]。

●チソー(四三)、チソボシ(四三星)

シソー、シソボシが転訛。香川県小豆郡豊島(現・土庄町)にチソー[アチックミューゼアム1940]、愛媛県西条市西之川(石鎚山)にチソボシ[北尾C]が伝えられている。

磯貝勇氏が記録した俚謡(シソボシの項参照)を一九八三年、愛媛県西条市西之川(石鎚山)において記録することができた。

「スマル、カセボシは入《い》るくがあるが、私はチソボシ入るくない」[北尾C]

スマル(プレアデス星団)とカセボシ(オリオン座三つ星)が西の空へ低くなっていくとチソボシ(北斗七星)が高くなっていく。スマル(プレアデス星団)とカセボシ(オリオン座)は西の山々へと入っていくが、チソボシは入ることができない……と歌ったのである。俚謡の意味については、昔は結婚しないでいるとチソボシが沈まない(入るくない)のにたとえられて、「いいかげん嫁にいかなあかんいうふうに言って。今頃とちがって、年いって嫁にいかずおりゃ、そういうふうなことを昔の人は言うたらしい」と説明してくださった。

厳密には、現在、愛媛県西条市石鎚山からは北斗七星すなわち、おおぐま座$\alpha\beta\gamma\delta\varepsilon\zeta\eta$が全て沈むわけではない。$\eta$星と$\gamma$星は沈む。時代をさかのぼり、西暦七〇〇年頃以前には$\alpha\beta\gamma\delta\varepsilon\zeta\eta$全てが入るくないことすなわち周極星になる。しかし、実際はη星とγ星が沈んでも「チソボシ入るくない」と伝承される景観と考えることも可能ではなかろうか。

●シソウナナツノホシ(四三七つの星)

兵庫県明石市東二見に伝えられている。四つと三つと合わせて七つになるので、シソウナナツノホシと呼んでいる[桑原1963]。

●シチセキボシ（七石星）

兵庫県揖保郡新宮町（現・たつの市）、香川県東かがわ市引田に伝えられている。桑原氏は、「七つの星を碁石とでもみたのであろうか」と記している［桑原1963］。

●カジマヤーブシ（風車星）

沖縄県島尻郡與那原村（現・与那原町）に伝えられている。風車の形の星とみてカジマヤーブシ［内田1949］。九七歳のお祝いは、カジマヤー（風車）を持たせて赤ちゃんの真似をさせた。九七歳で再生し童心にかえると伝えられていたのである。風車を北斗七星（おおぐま座αβγδεζη）と重ね合わせて、長寿を感謝し祝ったのだろうか。

02 γδεζη

北斗七星（αβγδεζη）は、柄杓の柄のつけ根にあたるδ星のみが三等星、他の六つの星は二等星である。柄杓の柄のつけ根の星が、例えば三等星でなく五等星なら、柄杓の形を描くのは難しくなったかもしれない。おそらく、北斗七星とは呼ばれなかったのではなかろうか。また、α星とδ星、β星とγ星の距離がもう少し大きければ、γ、δ、ε、ζ、η星を結んで船の形に見た「船星《フニブス》」という星名は形成されても、北斗七星や、同じく七つの星を結んで船の舵の形に見た「舵星《カジボシ》」という星名形成の可能性は小さかったのではないだろうか。

δ星が三等星、他の六つの星が二等星で、なおかつ、α星とδ星、β星とγ星の間隔がちょうどよいくらいであったので、七つの星とγからη星までの五つの星の名前の両方が生まれることになった。多様で豊かな星名が生まれる背景には、星の明るさと間隔の偶然があった。

●フニブス（船星）

船の形に見立ててフニブス（船星）（フニ＝船、ブス＝星）。沖縄県平良市、宮古郡城辺町、上野村（現・宮古島市）に伝えられている。上野村では、航海中船員達が見当にするということから船星と呼ぶと伝えられている［北尾AC］。

船星（湯村宜和氏撮影）

03 αβγ

◉イコブシ（杁星）

鹿児島県奄美市名瀬小湊に伝えられている。「イコ」は、杁（おうご）で天秤棒。おおぐま座αβγの∧を天秤棒に見立てた［北尾C］。磯貝勇氏が大島郡宇検村出身の浜田氏から聞いたオーコプシ（杁星）は、さそり座アンタレスとσ・τの∧を意味した［野尻1973］。名瀬小湊の場合、北の空と伝えられており、ナナツブシと言わないでイコブシと言った。杁星は、多くの場合、さそり座アンタレスとσ・τの∧を意味する（第3章第5節さそり座参照）が、同じ星名が複数の星を意味するケースもある。なお、奄美市名瀬小湊では、多くの場合は北斗七星（おおぐま座αβγδεζη）を意味するナナツブシはプレアデス星団を意味した（第1章第1節おうし座参照）。

04 アルコル

おおぐま座ζ星（ミザール、北斗七星の柄の先から二番目の星）の近くに輝くアルコルも生活のなかで注目され、次のような星名伝承が形成された。

●スブシ

鹿児島県大島郡大和村今里に伝えられている歌「テンニトヨーマレルハ、ナナツブシー、スブシ、ジンニトヨーマレルハリヤ、ナキャトワーキャトゥ」（前述）に登場するスブシについては、『奄美方言分類辞典』に「添え星」とあり、次のように記されている。

「天女が下界で子を生み七つ星の座に列する資格を失い、その脇の方に寂しく光る身分になった。自分を思い出すときは、その小さい星を眺めて自分を偲べと子どもに言い残したと伝えられている」［長田1977］

奄美大島では、「そば」のことを「すば」と言い、「す」だけでも、「そば」とか「そえる」という意味があり、スブシはおおぐま座ζ星（ミザール）の近くに輝くアルコルのことを意味する。

●ジュミョウボシ（寿命星）

広島県呉市倉橋島に、「これはジュミョウボシというて、正月にこの星が見えん者は、その年の中に死ぬるんじゃ」と伝えられている［野尻1973］。星空で、寿命星と反魂星（こぐま座αδεζηγβ、姫路市に伝えられている）が相対している（第2節こぐま座参照）。

05 η星

●ケンサキボシ

野尻抱影氏は、「ほとんど全国にわたる」「天明の《雑事類篇》には〈斗柄《ケンサキボシ》〉とある。斗柄は柄の三つ星だが、ふつう揺光のみをもいう」と記している［野尻1973］。斗柄（εζη）と『雑事類篇』に記されているものの揺光（η）のみをも意味するとしているが、北斗七星（αβγδεζη）全部を意味することもある（前述）　千田守康氏によると、宮城県宮城郡七ヶ浜町吉田浜に伝えられている［千田C］。

●ハグン（破軍）、ハグンノホシ（破軍の星）

野尻抱影氏によると、岡山・愛媛・宮崎・奈良・和歌山・群馬他に伝えられている［野尻1973］。瀬戸内海の水軍の『能嶋家傳』には、破軍が登場し、「破軍くり様船乗不知の時は方角に迷ふ事あり」と記されている（住田1930）。なお、前述のように北斗七星（おおぐま座αβγδεζη）全部を意味するケースもある。

第2節 こぐま座

こぐま座においては、α星、βγの二星、αδεζηγβでつくる小柄杓について、日本の星名が伝えられている。

01 α（北極星）

日々の生活のなかで星を見る目的を次のように分けることができる。

❖時間を知る。
❖季節を知る。
❖方角を知る。
❖位置を知る。

こぐま座α星（北極星）の場合、時間、季節を知る目標とすることはできない。船を進める方角や漁場の位置を知るための目標にして使用された。

日本は南北に長い。最北端と最南端ではこぐま座α星の高度は二〇度以上も異なり、最北端の高度は、最南端の倍近くになる。しかし、最北端の地においても、方角を知るのに用いるのが困難なほどの高い高度にはならなく、最南端の地においても、建物や山あるいは雲等の影響を受けやすくなるほど低くはならない。方角を知るのに適した緯度のなかで、こぐま座α星について多様で豊かな星名伝承が形成されたのである。

また、こぐま座α星（北極星）は、二等星である。日本の星名は、オリオン座三つ星やプレアデス星団のような小さな配列に集中しており、恒星は一等星の場合においてもカノープスという例外（第1章第7節りゅうこつ座参照）を除いて多様な星名形成がなされていない。しかし、次のような特徴を持っているため、日々の生活のなかで他の一等星より

北の空の日周運動。大分市佐賀関大志生木から別府湾を望む（奈須栄一氏撮影）

も目標にされ、多様な星名が形成された。

❖いかなる季節においても、常に一晩中、見ることが可能である。

❖方角を変えることがない。一晩中、ほぼ同じ位置に輝く。

1 特徴を認識する過程において形成された星名

数

まわりに明るい星もなくひとつ輝いている様子が星名となったケースである。

◉ヒトツボシ

内田武志氏は、「子は十二支の第一位であったので以前は北方を一つと呼称したのに由来する」と指摘している〔内田1949〕。内田氏によると、ヒトツは数ではないが、野尻抱影氏の「〈ひとつぼし〉という単純な名は、不思議なほど星の稀な、ほの暗い極の空に、ぽつんと一つ光っている二等星の、かつ常住である印象を表わして申し分がない」という記述のように、実際の伝承では、周辺に明るい星がなく、ぽつんと一つ光っている様子が認識されていると考えたい。

ヒトツボシは、内田武志氏によると、静岡県は濱松市追分等の五八か所、青森県は八戸市類家町等の六か所、東京都は伊豆諸島八丈島、青ヶ島の二か所、神奈川県は三浦郡三崎町（現・三浦市）等の五か所、三重県は志摩郡國府村（現・志摩市）等の四か所、鹿児島県は日置郡市來町大里（現・いちき串木野市）、川邉郡西南方村坊（現・南さつま市）、川邉郡枕崎町白澤（現・枕崎市）の三か所、岩手県、福島県、茨城県、和歌山県、富山県、山口県、福岡県に各一か所というように広範囲に伝えられている〔内田1949〕。

横山好廣氏は、神奈川県三浦市三崎町にて、ヒトツボシを記録。大正一三年生まれの漁師は、「北南を知る星で、北の方で一つ明るい。東西は潮の流れを手で感じて分かるが、北南はヒトツボシを使った。この星は動かないので、コンパスをヒトツボシにあてて山立てをした」と伝えていた。

筆者（北尾）は、佐賀県唐津市馬渡島で「ヒトツボシ、めあて。どっちが西か、東か、南か。ヒトツボシ、全然いごかん……」と記録［北尾C］。宮崎県延岡市ではヒトツボシ、キタノヒトツボシ（後述）の両方を使っていた［北尾2002］。

◉ヒトツ、ヒトツノホシ

横山好廣氏は、神奈川県三浦市白石町にて、ヒトツ、ヒトツノホシを記録。明治三四年生まれの漁師は、次のように伝えていた［横山C］。

❖動き………一晩に一寸一分か二分しか動かぬ。

❖目標の実際………ヒトツを船の右舷に出すとか、左舷に出すとかして進路を定めたものだ。勝浦（房総）を出たらヒトツを左舷に出しながら進むと銚子に出る。銚子からもヒトツを左舷に出して進むと金華山に着く。

また、横山氏は、三浦市南下浦町松輪（関口港）にて、ヒトツを記録。白石町と異なって、「北にあって動かない」［横山C］と伝えていた。その他、横山氏は、ヒトツを千葉県銚子市長崎町にて記録した。

筆者（北尾）も、千葉県銚子市外川《とがわ》でヒトツについて次のように記録した。

「ヒトツだね、一つ星。これが古老の言葉だ。北極星とは言わなかった。ヒトツ、ヒトツ……」

「絵に書くとね、この辺で愛宕山言うんですけどね。それで、ここに外川の町があるわけですね。ここに犬吠埼灯台があるのですよね。犬吠埼灯台があって、ここずーとこういってここに長崎の町がある。漁場の位置を見るのにね、このヒトツの星、北極星ね、ヒトツノホシ。これのここ来たところには、ここはどこの漁場、どこの漁場てみんな決まってたの」

「外川の町も、今、養老院とか色々建っていますよね。夜みんな灯《あかし》ついているから、そこにヒトツが来たらどこの漁場とか。ヒトツがここに来た場合にはどこどこ。そういうふうにね」

「モダレって言うんですよ。それにもたれているから」

［北尾C］

ヒトツを見ながら船を進めた。地上の目標の上にヒトツが来たところが漁場だった。ヒトツで漁場を知る。ヒトツにもたれているから、モダレと言ったのだった。

◉ヒトツボシサマ

敬い、親しみをこめて「サマ」を加えて呼んだ。内田武志氏によると、鹿児島県川邉郡西南方村泊(現・南さつま市)に伝えられている[内田1949]。

◉イトツボシ

静岡県志太郡東益津村策牛(現・焼津市)、鹿児島県川邉郡枕崎町西村(現・枕崎市)には、ヒトツボシから転訛したイトツボシが伝えられている[内田1949]。

方角「北」

こぐま座α星の輝く方角「北」が星名となったケースである。

◉キタノホシ(北の星)

広く分布している素朴な星名。茨城県北茨城市大津町、愛知県幡豆郡吉良町(現・西尾市)、大阪府岸和田市中之浜町、香川県丸亀市御供所町、鹿児島県阿久根市黒之浜[北尾C]等。

大阪府岸和田市中之浜町では徳蔵の伝承(後述)を記録できなかったが、「キタノホシは屋根の瓦三枚しか動かん」というように、北極星の動きの大きさを瓦三枚と伝えられていた。鹿児島県阿久根市黒之浜では、「コシキに渡るとき、キタノホシを見ている」というように甑島へ渡るときに目標にした[北尾C]。

◉キタボシ(北星)

内田武志氏によると、静岡県志太郡焼津町小川新地(現・焼津市)、鹿児島県川邉郡加世田町津貴(現・南さつま市)、枕崎町枕崎(現・枕崎市)等にキタボシが伝えられている[内田1949]。

千田守康氏は、キタボシを宮城県宮城郡七ヶ浜町で記録した[千田C]。

筆者(北尾)は、鹿児島県肝属郡南大隅町佐多大泊で記録した。「キタボシめあて。種子島からの帰り、だいたいキタボシのほうに走ればよい。北より西のほうに向けたり。潮のかげんで、キタボシより西のほうに向けたり。佐多岬灯台めあて。灯台とキタボシと二つで確実」というように、帰るときに灯台とキタボシの両方を目標にしていた[北尾

C］。
トカラ列島の有人島で最も南に位置する鹿児島県鹿児島郡十島村宝島においても、キタボシが伝えられていた［北尾AC］。

●ホクセイ

北星を「ホクセイ」と呼ぶケースである。横山好廣氏は、神奈川県三浦市向ヶ崎にて記録［横山C］。内田武志氏によると青森県東津軽郡後潟村（現・青森市）に伝えられている［内田1949］。

方角「子」

こぐま座α星の輝く十二支の真北の方角「子《ね》」が星名となったケースである。

●ネノホシ（子の星）

ネノホシは広く分布し、数多くの調査がされている。内田武志氏によると、岩手、福島、茨城、神奈川、静岡、岐阜、富山、福井、三重、京都、大阪、兵庫、山口、香川、高知、熊本に分布［内田1949］。筆者（北尾）は、東京都新島村若郷、兵庫県神戸市長田区駒ヶ林、高砂市戎町、飾磨郡家島町坊勢島（現・姫路市）、岡山県倉敷市下津井、香川県東かがわ市引田、坂出市瀬居町、坂出市櫃石、丸亀市御供所町、丸亀市広島町小手島、愛媛県新居浜市垣生、松山市高浜町、福岡県豊前市宇島、大分県中津市小祝、今津等で記録［北尾C］。

❖事例1――東京都新島村若郷（話者生年＝大正一四年）

利島から帰るとき目標になったのが北極星―ネノホシで、明治二七年生まれの父親から教えられた星であった。

「北極星、ホクトシチセイのいちばん最後のところの五倍長さつたわっていけば北極星。おやじ、ネノホシって言ったな」

「ネノホシって言った。ネノホシ、動かない。ほとんど動かない。あれを真北、マキタボシって。真北思って走れば、間違いない。東行くなら、左手を真横にして。西に行くなら、右手を出せばよい」

「星（ネノホシ）を背中にして、まっすぐ見れば、南。南に行くなら、それ（ネノホシ）を背中にしょっといて、右手ば出せば西、左手出せば東。ネノホシを背中にしょって、まっすぐ見れば、南向いてる。ネノホシを背中にしょって、右手出せば西、左手出せば東」

「ネノホシをまっすぐに見ているとき、反対になる。ネノホシを見てれば、右手が東。左手が西。ひとつ。基本の星だと言ったよ」

「だいたい、利島《としま》から来るには、ネノホシを背中にしよってくる。ショイコがあるでしょ。ショイコと言って、背中へ背負う」［北尾C］

❖事例2――兵庫県神戸市長田区駒ヶ林（話者生年＝大正一一年）

星と言えばネノホシ。どこに行っても方角を教えてくれた。

「ネ、ウシ、トラってあるやろ。干支《えと》あるやろ、ネノホシいうのや。ネ、ウシ、トラ、ウ、タツ、ミとあるやろ、あれのサキのネや。ネノホシ言うのや」

「一の谷の上にあるわけな。それが駒ヶ林にずーといっしょに帰ってきたら、星もな、東、東くる」

「ネノホシは年中でとるわ。ネノホシは、日が暮れたら出てきて朝まで……」

「行く場所によってちがう。須磨のとこにおったら、須磨の上にあるしな、灘のとこにおったら、灘の上にある」

［北尾2004］

❖事例3――香川県坂出市瀬居町（話者生年＝大正一四年）

濃霧で山アテで方角を知ることができないとき、子の星が見えることがある。そのときは子の星に頼るしかなかった。子の星を目標にしていたのは主に終戦前だったが、終戦後もしばらくは目標にしていた。

「ネノホシはよう言いよったぜ。大人の人がな、これがネノホシだいうことはよう言いよったぜ。ネノホシはだいぶん大きなってまで言いよったんちがうかな」

「濃霧や何かのときに、暗いときには、あれがネノホシじゃから、方向こっち向けたら自分の船は東向いとるとかよう言いよったわな。ネノホシいうのは必ず北にあるけんな、方向よう定められる。濃霧で下が見えんでもそれが見える場合があるわな」

「ネノホシのどれくらいの角度で船向けたら、東なら東、船動いていきよるいうのは言いよった。わしがだいぶ大きなるまで言いよったな。ネノホシいうのは、よう言いよったぜ。方向知るために言いよったぜ。今みたいに羅針盤積んでなかったし、レーダーも積んどらんけんな」

「ネノホシを船の後ろ向けたら、南に船首向いとるとか。方向知るのはネノホシな。あの星大きい。ようわかりよった。よう光りよった。羅針盤も時計もない時期に、それだけ頼りでな、海出とったがな」［北尾2001］

❖事例4——香川県坂出市櫃石（話者生年＝明治四〇年）

祖父から伝え聞いていた話である。

「玄界灘にさしかかったとき、暴風で帆柱とられて漂流した。そして、大連かどこか中国に着いた。言葉はわからなかったが、漢字で書いているうちに通じた。村から村へ舟で送られ、朝鮮から日本へ帰ってきたら三周忌の法要が済んでいた」

そのとき役に立ったのはネノホシであった。

「昔は、船乗りは、ネノホシだけを頼って、それで航行しとったのですわな。それはもう動かん星」［北尾C］

かつては、磁石（コンパス）より正確だとネノホシを頼りにし続けたのである。

❖事例5——香川県丸亀市広島町小手島（話者生年＝昭和五年）

スマルは名前を聞いただけ、他の星の名前は記憶していなかったが、ネノホシだけは重要な星で常に目標にしていた。

「おやじ、年寄りは、ネノホシ言っていた。ネ、キタ。動かん。夜、かすんで山が見えんとき、なんべんもある。あれよー光っとる。あれ、ネノホシやって、走りよったことある」

「エビ漕ぎしていた。ネノホシは、北に光って、よう光っとる星はネノホシ。ネノホシが見えたら、時間かかってでもどうにか帰りよった。しまった、いうようなことあるさかいな」［北尾C］

❖事例6——愛媛県松山市高浜町（話者生年＝昭和三年）

エビや穴子をとるとき、ネノホシを目標にしていた。

「北極星はネノホシと言いよった。ネノホシ、一年中動かんけんな。ネ、子、北。動かんけんな。ネノホシ見たら真北がわかる。夜、霧がでてないおりは、晴れたらときどきそれを見もって走る。ネノホシ、こまいけど。大きいことない。ほとんど、今の若い人は知るまい。こまいけど、

いつも、ついなとこにある、ついなとこにある、おなじところにある」[北尾C]

「ついなとこ」は、同じところという意味である。

❖事例7——大分県中津市小祝漁港（話者生年＝昭和一〇年）

明治四一年生まれの父親からネノホシ等の星名を伝え聞いていた。

「北極星、ネノホシ言う。ネノホシ、あまり光らん」

「ネノホシが一番よい。動かん。コンパスより正確」

波で回ってしまってわからなくなるコンパスより、ネノホシのほうがずっと頼りになった。また、コンパスは波をかぶるときも多く、ネノホシがいちばんだった。

「ネノホシ動かん。年寄りは、これを目標。一時間くらい沖出たら、丘の灯《ひ》が見えなくなる」[北尾C]

コンパスよりネノホシを頼りにした最後の世代だった。

●ネノホシサン（子の星さん）

ネノホシを親しみをこめてネノホシサンと呼ぶ。筆者（北尾）は、兵庫県相生市相生[北尾1991]、香川県坂出市瀬居町[北尾2001]で記録した。

坂出市瀬居町にて、大正二年生まれの漁師さんから聞いた話である。

「あれがネノホシさんやいうのはな、うわさに聞きよった。ほかの星さんはみんな動くんじゃけどな、ネノホシさんいうのはな、あまり動かなんだ。そやけん、昔、船乗りなったらめあてにしよったらしい」[北尾2001]

また、姫路市白浜においても伝えられている[桑原1963]（後述の番星の項参照）。

●ネノホシサマ（子の星様）

香川県仲多度郡本島村（現・丸亀市）に伝わる話である。

「ネノ星様は貧乏な家の一人息子であつたさうな。寺小屋へ行つてゐたが、あまり良く出來るので仲間の者から妬まれて、追つかけられてはつてゐるんぢや。ネノホツサンともいふ」[アチックミューゼアム1940]

ネノ星様（北極星）の廻りを星ぼしがまわっている様子を、追いかけられていると語ったようである。

●ネボシ（子星）

ネノホシと言わずに、ネボシと縮めて言う。ネボシは、内田武志氏によると鹿児島県川邉郡加世田町津貴（現・南さつま市）をはじめ、静岡県、青森県、岩手県、福島県、新潟県、茨城県に伝えられている［内田1949］。千田守康氏は、宮城県本吉郡志津川町滝浜（現・南三陸町）にて記録した［千田C］。

筆者（北尾）は、福島県いわき市久之浜町、静岡県焼津市小川、兵庫県淡路市岩屋　広島県尾道市正徳町吉和、大分県杵築市片野東納屋、長崎県南松浦郡新上五島町有福、鹿児島県揖宿市開聞川尻、肝属郡南大隅町佐多大泊で記録［北尾C］。

福島県いわき市久之浜町の事例は、ネボシの信頼性が高かったことを教えてくれる。大正八年生まれの漁師さんの話である。

「ネボシ、ネボシ言ってた。子《ネ》、ネ、ネ……。子《コ》だよ、コ、コ、コ。動かねえよ、これは」

「昔はコンパスねえから、そういう星をたよりにね、航行したんだから……。今のコンパスは、狂うときあるんだわ。狂ってなんぼか……」

「星は狂わねえ。星は絶対狂わねえから」

コンパスと違って、検査しなくても絶対狂わないのがネボシだった［北尾2004］

ネボシは、航海に大切な星として、年上から年下へと伝承されてきた。

広島県尾道市正徳町吉和の大正一三年生まれの漁師さんの話である。

「ネボシいうのは、星が太いだな。あまり動かんで。コンパスたてたらな、やっぱり子の方にあるのですわ、その星は」

「教えてくれんでも、話するから、子どもながらそれを聞いて習うわけ。それでまあ、一四・五歳くらいのときには問いよったな、おやじに。ネボシいうたら、おとうさんどこですかいうて。あれだいうて」［北尾2001］

長崎県南松浦郡新上五島町有福郷（五島列島）においてもネボシを見て航海した事例を記録した。

「昔は、羅針盤なかった。ネボシ見て、何度で走ったら目的地へ」［北尾C］

◉ネブシ

鹿児島県大島郡宇検村平田、大島郡大和村今里で記録［北尾C］。奄美大島・喜界島以南では、星を「フシ」「ブシ」

と呼んだ。

◉ニブシ

鹿児島県大島郡宇検村平田で記録した。子《ネ》がニに転訛してニブシ。ネブシとともにニブシを同時に使っていた。

ニブシを背中にして横当島から帰ってきた。

「ニブシ、ニブシ言うてた。ニブシ、ネブシ。子《ね》、丑、寅の子、子星《ネブシ》。横当島まで櫓で行った。この星に向かえば、北に走るいうわけでしょ。これを背中にすれば南に走るいうわけよ。横当島行って帰りには、これを背中にして帰ってきた」［北尾C］

明るさ

暗い星が多い北の空のなかで目立つ明るさで輝く様子が星名となったケースである。

◉オーボシ、オオボシ（大星）

明るく輝く様子を「大きい星……オオボシ、オーボシ（大星）」と表現した。オオボシ、オーボシは、明けの明星を意味することが多いが、内田武志氏によると、オーボシがこぐま座α星（北極星）を意味するケースが静岡県賀茂郡白濱村（現・下田市）、志太郡焼津町小川新地（現・焼津市）、和歌山県東牟婁郡太地町に伝えられている［内田1949］。また、千田守康氏によると、宮城県本吉郡唐桑町堂角（現・気仙沼市）にオオボシが伝えられている［千田C］。

◉オボシ

宮崎県延岡市に伝えられている。

「オボシとも言いよったですね。オボシね。どんな字を書くかな。ゆう（雄）とか……。雄かもしれんね。雄、偉大な星。それとも大星《オオボシ》を短くオボシと言ったかもわからんですよ。御星《オボシ》さんみたいに敬称つけとるかな」

大星、雄星、いずれにしても明るいことを意味している。なお、オボシと呼ぶとともに、キタノオボシ、ヒトツボシ、キタノヒトツボシとも呼んだ。一人の話者が日常的に複数の星名を使用するケースもある。

「昔、山見当で。山の具合でね、わからんときはオボシさんあっちだからこっちが北だという感覚でね。真北にありますからね」

「下がかすんでて上が見えるときありますよ」［北尾2002］

方角を知るのには山アテという方法が広く用いられた。しかし、山がかすんで山アテを用いることができないとき、上のほうは晴れていて北極星が頼りになることもあった。

方角「北」「子」

方角を表す「北」と「子」の両方が星名となったケースである。

●キタノネノホシ

広島県福山市鞆町、三原市幸崎町能地、山口県熊毛郡上関町祝島、愛媛県越智郡魚島村魚島と高井神島（現・上島町）に伝えられている［北尾C］。

愛媛県魚島で聞いた話である。

「クワナイトクゾウが研究して、キタノネノホシは夜に三寸しか動かんということを……」［北尾C］

山口県祝島で聞いた話である。

「キタノネノホシ。漁師はこれみな見て。あの星はいごかん。キタノネノホシは漁師はあれ見て走りよる」［北尾C］

海で生きる人びとにとって、最も重要な星であった。

北極星

学校や本からの知識として習得されることが多い漢名「北極星」が、暮らしのなかで世代をこえて伝承されているケースである。

●ホッキョクセイ

ホッキョクという星名を聞いたとき、学校での知識であるか年上から生活の中で伝承されたものかを確認しなければならない。茨城県北茨城市大津町では、最初は、漢名「北極」と語っていたが、昔の話をしているうちに「キタノホシ」という伝承された星名の記憶をたどることができた事例がある［北尾C］。伝承という形態でのホッキョクセイは、鹿児島県日置市東市来町伊作田、南さつま市笠沙町片浦、垂水市牛根境において記録［北尾2008］。

●**ホッキョクボシ**

横山好廣氏は、神奈川県横浜市金沢区柴町にて記録［横山C］。

●**ホッキョクサマ**

静岡県濱名郡舞阪町（現・浜松市）に伝えられている。内田武志氏によると、主に婦人がホッキョクサマと呼ぶという［内田1949］。

方角「子」＋方

十二支の真北の方角「子」だけではなく、その方位の「方」に輝くことを強調した星名である。トカラ列島悪石島から、奄美大島、沖縄本島、さらには与那国島まで広く分布している。奄美大島以南では、星（ホシ、ボシ）のことを「フシ」「ブシ」と呼ぶ。

●**ネノホー（ネノホウ）ボシ（子の方星）**

早川孝太郎氏によると、ネノホーボシは、鹿児島県鹿児島郡十島村悪石島に伝えられている［早川1977］。下野敏見氏によると、同じく悪石島でネノホウ星が伝えられている［下野1994］。

●**ネノホウフシ、ネノホウブシ（子の方星）**

ネノホウフシは、鹿児島県大島郡瀬戸内町古仁屋にて記録した（話者は瀬戸内町知之浦出身）。

「ネノホウフシ、全然動かない。だいたいそれでわかる」「走らすときに、ネノホウフシ。動かない。目当てに走らす。ネノホウフシだけ相手しても行方不明になる。羅針盤も相手にした」

「ネノホウフシ、方向の目当て。船の目当て。曇ったら見えない。羅針盤あった。曇ったら、羅針盤目当て。晴れてても北の方向走るにはネノホウフシ目当て。南の方へ走るには羅針盤目当て」［北尾C］

羅針盤が導入された後も、ネノホウフシと使い分けていた。

ネノホウブシは、鹿児島県大島郡大和村今里等において記録した。今里では、宇検村平田（前述）と同様、横当島への航海の目標にした。

「星を見て行きよった。子、丑、寅、ホウバリ（方針）目

標に、横当に行った。すわってばっかりやるのをきつくなれば、あの星、目標に。ネノホウブシ、いごかん」［北尾C］

◉ネンノホウブシ（子の方星）

鹿児島県大島郡大和村思勝に伝えられていた。ネノホウブシが転訛［北尾AC］。

◉ニヌハフシ（子の方星）

沖縄県八重山郡与那国町に伝えられている。「ユルハラス、フニヤ、ニヌハフシ、ミアティ、ワンナチヤル、ウヤヤ、バヌド、ミアティ」（夜、航海する船は、北極星が目当てである。私を生んだ親は、私を目当てに生きている）と歌われている［北尾AC］。

◉ニイヌフハブシ（子の方星）

沖縄県島尻郡渡名喜村に伝えられている。「夜走《ユルハ》ラス船《フニ》ヤ子《ニイ》ヌ方星《フハブシ》目当《ミアチィ》、我身産《ワンナ》チヤル親《ウヤ》ヤ我身《ワン》ドウ目当《ミアチィ》」と歌われている［北尾AC］。

◉ニヌハブシ、ニーヌハブシ（子の方星）

ニヌハブシは、沖縄県八重山郡竹富町西表島に、ニーヌハブシは、沖縄県島尻郡粟国村に伝えられている［北尾AC］。

◉ニヌファブシ、ニーヌファブシ（子の方星）

ニヌファブシは、沖縄県中頭郡読谷村に、ニーヌファブシは、国頭郡伊江村に伝えられている。読谷村では、ニーヌファブシは、北の空の大将であると伝えられていた［北尾AC］。

◉ニイヌハブシ（子の方星）

沖縄県島尻郡渡嘉敷村に伝えられている［北尾AC］。

◉ニイヌフハノフシ（子の方星）

沖縄県島尻郡伊是名村に伝えられている。「ユルハラス船ヤ、ニイヌフハ星ミアテ、ワンナチヤル親ヤワンドミアテ」と歌われている［北尾AC］。

◉ニーヌパブシ（子の方星）

沖縄県八重山郡竹富町新城島に伝えられている［北尾

ＡＣ］。

◉ニヌハブス（子の方星）

沖縄県宮古郡城辺町（現・宮古島市）、多良間村に伝えられている。多良間村には、「昔の船には羅針盤がなかった。漁をしていて、位置がわからないときは、ニヌハブス（北極星）を目じるしにして進んだといわれる」と伝えられている［北尾ＡＣ］。

◉ニヌパブス（子の方星）

沖縄県平良市（現・宮古島市）に伝えられている。

◉ニノパブス（子の方星）

沖縄県宮古郡上野村（現・宮古島市）に伝えられている［北尾ＡＣ］。

◉ニイヌパプシ（子の方星）

沖縄県八重山郡竹富町鳩間島に伝えられている。「ユウルパラス、フニヤ、ニイヌパプシ、ミアテ、バンナセル、ウヤヤ、バンド、ミアテ」（夜走らす船は、北極星を目標にして走らす。私を生んだ親は、私を目当て）と歌われている［北尾ＡＣ］。

◉ニヌワブチ（子の方星）

子の方向を「ニヌワ」と呼んでニヌワブチ。沖縄県八重山郡竹富町小浜島に伝えられている。「夜ハラスフニヤニヌワブチミアティ、ワンナセルウヤヤワントミアティ」と歌われている［北尾ＡＣ］。

方角「北」＋方

方角「北」だけでなく、その方位の「方」に輝くことを強調したケースである。

◉キタノホウノホシ

三上晃朗氏によると、千葉県安房郡鋸南町では、キタノホウノホシが伝えられていた［三上Ｃ］。わかりやすい素朴な名前であるが、現時点では限られた地域でしか記録できていない。

方角「北」＋数

方角「北」と数の両方が星名となったケースである。

◉キタノヒトツ（北の一つ）

筆者（北尾）は、三重県志摩郡阿児町安乗（現・志摩市）で記録した。

「大事な星さんはキタノヒトツ。海上で生活する者には、いちばん大事な星さんやな。その星がひとつ見えとるだけでほかの星がかくれとってもな、あれはキタノヒトツやと勘で見るんやな」［北尾C］

長年にわたり目標にしているうちに、他の星が雲等に隠れて見えなくても勘でキタノヒトツと判断できるようになった。

千田守康氏は、宮城県北各地にてキタノヒトツを記録した［千田C］。

◉キタノヒトツボシ（北の一つ星）

野尻抱影氏は、キタノヒトツボシの分布について、「すこぶる広い」と記し、「青森・群馬・千葉・静岡・三重・和歌山・鹿児島他」というように北は青森から南は鹿児島までの広範囲にわたることを示している［野尻1973］。

内田武志氏によると、青森、新潟、神奈川、静岡、福井、三重、大阪、和歌山、長崎、鹿児島で伝えられている［内田1949］。

桑原昭二氏によると、兵庫県城崎郡香住町（現・三方郡香美町）に伝えられている［桑原1963］。

筆者（北尾）は、静岡県伊東市川奈、大阪府泉佐野市、宮崎県延岡市鯛名町、鹿児島県出水郡長島町茅屋、薩摩川内市里町里、南さつま市坊津町坊、笠沙町片浦、いちき串木野市羽島、肝属郡南大隅町佐多伊座敷、熊毛郡上屋久町永田（現・屋久島町）において記録した［北尾C］。

宮崎県延岡市鯛名町で聞いた話である。

「キタノヒトツボシがあっこなら、あの方向に船、走らせるのですよね。キタノヒトツボシを左に見たら東やという格好になるでしょ」［北尾2002］。

キタノヒトツボシ（北極星）を左に見て船を進ませると東に向かっているのであった。

鹿児島県出水郡長島町茅屋で聞いた話である。

「キタノヒトツボシ、言いよったな。動かない。それを

見て、北、言うて目安を取りよった。八キロくらい行きよった。北を目安取った」〔北尾C〕

キタノヒトツボシの高さを確認すると、「キタノヒトツボシ、何合くらいあるかな。三合、三か四かいう高さやろな。キタノヒトツボシ……」という答えがかえってきた。

「絶対動かない」と話者が断言した鹿児島県薩摩川内市里町里のケースがある。

「キタノヒトツボシ、こいつが絶対動かない。キタノヒトツボシを中心にしてまわっている。光がちょっとほかの人より大きい」〔北尾C〕

他の星より明るいことを他の人よりと表現する。星を共に生きる仲間と思う親近感を感じさせてくれる。

鹿児島県いちき串木野市羽島で聞いた話である。

「キタノヒトツボシ言って、大きいですね。夜になって方向わからんでも、その星を基準にしなあかん。島の影わからんとき、キタノヒトツボシ見た」〔北尾C〕

山や島影で方角を判断することができないとき、キタノヒトツボシを見て判断した。

◉キタンヒトツボシ（北の一つ星）

キタノヒトツボシがキタンヒトツボシに転訛。内田武志氏によると、鹿児島県川邉郡枕崎町枕崎（現・枕崎市）で伝えられている〔内田1949〕。

◉キタニヒトツ（北に一つ）

兵庫県南あわじ市沼島にて、桑原昭二氏〔桑原1963〕、北尾が記録。

昭和五年生まれの漁師さんは、昭和三〇年に七二歳で亡くなった父親からキタニヒトツについて教え込まれ、星を相手に仕事をしていた。

「縄船、行った。ハモのノベナワ。星が相手。北極星とは言わないの。キタニヒトツと言うてな。それが中心。キタニヒトツは、北斗七星で探さなくてもわかる。その星が見えたらわかる。夜、山見えない。一時間も沖、勘、キタニヒトツ。キタニヒトツ、それさえ見えたらまちがいない。夜の海でも、キタニヒトツが見えたら問題ない。だいたい方角がわかる、自分の位置わかる。曇りのときは難儀した、風とか潮とか波とかによって方角を知った」〔北尾C〕

◉キタヒトサマ

三上晃朗氏によると、ヒトは人ではなくヒトツが転訛したものと考えられ、北の一つ様の意味。埼玉県飯能市に伝えられている［三上C］。

◉キタノイッセイ（**北の一星**）

鹿児島県熊毛郡上屋久町永田（現・屋久島町）で記録した。鹿児島へ渡るときの目標にしていた。

「鹿児島行ったりするには、キタノイッセイ相手に。ここからな、鹿児島、キタノイッセイ見て行く」［北尾C］

◉キタノイッチョボシ、キタノイッチョンボシ

鹿児島県阿久根市倉津でキタノイッチョボシ（北の一丁星）を記録した。一個と同じ意味で一丁と言う。「キタノイッチョボシいごかんの。キタノイッチョボシ、今、あの長島の灯台の上に来たから『みのでの曽根《そね》』。『みのでの曽根』は、イセエビ、サバの漁場《ぎょば》だった。『みのでの曽根』がキタノイッチョボシでわかる。昭和一五、六年の話」と伝えられていた［北尾C］。

野尻抱影氏は、キタノイッチョンボシ（長崎県西彼杵郡）を「ひとつぼしの孤独な印象をいう名」のひとつにあげている［野尻1973］。

◉キタノイッテン（**北の一点**）

野尻抱影氏は、キタノイッテン（青森県野辺地）について、キタノイッチョンボシとともに、「ひとつぼしの孤独な印象をいう名」のひとつにあげている［野尻1973］。

方角「子」＋数

方角「子」とともに数が星名となったケースである。

◉ネノヒトツボシ（**子の一つ星**）

増田正之氏が富山県新湊市（現・射水市）で記録した［増田1990］。

方角「北」＋明るさ

方角「北」とともに明るさが星名となったケースである。

●キタノミョウジョウ（北の明星）

横山好廣氏は、神奈川県横浜市南区堀ノ内にてキタノミョウジョウを記録した。幼児は、「北」を加えずに単にミョウジョウサマと呼ぶ［横山C］。

●キタノオーボシ、キタノオオボシ（北の大星）

大きい星「オオボシ」だけで北極星を意味するケースもあるが、キタノオーボシ、キタノオオボシというように「北」を加えると、「明けの明星」と明確に区別することができる。兵庫県美方郡浜坂町（現・新温泉町）では、明けの明星をオオボシ、北極星をキタノオオボシと区別して呼んでいた［北尾C］。

キタノオーボシは、静岡県庵原郡内房村（現・富士宮市）、静岡市等に伝えられている［内田1949］。キタノオオボシは、宮城県本吉郡志津川町滝浜（現・南三陸町）［千田C］、兵庫県城崎郡香住町（現・美方郡加美町）［桑原1963］、美方郡浜坂町（現・新温泉町）［北尾C］に伝えられている。

●キタノオボシ

宮崎県延岡市鯛名町に伝えられている。「オボシ」（前述）に「キタノ」を加えて、こぐま座α星であることを明確にした星名［北尾2002］。

動き

●フドーボシ（不動星）

内田武志氏によると、北天に常在してほとんど動くことがないので、不動星。静岡県小笠郡下内田村稲荷部（現・菊川市）に伝えられている［内田1949］。

●トマリプシ（止まり星）

三上晃朗氏によると沖縄県八重山郡竹富町竹富島に伝えられている。こぐま座α星がほぼ天の北極にあって止まっているように見えることから形成された星名［三上C］。

軸

天の軸になっているように考えて星名が形成されたケースである。

●シンボシ（心星）

内田武志氏は、「北天にあつてほとんど動くことがなく、全星座の中心になつてゐるので、心星と名附けたのである」と記している。静岡県田方郡宇佐美村（現・伊東市）等一か所、青森県下北郡田名部町（現・むつ市）、愛知県愛知郡下之一色町松陰（現・名古屋市）、福井県遠敷郡西津村（現・小浜市）に伝えられている［内田1949］。桑原昭二氏によると、兵庫県城崎郡香住町（現・美方郡加美町）に伝えられている［桑原1963］。

●シンボー（心棒）

宮本常一氏によると、島根県八東郡片句浦（現・松江市）においては、ネノホシのことをシンボーとも言っている［宮本1942］。

●ネノホシ（根の星）

ネノホシが伝承されていくうちに本来の意味、ネが「子」であることが忘れられ、空の「根」に当る星だという新たな見方で捉えるケースがある。

宮本常一氏によると、島根県八東郡片句浦（現・松江市）においては、「眞北にあって動かず、根の星見當に船を乗る」と伝えられている［宮本1942］。

大分県宇佐市長洲で聞いた話である。

「ネノホシいうのは、木の根っこの根じゃ。この星はいっこも動かんちゅう意味じゃよ。一個ある。北極星はネノホシって言った。北にあるんだ。ネノホシというのは、自分たち漁にいくとき、どっちが北、どっちが東、西って言って、星を見定めて方向わかる。いまは羅針盤あって、東西南北がわかる。漁船はほとんど羅針盤ねえ。大きい航海船なら羅針盤をもってるけん。羅針盤買った後も、星があるうちは、羅針盤は必要ねえ。羅針盤ねえときは、夜星が出とりゃ、星でもどるけどな。星が見えんときは、丘に灯がともり、あれはどこ、柳ヶ浦、あれは長洲の灯、あれは中津の灯って、みんな灯が目印。わからんときは、それを目印に漁に行ったり、沖から戻りよった。ネノホシいうのは動かんけんねん、あんた」［北尾C］

位置する場所

空のなかで位置する場所に注目して星名が形成された

ケースである。

●スエボシ（末星）

内田武志氏によると、鹿児島県川邉郡枕崎町枕崎（現・枕崎市）に伝えられている［内田1949］。空の末（はし）のほうに位置することからスエボシと呼ばれたと思われる。

北斗七星との関連

北極星を北斗七星と同一視したり、北斗七星の一部のように考えるケースがある。本ケースは、北極星を北斗七星の星と考えて、七星の星という星名が形成された。

●ヒチセイノホシ（七星の星）

山口県防府市野島に伝えられている。日々の暮らしで、ヒチセイ（おおぐま座αβγδεζη星〈北斗七星〉）と切り離すことができず、ヒチセイノホシと呼んだ。

「星を目当てに漁をしたもんです。いちばん頼りになるのがヒチセイ。ホクトヒチセイです。ヒチセイと北極星なのです。それによって方向を定める。北極星のことは、ヒチセイノホシと言っていた」［北尾C］

2 暮らしと星空を重ね合わせる過程において形成された星名

見る目的

方位の目標、目あてにするという目的そのものが星名となったケースである。

●メアテボシ（目あて星）

内田武志氏によると、青森県下北郡大畑村大畑（現・むつ市）、岩手県氣仙郡米崎村（現・陸前高田市）、茨城県北相馬郡菅生村（現・常総市）、東京府伊豆諸島式根島（現・新島村）、静岡県志太郡焼津町焼津（現・焼津市）、鹿児島県川邉郡枕崎町枕崎（現・枕崎市）、加世田町津貴（現・南さつま市）等に伝えられている［内田1949］。横山好廣氏によると、神奈川県三浦市松輪に伝えられている［横山C］。

◉**メアテボシサマ**（**目あて星様**）

敬い、親しみをこめて「サマ」を加えメアテボシサマと呼んだ。内田武志氏によると、鹿児島県川邉郡西南方村泊（現・南さつま市）に伝えられている［内田1949］。

◉**メジルシボシサマ**（**目じるし星様**）

内田武志氏によると、富山県上新川郡大庄村馬瀬口（現・富山市）に伝えられている［内田1949］。

◉**ホーガクボシ、ホウガクボシ**（**方角星**）

内田武志氏によると、福井県大飯郡佐分利村安川（現・おおい町）にホーガクボシが伝えられている［内田1949］。千田守康氏によると、宮城県本吉郡歌津町（現・南三陸町）にホウガクボシが伝えられている［千田C］。

◉**タメシボシ**（**試し星**）

千田守康氏が宮城県亘理《わたり》郡亘理町荒浜にて記録した。進むべき方向、漁場の決定等、方向を求める一連の作業を「ためし」と言い、その作業につかったことから試し星［千田C］。

◉**ミチシルベ**（**道しるべ**）

千田守康氏によると宮城県仙台市中田町に伝えられている。千田氏は、「ミチシルベ（道しるべ）」という星名について、「北極星の持つもろもろの性質を穏やかに表現しきったその名には、聞く者に安ど感を与える詩的な雰囲気さえ漂っている」と記している［千田1987］。実によい名前である。

信仰

妙見信仰にもとづいて星名が形成されたケースである。

◉**ミョウケンボシ、ミョーケンボシ、ミョウケンサマ**

野尻抱影氏によると、青森・静岡・長野・佐渡・広島・大分他でミョウケンボシが伝えられている［野尻1973］。内田武志氏によると、青森県下北郡大奥村（現・大間町）、東京府伊豆諸島新島若郷村（現・新島村）、静岡県賀茂郡三濱村妻良（現・南伊豆町）、新潟県佐渡郡兩津町夷（現・佐渡市）等でミョーケンボシが伝えられている［内田1949］。

鹿児島県西之表市西之表で、ミョウケンサマが伝えられている［北尾2008］。

●ミョウケ

ミョウケンボシから変化した。横山好廣氏が神奈川県中郡二宮町梅沢にて記録した［横山C］。

●ホクシンミョーケンサマ（北辰妙見様）

妙見に北辰を加えた星名である。横山好廣氏が神奈川県横浜市旭区善部町にて記録した。話者の生業は農業。日蓮宗の妙蓮寺を中心とした農業地域である［横山C］

●ホッケホシ（法華星）

内田武志氏によると、鹿児島県川邊郡枕崎町枕崎（現・枕崎市）にホッケホシが伝えられている［内田1949］。

方角「北」＋信仰

●キタノミョウケン

妙見信仰にもとづく呼称「ミョウケン（妙見）」に北を加えてキタノミョウケン。三上晃朗氏によると、東京都西部の山間部に伝えられている［三上C］。

人を描く（擬人化）

●オヤボシ（親星）

増田正之氏によると、富山県射水郡下村（現・射水市）に伝えられている。増田氏は、「北天をめぐる星々を見、中心にあって動かぬ北極星を〈オヤ－親〉とみたてたことから名付けられた星名であろうと考えられる」と記している［増田1990］。

●キタノヒトリボシ（北の一人星）

『薩州山川ばい船聞書』に、鹿児島県揖宿郡揖宿町潟口（現・指宿市）の宮田金五郎氏の話が記されている。

「北の一人星といふて、年中動かぬ星がある。夜はそれを當にする」［岩倉1938］

キタノヒトツボシの転訛の可能性もあるが、星を人に譬えることは多く、北の空にぽつんと一人いる光景に見立てるのは自然であり、この星名を語る人の思いは、やはり「北の空に一人」であろう。

●トクゾウボシ（徳蔵星）

北極星（こぐま座α星）の動きを発見する伝承に登場するトクゾウ（徳蔵）が星名となった。大阪府泉佐野市で記録した［北尾2001］［北尾2006］。

3 北極星（こぐま座α星）の動きについての伝承

大阪と徳蔵

野尻抱影氏は、「瀬戸内海の沿岸一帯では、浪速の名船頭、桑名屋徳蔵の女房が初めてネノホシの動きを発見したと伝えている」［野尻1978］と述べている。また、小池章太郎氏は、「実在の人物として『雨窓閑話　うそうかんわ』（著者、成立年未詳）や『伝奇作書』（西沢一鳳著、一八五一成立）に伝えられる。これらによれば、徳蔵は大坂廻船問屋桑名屋某の船頭で、渡海術のベテランであったという」［小池章太郎1986］と述べている。このように大阪とかかわりの深い「徳蔵」であるが、筆者の知る限りにおいては大阪府下に北極星と関係する伝承は記録されていなかった。

そこで、調査を行なったところ、大阪府下において、次のような伝承を記録することができた。

●大阪府岸和田市大工町

北極星が動かないことを発見したケースである。発見者は徳蔵の妻であり、徳蔵の出身地は大阪ではなく兵庫と伝えられていた。

「クワノトクゾウやなくてクワノトクゾウのおくさんが、針仕事してて、余の星さん動いてるけど、その星さん動かへんいうて。クワノトクゾウいうのは兵庫県の方の人」［北尾C］

●大阪府岸和田市中之浜町

徳蔵の伝承は伝えられていないが、北極星の動きを伝えていたケースである。

「キタノホシは屋根の瓦三枚しか動かん」

本事例は、徳蔵の伝承の部分が失われた可能性もあるが表3より除外した。なお、発見者が「船乗りの嫁さん」と伝えられている徳島県鳴門市のケースは表に含めた［北尾C］。

◉大阪府泉佐野市

北極星が動くことを徳蔵及び妻の両方が発見したケースであり、徳蔵が北極星の呼び名として伝えられていた。

「北極星いうのは、三寸あがって三寸さがったら夜明けるいうて……。あれ、トクゾウボシ言うて、昔はクワナイトクゾウいう人があの星を見つけた言うんだ。ええ、トクゾウボシ言うんだ。それがキタノヒトツボシなってやなあ。今の学問から言ったら北極星や。大阪の築港に松の木を植えて、北極星見て、北極星見ても位置わからない。かめあわして……、一晩に三寸動いた」

「トクゾウのおくさんが針仕事してて、障子の破れたのを見て、障子の桟だけしか動けへんのやった。その星さん、それから三寸言うんかな」［北尾C］

◉大阪府泉南郡田尻町

徳蔵の伝承は伝えられていたが、星に関係する伝承は伝えられていなかったケースである。

「クワナイトクゾウ……、ちょっと昔、明治のもっと前、羽倉崎でキツネいいて、どうたらこうたら聞いたけど。キツネ食べて、魚の目だけ食べて……。紀州から魚積んできて大阪着いたら魚の目ん玉なくなっていた」［北尾C］

大阪府下の徳蔵の伝承のなかでも泉佐野において記録したものには他の地域の伝承にない次のような特徴がある。

❖徳蔵の名前が「徳蔵星」という北極星の呼び名になっている点。

❖北極星の動きの発見者が、「徳蔵」と「妻」の両方で、その発見の方法も異なること。

泉佐野に伝えられている伝承のなかで、「大阪の築港に松の木を植えて……」とあるが、実際にその地域の近くに松の木はあったのだろうか。

大阪の木津川口の波止場の松について次のような記述がある。

「図4（引用者注＝一八四七年〈弘化四年〉刊の『金毘羅参詣名所図絵』）をみると、この木津川口の波止場の長さは八七〇間余で、そこに松の木が植えられて千本松と称したが、これも天保三年（一八三二）に木津川の浚渫にともなって整理されたものであろう」［柚木1990］

松の木があったとしても、実際に一八〇〇年頃に発見できたであろうか。

北極星すなわちこぐま座α星と天の北極との距離は、表5のように時代をさかのぼるにしたがって大きくなっていくが、一八〇〇年でやっと一・八度である。半径一・八度の円を描いて動くのを肉眼で発見することは困難であろう。一六〇〇年代までさかのぼって、半径二・九度、すなわち月が六個並ぶくらいの半径の円を描いて動くくらいになれ

[表1] 徳蔵(一部徳蔵以外の名前に変化)あるいは妻が北極星が動くことを発見したケース(文献)

地名	発見者	動きの大きさ	北極星の方言	文献名	調査者
香川県男木島	桑名屋徳蔵の家内	三寸	(キタノ)ネノホッサン	瀬戸内海島嶼巡訪日記[アチックミューゼアム1940]	磯貝勇氏他
香川県牛島	桑名屋徳蔵の家内	三寸	ネノホシ	瀬戸内海島嶼巡訪日記[アチックミューゼアム1940]	磯貝勇氏他
香川県上島	クハノヤトクゾウの家内	四寸	ネノ星	瀬戸内海島嶼巡訪日記[アチックミューゼアム1940]	磯貝勇氏他
愛媛県壬生川	桑名屋徳三の女房	櫺子の桟一本	ネノホシ	星の民俗学[野尻1978]	越智勇治郎氏
愛媛県高井神島	クワナイトクゾーの家内	三寸半程	ネノホシ	瀬戸内海島嶼巡訪日記[アチックミューゼアム1940]	磯貝勇氏他
香川県塩飽諸島江の浦	桑野徳蔵の妻	四寸	ネノホシサン	星の民俗学[野尻1978]	磯貝勇氏
広島県地御前	熊野屋徳兵衛(徳蔵)の女房	一寸四方	キタノネノホシ	星の民俗学[野尻1978]	磯貝勇氏
山口県周防大島	桑名屋徳蔵	枕の長さほど	子の星	周防大島を中心としたる海の生活誌[宮本1994]	宮本常一氏

[表2] 徳蔵(一部徳蔵以外の名前に変化)あるいは妻が北極星が動かないことを発見したケース(文献)

地名	発見者	北極星の方言	文献名	調査者
静岡県土肥村	桑名屋徳三の妻	—	日本星座方言資料[内田1949]	内田武志氏
静岡県白濱村	天竺徳兵衛の妻	—	日本星座方言資料[内田1949]	内田武志氏

［表3］徳蔵（一部徳蔵以外の名前に変化）あるいは妻が北極星が動くことを発見したケース（筆者による調査）

地名	発見者	動きの大きさ	北極星の方言	調査年月	話者生年
三重県阿児町	トクゾウのおくさん	障子の桟	キタノヒトツ	一九八四年一月	明治三五年
大阪府泉佐野市	トクゾウとおくさん	三寸／障子の桟	トクゾウボシ等	一九八五年二月	明治四三年
兵庫県相生市	天竺徳兵衛の嫁はん	三寸	ネノホシサン	一九八七年一月	明治四二年
兵庫県北淡町	トクゾウの嫁はん	瓦一枚	ネノホシ	一九八四年四月	明治三〇年
兵庫県家島町	トオクロウの嫁さん	障子の軸一本	ネノホシ	一九八四年七月	明治三五年
愛媛県魚島村魚島	トクゾウ	三寸	キタノネノホシ	一九八四年二月	明治三九年
愛媛県魚島村高井神島	トクゾウの嫁	三寸	キタノネノホシ	一九八四年二月	明治三二年

［表4］徳蔵（一部徳蔵以外の名前に変化）あるいは妻が北極星が動かないことを発見したケース（筆者による調査）

地名	発見者	北極星の方言	調査年月	話者生年
茨城県北茨城市	トウゾウ	キタノホシ	一九八五年五月	明治二九年
静岡県伊東市	キノクニヤブンザエモン	キタノヒトツボシ	一九八六年八月	明治三三年
大阪府岸和田市	トクゾウのおくさん	キタノホシ	一九八五年二月	大正一四年
徳島県鳴門市	船乗りの嫁さん	ネノホシサン	一九八五年五月	明治三四年

［表5］こぐま座α星と天の北極との距離の変化

年（西暦）	天の北極との距離
1900年	1°.2
1800年	1°.8
1700年	2°.3
1600年	2°.9
1500年	3°.4
1400年	4°.0
1300年	4°.5
1200年	5°.1
1100年	5°.7
1000年	6°.2
900年	6°.8

ば発見できただろうか。

徳蔵の妻が北極星が動くことを発見したという伝承は、表1、表3のように広範囲に伝えられており、一六〇〇年代かどうかは定かでないもののおそらく北極星の動きを発見できた頃に語られていたものであろう。その伝承に後の時代に徳蔵自身が発見したという伝承が加わったのではなかろうか。

北極星が動くことを発見する伝承

北極星の動くことを発見する伝承は、兵庫県においても伝えられている。

●兵庫県相生市

伝承の登場人物は徳蔵ではなかった。動きの発見者は、「天竺徳兵衛の妻」であった。

「それも、うそかほんまか知らんで。昔、天竺徳兵衛いう高田屋嘉兵衛みたいな偉い船乗りがおったんじゃ。船乗りは、たいがい夜走りした。そうしたところが、またその嫁はんが偉かったんじゃ。婿はんが夜さり夜走りしよるから、自分も夜さり機織る。それで、おやじさんと問答する。動かん星がネノホシさんだいうし、そしたら嫁はんの方が偉かったんや。ネノホシさんを障子の桟とあわしたんや。そして、三寸動くいうことを……」［北尾C］

●兵庫県飾磨郡家島町坊勢島（現・姫路市）

動きの発見者は、「クワノトオクロウの妻」であった。

「クワノトオクロウいうて船乗りで偉い人がいた。クワノトオクロウは、ネノホシを見て、北、南、東、西……と船を操った。クワノトオクロウの嫁さんが偉かった。クワノトオクロウは、ネノホシは動かん言うてた。ところが、クワノトオクロウの嫁さんが、夜に機織りよって、ネノホシが動くのを発見した。おとうさん、ネノホシが基準と言いますけど、ネノホシは障子の軸一本動きます。嫁さんは、トオクロウにこう教えた」［北尾C］

●兵庫県津名郡北淡町富島（現・淡路市）

動きの発見者は、「トクゾウの妻」であった。

「ネノホシは、ひと晩に屋根の瓦一枚だけ動くんだ。瓦一枚だけ。まあ動かんにしとんのや。トクゾウの嫁はんが、トクゾウが船乗りよんのにな、暗いときは、方角がわからないと思った。嫁はんは、機織り織り、じっとキタノネノホシをねらっとった。そしたら瓦一枚分動いた」［北尾C］

揺れている船からではなく、障子や瓦等を目印にすると、北極星の動きを肉眼で発見できる可能性がある。だから、発見者は船に乗っていない妻であった。船乗りも発見しようとするならば、オカで発見するしかなく、大阪府泉佐野市の事例のように築港で松の木を用いての発見となった。

北極星が動かないことを発見する伝承

●静岡県伊東市川奈

伝承の登場人物は、徳蔵ではなく、紀伊國屋文左衛門であった。そして、発見者は妻ではなく紀伊國屋文左衛門本人、発見したのは動くことではなく動かないことであった。

「キタノヒトツボシというのは、あの人が見つけたの。ミカンブネのキノクニヤブンザエモン。紀州のね。どうして見つけたいうたら、便所へ行って、その星がちょっと見えた。いつ行っても、その星が見えた。だから、その星は動かないいうことに決めてもらったらしい」［北尾C］

●茨城県北茨城市大津町

茨城県北茨城市大津町は、現時点では、徳蔵の伝承が伝えられている最も北である。

「クワナヤトクゾウ……、この人がね、やっぱり帆前船のようなもので、東京から石巻へ運んだとか。近海航路みたいなんで、運搬船の船頭なんだ。その人が、何かねえか、夜動かない星を探してみるのがいちばんだって、そして動かない星はどれだっぺ言って……。みな動くんだね。そのうちに北極いう星は動かねえ、と」［北尾C］

北極星すなわち「こぐま座α星」は、二〇〇〇年現在、天の北極から約〇・七度離れている。故に、北極星は静止しているのではなく、半径約〇・七度の円を描いて動いている。天の北極からの距離は、時代をさかのぼるとともに増大していくが、表5のように一八〇〇年頃までは、肉眼で動きを発見することは困難であったろう。

ひとつ、不思議な現象がある。それは、船乗り――トクゾウの子孫がいると伝えられている愛媛県壬生川から遠く離れるにしたがって、北極星の動きを妻が発見して船乗りに教えたという伝承の割合が小さくなっていくのである。天の北極からの距離が大きい時代、例えば一六〇〇年頃に愛媛県壬生川で形成された伝承が、静岡県伊東市川奈や茨城県北茨城市大津町まで伝えられたのが後の時代、例えば一八〇〇年頃であると仮定すると、他の地域から伝えられた「北極星の動きを発見する物語」と、自らの「北極星は動かない」という観察結果に矛盾が生じ、伝承者が世代を超えて伝える際に船乗りの妻が動きを発見して教えたという部分が脱落したと考えることができるだろうか……。

また、徳蔵の出身地については、大阪府岸和田市大工町では兵庫と伝えられていたが、越智勇治郎氏は、愛媛県壬生川（現・西条市）に徳蔵の子孫が残っていると指摘している［野尻1973］。本当に九州や東北には徳蔵の伝承が伝えられていないのであろうか。今後の研究課題としたい。

星と徳蔵が関係なくなって……

香川県坂出市瀬居町で大正二年生まれの漁師さんから聞いた話である［北尾2001］。

「ほかの星さんはみんな動くんじゃけどな、ネノホシさんいうのはな、あまり動かなんだ」

ネノホシがあまり動かないというのが気になった。あまり動かないというのは、少しは動くということ。もしかすれば、徳蔵あるいは徳蔵のおくさんが三寸動くのを発見したというような話を伝えているかもしれないと思い、「ネノホシさんのことを昔の偉い船乗りが見つけたとか、そのような話は聞いたことなかったですか」と尋ねると、「いやあったわな」という答がかえってきた。

「あれは誰やったかな。船乗ってな、ものすごい達者な人があったんじゃ。ほんでしたら、そのネノホシさん見つけた。その人が見つけたんじゃ。ほかの星さんは動くけんどな、その星さんは動かんいうて。それがな昔の人やけどな。昔、船乗りよってその星さん気がついたいう話は、伝説あってもな……」

どうしても船乗りの名前が思い出せない。「ここの人ですか」と尋ねると、「ここの人ではない」とのこと。あきらめかけていたところ、次のように徳蔵の話を語りはじめた。

「うわさじゃ、トクゾウいう人がな、船乗ってな、岩が来てもな、トクゾウ、トクゾウ言うたらな、船がその岩を越えよった。岩に船があたるやろ。ほんだらな、トクゾウ、トクゾウ言うたら越えよったいううわさよ」

トクゾウの名前を聞いて喜びのあまり、「そのトクゾウいう人がネノホシを見つけたのですか」と言ってから「しまった！」と思った。もし、「そうです」という答がかえってきても、誘導尋問になってしまった可能性が大きいからだ。

ところが、「見つけたのは知らんのや」という答がかえっ

北極星は動かない、と思われがちである（湯村宜和氏撮影）

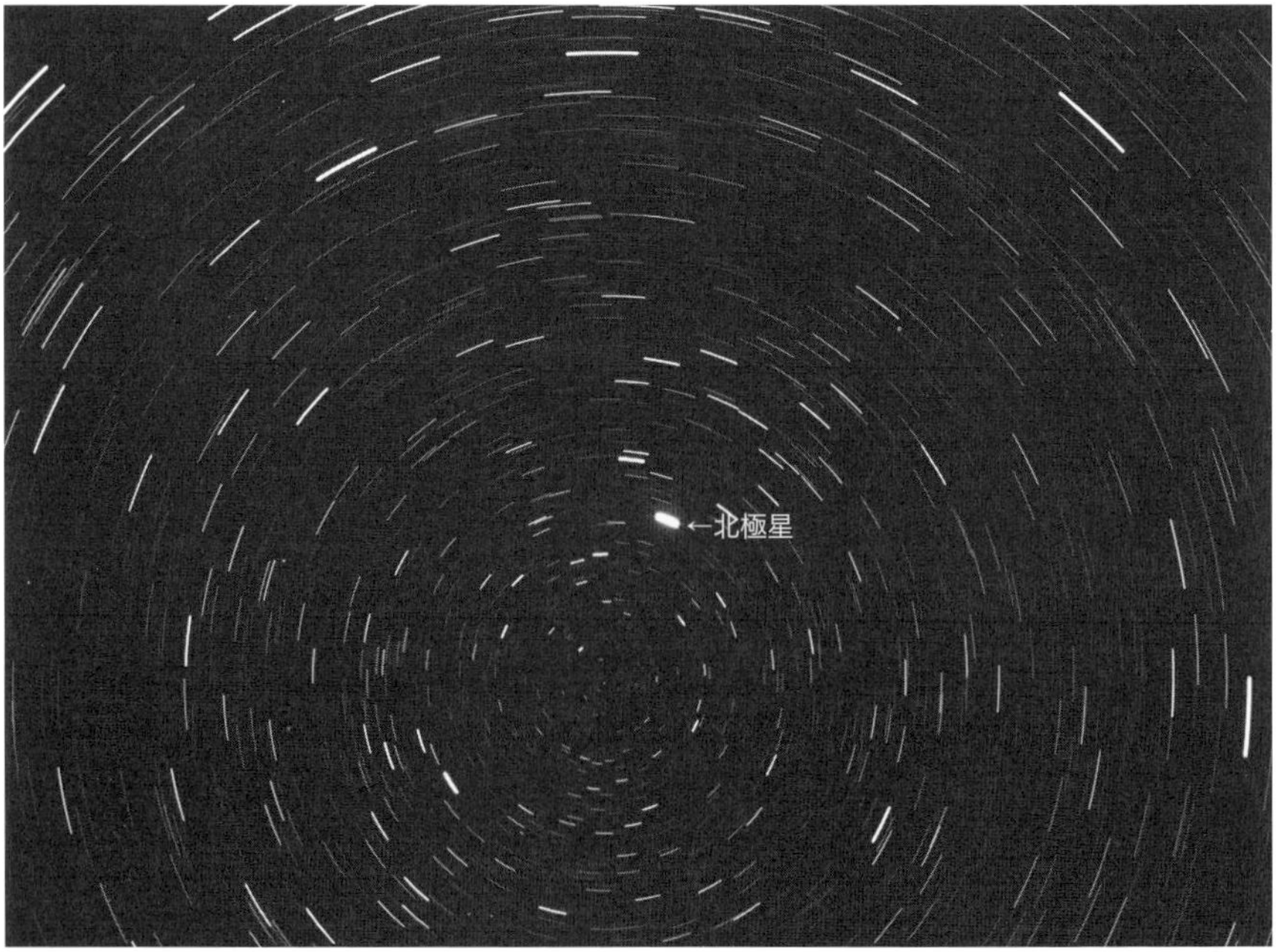

望遠レンズで撮影すると北極星が動いていることがわかる（湯村宜和氏撮影）

てきた。ネノホシの発見の伝承と徳蔵の伝承は、全く別のものであった。徳蔵がネノホシの動きを発見したという物語が世代をこえて語られていくうちに発見者名が忘れられ、「動かないのを見つけた」という伝承に変化していったのだろうか。そして、ネノホシとちがう物語の方で徳蔵の名前が伝えられたのだろうか。

「トクゾウは商売人じゃったけんな。ほんで、化け物が来たら、トクゾウが何言うとんねんいうてしたら、その化け物が逃げていってしもたいうて……」

徳蔵の話は続く。埋め立てのため、瀬居島は島でなくなった。星と海が創る景観は、あまりにも大きく変わった。そのなかで、星との関連はなくても徳蔵の話が伝えられていた。

02 β・γ

◉ヤライノホシ(矢来の星)(遣らいの星)

桑原昭二氏によると、香川県仲多度郡多度津町佐柳島で、「シソウノケン(北斗七星)が、ねのほしに、悪いことをしようとするので、やらいのほしが、守っとる」と伝えられている。矢来は武家政治の頃の罪人の仕置場の竹矢来の垣を意味する[桑原1963]。

千田守康氏によると、宮城県宮城郡七ヶ浜町吉田浜に伝えられている。北極星を守る竹矢来に見立てた[千田C]。

本田実氏の北見枝幸からの報告では、次のようにヤライノホシはカシオペヤのWを意味した。

「北極星を子《ネ》の星といい、北斗七星を七曜《ヒチヨウ》の星といい、カシオペヤをヤライの星といっています。そして、七曜の星が子の星を取って食べるので、ヤライの星がそれを防いで回っているといっています」[野尻1957]

また、桑原昭二氏の記録した「ヤライノホシ　岡山妻戀地方では五つである」についても、野尻氏は、「同じくカシオペヤのWを指すものかと思う」[野尻1957]と記している。

この岡山妻戀は、兵庫県姫路市妻鹿のことである。桑原氏は野尻氏のカシオペヤという記述について、こぐま座かカシオペヤかずいぶんと悩んだが、後に妻鹿において、「やらいのほしというのは、ねのほしさんの横にある二つの星さんで、しそうのほしさんが、ねのほしさんを食べようとにらんでいるので垣をして守っているのです」という伝承に出会い、結論として、妻鹿地方のヤライノホシは、「こぐま座βγの二星」あるいは、「北極星を除く『こぐま座の明るい五星（δεζβγ）』を指すものと推測した［桑原1963］。

なお、桑原昭二氏によると、妻鹿と兵庫県飾磨郡家島町（現・姫路市）の場合、「矢来」ではなく追い払うという意味の「遣らい」であった。

兵庫県飾磨郡家島町（現・姫路市）に、「やらいのほしさんいうて、ねのほしさんを守っている星さんがある」と伝えられているが、この場合は、こぐま座βγの二星である［桑原1963］。

●ヤライボシ（矢来星）

磯貝勇氏によると、広島県広島市向洋にて、「七つぼし（北斗）が北の子《ね》ノほしを攻めようとするのを、ヤライボシが防いでいる」と伝えられている［野尻1973］。

また、磯貝勇氏は、次のようなヤライボシ（矢来星）の伝承を記録した。

❖香川県小豆郡豊島………チソー（筆者注＝四三の星すなわち北斗七星）とヤライボシとは敵味方になつてゐる。

❖愛媛県越智郡魚島（現・上島町）………シソノケンの廻る方に此ヤライボシがついて廻るのはネノホシの喰はれるのを守るのだといふ。

❖愛媛県越智郡高井神島（現・上島町）………ネノホシを食ひに來るシソノホシを守るためにヤライボシが守つてゐるといふ［アチックミューゼアム1940］。

広島県豊田郡豊浜町豊島（現・呉市）に伝えられている。

「ヤライボシというのはのお、二つ並んでるけんのお」［北尾1991］

メガネボシ（ふたご座カストルとポルックス）とともに二つ並んでいる星として注目していた。

●シソウヤライノホシ（四三矢来の星）

桑原昭二氏によると、香川県高松市女木島に、「ねのほしを守っている」と伝えられている。シソウヤライノホシは、四三の星（北斗七星）がネノホシ（北極星）を取らないように守っている［桑原1963］。

◉ヤレーノフタツボシ（矢来の二つ星）

千田守康氏によると、宮城県亘理郡亘理町荒浜に伝えられている。北極星を守る竹矢来に見立てた。そして、矢来だけでなく、二つであるという数を星名に反映した［千田C］。

◉ジャロッボシ

野尻抱影氏の甥が岩手県九戸郡宇部村（現・久慈市）でヤライノホシと同時に記録。ヤライボシ、ヤロボシが伝承されていくうちに多様な星名が形成された［野尻1973］。

◉ヤエノホシ

内田武志氏によると、鹿児島県川邊郡枕崎町（現・枕崎市）に伝えられている［内田1949］。

野尻抱影氏は、「八重垣などを連想させるが、これを『ヤライ』の転じたものと見るべきか、どうか判じかねる」と記している［野尻1973］。八重垣は古くからの言葉であり、独立して形成された星名か、あるいは、反対にヤエノホシからヤライノホシに転訛したか、あらゆる可能性を検証していかなければならないだろう。これも今後の課題である。

◉ヤヨイホシ、ヤヨイノホシ

内田武志氏によると、鹿児島県川邊郡枕崎町（現・枕崎市）に伝えられている［内田1949］。

ヤエノホシと同様、転訛については、今後の課題である。

◉ヤロボシ

藪本弘氏によると、福井県敦賀市に、「カイジボシがネノホシを取って食おうとするのを、ヤロボシが邪魔をしている」と伝えられている［野尻1973］。

◉ヤロウボシ

福井県坂井郡安島に伝わるナンボヤ踊りについて、半沢正九郎氏の報告が『日本星名辞典』に掲載されている。

「とろうとろうのカジボシまわる。とらせまいのカジボシが」

野尻抱影氏は、梶星ではなく、「おそらく『とらせまいとのヤロボシが』だったろうと思っている」と記している［野尻1973］。

福井県坂井郡三国町安島（現・坂井市）の明治三七年生まれのおばあさんは、次のように伝えていた。

「とろう、とろう、とカチボシまねく。とらせまいとのヤロウボシ」［北尾C］

カチボシはカジボシ（梶星）の転訛で、北斗七星のこと。カチボシが北極星を取ろうとしているのをヤロウボシが邪魔をしているという意味である。ヤロボシでなくヤロウボシであるものの、野尻氏が記している通り梶星ではなかった。

◉チイサイニボシ（小さい二星）

内田武志によると、静岡県榛原郡吉田村（現・吉田町）において、オオキイニボシ（ふたご座のカストル）（ふたご座の項参照）に対して、チイサイニボシと伝えられていた［内田1949］。

◉バンボシ（番星）

桑原昭二氏によると、兵庫県姫路市白浜に伝えられている。オニボシサン（北斗七星）がネノホシサン（こぐま座α星）を食べてしまおうと追っかけているのを番をしていることから番星と呼ばれた［桑原1963］。

◉バンノホシ（番の星）、バンノホシサマ（番の星様）

内田武志氏によると、静岡県賀茂郡仁科村中（現・西伊豆町）、安良里村濱川西（現・西伊豆町）、田子村田子（現・西伊豆町）、田方郡宇佐美村留田（現・伊東市）、志太郡焼津町焼津（現・焼津市）、吉永村吉永（現・焼津市）、茨城県多賀郡平潟町（現・北茨城市）、三重県志摩郡國府村（現・志摩市）にバンノホシ、静岡県磐田郡掛塚町掛塚（現・磐田市）にバンノホシサマ（番の星様）が伝えられている［内田1949］。

ヤライボシ、ヤライノホシと同様、北極星を守っているという伝承が静岡県に伝えられている。

❖仁科村………ヒトツボシ（北極星）は元は貧乏人の息子で、シソーノホシ（北斗七星）は金持の息子であつた。それが今では一ツ星の方が北天の中心にあって威張ってゐるので、シソーノ星は生前の時のやうに自分が威張りたくて、どうかして殺してやらうと北極星の周りを廻って隙をうかゞつてゐる。しかし兩者の間をバンノ星が遮つてゐるので襲ふことができない［内田1949］。

❖安良里村………ナナヨノホシ（北斗七星）が、キタノヒトツボシ（北極星）を奪ひ取らうとしてゐるが、バンノホシはそれを取られまいとして護りながらついて廻るのでなかなか奪へない［内田1949］。

❖田子村………北斗七星が食べにくるから、その間にあつて番をしてゐる星［内田1949］。

❖焼津町………女房のネノホシがシチヨーノホシに捕へられるのを番してゐる星［内田1949］。

茨城県、三重県においても、北極星を守っているという伝承が伝えられている。

❖茨城県多賀郡平潟町………北斗七星が北極星を喰はうとするのを番してゐる［内田1949］。

❖三重県志摩郡國府村………奪ひとらうとするのを護つてゐる星［内田1949］。

◉**モンボシ**

内田武志氏によると、静岡県榛原郡御前崎村（現・御前崎市）に伝えられている。北斗七星が近づかないように門番をしていることからモンボシ［内田1949］。モンボシは、ふたご座カストル、ポルックスの星名を意味するケースがあるが、門番に見立てたわけではない（第1章第6節ふたご座参照）。

03 αδεζηγβ

◉**コヒチヨー**（小七曜）、**ウソヒチヨー**（嘘七曜）

内田武志氏によると、静岡県榛原郡吉田村（現・吉田町）では、北斗七星をヒチヨーと呼び、こぐま座αδεζηγβをコヒチヨーと呼んだ。内田氏は、志太郡焼津町（現・焼津市）のウソヒチヨーもこぐま座αδεζηγβを指していると推測している［内田1949］。

◉**コシャクノコボシ**（子杓の子星）

桑原昭二氏が、兵庫県姫路市の広嶺山の麓の平野で記録した［桑原1963］。北斗七星の杓に対して、子杓、また、構成する星が暗いことから子星。

◉ハンゴンボシ（反魂星）、オハンゴンボシ（お反魂星）

桑原昭二氏によると、兵庫県姫路市に伝えられている。反魂とは、死者の魂をこの世に呼びかえすという意味［桑原1963］。広島県呉市倉橋島に伝えられているジュミョウボシ（寿命星。おおぐま座アルコル。正月に見えない者はその年の中に死ぬ）［野尻1973］と星空で相対している。

第3節 しし座

暮らしと重ね合わせた星名が形成された。しし座の日本の星名については、調査事例が少なく、現時点では不明な点が多い。

●トイカケボシ（樋掛け星）

一九五六年頃、香田壽男氏が岐阜県揖斐郡横蔵村（現・揖斐川町）の横蔵（よこくら）小学校の教員時代、宿直の晩、当時七〇歳近いおじいさんと昆布茶を飲みながら確認した星名がトイカケボシである［香田C］。しし座の頭「λεμζγηα」を樋をかける金具に見立てた。

●イトカケボシ（糸掛け星）

しし座の頭「λεμζγηα」を糸車の車に、下半身の部分を糸車の台座に見立てた。しし座とほぼ同じ星列で糸車を描いたのである。糸は繭《まゆ》や綿花などから紡ぎ出すが、そのままでは「機織り」ができない。糸車で縒《よ》りをかけなければならない。糸車——イトカケボシは、織姫（こと座ベガ）より先にのぼって、繭や綿花から糸を紡ぎ出したり、それを縒り合わせたりして準備をする……というように、日本の星座は暮らしに必要なもの、あらゆる暮らしの営みを星空に描き語り伝えられた。

イトカケボシは農夫が常に気にする星で、この星がキラキラ光る夜がつづくと、その年は豊作であるという椋平廣吉氏の記録した伝承について、野尻抱影氏はトイカケボシと比較し、「糸車の形と見たことではより自然だと思った」と、「相互に関連があって一は他の転訛であるかもしれない」と記している［野尻1973］。トイカケボシ、イトカケボシがそれぞれ独立して形成されたのか、あるいはいずれかの転訛かを議論するには記録した伝承資料の数が少なすぎる。日本の星名は、生活の様々な場面と重ね合わせて形成されたものであり、糸掛けも樋掛けも、もっと広く記録できる可能性があり、今後の調査課題としたい。

また、『日本星名辞典』の「奄美の星名」の項に、「どの星とも判らぬもの」として「クダマキプシ（管巻き星）　宇検」が掲載されている。「クダマキ（管巻）」といういわゆる糸繰り用具の一種が星名となったのである。三上晃朗氏は、対象は不明ながら奄美地方においてもイトカケボシに通ずる見方があることに注目されており、本書の付編第5節「現時点で同定できていない星名」の項において改めて考えたい。

管巻（糸繰り用具の一種）（星の民俗館所蔵）

◉ミツヨノケン

内田武志氏によると、大井川河口の静岡県榛原郡吉田村（現・吉田町）に、次のように伝えられている。

「菱形に並んだ四箇の星をミツヨノケンと呼び、それは秋季八、九、十、十一月頃に現れる。そのうち下端の一星はやゝ大きく光輝が強い。この四星は、おりおん座三星が

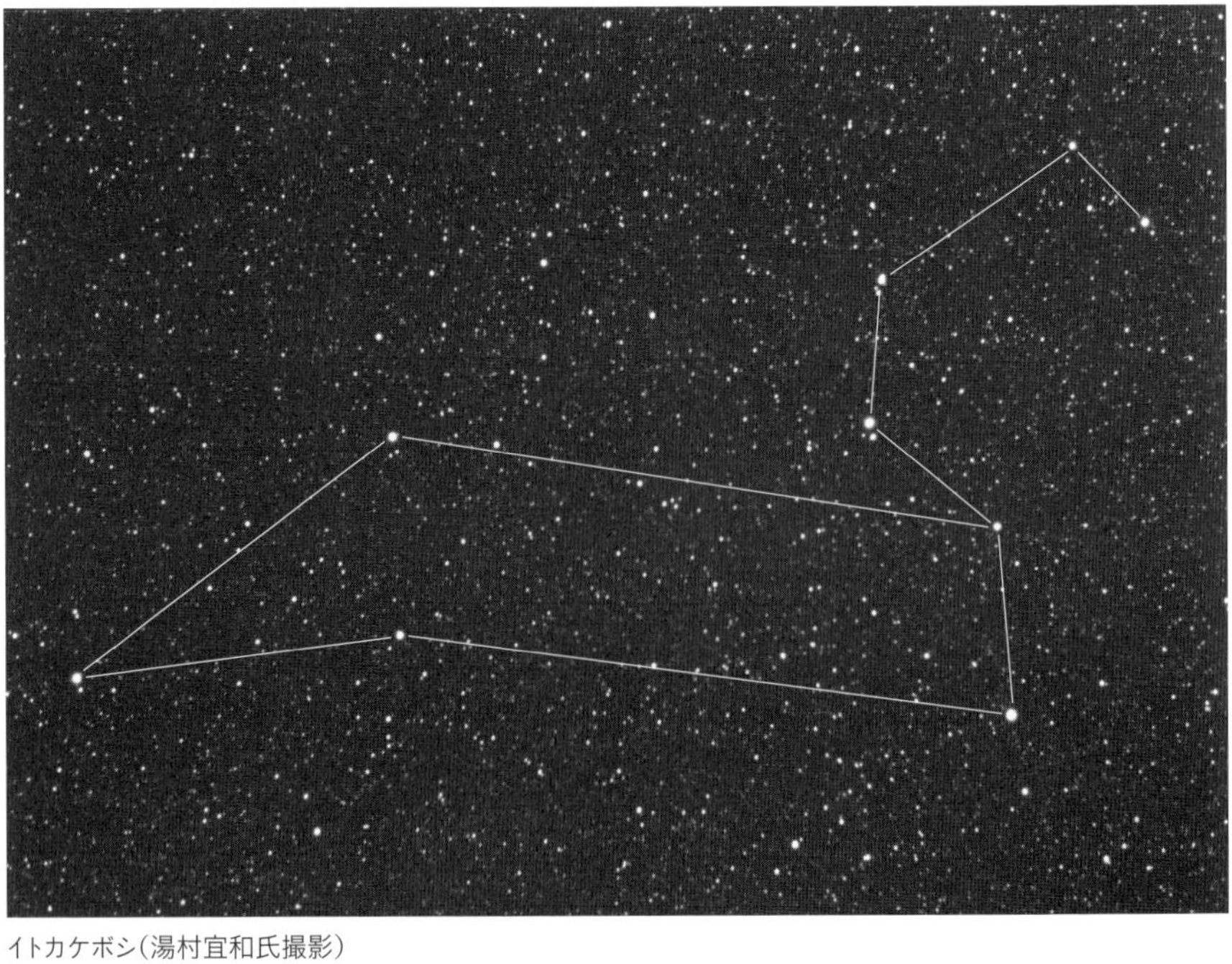

イトカケボシ（湯村宜和氏撮影）

中天にある頃東方に現はれ、三つ星が西方に隠れる頃、上天に位置を占める。またその時分、東空には暁の明星が昇つてくることもある。それでこの地方の漁師は、以前夜の海上で時計がなくとも、スバル、三ツ星、ミツヨノケン、夜明ケノ明神とを見て、時を違へることもなく夜の明けるまで家業をなした」[内田1949]

しし座の菱形を構成する四星について、内田氏は「α、η、γ、ζ」か「βと附近の三星」のどちらかであろうと記しているが、現段階では、同定は困難で、今後の調査の課題である。

また、ミツヨノケンについて、「三四の剣で、菱形を古式の剣……」という可能性を記している[内田1949]が、「三四の剣」は、光世の剣であろうか。

◉クダボシ

内田武志氏によると、鹿児島県川邊郡枕崎町(現・枕崎市)に、次のように伝えられている。

「クダボシと稱する菱形に並んだ四箇の星は、九月の暁天に昇る」[内田1949]。

内田氏はミツヨノケンの菱形と同様であろうと推測したが、クダの意味は不明であった。奄美大島宇検村のクダマキプシと関連はあるのだろうか。私は、クダは、管巻で、おそらく糸車を意味したもので、デネボラ(β)を含まず、レグルス(α)、η、δ、θの四星を意味したのではなかろうか……とも思ったが、今後の調査の課題としたい。

第4節 からす座

からす座βδγεでつくる四辺形は、ひとつひとつの星の明るさは三等星と暗いのであるが、小さな台形にまとまって、ほどよい高さにのぼり、星空を見上げると自然に目に入る。春の星座であるが、秋の明け方の生活の風景であった。

1 特徴を認識する過程において形成された星名

数

●ヨツボシ（四つ星）

構成する星の数四にもとづく星名で、野尻抱影氏によると、群馬、静岡、奈良、広島、高知他と広く分布する［野尻1973］。内田武志氏によると、静岡県に三か所、岩手県、神奈川県に各一か所伝えられている［内田1949］。桑原昭二氏によると、香川県丸亀市本島に伝えられている［桑原1963］。また、千田守康氏は、宮城県気仙沼市、本吉郡歌津町石浜（現・南三陸町）で記録した［千田C］。三上晃朗氏は、埼玉県秩父市、所沢市、鴻巣市、上尾市、鶴ヶ島市、入間郡名栗村（現・飯能市）、比企郡小川町、秩父郡東秩父村、秩父郡大滝村（現・秩父市）、東京都東村山市、西多摩郡奥多摩町、西多摩郡檜原村、神奈川県津久井郡藤野町（現・相模原市）、山梨県北巨摩郡高根町（現・北杜市）で記録した［三上C］。

栃木県塩谷郡栗山村（現・日光市）では、「ヨツボシが出たから起きてもよい時間だ——と言った。ヨツボシで試した」と伝えられている［北尾C］。秋から冬にかけてヨツボシがのぼるのを見ながら、仕事をはじめたのだった。

●ヨツ（四つ）

ヨツボシを略した星名。静岡県榛原郡白羽村砂原（現・御前崎市)では、ヨツの底辺の中央の少し上のζ星(五等星)が見えるときは長雨になると伝えられている[内田1949]。

●ヨツボシサン(四つ星さん)

ヨツボシに敬称をつけて、ヨツボシサン。兵庫県飾磨郡夢前町(現・姫路市)[桑原1963]、川邊郡小濱村姥ヶ茶屋(現・宝塚市)[内田1949]に伝えられている。

●ヨツボッサン(四つ星さん)

ヨツボシサンの転訛。静岡県磐田郡掛塚町本宿(現・磐田市)、庵原郡小島村宍原(現・静岡市)に伝えられている[内田1949]。

●ヨボスサン(四星さん)

四つ星さんが短縮されてヨボスサンと呼んだのであろう。熊本県玉名郡大野村中土(現・玉名市)に伝えられている[内田1949]。

●シボシ(四星)

柴田宸一氏によると、静岡県庵原郡蒲原町(現・静岡市)、榛原郡吉田町、榛原郡相良町(現・牧之原市)等、海岸地方での星名[柴田1976]。

●ヨンボシ(四星)

磯貝勇氏が京都府舞鶴市吉原で記録[磯貝1956]。

数と明るさ

●シコウ(四光)

三上晃朗氏が東京都西多摩郡奥多摩町にて記録。オリオン座三つ星をサンコウ(三光)、からす座βδγεをシコウ(四光)と呼んで目標にしていた[三上C]。サンコウは、東日本に広く分布するがシコウは現時点では奥多摩の事例のみである。

数その他

●ヨンチョウノホシ

数四に関係するが、丁を意味するのかどうか不明である。三上晃朗氏が、埼玉県大里郡川本町(現・深谷市)にて記録。

オリオン座三つ星をサンチョウノホシ、からす座βδγεをヨンチョウノホシと呼んで目標にしていた[三上C]。

形状

◉シカクボシ(四角星)

少しゆがんでいるものの四角形に配列することからシカクボシ。兵庫県相生市矢野[桑原1963]、埼玉県秩父郡東秩父村[三上C]に伝えられている。

◉シメンボシ(四面星)

香川県仲多度郡多度津町に、「この星が、夜中に、西に入ってのようになったら麦秋のま中です」と伝えられている[桑原1963]。からす座の四辺形を立体的に捉えて四面星と呼んだのであろうか。

◉ニイボシ(二星)

数字の二の字の形をしていることからニイボシ(二星)。兵庫県神戸市櫨谷に伝えられている[桑原1963]。

◉ヨスマ、ヨスマサマ、ヨツマボシ(四隅)

四角形の四つのすみにβδγεが輝くことから形成された星名。内田武志氏によると、静岡県磐田郡浦川村浦川、佐久間村半場(現・浜松市)にヨスマ、掛塚町本宿(現・磐田市)にヨスマサマが伝えられている[内田1949]。三上晃朗氏によると、埼玉県飯能市、秩父郡横瀬町にヨスマ、ヨツマボシが伝えられている[三上C]。ヨツマの「ツマ」について、三上氏は、「『端(つま)』とも受け取れるが、これでは面を表現したものとなるので、やはり角(隅)を意識した呼び名とみるのが適切であろう」と指摘している。ヨツマはヨスマからの転訛であろう。

ヨツマボシはペガスス座を意味するケースもある[野尻1973]。野尻抱影氏は、ペガスス座を意味するヨツマボシに四隅星をあてている(第4章第2節ペガスス座、アンドロメダ座、さんかく座参照)。

2 暮らしと星空を重ね合わせる過程において形成された星名

農業

◉マングワボシ（馬鍬星）

兵庫県飾磨郡夢前町（現・姫路市）に伝えられている［桑原1963］。代搔《しろか》きをするのに用いた農具マングワ（馬鍬）に見立てた。

春、唐鋤で田を耕す頃、日が暮れた後、唐鋤星（オリオン座三つ星と小三つ星と周辺の星でつくる配列）と南の空で出会うことができる。五月、唐鋤星が沈んで見えなくなり、馬鍬星と南の空で出会うことができるようになると、馬鍬を使って代搔きをする季節である。牛馬（主に牛）に馬鍬を引かせて、塊となった土をくだいて平らにし、水田の面をやわらかく平らにして苗を植えやすくして田植えに備えたのであった。唐鋤で田を耕したあと馬鍬という作業の順番と、星空での「からすきぼし」のあとにマングワボシという順番が同じで、暮らしと星ぼしの季節のめぐりを感じさせてくれる。

◉ミボシ（箕星）

兵庫県神戸市櫨谷に伝えられている。物をふるう箕に見立てた［桑原1963］。

◉サヌキノミボシ（讃岐の箕星）

香川県小豆郡小豆島町当浜に、「若い時分に、西瓜小屋で、西瓜の番をしとったときに、小屋にねころんで、空をみながら年寄から、よう教えてもらいよった。南のさぬきの上に、さぬきのみぼし、北の方に、赤穂のみぼしいうて、その形をして四角い星さんや」と、伝えられており、サヌキノミボシは、からす座ではないかと推測している［桑原1963］。赤穂のみぼしは、北斗七星の桝（おおぐま座αβγδ）であろうか。

◉ダイガラボシ（台唐〈台碓〉星）

磯貝勇氏によると、広島、山口地方にダイガラボシが伝えられている。台唐《ダイガラ》に見立てた。台唐は踏み臼のことで精米に用いた［野尻1973］。

また、磯貝氏が記録したキノボシというまわりの小さな星については、台形の上辺に続く左の星おそらくηから上に続く星を杵に見立ててキノボシ（杵星）と呼んだ可能性がある［野尻1973］。北斗七星を意味するダエガラボシについては、第1節おおぐま座参照。

●ウスツキボシ（臼搗星）

磯貝勇氏によると、広島県呉市吉浦に伝えられている。ダイガラボシと同じ見方である［野尻1973］。

●ヤグラボシ（櫓星）

磯貝勇氏によると、愛媛県喜多郡大洲町（現・大洲市）に伝えられている。ダイガラボシと同じ意味である［野尻1973］。

漁業・海運

●ホカケボシ（帆掛け星）

からす座の四辺形に帆を描いた。金田伊三吉氏が石川県珠洲市宝立町にて記録。一九八三年三月、金田氏から聞いた話である。

「野尻先生が、スケールの大きいいうか、たぶんそうとられて、もっとも優秀な方言と言われたのが『日本の星』にあるホカケボシです」

「集めた星の和名の中で気に入っているいうか、満足しているのは、野尻先生のおすみつきいうか、ホカケボシだね」

「自分が北前船に乗ったのか、誰か先代かその祖先が乗ったのか確認しなかったけども、北前船に乗っておった者がそう言ってた」

金田さんは、帆掛け星という和名を気に入っていた。金田さんは、帆掛け星を伝承者と実際に星を見て確認しながら「からす座の四辺形」であることを確認した。

山仕事

●カワハリ（皮張り）、**カワハリボシ**（皮張り星）、**カワハリサマ**（皮張り様）

磯貝勇氏は、東京都奥多摩秋川で、「かわはりが出たで、起きるだんべし」と炭焼きや馬方が時刻を知ったと記録した［野尻1973］。

三上晃朗氏によると、からす座の四辺形を、むじなの毛皮を剝いで広げた姿にたとえたカワハリボシは、東京都西多摩郡奥多摩町および五日市町（現・あきるの市）、埼玉県秩父郡大滝村（現・秩父市）、秩父市南部の浦山地区、秩父郡横瀬町、入間郡名栗村（現・飯能市）を中心として山梨、神奈川の山間部に伝えられている。奥多摩地域では、「むじな」はタヌキで、尻当てに加工した。炭焼きのときの夜明けを知るために用いたケースが多い［三上C］。

筆者（北尾）も、一九七九年五月に三上氏に奥多摩に連れて行ってもらい、「カワハリ出るまでに、麦まきをしなければならない」と聞いた。カワハリ――、山奥深く吸い込まれていくような不思議な響きのする名前である。

また、一九八〇年一一月、山梨県北都留郡丹波山村で、「カワハリサマどこまでいきや夜が明ける、と言った」と聞いた。カワハリサマは、狢《むじな》の皮を張った鋲を星に見立てたものである。実際は、四か所でなく六か所張ることもあるという（静岡県のカワハリボシについては、第4章第2節ペガスス座、アンドロメダ座、さんかく座参照）。

生活一般

◉マクラボシ（枕星）

横山好廣氏が神奈川県横浜市旭区善部町にて記録。昔の女性が使った箱枕に見立てた［横山C］。

◉ノシボシ（熨斗星）

ノシの形に見立てた。兵庫県姫路市北原に伝えられている［桑原1963］。

◉ゼンボシ（膳星）、オゼンボシ（お膳星）

少しゆがんだ星がお膳のような形であることから、膳星、お膳星と名付けられた。桑原昭二氏によると、オゼンボシは、兵庫県宍粟

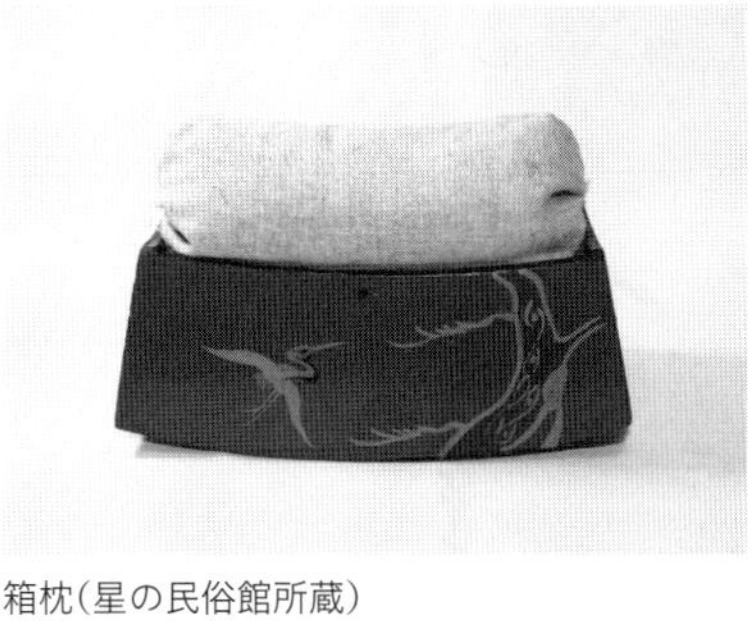

箱枕（星の民俗館所蔵）

箱膳（星の民俗館所蔵）

郡山崎町（現・宍粟市）郊外に伝えられている［桑原1963］。三上晃朗氏によると、オゼンボシは、埼玉県秩父郡皆野町、神奈川県津久井郡藤野町（現・相模原市）に、ゼンボシは、山梨県北都留郡小菅村に伝えられている［三上C］。

◉コシカケボシ（**腰掛星**）

腰掛けの形に似ていることから腰掛け星。兵庫県姫路市八家に伝えられている［桑原1963］。

◉ツクエボシ（**机星**）

机に見立てた。広島県呉市吉浦に伝えられている［野尻1973］。

◉ケンビキボシ（**腱引き星**）

桑原昭二氏が兵庫県加古川市神野で記録した。おばあさんは背中に手をまわしながら、「冬から春さきにかけて、わら仕事をよなべにしよりましたがな、もう寝よかいなあ思う時分になったら東のそらにけんびきにすえるやいとのような形で上が狭うて、下が開いとっての星さんが出よってだした。けんびきぼしといいよりました」と語った［桑原1963］。

腰掛（星の民俗館所蔵）

桑原氏は、「私は子供の頃、銭湯でみた年寄りの背中の黒いやいとの跡を思いださずにはいられませんでした」と記している。野尻抱影氏は「台形の灸のもぐさに見立てた奇抜な和名」と記している［野尻1973］。二月から三月はじめの夜なべ仕事を終えた頃、東の空に輝く「からす座の星ぼしの配列」と背中の灸とを重ね合わせて、夜なべ仕事で疲れた体を回復させてくれる灸への思いを募らせたのだろうか。

なお、お灸をするときの「もぐさ」に結びつけた事例として宮城県本吉郡唐桑町（現・気仙沼市）のモクサがあり、プレアデス星団を意味した（第1章第1節おうし座078ページ参照）。

住生活

◉ハシラボシ（**柱星**）

柱に見立てた。兵庫県姫路市安田に伝えられている［桑原1963]。

衣生活

◉ハカマボシ（袴星）

袴に見立てた。広島地方に伝えられている[野尻1973]。

運搬

◉クラカケボシ（鞍掛星）

鞍を掛けておく台に見立てた。兵庫県神崎郡に、「春になったらなあ、夕方、南の空に出てのお星さんがあるんや。昔は車がなかったもんやで、牛の背中に荷物を乗せて運びよったんや。このとき牛の背中が痛うないように大きなくら（鞍）をのせてやったもんです。このくらは大きいので、使わないときには、くらかけというてちょうど牛の背中みたいな台を作ってこの台にのせよったもんや。この台に似とるもんでくらかけぼしというんや」と伝えられている[桑原1963]。

なお、クラカケボシは、おおいぬ座δεηでつくる三角形を意味するケースもある（第1章第3節おおいぬ座参照）。

祭り

◉ウシデクバブシ（臼太鼓星）

野尻抱影氏は、内田武志氏がアンケート調査で記録した沖縄県那覇市住吉町のウシデクバ星[内田1949]について、「沖縄案内で八月にウシデーク（臼太鼓）踊という古式の神楽舞を催すという話を読んで、からす座の台形をその臼太鼓に擬したものと判断できた」と記している[野尻1973]。内田氏は、旧八月というと、からす座よりも「いて座の四星」を意味する可能性を記している[内田1949]。

その他

◉ヨツメ（四つ目）

からす座βδγεを四つの目に見立てた。宮城県本吉郡歌津町字馬場（現・南三陸町）[千田C]、東京都西多摩郡奥多摩町、埼玉県大里郡川本町（現・深谷市）[三上C]に伝えられている。ふたご座カストルとポルックスのように二つの目に見立てるケースは多いが、四つの目にはどのようなイメージをふくらませたのであろうか。三上晃朗氏の『眼』という命名には、単に数やものの喩えにとどまらず、『光り』や『空の孔』などといった信仰的な要素が含まれているものと考えられる」という指摘には、なるほどと思った。

●ヨツガラ

千田守康氏が宮城県本吉郡唐桑町高石浜（現・気仙沼市）にて記録［千田C］。

第5節 かんむり座

かんむり座は、七つの星が半円形を描いている。西洋の星座の配列がそのまま日本の星座となった数少ないケースである。

1 特徴を認識する過程において形成された星名

形状

●ハンカケボシ

円が半分欠けた形状に星が配列していることにもとづく。滝山昌夫氏によると、静岡県榛原郡下川根村(現・島田市)で子どもたちが言っていたという[野尻1973]。従って、伝承として伝えられた星名であるかどうかについては確定できない。

2 暮らしと星空を重ね合わせる過程において形成された星名

生活道具(竈、釜)

半円形を「竈《かまど》」「釜」に見立てたもので、かんむり座の代表的な日本の星座であるので、特に分類の項を設けて、冒頭に記す。竈を意味する言葉の多様性が、そのまま星名の多様性となった。生活道具ではないが、地獄の釜等も本分類に含めた。

●クドボシ(竈星)

竈《かまど》を意味するクドが星名

釜(星の民俗館所蔵)

となったケース。江戸後期の随筆である『四方《よも》の硯《すずり》』(畑鶴山《はたかくざん》〈一七四八－一八二七〉著、一八〇四〈享和四〉年刊)に、「クドボシ」が掲載されている。岸田定雄氏によると、クドは竈の西国方言で、奈良県添上郡治道村(現・大和郡山市)や山辺郡丹波市町(現・天理市)等に伝えられている[岸田1950b]。

クドボシ(湯村宜和氏撮影)

●オクドサン(お竈さん)

増田正之氏によると、クドに敬語の「オ」「サン」を加えた「オクドサン」が富山県西礪波郡福光町(現・南砺市)に伝えられている[増田1990]。

●ヘッツイボシ、ヒッツイボシ、シッツイボシ(竈星)

増田正之氏によると、竈を意味する「へっつい」が星名となったヘッツイボシ、ヘッツイボシが変化したヒッツイボシが富山県富山市に伝えられている。さらには、シッツイボシに変化した星名が富山県射水郡大島町(現・射水市)に伝えられている[増田1990]。

内田武志氏によると、兵庫県川邊郡小濱村姥ヶ茶屋(現・宝塚市)にヘッツイボシが伝えられている[内田1949]。桑原昭二氏によると、兵庫県姫路市書写山のふもとにヘッツイボシが伝えられている[桑原1963]。

●ナナツヘッツイサン(七つ竈さん)

ヘッツイに構成する星の数七を加えた星名。桑原昭二氏によると、兵庫県姫路市書写山のふもとに伝えられている[桑原1963]。

●コウジンボシ（荒神星）

かまどの神「荒神」が星名となった。岸田定雄氏によると奈良県磯城郡三輪町（現・桜井市）に「コウジンボシは半円形をしている」と伝えられている［岸田1950b］。桑原昭二氏によると、兵庫県姫路市書写山のふもとに伝えられている［桑原1963］。

●カマノクチ（釜の口）

石田淳氏によると、静岡県浜名郡に伝えられている［野尻1973］。

●オカマボシ（お釜星）

増田正之氏によると、オカマボシが富山県射水郡大島町（現・射水市）に伝えられている［増田1990］。

山本格安氏著『尾張方言』（寛延元年、一七四八年）に「おかまほし　貫索」とある［山本1748］。貫索は、かんむり座の中国名である。

●チョウジャノカマド（長者の竈）

『日本星名辞典』に、磯貝勇氏が記録した広島地方に伝わるチョウジャノカマドが掲載されている。「七つに見えたら長者になる」と伝えられている［野尻1973］。

●チゴクノカマド（地獄の竈）

本井公夫氏によると、明石地方でチゴクノカマドが伝えられている［野尻1973］。

●ジゴクノカマ（地獄の釜）

桑原昭二氏によると、兵庫県姫路市的形でジゴクノカマが伝えられている。えんま様が悪いことをした人をほうり込む地獄の釜に見立てた［桑原1963］。

●カマイリボシ（釜煎り星）

桑原昭二氏が、兵庫県姫路市今宿で記録。釜煎りの極刑に使用する釜に見立てた［桑原1963］。

●オニノカマ（鬼の釜）、オニノオカマ（鬼のお釜）

桑原昭二氏によると、兵庫県姫路市書写山のふもとにオニノカマが伝えられている［桑原1963］。地獄の釜に通ずる。

『日本星名辞典』には、岡山県浅口郡六条院町（現・浅口市）

において守屋重美氏の記録したオニノオカマが掲載されている［野尻1973］。

●ジゴクゴクラクノホシ（地獄極楽の星）

桑原昭二氏が兵庫県三木市で記録［桑原1963］。地獄の釜に通ずる。

●センドノカマ（せんどの釜）

桑原昭二氏が兵庫県姫路市木場で記録。先途《せんど》の釜すなわち、人の行き着くところ「死」のあとの釜「地獄の釜」に通ずると思ったが、桑原氏によると、姫路市木場附近では、墓場のことを「せんど」と言う［桑原1963］。

生活道具（その他）

●キンチャコボシ（巾着星）

子どもが腰にさげたりした巾着に見立てた。静岡県榛原郡白羽村砂原（現・御前崎市）に伝えられている［内田1949］。

●カラカサボシ（唐傘星）

唐傘に見立てた。小松崎恭三郎氏が徳島地方で記録［野尻1973］。増田正之氏が、富山県高岡市で記録［増田1990］。

唐傘（星の民俗館所蔵）

農業

●ミボシ（箕星）

内田武志氏によると、千葉県君津郡根形村飯富（現・袖ケ浦市）において、「ミボシの見える年は豊年だ」と伝えられている［内田1949］。ミボシは、いて座στζφ、ヒアデス星団とアルデバランで構成するV字形、からす座四辺形等を意味するケースがある。

●タワラボシ（俵星）

俵に見立てた。横山好廣氏が、一九八二年に秋田県由利郡象潟町塩越にて記録。話者（当時八二歳）は、夏の夜、頭上に見えると、楕円の破線の図を書きながら説明した［横山C]。

漁業

●アミタテボシ（網立て星）

桑原昭二氏によると、小豆島田の浦に伝えられている。話者は、指でぽつぽつと六つぐらいの点をまるくおさえながら、「こんなふうに、ちょうど網をはったような形になっとての星さんをあみたてぼしと、聞きよりました。ほんとうに網をはったように並らんどってだす」と説明した[桑原1963]。桑原氏は、「こんな想像しやすい名前がもっとひろく分布してもよいはずですが、ここだけしかみつかっておりません」と記しているが、同感である。

●カゴボシ（籠星）

金田伊三吉氏が石川県珠洲郡宝立町（現・珠洲市）で記録。野尻抱影氏が「ビクの形と見たものだろうか」と記しているが同感である[野尻1973]。また、増田正之氏によると、富山県射水郡小杉町（現・射水市）に伝えられている[増田1990]。

信仰

●ジュズ（数珠）、ジュズボシ（数珠星）

糸でつないだ数珠玉のように、すなわちジュズつなぎに並んで見えることからジュズと呼んだ。増田正之氏によると、富山県射水郡下村（現・射水市）に伝えられている[増田1990]。増田氏は、「『かんむり座』をあらわす星名としてすばらしい名と感嘆せずにはいられない」と記しているが、同感である。太鼓の躍動とともに、心静まる星空への祈り、まさに暮らしの一場面が日本の星名となった。

また、静岡市足久保にジュズボシが伝えられている。柴田宸一氏は、「片手にかける略式の小型のじゅずと見たものであろう」と記している[柴田1976]。

娯楽

●ドヒョーボシ（土俵星）

土俵に見立てた。静岡県庵原郡両河内村中河内（現・静岡市）に伝えられている[内田1949]。

◉スモウトリボシ（相撲取り星）

桑原昭二氏が、兵庫県姫路市北条附近で、「この頃（初夏）ちょうど相撲の土俵のように輪になって一間おきに七つの星さんが出とってや。土俵のまわりをとりかこんで相撲を見とるようで、あれをすもうとりぼしいうとります」と記録［桑原1963］。この場合は、かんむり座の七つの星を相撲を見ている人に見立てたのであるが、さそり座の二重星のまたたきを相撲を取っている様子に見立てたケースがある（第3章第5節さそり座参照）。

◉タイコボシ（太鼓星）

日本星名辞典には、熊本市の星名として、森下功氏が明治七年生まれの父親から聞いた太鼓星が掲載されている。「かんむり座の星々を太鼓の皮をとめているビョウに見立てた」［野尻1973］とあり、思わず、星空の彼方から鳴り響く太鼓に耳を澄ませた。新潟県佐渡郡河崎村大川（現・佐渡市）、熊本県飽託郡池上村高橋（現・熊本市）［内田1949］、熊本県宇土地方［野尻1973］、富山県小矢部市、射水郡下村（現・射水市）［増田1990］等、広範囲に伝えられている。

◉バクチボシ（博打星）、トバクボシ（賭博星）

岡山県笠岡市北木島に伝えられている。車座に坐って博打を打つのに似ていることから博打星、賭博星と呼んだ［桑原1963］。

年中行事

◉セックノキリモチ（節句の切り餅）

桑原昭二氏によると、島根県浜田市に伝えられている。節句の切り餅に見立てた［野尻1973］。

◉オドリコボシ（踊り子星）

畝川哲郎氏によると、広島県呉市吉浦に伝えられている。盆踊りの踊り子に見立てた［野尻1973］。星空に、円形になって盆踊りをしている踊り子たちを描いた豊かな想像力のつまった星名である。

住生活

◉イドバタボシ(井戸端星)

井戸の周囲に設けた土砂の崩れ落ちるのを防ぐための囲い「井戸側《いどがわ》」に見立てた。杉浦慎三郎氏によると、愛知県幡豆郡に伝えられている[野尻1973]。

運搬

◉クルマボシ(車星)

かんむり座の半円形を車に見立てた。大分県下毛郡中津町(現・中津市)の中野繁氏が昭和八年に野尻抱影氏に報告。越智勇治郎氏によると、福岡県八幡市(現・北九州市)に伝えられている[野尻1973]。桑原昭二氏によると、兵庫県神埼郡、宍粟郡安富町富栖(現・姫路市)に伝えられている[桑原1963]。また、増田正之氏によると、富山県高岡市、射水郡下村(現・射水市)に伝えられている[増田1990]。

荷車の車輪(星の民俗館所蔵)

◉ヒズメノホシ

内田武志氏によると、京都府何鹿郡山家村西原(現・綾部市)で伝えられている。内田氏は、「蹄を持つた大天馬を大空に想像したのではなく、半圓形の星座をみて、たんに日常見なれてゐる馬の足跡、蹄の状とみなした迄であつたのである」と記しているが、日常見なれたものと星の並びを重ね合わせるのが日本の星座であることを実に的確に指摘している[内田1949]。

磯貝勇氏は、ヒズメノホシを記録できないかその地域を調査した。しかし、「内田君の資料にある山家村西原のヒズメボシは、その後も注意しているが確認できない」と記しているように、記録できなかった[磯貝1956]。

◉ウマノツメアト(馬の蹄跡)

桑原昭二氏が、兵庫県姫路市北原で、「夏の頃、頭の上にちょうど馬のひづめの形によう似とる星さんがあります。

これをうまのつめあとと呼んどります」と記録［桑原1963］。桑原氏は、「他の星の名前よりもかんむり座の星の形にぴったりしていると思います」と記しているが、内田氏のヒズメノホシと同様、暮らしに密着した見事な日本の星名である。

人

◉クルマザボシ（車座星）

福岡県築上郡吉富町に伝えられている。車座になって、すなわち輪の形になって坐っている人に見立てた［野尻1973］。

気象

◉ニジボシ（虹星）

越智勇治郎氏によると、愛媛県伊予郡に伝えられている。虹に見立てた［野尻1973］。

第6節 うしかい座

01 アルクトゥルス

うしかい座のアルクトゥルスは、夜空に輝く恒星のなかで、シリウス、カノープス、リゲル・ケントについで四番目に明るく、暮らしと星空を重ね合わせる過程において次のような星名が形成された。

食生活

◉チャガユボシ（茶粥星）

山口県立山口博物館の中島彰氏、松尾厚氏によると、山口県大津郡油谷町（現・長門市）に茶粥星が伝えられている。

元禄時代から明治時代まで捕鯨が盛んなところで、一一月頃から一二月頃、午前四時から五時頃に起きて、体を温めるために茶がゆを食べてから、捕鯨に出る準備をした。ちょうど、茶がゆを食べる頃、東の空に明るい星アルクトゥルスがのぼることから、「ちゃがゆぼし（茶粥星）」と呼んだ「中島・松尾C」。茶がゆは、茶葉を煎じ出した汁で煮た粥で、山口では昔は茶粥《ちゃがゆ》を朝ごはんにする家庭も多かった。茶がゆは今でも山口の郷土料理として伝えられている。

茶粥（撮影者が昭和30年代、子供の頃に食べていた茶粥を再現。松尾厚氏撮影）

農業

◉ムギボシ（麦星）、ムギボシサン（麦星さん）

麦星という呼び名は、麦秋すなわち麦の収穫時期の黄金色の穂なびく頃の日暮れ後にほぼ南中するアルクトゥルスにぴったりである。

麦秋は、「ばくしゅう」と読むが、むしろ「むぎあき」と言うほうがやわらかで心地よい響きがする。米の実る秋ではなく初夏なのに「麦秋」と言う。そして、星空には麦星があった。麦星は麦秋の頃の日暮れ後にほぼ南中となった。

ムギボシについては、『瀬戸内海島嶼巡訪日記』に次のように掲載されている。

❖岡山県兒島郡八濱（現・岡山県玉野市）………赤味のある星。今頃夜明け四時頃に入る。梅雨になると入つてしまふ［アチックミューゼアム1940］。

「今頃」とは、調査の行なわれていた時期であり、一九三七年五月一五～二〇日の間である。

五月中旬の午前四時頃には、入ってはしまわないものの高度約二〇度の低空に輝く。梅雨の季節、仮に六月一五日と仮定すると既に沈んでいる。

桑原昭二氏は、香川県小豆郡小豆島町において、高校生を指導して次のようなムギボシサンについての伝承を記録した。

「この星が東に上ってのは十一月頃で、北東の空に出てるのや、だいたい二間上ったら麦をまきよってなあ」［桑原1963］

一一月上旬頃から、明け方、麦星は、一〇～一五度……と高度を上げている。麦蒔きの季節である。

◉ムギカリボシ（麦刈り星）

増田正之氏によると、富山県小矢部市に伝えられている［増田1990］。

◉カジカイ

静岡県引佐郡三ケ日町摩訶耶（現・浜松市）では、七月の夜半、カジカイが西の山端に達する時をもって、ひき水の交替時間としていたと伝えられている［内田1949］。「カジカイ」の意味は不明である。

●ハトボシ（鳩星）

石橋正氏が岩手県九戸郡洋野町種市宿戸出身の漁師から記録した。春、東の山の上に出る橙色の大きな星で、その星が出る頃になると、山鳩が畑をあらしにやってくる。石橋氏は、海図でその付近の地形を調べて、山の上にかかる一等星はアルクトゥルスであることを知った［石橋1989］。

漁業

●ウオジマボシ（魚島星）

魚島と言えば、愛媛県魚島を思い出したが、この場合は、五月頃の鯛がたくさんとれる時期を意味する。桑原昭二氏は、兵庫県高砂市の海岸で次のように記録している。

「この頃（八月）西に入る赤い大きな星さんをうおじまぼしさんといって、ここら辺では鯛のよう（よく）取れる五月頃に南に出てやから、うおじまぼしさんいうのや」［桑原1963］

信仰

●グヒンボシ（狗賓星）

香田壽男氏が、岐阜県武儀郡洞戸村（現・関市）にて記録。狗賓とは天狗のことである。野尻抱影氏は、「梅雨雲の切れめにカラカサ松の梢に明滅する不気味な星を、赤っ面のグヒンさまの精と見ているのも、素直にうけとれる」「江戸から明治へかけて、赤い星を漫然と〈てんぐぼし〉といっている地方はあちこちにあった」と記している［野尻1973］。グヒンボシは、岐阜県以外の広い地方で伝えられていた可能性がある。

人

●アンサマボシ

アネサマボシ（姉、スピカ、第7節おとめ座参照）に対して、アンサマボシ（兄）と呼ぶ。富山県婦負郡八尾町（現・富山市）に伝えられている［増田1990］。

季節

●アマイノホシ（雨夜の星）

越智勇治郎氏によると、愛媛県西条市に、「沖で手繰り引きゃあまいの星よ、出たり引っこんだりまた出たり」という唄が伝えられている。越智氏は、後にアルクトゥルスと断定できない、梅雨の晴れ間の大きな星を漠然とさすという考え方に変わった［野尻1973］。手繰り網を引きながら、雨夜の雲の切れ間から出たり入ったりする明るい星を歌ったのだろうか。

●サミダレボシ（五月雨星）

小松崎恭三郎氏が東京都江戸川区小松川にて記録。「梅雨明けごろの天頂に光る」ことからアルクトゥルスと推測した［野尻1973］。

●アマゴイボシ（雨乞い星）

春田博男氏が安倍川筋で記録。柴田宸一氏は、「多分、雨が欲しい季節に出る星なのであろうから、或いはこのアークトゥルスかもしれない」と記している［柴田1976］。

●ハルノイチバンボシ（春の一番星）

春の日没後の東空で一番星として輝くことからハルノイチバンボシ。爽やかな星名だ。増田正之氏によると富山県高岡市に伝えられている［増田1990］。

●カンロク、カンロクサン

カンロクは、京都府竹野郡濱詰村（現・京丹後市）に伝えられている。寒の頃の夜明けに、中空にロク（いつも）にいることからカンロク［内田1949］。

寒の入りの頃、約六八度の高度（一九〇〇年一月五日の日の出一時間前、京都府京丹後市の場合。アストロアーツのステラナビゲータver.9による）になり、中空である。大寒一月二〇日には高度約七四度と上がっていく。

桑原昭二氏によると、カンロクサンが兵庫県姫路市、飾磨郡夢前町（現・姫路市）に伝えられている。姫路市書写には、「よく光っていて、寒になったらこの星が正十二時（南中）にきたら夜があける」と伝えられている［桑原1963］。

桑原氏は、「カンロク」について、「寒の六日という意か」と記している。寒の六日が一月一〇日とすると方位は南よりも約三八度東。薄明とともに南になり日の出三〇分前には約一五度東。ほぼ正一二時（南中）に近づいていく。

アルクトゥルスは、寒の入り（一月五日頃）からの夜明け頃に見られたことからカンロクという呼び名が形成された。

地名

◉ノトネラミ（能登睨み）

アルクトゥルスが西北西低くなっていく頃、カペラ（能登星）が北東より少し北寄りから昇ってくる。アルクトゥルスが能登星を睨んでいるようなので、ノトネラミという星名がぴったりである。京都府竹野郡間人町（現・京丹後市）に伝えられている［内田1949］。

02 うしかい座全景等

農業

◉ムギボシ

ムギボシがアルクトゥルスだけではなく、うしかい座全体を意味するケースが兵庫県姫路市に伝えられている。

「麦を刈る時分に出る星でなあ。この星の形は五角形に杵のついたような形をしとってや。この五角形は昔米や麦をついとった唐臼によう似とって杵がちょうど台がらに似とんのでむぎぼしと呼んどった」［桑原1963］

◉カラウスボシ（唐臼星）

兵庫県揖保郡新宮町郊外（現・たつの市）に、「春に出る星さんで、唐臼の形をしとる星さんがあるんや」［桑原1963］と伝えられている。話者の説明図には臼の形とこれに続く杵と両方書いてあり、桑原氏は、うしかい座だけでなく、かんむり座を含むと推測している。

第7節　おとめ座

おとめ座のスピカの日本の星名には、増田正之氏が記録した「アネサマボシ」「アネハンボシ」、千田守康氏が記録した「イワシボシ」がある。「シンジボシ」「フクボシ」については、現段階ではスピカであると同定できていない。

◉アネサマボシ、アネハンボシ

増田正之氏によると、アネサマボシ（八尾町〈現・富山市〉）、アネハンボシ（高岡）が伝えられている。アネサマボシは、「六月に南に見える」とあり、増田氏はスピカと同定している。

アネサマボシ（姉）がスピカを指すことが判明してから、増田氏は、アンサマボシ（兄）が伝えられていないか手をつくしたがわからず、なかばあきらめていたところ、アルクトゥルスの星名アンサマボシ（八尾町〈現・富山市〉）と出会うことができた。夏のベガとアルタイルに対して、春の七夕を想像させてくれる［増田1990］。

◉シンジボシ

おとめ座のスピカの日本の星名と言えば、真珠星を思い出す人が多いと思う。天文書やプラネタリウム等で、真珠星は、昔から伝わる伝統的な星名として取り上げられてきたからである。しかし、真珠星は伝承として伝えられた星名ではない。

実は、真珠星の元になったのは、次のような『民間傳承』の宮本常一氏の記述であり、「真珠」ではない。

「シンジボシ（六月の八時頃上る。白色で小さい）」［宮本1937］

宮本氏が福井県三方郡日向《ひるが》において記録した「シンジボシ」の意味についても、またどの星に相当するかも不明であった。

スピカと考えた一人は、野尻抱影氏であった。野尻氏は、「白色で小さい」に注目し、スピカと考えたのである。

ところが、スピカは、六月の夜八時頃、東の空から上るのではなく南の空である。それについては、野尻氏は、

「見よい高さになった」と考えた［野尻1957］。しかし、『民間傳承』の同じ個所には、アトボシ（この場合はアルデバラン）について、「スンバク（筆者注＝スンバリの誤植と思われる。スバルから転訛）の後上る」とあり、「上る」は「見よい高さ」の意味ではなく、スンバリの次に上ってくるという意味に使われている記述がある。したがって、「見よい高さ」と考えにくい。

シンジボシがスピカであると同定できないが、野尻氏は続けて、「多少強引であるが」と前置きをして、「スピーカの純麗無垢な、そのために星座の名のヴィルゴオ（處女）も生まれたという光から、シンジを眞珠と解して、シンジュボシとしてこの一等星の和名に定めた」と記している［野尻1957］。

「多少強引……」と記されているにもかかわらず、それを引用した天文書の執筆者が古くからの日本の星名と捉えてしまったようである。

もう一人、スピカと考えたのは、内田武志氏であった。内田氏は、『民間傳承』に掲載されているシンジボシの意味が不明であることについて、「自分はこれを［真珠星］の訛語ではなからうかと考へてゐる。すなはち、この星の白光に輝く印象からそれを眞珠の玉にみなしたのであつて、わが國ではあまり類のない星名と云つてよからう」と記している［内田1949］。

本書では、「スピカを真珠星」と言ってはならない、と記しているわけではない。真珠星は、スピカにぴったりの名前であるからこそ、おそらく野尻抱影氏と内田武志氏が二人とも真珠星と考えたのではなかろうか。しかし、「古くから日本で伝承された」と言ってはいけない。現段階では、フィールド調査、あるいは文献調査で真珠星が暮らしのなかで形成され伝えられている事例に出会うことができないからである。例えば、「野尻抱影先生が真珠星と呼んだ通り、真珠のような輝きです」と言うのは何ら問題がないと思う。

「シンジボシ」の正体が知りたくて、筆者（北尾）も、一九八七年一〇月、福井県三方郡美浜町日向を訪問したが、残念ながら出会えなかった。

◉イワシボシ（鰯星）

千田守康氏が、宮城県桃生郡雄勝町水浜（現・石巻市）で

「スピカと明けの明星」。仙台天文同好会比嘉義裕氏(ひが企画)撮影、宮城県亘理郡亘理町鳥の海にて

記録。話者は、秋田県由利郡象潟町(現・にかほ市)出身で、象潟町の星名「イワシボシ」を伝えていた。

「五月の夕刻のころだな。鳥海山の上にイワシボシがかかるようになるとイワシがとれるようになる。刺し網の打ち時はその星の高低で測ったそうだ」〔千田1987〕

千田氏は、象潟町から見た鳥海山の方位、高度、そして、話者の伝えていた季節、時刻からスピカであると考えたが同感である。

◉フクボシ(福星)

静岡県榛原郡吉田村(現・吉田町)で伝えられている福星を内田武志氏はスピカと推測している。「銀色の星」「これが西山に隠れる時刻まで夜業をすれば福が授かると云ひ傳へて、それで福星と呼ぶ」〔内田1949〕という記述からだけでは、スピカと同定するのは困難である。

第3章

夏の星

第1節 こと座

こと座は、次の部分に日本の星名が形成された。

❖ベガ
❖ベガとεζ（織女の子ども）
❖βγδζ

01 ベガ

1 特徴を認識する過程において形成された星名

アルタイルとの位置関係、のぼる順序にもとづく星名が形成された。

位置関係にもとづいた星名

◉カミノタナバタ（上の七夕）

内田武志氏によると、新潟県佐渡郡河崎村大川（現・佐渡市）に伝えられている。アルタイルのシモに対してカミと名づけた［内田1949］（第2節わし座参照）。

◉オキノタナバタ（沖の七夕）

磯貝勇氏が京都府竹野郡下宇川村中浜（現・京丹後市）で記録。海の沖側にベガが輝くことからオキノタナバタと呼んだ（アルタイルは岸側に見えるためナダノタナバタ）［磯貝1956］。

◉ニシタナバタ（西七夕）

内田武志氏によると、京都府竹野郡間人町（現・京丹後市）に伝えられている。アルタイルの東に対して、西［内田1949］（第2節わし座参照）。

のぼる順番

●サキタナ（先タナ）

後にのぼってくるアトタナ（アルタイル）に対してサキタナと伊予（愛媛県）で伝えられている［野尻1973］。

2 暮らしと星空を重ね合わせる過程において形成された星名

人

「タナバタさん」も、暮らしのなかで身近な存在であるという意味で、「人」に分類した。

●メンタナバタ

アルタイル（オンタナバタ）に対して、メンタナバタという星名が形成された。武田明氏が、岡山県邑久郡牛窓（現・瀬戸内市）、香川県仲多度郡櫃石島（現・坂出市）、多度津町佐柳島で記録、磯貝勇氏が、香川県仲多度郡本島（現・丸亀市）、沙彌島（現・坂出市）で記録［アチックミューゼアム1940］。内田武志氏によると、山口県大島郡白木村（現・周防大島町）に伝えられている［内田1949］。増田正之氏によると、富山県高岡市に伝えられている［増田1990］。香川県三豊郡志々島のε、ζを含むケースは後述。

●メッタノタナバタ

アルタイル（オッタノタナバタ）に対して、メッタノタナバタと富山で伝えられている［野尻1973］。

●オリコボシ（織り子星）

織り子に見立てた。広島県呉地方に伝えられている［野尻1973］。生活に密着した素朴な星名である。

02 ベガとε、ζ

次のような、暮らしと星空を重ね合わせる過程において星名が形成された。

人

◉タナバタサン（七夕さん）

福岡県糸島市加布里にて、芥屋《けや》村（現・糸島市）出身の話者から記録。

「タナバタサン、三つ三角形なってる」

タナバタサンは織女すなわちこと座のベガとε星とζ星とで作る三角形を意味している。

◉メンタナバタ

香川県三豊郡志々島（現・三豊市）に伝えられている［アチックミューゼアム1940］。

03 βγδζ

次のような、暮らしと星空を重ね合わせる過程において星名が形成された。

食生活

◉ウリキリマナイタ（瓜切り俎）

こと座βγδζを瓜を切るマナイタに見立てて、ウリキリマナイタ（瓜切り俎）という星名が形成された。香川県丸亀市本島に伝えられている［野尻1973］。

◉マナイタボシ（俎星）

マナイタ（俎）に見立てた。牛尾三千夫氏が記録。島根県邑智郡日貫村（現・邑南町）に伝えられている［野尻1973］。

◉ナキリボシ（菜切り星）

マナイタボシとともに、牛尾三千夫氏が記録。島根県邑智郡日貫村（現・邑南町）に伝えられている［野尻1973］。

生活道具

◉タナバタノオコゲ（七夕の麻小笥）

緒方起世人氏が熊本県隈府（現・菊池市）で記録した。麻小笥は、麻をつむいで入れるオケのことであるが、七夕の供え物を入れる竹カゴの形と伝えられていた[野尻1973]。

04 ベガとアルタイル

◉タナバタサン(七夕さん)

ベガとアルタイルと両方でタナバタサンと呼ぶケースがある。兵庫県高砂市戎町で次のような伝承を記録した。

「ヨアサになって、タナバタさんがいっしょに入るとき七夕。夜明ける時分にいっしょに入って、タナバタさんはひとつになる」[北尾C]

旧暦の七夕の夜明け頃に、織女と牽牛がいっしょに低くなっていくのを見て、織女と牽牛がひとつになって会うという思いが育まれた。織女と牽牛は、出るときは約三時間も間隔があいているのに、沈むときはずっと間隔がちぢまって、夜明けに会えていっしょに地上に降りてくるかのようである。

織女と牽牛がいっしょに低くなる(鵜飼浩樹氏撮影)

●タナバタボシ（七夕星）

愛媛県伊予郡双海町上灘（現・伊予市）においては、ベガとアルタイルを二つあわせてタナバタボシと伝えられていた。織女（ベガ）の方は、子どもを連れているという。おそらく、こと座のε、ζを観察して子どもと想像したと思われる［北尾C］。

05 七夕の伝承

星名調査の際、七夕に関する多様で豊かな伝承を記録する。

一九八三年五月、栃木県塩谷郡栗山村川俣（現・日光市）で記録した伝承である。

「天竺からきれいな衣を着た女の人が三人ばかり来て、水浴びしていた。しかし、魚釣りに来ていた男が、いちばんきれいな人の着物を隠してしまったので、天竺に帰ることができなくなった。その女の人「七夕さま」は、魚釣りの妻になった」

「魚釣りは、何年も着物の隠し場所を話さなかったが、子どもができたので大丈夫だと思って、『着物がなければ裸で帰れないから、屋根の下の梁のところに投げておいた』と教えた。ところが、七夕さまは、その着物を見つけて取り出して天竺に上がってしまった」

「七夕さまは、『会いに来たかったら、月に一度、川で水浴びして天にのぼるときに来なさい』と言ったつもりが、どうしたことか魚釣りは、『年に一度』と聞き間違えてしまった……」

「魚釣りは、年に一度、茅を千反、ひょうたんを千個持って七夕さまに会いに行くことになる……」

「月に一度」を「年に一度」と聞き間違えたので、年に一度しか会えなくなってしまったと伝えられていた。また、朝の一〇時より前に雨が降れば、天の川の水がいっぱいになって会えなくなってしまうので、七夕さまのときには雨が降らないと伝えられていた［北尾C］。

一九八四年一一月、京都府竹野郡丹後町間人（現・京丹後市）で記録した伝承である。

「七夕祭のときは、一本釣りに出る場合には休みました。七夕さんのお祭りの日に出ますと、たくさん漁があって、喜んで帰ってきたら、よくそれが、スルメイカなんかがササになっとったり、木の葉になったりして、どう言いますか、昔の方々は化け物が化かしたと言います」

「そのちょうどササを流す時間に、漁場から手漕ぎの船が帰ってくるんですね。そうすると、釣っているイカがナスビやウリになってたとか、ササになってたとか、木の葉になってたとか、そういう話を聞きました」［北尾C］

第2節 わし座

わし座は、次の部分に日本の星名が形成された。

❖アルタイル
❖アルタイルとβγ

01 アルタイル

1 特徴を認識する過程において形成された星名

ベガとの位置関係、のぼる順序にもとづく星名が形成された。

位置関係にもとづいた星名

●シモノタナバタ（下の七夕）

内田武志氏によると、新潟県佐渡郡河崎村大川（現・佐渡市）に伝えられている［内田1949］。ベガのカミに対してシモと名づけた（第1節こと座参照）。

●ナダノタナバタ（灘の七夕）

礒貝勇氏が京都府竹野郡下宇川村中浜（現・京丹後市）で記録。海から灘（岸）側にアルタイルが輝くことからナダノタナバタと呼んだ（ベガは沖側に見えるためオキノタナバタ）［礒貝1956］。

●ヒガシタナバタ（東七夕）

内田武志氏によると、京都府竹野郡間人町（現・京丹後市）に伝えられている。ベガの西に対して、東［内田1949］（第1

節こと座参照）。

のぼる順番

●**アトタナ**（後たな）

先にのぼってくるサキタナ（ベガ）に対してアトタナ。伊予（愛媛県）で伝えられている［野尻1973］。

2 暮らしと星空を重ね合わせる過程において形成された星名

人

●**オンタナバタ**

ベガ（メンタナバタ）に対して、オンタナバタという星名が形成された。武田明氏が、岡山県邑久郡牛窓（現・瀬戸内市）、香川県仲多度郡櫃石島（現・坂出市）、多度津町佐柳島で記録、礒貝勇氏が、沙彌島（現・坂出市）で記録［アチックミューゼアム1940］。内田武志氏によると、山口県大島郡白木村（現・周防大島町）に伝えられている［内田1949］。増田正之氏によると、富山県高岡市に伝えられている［増田1990］。牛島、志々島のβ、γも含むケースは後述。

●**オッタノタナバタ**

ベガ（メッタノタナバタ）に対してオッタノタナバタと富山で伝えられている［野尻1973］。

農業?

●**ギュウノウボシ**（牛農星?）

静岡県静岡市足久保あたりに伝えられている。柴田宸一氏は、ギュウノウボシについて、「もし漢字で牛農星と書くのであれば、牽牛星から出たものであろう」と記している。本書では、「農業?」に分類した［柴田1976］

02 アルタイルとβγ

人

◉イヌカイボシ、インカイボシ（**犬飼星**）

平安時代中期の辞書である源順著『倭名類聚抄　天部第一』に、「牽牛　和名比古保之又以奴加比保之」とある。野尻抱影氏は、室町後期の歌謡集『閑吟集』（永生一五〈一五一八〉年）に犬飼星が掲載されていることを指摘している。

「犬飼星《いぬかひぼし》は　何時候《なんどきぞろ》　ああ惜しや惜しや　惜しの夜やなう」

（犬飼星《いぬかいぼし》があの辺に出ているが、今、何時でしょう。ああ、惜しい惜しい、惜しい夜ですこと。閨房にあって夜が明けきるのを惜しむ女が、かたわらの男に問いかけている趣）［徳江校注2000］

江戸中期の百科事典である『類聚名物考巻一　天文部第一』には、「牽牛和いぬかひぼし　ひこぼし」［山岡、江戸中期］とある。イヌカイボシという和名は古くから伝えられていたのである。西山峰雄氏は昭和一四年頃、福岡市鍛治町（現在の天神三丁目）にてインカイボシを記録した［西山峰雄C］

◉イヌカイサン、インカイサン（**犬飼いさん**）、**インカイサマ**（**犬飼いさま**）

インカイサンの名前は、『漁村民俗誌』に「七夕（インカイサンと天草でいふ）」［櫻田1934］とある。『天草島民俗誌』に次のようにインカイ様が掲載されている。

「或時、何段歩かの畑に何合かの粟を蒔いて來る様に言ひつけられて、畑に行き種粟を蒔き散したが、まだ後にはいくらか残つてゐた。その時タナバタ様は機を織つてゐられたが、その下手な仕事を怒つて、梭を投げつけられた。するとインカイ様も怒つて、タナバタ様の植ゑておかれた瓜畑の瓜を眞二つに切り割られると、それが天の川になつて、二人の間を隔てゝしまつた。それから後は、二人は年に一度七月七日の夜、川を越へて會ふ様になつたのである」［濱田隆一1932］。

インカイサマは、福岡県箱崎市（ママ、糟屋郡箱崎町〈現・福岡市〉のことと思われる）においても伝えられている［内田1949］。

犬飼星（鵜飼浩樹氏撮影）

筆者（北尾）は、福岡県糸島市加布里にて、芥屋《けや》村（現・糸島市）出身の話者からインカイサンを記録した。

「タナバタサン、天の川はさんで、イヌカイサン。インカイサン」

「タナバタサン、三つ三角形なってる。もうひとつ、インカイサンは、一列に並んでる。天の川はさんでる」

インカイサンは犬飼いさんで、牽牛すなわちわし座のアルタイルと一列に並んでいるβ星、γ星のこと。タナバタサンは、こと座ベガとε星、ζ星のこと。七夕に雨が降れば、インカイサンはタナバタサンと会えない。

「七夕の日、雨が降らんやったらあわしやーと。タナバタサンとあわしやーと」

七夕の日、雨が降らないように、インカイサンがタナバタサンと会えるように祈った［北尾C］。

牽牛の牛ではなく犬であった。柳田國男氏は、「犬飼七夕譚」で次のように記している。

「さうして一方には志那で謂ふ牽牛星即ち彦星を、又犬飼星と呼ぶことは、少なくとも倭名抄の昔からである。是にも何か特別の説話があつたらしいが、それはもう埋もれてしまつて、たゞこの二つの言ひ傳へを、混同せしめる因縁になつて居るのである」［柳田1936］

筆者は、奄美大島にて七夕の星がナナツボシとスブシ（第2章第1節おおぐま座参照）であるケースを記録した。織女と牽牛の伝承が大陸から伝わる前に、犬飼星はもちろんそのほかにも、いまは失われた多様で豊かな伝承があったことは間違いないであろう。

◉インコドンボシ

内田武志氏によると、鹿児島県川邊郡枕崎町（現・枕崎市）で「大小三箇の星がその距離も等しく眞直に並んでゐる。大星を人間とし、小星のほうを連れてゐる犬とみて、この名稱があると云ふ」と伝えられている［内田1949］。

◉イヌヒキドン（犬曳きどん）、イヌヒキホシサン（犬曳き星さん）

森猪熊氏によると、熊本県宇土地方にイヌヒキドン、イヌヒキホシサンが伝えられている［野尻1973］。

◉ウスウマサダティブス（牛馬サダティ星）

牛と馬を連れて（サダティ）いる星。サダティとは「連れる」という意味。沖縄県平良市（現・宮古島市）に伝えられている［北尾ＡＣ］。

◉オヤニナイ、オヤニナイボシ（親荷い星）

『類聚名物考巻一　天文部第一』に、「牽牛和いぬかひぼし　ひこぼし●今案おやになひぼしといふは親荷星にて爾雅に擔鼓也といへるに合べし」［山岡、江戸中期］というようにオヤニナイボシが登場する。野尻抱影氏は、『類聚名物考』の担鼓（擔鼓）について、河鼓の異名で牽牛三星の形をいう漢名であると記している［野尻1973］。

長谷川信次氏が群馬県利根郡薄根村（現・沼田市）の薄根小学校の用務員よりオヤニナイを記録。オヤニナイは、オリオン座三つ星、さそり座アンタレスとστを意味するケースもあるが、実際に星空でわし座アルタイルとβγであると確認した［野尻1973］。

◉アキンドボシ（商人星）

横山好廣氏が神奈川県横浜市旭区善部町にて記録。商人が天秤をかつぐ様子に見立てた。さそり座アンタレスとστを意味するケースが多いが、この場合は話者の伝えている配列からわし座アルタイルとβγであった［横山C］。柴田宸一氏によると、静岡県静岡市足久保に伝えられている［柴田1976］。

◉ウシカイボシ（牛飼い星）

野尻抱影氏によると、岡山・熊本に伝えられている。熊本県隅府（現・菊池市）の緒方起世人氏からの報告によると、βγを「うしかいのお供」といい、牛と見ている［野尻1973］。野尻氏は、天明三（一七八三）年刊の『續いまみや草』の七夕の句「くらがりを牛引星のいそぎかな　來山」［鳥道1925］の牛引星を牽牛の意訳らしいと記している。また、唐船《たうせん》（謡曲、四番目物）には「七夕《たなばた》の、譬《たと》へにも似ぬ身の業《わざ》の　牛牽《ひ》く星《ほし》の、名ぞ著《しる》き」［西野校注1998］とあり、野尻氏は俳諧の季語となっていたらしいと指摘している。

◉オンタナバタ

礒貝勇氏が香川県仲多度郡牛島（現・丸亀市）、三豊郡志々島（現・三豊市）で、「●●●」の形と記録［アチックミューゼアム1940］。

第3節 はくちょう座

はくちょう座は、次の部分に日本の星名が形成された。

❖デネブ（α）
❖αγηβ・εγδでつくる十字

01 デネブ

デネブは一等星のなかでも暗いほうであるが、ベガとアルタイルと対比させながら、日本の星名が形成された。

1 特徴を認識する過程において形成された星名

位置や沈んでいく順番にもとづいて、次のような星名が形成された。

位置関係にもとづいた星名

●アマノガワボシ（天の川星）

デネブが天の川に輝くことが星名となった。香田壽男氏が岐阜県揖斐郡谷汲村（現・揖斐川町）で記録した［野尻1973］。

のぼる順番

●タナバタノアトボシ（七夕の後星）、アトタナバタ（後七夕）

タナバタノアトボシは、磯貝勇氏が京都府舞鶴市吉原で記録した［磯貝1956］。タナバタ（ベガ）の後にのぼってくることから形成された星名。アトタナバタは、敦賀地方で藪本弘氏が記録し、野尻氏に報告した星名［野尻1973］。

2 暮らしと星空を重ね合わせる過程において形成された星名

七夕の星、織女（ベガ）、牽牛（アルタイル）と違った生活のなかの星を感じさせる星名が形成された。ヘタノタナバタ、フルタナバタの星名がどのような形で生活のなかで毎年繰り返された年中行事「七夕」の星とのかかわり意味していたかは不明である。

●ヘタノタナバタ（下手の七夕）

磯貝勇氏が京都府竹野郡下宇川村中浜（現・京丹後市）で記録した［磯貝1956］。

●フルタナバタ（古七夕）

内田武志氏によると、京都府竹野郡間人町（現・京丹後市）に伝えられている。内田氏は、「フルタナバタの意味は解らない」と記している［内田1949］。なお、間人町では、アルタイルをヒガシタナバタ、ベガをニシタナバタと伝えられている（第2節わし座、第1節こと座参照）。

野尻抱影氏は、「七夕より遅れて目に入るので古い、またはヘタと名づけたのは、いかにも農民の素朴さで微笑を誘われる」と記している［野尻1973］。遅れて入ることにもとづくとすると、特徴を認識する過程において形成された星名の「のぼる順番」に分類されるが、「ヘタノタナバタ」「フルタナバタ」という星名に、丹後地方の暮らしのなかでの七夕との多様で豊かなかかわりが秘められているような気がしてならない。間人で伝えられている七夕祭のときに漁に出ると、釣ったイカがナスビやウリや木の葉等に化かされるという伝承（第1節こと座参照）においても、何か暮らしのなかに秘められた私たちの知ることができない「七夕の星の伝承」がまだまだあることを確信する。したがって、本書では、暮らしと星空を重ね合わせる過程において形成された星名に分類する。

02 αγηβ・εγδで作る十字

一等星を二個含み、小さくまとまって目立つ南十字と異なり、北十字は星と星の間隔が遠くて目立たないが、形「十字」にもとづく星名が形成された。

◉オジュウジサン（お十字さん）

桑原昭二氏によると、兵庫県姫路市英賀に「オジュウジサン」が伝えられている［桑原1963］。

増田正之氏が富山県東礪波郡城端町（現・南砺市）で記録した［増田1990］。

◉ジューモンジサマ（十文字様）

内田武志氏によると、京都府何鹿郡山家村西原（現・綾部市）からの調査用紙の回答に「ジューモンジサマ」という星名のみ報告されていた。内田氏は、出現時季や星数などは不明であるが、「十文字様」だとすれば、多分はくちょう座と推測している。

また、星名は不明であったが、兵庫県川邊郡小濱村姥ケ茶屋（現・宝塚市）からの報告に、「夏季天の河に見える星座で、前の星さんが四人の家來をつれて守つてゐる」とあり、五個の点で十字形の星座図が記されていた。「前の星さん」すなわちデネブと四人の家来γβδεが、ベガとアルタイ

ジューモンジサマ（鵜飼浩樹氏撮影）

ルを守っている伝承にも、七夕と暮らしとのかかわりの豊かさ、奥深さを感じさせられた[内田1949]。

第4節 いるか座

いるか座のαβδγの部分に日本の星名が形成された。四等星の四星で構成される形状「菱形」にもとづく星名や、暮らしと重ね合わせた星名が形成された。

1 特徴を認識する過程において形成された星名

形状

「菱形」と菱形を意味する「菱」が星名となった。

◉ヒシボシ、ヒシガタボシ

江戸後期の随筆である『四方《よも》の硯《すずり》』畑鶴山《はたかくざん》（一七四八―一八二七）著（享和四〈一八〇四〉年刊）に、「ヒシボシ」が掲載されている。柴田宸一氏によると、静岡市美和地区で、ヒシボシ、ヒシガタボシが伝えられている［柴田1976］。

野尻抱影氏によると、静岡、長野、奈良、和歌山、広島、大分、熊本等にヒシボシが伝えられている［野尻1973］。

◉ヘシボシ

奈良県宇陀郡大宇陀町上片岡（現・宇陀市）出身の岸田定雄氏の母親はヘシボシを伝えていた。岸田氏は、「菱餅をヘシモチ、菱の実をヘシノミとは広く大和で云われるからヘシボシがヒシボシなる事に間違いあるまい」と記している［岸田1950a］。また、桑原昭二氏は、兵庫県神崎郡等でヘシボシを記録している［桑原1963］。

◉シシボシ

岸田定雄氏によると、奈良県山辺郡丹波市町（現・天理市）の一老母がシシボシについて、「これが出る時豆を蒔くとよい」と伝えていた［岸田1950a］。

2 暮らしと星空を重ね合わせる過程において形成された星名

食生活

●ツトボシ（苞星）

『日本星名辞典』には、石田淳氏の記録したツトボシ（苞星）（静岡県浜名郡、榛原郡等）が掲載されている。野尻抱影氏は、「ひし形を土地名物の納豆を入れるわらづとの形と見た名である。この見方は、すばるやその他にもあるが、納豆のつとでは、小さい〈ひしぼし〉の形がぴったりするといえる」と記しているが、私もツトボシは「いるか座のαβδγ」にぴったりと思う［野尻1973］。内田武志氏によると、静岡県榛原郡白羽村（現・御前崎市）、小笠郡日坂村（現・掛川市）、愛知県知多郡日間賀島村（現・南知多町）においてもツトボシがいるか座αβδγの星名として伝えられている。日坂村では、プレアデス星団をスバル、いるか座αβδγをツトボシと呼んでいた［内田1949］。

農業

●ウリバタケ（瓜畑）

『瀬戸内海島嶼巡訪日記』に、香川県仲多度郡本島（現・丸亀市）で磯貝勇氏が記録した星名ウリバタケが掲載され、「タナバタ畑の附近に菱になつてゐる星だといふ」「龍座のβγζμ四星によつて形作られる菱形かと思はれる」とある［アチックミューゼアム1940］。磯貝勇氏がりゅう座のβγζμの四星と記したことについて、内田武志氏は、「いるか座」の項において、「果してどうであろう」と指摘している。内田氏も、「いるか座」の四星と断定しておらず、私も断定するには調査事例が充分でないと考えるが、「いるか座」四星の可能性が大きいと思う。野尻抱影氏は、ウリバタケを、こと座βγδζの星名として記しているが、これは菱形ではない。もしかすればタナバタ畑がこと座βγδζかもしれない。

山仕事？

●カワホリボシ、カアホリボシ、カワハリボシ（皮張り星？　川堀

り星?）

静岡県静岡市足久保に伝えられている。柴田宸一氏は、次の二つの可能性を指摘している［柴田1976］

❖この地には、安倍川の支流である足久保川が流れており、川に縁が深いことから、川堀り星。

❖けだものの皮を張る皮張り星が訛った。

ペガスス座、からす座に皮張り星の星名が形成されており、いるか座の菱形のような小さな皮はり星も含めて様々な皮の大きさの皮張り星が星空に描かれた可能性は充分にあると思う。また、川堀り星と皮張り星の両方である可能性もあると思う。本書では、仮に、「山仕事?」に分類した（第2章第4節からす座、第4章第2節ペガスス座、アンドロメダ、さんかく座参照）。

生活道具

●ヒボシ（梭星）

織物を織るときの道具「梭《ひ》」に見立てた。熊本県上益城郡甲佐町の緒方起世人氏が野尻抱影氏に「七夕の織女が投げた梭」と報告。織女（ベガ）がインカイさん（アルタイルとβγ）に投げた梭がヒボシ（いるか座αβδγで作る菱形）になったと熊本地方に伝えられている［野尻1973］。

『天草島民俗誌』には、次のようにインカイ様が梭を投げる伝承が掲載されている。

「或時、何段歩かの畑に何合かの粟を蒔いて來る様に言ひつけられて、畑に行き種粟を蒔き散したが、まだ後にはいくらか残つてゐた。その時タナバタ様は機を織つてゐられたが、この下手な仕事を怒つて、梭を投げつけられた。するとインカイ様も怒つて、タナバタ様の植ゑておかれた瓜畑の瓜を眞二つに切り割られると、それが天の川になつて、二人の間を隔てゝしまつた。それから後は、二人は年に一度七月七日の夜、川を越へて會ふ様になつたのである」［濱田1932］

機織りで緯糸を通すのに使われた梭（星の民俗館所蔵）

『天草民俗誌』の梭が火星になったという記述について、野尻抱影氏は、「ヒボシが『火ぼし』と変ったのだろうか」と記している。伝承の過程で、ヒボシが火星に変化した可能性もある。

なお、機織りの途中にタナバタ様が投げた梭がインカイ様にあたって落ちる光景に、七夕の頃の日の入り後の東の空はぴったりである

●ヒノホシサン（梭の星さん）

桑原昭二氏は、徳島県鳴門から池谷（鳴門市）に行く列車の中で、ヒノホシさんについて、「たなばたの頃には、空の高い所に出ていて、これ位（両手の親指と人さし指で四角形を作って）に見えます」「ひ言うのは、機織の時に、横糸をまいてある糸まきや」と記録した。形については、「ひし形」と伝えられた［桑原1963］。

第5節 さそり座

真冬、二月の明け方、風は冷たい。そんなときでも、星空の下で日々の暮らしがあった。少し表現を変えると、日々の暮らしに星空があった。そして、南東の方向の山々や島々よりもそんなに高くないところに雄大な姿を現す「さそり座」。夏に見る「さそり座」もよいが、冬の明け方の「さそり座」には、はっとさせられる。

さそり座の日本の星名は、次の部分に形成された。

❖アンタレス
❖アンタレスとτ・σ
❖さそり座全景
❖二重星

01 アンタレス

1 特徴を認識する過程において形成された星名

色にもとづいて、次のような星名が形成された。

色

◉アカボシ

色が赤色であることによる。礒貝勇氏によると、愛媛県新居郡、井上秀夫氏によると長野県上諏訪、滝山昌夫氏によると静岡県榛原地方に伝えられている［野尻1973］。また、桑原昭二氏によると、兵庫県姫路市英賀保に伝えられている[桑原1963]。

なお、野尻抱影氏が、「〈あかぼし〉は、明るい星の意味では、古く記紀の歌謡に暁の明星、宵の明星をさしている」[野尻1973]と指摘するように、アカボシはアンタレス以外を意味することがある。明けの明星、宵の明星を意味したり、おうし座アルデバランを意味するケースがある(第1章第1節おうし座参照)。

●ミナミノアカボシ(南の赤星)

長谷川信次氏によると、群馬県利根郡地方に伝えられている[野尻1973]。南、北と区別すると、明けの明星、宵の明星、アルデバランと混同することはない。

●ホーネンボシ(豊年星)

内田武志氏によると、佐賀県佐賀市に、「いよいよ赤く見える年は農作が良いといつて、ホーネンボシと名付けてゐる」と伝えられている[内田1949]。

●サケヨイボシ、サカヨイボシ(酒酔い星)

酒に酔って顔が赤くなっていることから酒酔い星。山口県吉敷郡佐山村須川(現・山口市)のサケヨイボシについて、「酒に酔って赭んでゐる星」と伝えられている[内田1949]。また、中野繁氏によると、大分県中津町(現・中津市)にサカヨイボシが伝えられている[野尻1973]。

方角

●ウマボシ(午星)

儀貝勇氏が香川県仲多度郡與島(現・坂出市与島)と仲多度郡牛島(現・丸亀市)で記録した。『瀬戸内海島嶼巡訪日記』に、「南の方から八九時出るといふ丈けで詳しい説明を求め得なかつたが、後の手島(ママ　牛島の誤植と思われる)での採集と考へ合はして蠍《サソリ》座のアンタレスと思はれる」(香川県仲多度郡與島)、「南のほうに夜明けにでる」(同郡牛島)とある。調査は昭和一二年五月一五日〜二〇日であり、アンタレスは午後九時頃には南東の空にのぼってきている。牛島の記録にある夜明け午前三時頃には南の空に見えている。「出る」は地平線から出るだけでなく「見えている」を意味すると考えることができるのであろうか。私は、むしろ夜明けのほうは、南東の空に出てきているフォーマルハウトを意味する可能性もあると思う。午星について、『瀬戸内海島嶼巡訪日記』に「赤色である」という記述はないので、牛島の場合はフォーマルハウトと考えてもよいと思う。

ところで、『日本星名辞典』で、桜田勝徳氏が沖縄糸満の漁夫長大城亀氏と対談した筆記にある大城氏の話「ンマの星《フシ》はちょうど今から先、秋に出る、色は赤い」について、野尻抱影氏は、「〈ンマの星《フシ》〉は〈午の星〉で、色が赤いというのでは、アンタレースに違いない。ただ出が少し遅いので、中秋のフォーマルハウトかとも思ったが、色が違うので、やはり前者と解したい」と記している［野尻1973］。これについては、むしろ秋の明け方のカノープスが低空で赤色に見える様子を意味する可能性があると思う。沖縄県糸満市のカノープスの南中高度は約一一度あり、本州のように南中時に赤色に見えるのではないが、秋の明け方南南東の空の低空に出る頃は赤色に見えるのではなかろうか。

ウマボシという星名が、与島ではアンタレス、牛島ではフォーマルハウト、沖縄糸満ではカノープスというように地域によって異なる星名を意味するのかもしれない。

2 暮らしと星空を重ね合わせる過程において形成された星名

漁業

◉ツリボシ（釣り星）

アンタレスを釣り針の糸を通すところに見立てた。金田伊三吉氏が石川県珠洲市宝立町にて記録した。金田氏は、伝承者と実際に星を見て確認しながらツリボシがアンタレスであると同定した。『日本星名辞典』には、「さそり座の尾の部分」とあるが、一九八三年三月、筆者（北尾）は金田氏に会い、直接アンタレスであることを確認した［金田C］［野尻1973］。

02 アンタレスとτ・σ

運搬

●**カタギボシ**（担ぎ星）

アンタレスを人に見立てて、荷物（τ・σ）を担いでいる様子に見立てた。徳島県鳴門市里浦で次のように記録した。「カタギボシいうて、こういう形なっとるのや。こういう形なって、こう三つ、こないして真ん中高くなって、こうなって星があるで。ここでは、荷かたぎ天秤棒でかたいどるような形になっとるけん、カタギボシ」［北尾C］

荷物の重みで天秤棒がたわんでちょうど∧の形になっている。

●**ニナイボシ**（荷い星）

アンタレスを人に見立てて、荷物（τ・σ）を荷う様子に見立てた。播州地方に伝えられている［桑原1963］［野尻1973］

●**カゴニナイ**（籠荷い）、**カゴニナイボシ**（籠荷い星）

アンタレスを人に見立てて、籠（τ・σ）を荷う様子に見立てた。兵庫県宍粟郡山崎町菅野（現・宍粟市）にカゴニナイボシが伝えられている［桑原1963］。愛媛県の大北順太郎氏によると新居浜地方にカゴニナイが伝えられている［野尻1973］。

●**カゴカツギ**（籠担ぎ）、**カゴカツギボシ**（籠担ぎ星）

τ・σを籠、アンタレスを籠をかついでいる人に見立てた。カゴカツギボシは、大正一五年の夏、島根県鹿足郡日原（現・津和野町）の大庭良美氏が野尻抱影氏に報告した最初の星名である。籠が重たく低く下がっている年は稲の収穫が多いと伝えられている。カゴカツギは、茨城県の山崎洋子さんが茨城県岩井（現・坂東市）でヨメイリボシ（後述）とともに記録した星名である［野尻1973］。

●**カゴカタギ**（籠担ぎ）、**カゴカタギボシ**（籠担ぎ星）

内田武志氏によると、山口県大島郡白木村（現・周防大島町）にカゴカタギが伝えられている［内田1949］。礒貝勇氏によると、東京都西多摩郡奥多摩町日原にカゴカタギボシが伝えられている［野尻1973］。

●オカゴボシ（**お籠星**）

内田武志氏によると、静岡県庵原郡高部村大内（現・静岡市）に伝えられている［内田1949］。

柴田宸一氏によると、静岡県榛原郡下に伝えられている。柴田氏は、「多分、おかごの屋根に似ていると見たのであろう」と記している［柴田1976］。

●ニカツギボシ（**荷担ぎ星**）

内田武志氏、柴田宸一氏によると、静岡県庵原郡興津町（現・静岡市）に伝えられている［内田1949］［柴田1976］。

●アキナイボシ（**商い星**）

越智勇治郎氏が父から夕涼みの縁台で、「τ、σが荷物で、それを天秤棒で担いで売り歩いていると見立てたのですが、荷が重いので棒がしわっており、商い星の顔は真赤である由でした」と聞く［野尻1973］。

また、桑原昭二氏によると、岡山県和気郡日生町（現・備前市）、兵庫県宍粟郡山崎町菅野（現・宍粟市）に伝えられている。日生には、「みつぼしさんが、あきないぼしさんに、ひどいあきないをしたんで、（大変安い値段をつけたので）すまるやみつぼしさんが、東の空に上りだしたら『すまる・みつぼし見とうもない』というて、西に入ってしもうてや」と伝えられている［桑原1963］。実際の星空において、すまる（プレアデス星団）がのぼってくると、アキナイボシが「見とうもない」と沈んでいく。ひどいあきないをした「みつぼしさん（オリオン座三つ星）」が東の空に姿を現すときには、アキナイボシは既に沈んでしまっている。

●アキンドボシ（**商人星**）

野尻抱影氏は、「籠をかつぐ農夫を商人と見た方言」と記している。愛媛県の大北順太郎氏によると愛媛県新居浜地方に伝えられている。その他、岡山、広島、高知、山口、静岡、千葉と広範囲で記録されている［野尻1973］

内田武志氏によると、静岡県庵原郡高部村（現・静岡市）、興津町（現・静岡市）等に伝えられている。高部村においては、「両端の星がへたれて（垂れ下って）見える年は米の値段が安く、反對につんと伸びて見える年は高價である」と伝えられている［内田1949］。柴田宸一氏によると、静岡市周辺の農村地帯、千代田、大谷、羽鳥、清水市興津町(現・静岡市)に伝えられている［柴田1976］。

●サバウリ、サヴリ(鯖売り)

武田明氏が、香川県仲多度郡岩黒島(現・坂出市)にてサバウリを記録。サヴリとも言う。また、礒貝勇氏によると、香川県三豊郡志々島(現・三豊市)、愛媛県越智郡魚島(現・上島町)に、「『スマリ、サバウリ會はず見ず』といふ文句がある。スマリとサバウリは交代に出る」と伝えられている［アチックミューゼアム1940］。

スマリ(プレアデス星団)が沈んでからサバウリ(アンタレスとτ・σ)がのぼっていき、サバウリの南西の空低くなっていくとスマリがのぼってくる様子をうまく表現している。

●サバウリボシ(鯖売り星)

魚屋さんが、天秤棒で籠を担いで鯖を売りにくる姿に見立てた。兵庫県揖保郡新宮町嘴崎(現・たつの市)、香川県高松市女木島、小豆郡小豆島町田浦、三豊郡詫間町(現・三豊市)、仲多度郡多度津町佐柳島に伝えられている。香川県小豆郡小豆島町田浦では、「真中に大きな星があり、両側に二つ星があります。中が少しふくらんで、ちょうど天びん棒で荷物をかついだ時のように、しわっています。真中のこの大きな星を、さばを売る人に、両側の星を、箱一ぱい入った新鮮なさばにみたてていますが、春になってこの星がみえはじめると、春さばが取れるので、さばうりぼしと呼んだわけです」と伝えられている［桑原1963］。武田明氏が、香川県仲多度郡手島(現・丸亀市)で記録。秋鯖の出る頃に出る。「∴」形の星［アチックミューゼアム1940］

●サバカタギ(鯖担ぎ)

礒貝勇氏が、岡山県後月郡共和村(現・井原市)にて記録。アンタレスを中心に両方がよくしわれば、サバの漁がいいと伝えられている。礒貝氏が指摘するように、海から離れた地域において、鯖は昔話にしばしば登場する。したがって、サバカタギという星名は漁村地区以外においても伝えられている［野尻1973］。

●サバンナイ(鯖荷い)

『瀬戸内海島嶼巡訪日記』に、「鯖荷ひ、鯖を荷つてゐるやうな三ツの星。蠍座のτασ三星の事。サバンナイをオトドイが追つてゐるのだといふ」とある。礒貝勇氏が、岡山県邑久郡前島（現・瀬戸内市）で記録した［アチックミューゼアム1940］。オトドイボシについては後述。

●サカナウリノホシ（魚売りの星）

桑原昭二氏が、徳島県の池谷駅で高松行きにのりかえる汽車を待つ間におばあさんから聞いた星名である。鯖売り星のように、鯖と特定せずに、魚を売りにくる姿に見立てた［桑原1963］。

●アワイナイボシ、アワイニャボシ（粟荷い星）、アワイナイサン（粟荷いさん）

熊本県隅府（現・菊池市）の緒方起世人氏が野尻抱影氏に、「郷里（熊本）で、幼少のころ母が話していましたが、さそり座のアンタレスを中心として、三つ星を粟荷い星といっております」と報告した［野尻1973］。

『方言と土俗』第三巻第三號に掲載されている能田太郎氏著『肥後南ノ関方言類集』に掲載されているアワイニャボシは、次の記述によるとオリオン座三つ星を意味する（第1章第2節オリオン座参照）

「アワイニャボシ　唐鋤《みつぼし》星の東位の星、西位の星をコメイニャボシ、其の中間の無名星を中心に此の二星の傾き加減で米粟の豊凶を卜した」［能田1932］

野尻抱影氏は、「明かにオリオンの三つ星が西空で横一文字になった形象に当る」［野尻1973］と記している。

しかし、野尻氏はオリオン三つ星と納得したわけではなく、改めて、緒方氏に意見を求めている。緒方氏の回答を要約すると次のようになる。

❖能田太郎氏の記録した肥後南関は、福岡との県境に近く、緒方氏の在住している菊池地方と十里近くもある。
❖菊池地方の一部でも、粟にないはさそりの三星である。
❖菊池地方では、粟にゃ、米にゃと呼ぶ。一方を米、一方を粟といっている人もいる。
❖郷里（菊池地方隅府）では、粟いないと言っている。
❖オリオンの三星は、酒屋のマス。

緒方氏の回答について、野尻氏は、『肥後南ノ関方言類集』に、「サカヤンマッスサン　北斗星」とあることを指摘し、「これも道理のある見方で、誤伝とはいえない」と記している。

また、野尻氏は、次の二つの報告を受けた。

❖礒貝勇氏から、森下功氏の話として「いねいないぼし（稲荷い星）熊本地方」の報告

❖熊本市の林田節子さんからの報告「父の生まれた長崎県南高来郡南有馬地方では、さそり座のアンタレスを〈粟いないさん〉といいます。豊年には肩の荷が重いので、顔が赤くなる。それで豊凶が分るそうです」

「熊本地方の稲荷い星」、ついで長崎県南高来郡南有馬地方（現・南島原市）の「粟いないさん」の報告を受けた野尻氏は、「確実な裏書きを加えた」と記している［野尻1973］。

『日本星名辞典』に、「あわいないぼし」は、さそり座アンタレスとτ・σの和名として掲載されているが、ひとつの和名がひとつの星のみを意味するのではなく、オリオン座三つ星を意味するケース、両方を意味するケースがあるのではないだろうか。

●シオウリボシ（塩売り星）

天秤棒で籠を担いで塩を売りにくる姿に見立てた。和歌山・岡山地方に伝えられている［野尻1973］。

●シオクミボシ（塩汲み星）

桑原昭二氏によると、兵庫県姫路市に、「東のかごには塩が入っており、西のかごには豆が入っている。夏のはじめに東のかごが下になっているのは、この頃に塩がよくとれるので塩が多く入って重いが、豆の方のかごはまだ豆がとれないので軽く高いが、夏をすぎると豆がとれて西のかごが重くなるので西の星が下り、塩のかごが軽くなるので高くなる」と伝えられている［桑原1963］。実際の星空で見ると、たとえば夏のはじめ六月の日の入り後二時間の場合、塩の入って重い東のかごτ星は確かに下になって見えている。一方、夏をすぎて九月中旬頃からは、日の入り後二時間の場合、西のかごσ星が下っていき、軽くなった塩のかごτ星は少しずつ高くなっていく。

●シオヤボシ

横山好廣氏が神奈川県横浜市金沢区釜利谷町にて記録し

た。作った塩を売りに天秤棒で塩ざるを担いでいる様子に見立てた。昔は横浜市金沢区沿岸で塩作りが行なわれ、塩田から本郷（横浜市栄区）へ塩ざるを天秤にかけて運んだ［横山C］。

●テンビンボシ

横山好廣氏が神奈川県横浜市金沢区釜利谷町にて、シオヤボシとともに記録した。天秤棒で担いでいる様子に見立てた［横山C］。柴田宸一氏によると、伊豆の西浦（現・沼津市）に伝えられている［柴田1976］。

●オーコボシ（朸星）

岡山県吉備郡阿曾村奥坂（現・総社市）に伝えられている［内田1949］。朸《おうこ》すなわち天秤棒に見立てた。

●オーコプシ（朸星）

オーコボシの転訛。奄美大島・喜界島以南では、星のことをフシ、ブシ、プシという。磯貝勇氏は、鹿児島県大島郡宇検村出身の浜田氏から次のようなオーコプシ（朸星）の伝承を記録した。

「この角度（筆者注＝さそり座αとτ・σの∧の角度）の大小によって農作物の不作と豊作の言い伝えあり。角度大の年は豊作。小さい年は不作とのこと」［野尻1973］

もちろん、角度は常に一定（固有運動の影響は極めて小さいため本議論ではゼロとして考える）であり、年によって角度は変わらない。

なお、奄美市名瀬小湊に伝えられている「イコブシ」も朸星の転訛であるが、さそり座αとτ・σではなく、おおぐま座αβγの∧を天秤棒に見立てた（第2章第1節おおぐま座参照）。

●テルハンニ

礒貝勇氏によると、喜界島（鹿児島県大島郡喜界町）に伝えられている。テルは竹カゴ、ハンニは背負うこと。竹カゴの負い紐を前額に引っかけて運搬する少し前かがみの姿勢がアンタレスとτ・σの屈曲に似ているので星名になった［野尻1973］。

●ボテイフリ（棒手振り）

石橋正氏によると、千葉県安房郡白浜町（現・南房総市）に伝えられている。魚を天秤棒で担ぎ売り歩く様子に見立てた［石橋C］［野尻1973］。棒手振りとは、魚や野菜等を天秤棒で担いで売り歩くこと。ボテフリ、ボテとも言う。類似の星名として、ボテーボシ、モテイカツギ（後述）がある。

◉ボテーボシ（棒手星）

柴田宸一氏によると、伊豆の東海岸、静岡県賀茂郡下河津（現・河津町）あたりの呼び名である［柴田1976］。内田武志氏によると、静岡県賀茂郡下河津村笹原（現・河津町）に伝えられている［内田1949］。

◉モテイカツギ（棒手担ぎ）

柴田宸一氏によると、静岡県安倍郡梅ヶ島村三郷（現・静岡市）に伝えられている［柴田1976］。春田博男氏によると、安倍郡大河内村（現・静岡市）に伝えられている。ボテーカツギが訛ってモテイカツギ［野尻1973］。

人

オヤニナイボシ、オヤカツギボシについては、人を運搬すると捉えるのは違和感があり、むしろ親孝行息子の姿そのものであるため、「運搬」の項ではなく「人」の項に含めた。

◉ヨメイリボシ（嫁入り星）

嫁入りに行く花嫁をのせた輿を担ぐ様子に見立てた。茨城県の山崎洋子さんが茨城県岩井（現・坂東市）でカゴカツギ（前述）とともに記録した星名である［野尻1973］。

◉オヤニナイ（親荷い）、オヤニナイボシ（親荷い星）

柴田宸一氏によると、静岡県榛原郡御前崎町白羽（現・御前崎市）にオヤニナイ、庵原郡興津町（現・静岡市）、磐田郡水窪町（現・浜松市）にオヤニナイボシが伝えられている。白羽では、オヤニナイを目当てに船を進めれば目的の漁場に行き当たると伝えられていた［柴田1976］。オヤニナイボシは、オリオン座三つ星、わし座アルタイルとβγを意味するケースもある（第1章第2節オリオン座、第3章第2節わし座参照）。

◉オヤカツギボシ（親担ぎ星）

柴田宸一氏によると、静岡県庵原郡富士川町松野（現・富士市）に伝えられている［柴田1976］。オヤカツギボシは、オリオン座三つ星を意味するケースもある（第1章第2節オリオン座参照）。

03 さそり座全景

漁業

●ウオツリブシ（魚釣り星）

沖縄県島尻郡渡名喜村で伝えられている。盛んに漁をしている時期は、魚釣り星がちょうど中天に位しているが、ブリムン（群れ星、プレアデス星団）が東方から顔をのぞかせると漁場を察知されないためにかあるいは汐時だということでもあろうか魚釣り星は西方に引きあげていくと伝えられいる［北尾ＡＣ］。

●ウオツリボシ（魚釣り星）

『日本星名辞典』には、磯貝勇氏が記録した奥海田（現・広島県安芸郡海田町）のウオツリボシの俚謡が掲載されている。

「天の魚釣り星　一ぴき釣ったら腹をあけ　塩をこめ
腰のびくへちょっと入れ」［野尻1973］

漁師たちの力強い歌声が、海の上をゆっくりとめぐる天の釣り針――さそり座のS字形まで届きそうだ。

また、武田明氏が香川県仲多度郡牛島（現・丸亀市）にて記録した［アチックミューゼアム1940］。

●タイツリボシ（鯛釣り星）

野尻抱影氏によると、広島・香川・山口地方に伝えられている［野尻1973］。鯛釣りの漁場にぴったりな星名である。

●フスクーバイ、プスクー・バイ

鹿児島県大島郡喜界町小野津で、その並びについて、「針のような星」と記録した。フスクーという魚を釣る釣り針に見立て、フスクーバイと呼んでいた［北尾Ｃ］。

「ミツルブシと同時に見ることができない」

ミツルブシは、オリオン座三つ星のこと。フスクーバイとオリオン座三つ星を同時に見ることはできない。オリオンはさそりに刺し殺されたため、オリオンはさそり座がのぼろうとすると西の空低くへ逃げてしまって同時に見ることができないというギリシア神話と同じことを、星空から感じた。

また、『喜界島方言集』にプスクー・バイについて、「星群の形がプスクーといふ魚を引掛ける針に似てゐるのでこの名稱がある」と記されている［岩倉1941］。

◉イユークッシヤブシ、イユチーヤブシ（魚釣り星）

沖縄県島尻郡粟国村でイユークッシヤブシ。ブリフシ（群れ星、プレアデス星団）がのぼる前、天の川の南に没しようとしている星、釣針の形と伝えられている［北尾AC］。

那覇地方では、イユチーヤブシ（魚釣り星）が伝えられている［野尻1973］。

◉ヤキナマギー（焼野の釣針）

那覇地方に伝えられている［野尻1973］。『日本星名辞典』に、焼野とあるが、焼キンナすなわち屋慶名《やけな》であろうか。

植物

◉ヤナギボシ（柳星）

南東の空に姿を現した「さそり座の全景」を枝垂れ柳に見立てた。広島県呉市吉浦に伝えられている［野尻1973］。

04 肉眼二重星

さそり座の次の肉眼二重星について星名が形成された。「$\omega^1\omega^2$」「$\mu^1\mu^2$」、「$\zeta^1\zeta^2$」、「$\lambda\upsilon$」

農業

◉ムギタタキボシ（麦叩き星）

唐竿（カラサオ）で麦の穂をたたく唐竿の運動を、麦叩きの仕事を済ませた頃に南の空でもつれあい輝きあっている$\mu^1\mu^2$に見立てた。礒貝勇氏が広島県安佐郡可部村（現・広島市）にて記録した［野尻1973］。

●コメツキボシ（米搗星）

とんとんと米をつくように見えるのでコメツキボシ。兵庫県姫路市花田に伝えられている。$\zeta^1\zeta^2$を意味する［桑原1963］。

生活一般

●センタクボシ（洗濯星）

兵庫県姫路市深志野に、「夏の夕方南の空に出て、せんだく物を棒でうつように動く星さんをせんたくぼし」と伝えられている。さそり座$\zeta^1\zeta^2$を意味する［桑原1963］。

信仰

●ミコシボシサン（御輿星さん）

さそり座$\zeta^1\zeta^2$を、みこしの鈴に夕日があたってきらきら光る様子に見立てた。兵庫県宍粟郡一宮町（現・宍粟市）に、「夏の南の空に小さい星が、ぴかぴかとひっついては離れ、離れてはあつまる星さんが、ちょうど秋祭のみこしの鈴に夕日があたってきらきら光るのと似とってんで、みこしぼしさんといいよった」と伝えられている［桑原1963］。

衣生活

●キャフバイボシ（脚布奪い星）

さそり座$\mu^1\mu^2$を天の川で水を浴びていた「をなご星っさん」が川から上がろうとしたとき脚布が一枚足りなく奪い合いをしている様子に見立てた。越智勇治郎氏が愛媛県壬生川町（現・西条市）で記録し野尻抱影氏に報告した星名である。『日本星名辞典』には、越智勇治郎氏が記録した話者の言葉通りに次のように掲載されている。

「昔、七夕はんが、七月七日の晩にどうぞ雨が降りませんように言うて、天のをなご星《ほ》っさんらにお願もうしてのもし、そのかわり七月七日までに脚布《きゃふ》を織って一枚ずつ上げるちうことにしたんよのもし。ところが、七夕まで一生懸命機《はた》を織っても、どないにしても一枚足らざったんよのもし。その時まで天《あま》の川で水を浴《あ》べていた二人のをなご星っさんが、川から上って見るちうと、脚布が一枚ほか呉れてないので、一方が取ると、一方が川から上《のぼ》れんけに、『うちにおくれや』『うゝん、うちいお貸しや』ちうて、そこで奪《ば》い合いを始めたんよのもし。ところが片一方《ぽ》の星っさんは雨を降らす役目ぢゃったんで、その雨降り星っさんが、程よう脚布《きやふ》を取った年は、七日の晩に雨は降らんが、脚布《きやふ》が手に入らん年には雨が仰山《ぎやうさん》降る。そして女子《おなご》星っさんは雨雲に隠れたまま、早う山の中に入《はい》ってしまひなはるちゅうんぢゃのもし」

大分地方にもキャフバイボシが伝えられている［野尻1973］。

●フンドシバイボシ（褌奪い星）

礒貝勇氏が香川県高松市附近で記録した。天神の投げた一本の褌を星たちが奪い合っている様子に見立てた。キャフバイボシのように七夕伝説との関連はない［野尻1973］。

人

●オトドイボシ、オトデエボシ（弟兄星）

守屋重美氏によると、岡山県六条院町（現・浅口市）にオトデエボシが伝えられている。

守屋氏によると、鬼ばばに追われた兄弟が、「天道さま、天道さま、どうか私たちをお助けください」と祈ると、たちまち天から釣り針のついた鎖が下りてきたので、兄弟はそれに乗って天に昇り二つの星になったと伝えられている。さそり座のS字形の前半分を鎖、曲がった尾を釣り針、λυを兄弟に見立てた［野尻1973］。

礒貝勇氏が、オトドイボシを岡山県邑久郡前島（現・瀬戸内市）で記録した。『瀬戸内海島嶼巡訪日記』に、「兄弟星。サバニナイを兄弟が追つてゐるといふ。蠍座の尾端の二星のλμことかと思はれる」とある。λμはλυの誤植と思われる。サバニナイはアンタレスとτ・σ。日周運動で、サバニナイを追っているように見える。なお、礒貝氏は、香川県仲多度郡牛島（現・丸亀市）においてもオトドイボシを記録した［アチックミューゼアム1940］。

桑原昭二氏によると、香川県小豆郡小豆島町田浦にオトドイボシが伝えられている。「さそり座の尾の二星（筆者注＝λυ）だと思います」と記している［桑原1963］（ふたご座カストル、ポルックスの星名としてもオトエボシ、オトトエボシ〈弟兄星〉が伝えられている。第1章第6節ふたご座参照）。

◉スモトリボシ、スモウトリボシ、スモートリボシ（相撲取り星）

スモトリボシは、大正一五年の夏、島根県鹿足郡の大庭良美氏が野尻抱影氏にカゴカツギとともに$\mu^1\mu^2$の和名として報告した。大庭氏が祖父から聞いた話で、「二つも三つもあるといった人もありました」と記している。$\mu^1\mu^2$だけでなく、$\zeta^1\zeta^2$、$\lambda\upsilon$、$\omega^1\omega^2$にも相撲とりをイメージした可能性がある［野尻1973］。

内田武志氏によると、静岡県賀茂郡城東村奈良本（現・東伊豆町）、下河津村田中（現・河津町）、庵原郡松野村清水（現・富士市）、榛原郡相良町地代（現・牧之原市）、小笠郡日坂村佐夜鹿（現・掛川市）、磐田郡野部村神田（現・磐田市）、佐久間村佐久間（現・浜松市）、和歌山県東牟婁郡太地町森浦、広島県沼隈郡津之郷村水越（現・福山市）にスモートリボシが伝えられている［内田1949］。

桑原昭二氏は、スモウトリボシについて、「神崎郡その他で聞いてきたのによりますと、すもうとりぼしというのはさそり座のジーターの二重星と考えられます」と記している［桑原1963］。

桑原氏は、$\zeta^1\zeta^2$であったが、柴田宸一氏によると、静岡県賀茂郡城東地区（現・東伊豆町）、榛原郡相良町（現・牧之原市）、磐田郡野辺あたり（現・磐田市）、安倍郡大河内村（現・静岡市）、静岡市大川地区に伝えられているスモウトリボシは$\lambda\upsilon$であった［柴田1976］。$\mu^1\mu^2$、$\zeta^1\zeta^2$、$\lambda\upsilon$、$\omega^1\omega^2$と、何か所でも相撲をとっている光景をイメージすることができるのではなかろうか。

なお、この場合は、さそり座の二重星のまたたきを相撲を取っている様子に見立てたのであるが、かんむり座の七つの星を相撲を見ている人に見立てたケースがある（第2章第5節かんむり座参照）。

◉オナガワボシ（小野川星）

内田武志氏は、「『夏季南方に見える星をスモートリ星』とも云ふが、榛原郡相良町地代では、またの名稱をオナガワボシと呼ぶ。その意味ははつきりせぬが報告者の言では、相撲とり星からの類推でこれを名力士小野川とでもよんだのではなかろうかと云ふことである」と記している［内田1949］。柴田宸一氏によると、静岡県榛原郡相良町（現・牧之原市）に伝えられているオナガワボシは$\mu^1\mu^2$であった。柴田氏は、「江戸時代の相撲取りで有名な『小野川関』かどうかはわからない」と記している［柴田1976］。

●ソガボシ（曾我星）

$\zeta^1\zeta^2$らしい重星が一つに見えたり二つに見えたりするのを仲のよい兄弟とみて曾我星と呼んだ。静岡県榛原郡御前崎村大山（現・御前崎市）に伝えられている［内田1949］。

●ゴロージューロー（五郎十郎）

内田武志氏によると、静岡県榛原郡相良町地代（現・牧之原市）、小笠郡相草村赤土（現・菊川市）に伝えられている。曾我兄弟の名前、曾我五郎、曾我十郎にもとづいてゴロージューローという星名が形成された。内田氏は、「蠍座の尾にあたる二星」と記しており、λυを意味すると思われる［内田1949］。

●ケンカボシ（喧嘩星）

桑原昭二氏によると、兵庫県神崎郡に伝えられている。$\zeta^1\zeta^2$を喧嘩をしている人に見立てた［桑原1963］。

動物

●ネコノメ（猫の目）

猫の目に見立てた。静岡県磐田郡野部村神田（現・磐田市）に伝えられている［内田1949］（カストルとポルックスを意味するケースについては、第1章第6節ふたご座参照）。

●ケアイボシ（蹴合い星）

兵庫県姫路市別所に伝えられている。にわとりのけんかに見立ててケアイボシ［桑原1963］。

●ホタルボシサン（蛍星さん）

兵庫県姫路市東今宿に、「夏、南の空に出て、小さい星さんが集まり、ぱちぱちなるのをほたるぼしさんといいます」と伝えられている［桑原1963］。夏になると、田んぼの蛍が輝き、そして、星空にも蛍が輝く。星空にも、人びとの暮らしと同じような風景を想像した。

05 アンタレスとτ、σ、β、δ、π

漁業

◉アミタテボシ（網立て星）

柴田宸一氏によると、静岡県静岡市大川地区に伝えられている。柴田氏は、「魚を捕るアミを干した形と見たものであろう」と記している［柴田1976］。

第6節

いて座

いて座は、次の部分に日本の星名が形成された。

❖ζτσφで作る四角形

❖南斗六星(ζτσφλμ)

01 ζτσφで作る四角形

1 特徴を認識する過程において形成された星名

数

●シボシ(**四星**)、**シノホシ**(**四の星**)

構成する星の数が星名となった。静岡県静岡市大谷區濱に伝えられている［内田1949］。

2 暮らしと星空を重ね合わせる過程において形成された星名

農業

野尻抱影氏は、「箕はモミをふるい分ける舌状の農具だが、単なる農具以上に呪力のあるものとして、誕生祝いや、産のまじないに用いたり、能狂言でも箕の形に立てた市はめでたいと語っている。だから、星の名に選ばれたのも、形の類似だけではないと思われる」と記している［野尻1973］。生産や通過儀礼、信仰、芸能等、暮らしの様々な場面で箕が登場するように、星空においても、いて座ζτσφ、おうし座プレアデス星団、ヒアデス星団、からす座四辺形、かんむり座、みずがめ座等、様々な星と星を結んで箕を描いた（第1章第1節おうし座、第2章第4節からす座、第2章第5節かんむり座、第4章第4節みずがめ座参照）。

穀物の選別や運搬に忙しい星空の「いて座の箕」は、十五夜の夜、供物を入れて、南西の空低くなっていく。星空の箕は、暮らしのひとコマひとコマを、農作業の汗も、願いも、感謝も、星空から見ていた。

●ミボシ（**箕星**）

野尻抱影氏によると、島根、広島、香川、岡山、大分、奈良、和歌山、静岡等に広く分布している。島根県鹿足郡日原（現　津和野町）の大庭良美氏は、月見に出て老人から聞いた［野尻1973］。また、内田武志氏によると静岡県安倍郡有度村草薙（現・静岡市）に伝えられている［内田1949］。

●ナガサキミ（**長崎箕**）

山口県吉敷郡佐山村須川（現・山口市）に伝えられている。東方の東京箕（みずがめ座θγηλ）に対して、西方のいて座ζτσφを長崎箕と呼んでいた［内田1949］。秋の夜に長崎の方角に輝く「いて座ζτσφ」と東京の方角に輝く「みずがめ座θγηλ」を対比したのであろう（第4章第4節みずがめ座参照）。

●タカミボシ（**竹箕星**）

竹で作った箕に見立てた。野尻抱影氏が従妹（和歌山県日高郡）より聞いた星名である［野尻1973］。かわべ天文公園の古屋昌美氏は、プラネタリウムでいて座の解説をしたところ、投影終了後、和歌山県日高郡中津村（現・日高川町）在住の七十代半ばくらいのおじいさんは、親から伝え聞いていた「タカミボシ（竹箕星）」という星名を教えてくれた。確かに、いて座のστζφで作る四角形を意味していた。野尻氏が従妹より聞いた星名が現在においても伝承されているのである。

●タロミボシ

綿をふるいわけたりする為に用いた三尺もある大きい箕「たろうみ」に見立てた。岸田定雄氏によると、奈良県添上郡東市村（現・奈良市）、磯城郡柳本町（現・天理市）、生駒郡筒井村（現・大和郡山市）・北倭村（現・生駒市）等に伝えられている［岸田1950b］

●フジミボシ（藤箕星）

星空に描かれたのは、竹製の箕だけではない。藤づるで編んだ箕を描いて、フジミボシという星名が形成された。広島県安佐郡に伝えられている［野尻1973］。

02 南斗六星（ζτσφλμ）

1 特徴を認識する過程において形成された星名

数と方角

●ハイナナツンブシ

一九七九年三月、沖縄県石垣市新栄町にて、次のような歌を記録した。

「ハイナナツンブシヤヨウ、天ヌアージマイカラ……」

［北尾C］

ハイナナツンブシのハイは南、ナナツンは七つ、ブシは星、即ち南の七つ星であり、いて座の南斗六星を意味すると思われる。ハイナナツンブシとニシナナツブシ（北斗七星）は、天のあるじから国を治めよと言われたが、従わなかったため各々南と北の方へ追いやられ、群れ星（プレアデス星団）が従ったため、天頂を通り、農耕の目標になったと

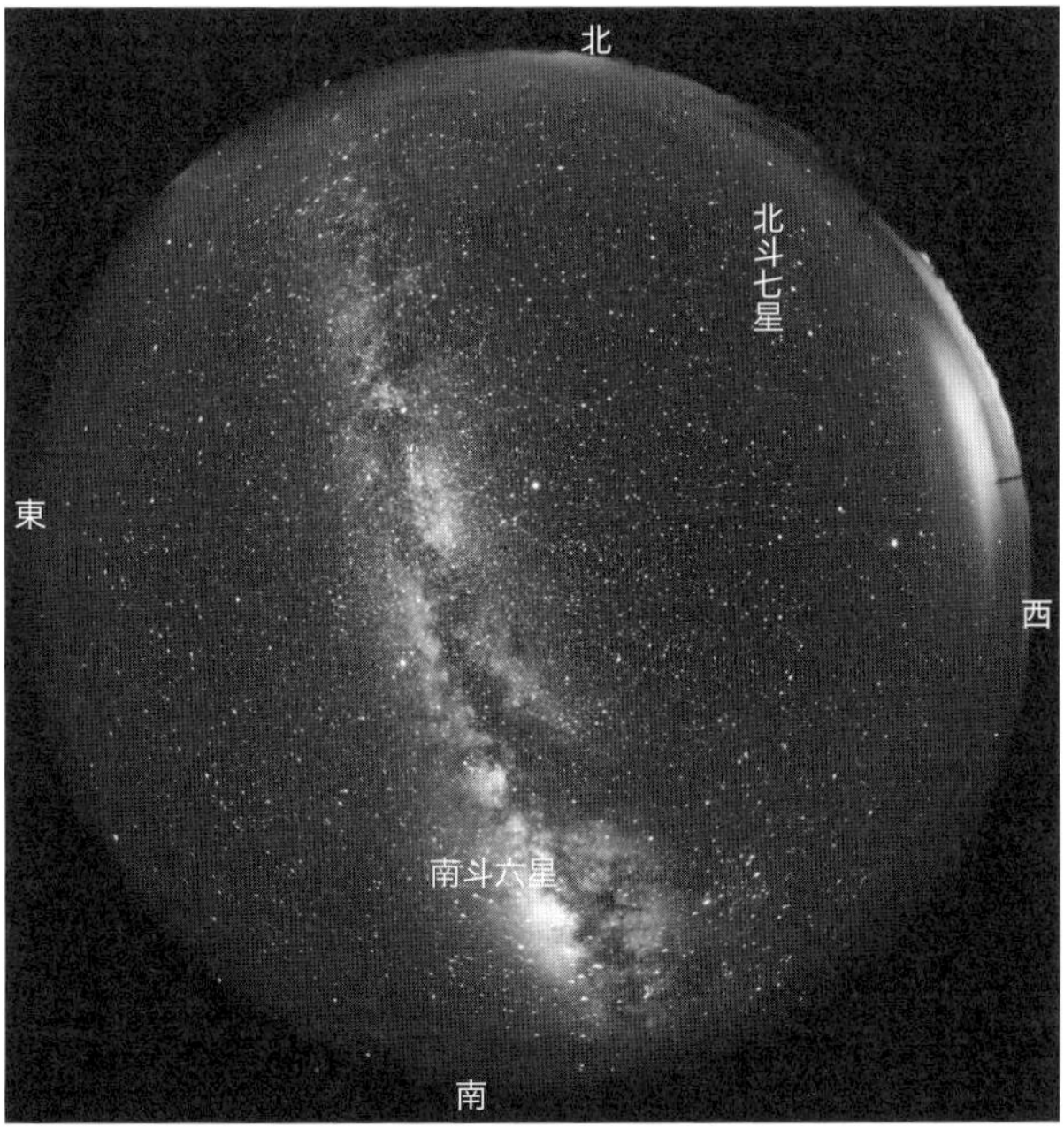

沖縄県八重山郡竹富町波照間島の「南斗六星」と「北斗七星」（岡村修氏撮影）

歌われているのである。

沖縄県八重山で撮影された写真のように、南斗六星は南へ、北斗七星は北の方へ追いやられている。やがて、いて座と北斗七星は地平線下に沈んでいき、群れ星が高度を上げていく。

ところで、ハイナナツンブシ(南の七つ星)は七星であるにもかかわらず、六星である南斗六星を意味するというのは疑問が残る。北斗七星と対比してハイナナツンブシと呼んだのであろうか。それとも、いて座の星をさらに一つ加えたのであろうか。今後の課題である。

2 暮らしと星空を重ね合わせる過程において形成された星名

漁業

●ミナミノコカジ(南の小舵)

金田伊三吉氏が石川県珠洲市で記録した。一九八三年三月、金田氏から、「キタノオオカジは北斗七星とわかっているからどうてことない。しかし、ミナミノコカジは庭先に出て、昭和一六年当時八五、六歳の人と庭先で見て確認した。ホカケボシ、ツリボシ(アンタレスがつりばりの糸を通すところ)も同様に確認した」と聞く。

金田氏は、伝承者と実際に星を見て確認しながらミナミノコカジが南斗六星を意味することを確認したのである。

第4章

秋の星

第1節 カシオペヤ座

日本の星座の多くは、西洋の星座の一部であるが、カシオペヤ座の場合、Wの形全体について星名が形成された。カシオペヤ座は大分県佐伯市より北では周極星になる。北海道名寄市では、高度一一度以上(α星)で下方通過する。

1 特徴を認識する過程において形成された星名

数

◉イツツボシ(五つ星)

構成する星の数五にもとづく星名が形成された。内田武志氏によると、静岡県静岡市北安東に伝えられている［内田1949］。三上晃朗氏は、埼玉県浦和市(現・さいたま市)、所沢市、上尾市、秩父郡横瀬町、秩父郡皆野町、千葉県成田市、東京都西多摩郡檜原村、神奈川県津久井郡藤野町(現・相模原市)等関東地方の平野部及び山間部地域で記録した［三上C］。

◉イツボシ(五星)

イツツボシが短縮してイツボシ。三上晃朗氏が山梨県北都留郡上野原町(現・上野原市)で記録した。なお、上野原町では、プレアデス星団ムツボシを短縮してムボシと呼んでいた(第1章第1節おうし座参照)［三上C］。

数と配列

◉ゴヨセボシ(五寄せ星)

茨城県猿島郡岩井町(現・坂東市)に伝えられている。プレアデス星団の九寄せ星、北斗七星の七寄せ星と対比して五寄せ星と呼んだ［野尻1973］。

北海道名寄市瑞穂（北緯約44度22分）のカシオペヤ座、佐野康男氏撮影

形状

◉ヤマガタボシ（山形星）

Wの反対M型を山の形がふたつ連なっているのに見立てて山形星と呼んだ。越智勇治郎氏が愛媛県新居郡西条町、周桑郡壬生川町（現・西条市）にて記録した。四三の星（北斗七星）が隠れると山形星を用いて北極星のありかを知った［野尻1973］。内田武志氏によると、調査の回答欄には山の形に見立てたという説明はなかったものの、京都府何鹿郡山家村西原（現・綾部市）にヤマガタボシが伝えられている［内田1949］。

◉カドチガイボシ

Wの二つの角が違っていることによる。大分県下毛郡中津町（現・中津市）に伝えられている［野尻1973］。

動き

◉ヤライノホシ

多くの場合は「こぐま座βγ」を意味するヤライノホシ

（第2章第2節こぐま座参照）が、カシオペヤのWを意味することがある。『日本の星』には、本田実氏の北見枝幸氏からの報告が掲載されている。

「北極星を子《ネ》の星といい、北斗七星を七曜《ヒチヨウ》の星といい、カシオペヤをヤライの星といっています。そして、七曜の星が子の星を取って食べるので、ヤライの星がそれを防いで回っているといっています」［野尻1957］

「ヤライ（遣らい）」とは、「追い払う」という意味で、「追い払って防いで回っている」という動きから形成された星名である。

2 暮らしと星空を重ね合わせる過程において形成された星名

●イカリボシ（錨星）、イカリボッサン（錨星さん）

香川県三豊郡観音寺町（現・観音寺市）の森安千秋氏は、「夏の夜、沖に出ている漁師たちは、イカリボッサンが高く昇るのを見て、夜のふけたのを知るということを聞きました」と野尻抱影氏に報告した。野尻氏の甥は、宮城県宮城郡根白石村（現・仙台市）、大沢村（現・仙台市）において、イカリボシを記録した。香田壽男氏は、岐阜県西美濃において記録した［野尻1973］。内田武志氏によると、静岡県志太郡焼津町（現・焼津市）、静岡市にイカリボシが伝えられている［内田1949］。また、三上晃朗氏は、神奈川県津久井郡藤野町（現・相模原市）、香川県東かがわ市で記録した［三上C］。イカリボシと言えば、漁村の星名と思われがちであるが、香田氏の岐阜県西美濃、三上氏の神奈川県東津久井郡藤野町等、漁村以外においても記録されている。

筆者（北尾）は、二〇〇一年六月、宮崎県延岡市にて大正九年生まれの漁師さんから次のように記録した。

「北斗七星と言わなかった。ナナツボシと言いよったですね」

「あれは、あの柄杓の水のところを四倍か五倍かのばしたところに、あの北極星ありますよね。あれとさっき言ったカシオペヤ。Wはイカリボシ言いよった。これもやっぱり北極星を見つけるための星ですよね。イカリボシと北斗七星の中間にこれを中心にしてまわりますわね」

軍隊では「北斗七星」「カシオペヤ」と習ったが、漁師仲間ではナナツボシ、イカリボシと呼んでいた。最近は、ナナツボシではなく北斗七星と呼ぶことが多くなったものの、カシオペヤと呼ばずにイカリボシと呼んでいた。「イカリに似てるじゃないですか。W字が……」と、イカリボシの名前がぴったりだと使い続けていた。
イカリボシを誰から教えてもらったのか聞く。
筆者「イカリボシを教えてくれたのはいっしょに漁に行った人ですか」
話者「いや特に教えてもらったわけではなく、あれはイカリボシやとかいうやつを聞いてね」
筆者「何歳くらいで一人前、星なんかわかったのですか」
話者「学校卒業したらすぐ覚えたですよ。漁師は必ず覚えないかん何ですからね。星というやつは」「何でもかんでも星は年寄りの人は口に出しますからね。すぐ覚えたです」
特に年輩の人から、星の名前を教えられるわけではなかった。年輩の人同士の話を聞きながらイカリボシがどの星かを覚えたのだった。特に、方角を知るのに重要なキタノヒトツボシとそれを見つけるためのイカリボシ、ナナツボシは真っ先に覚えた。知識の習得において、「教える」「学ぶ」という意識はなく、星空という共通の環境の下で働き、そのなかで自然に覚えていくのであった。

◉イカレボシ（錨星）

イカリボシの転訛。福井県坂井郡雄島村（現・坂井市）に伝えられている［野尻1973］。

信仰

◉ゴヨウ（五曜）、ゴヨウセイ（五曜星）

日、月と木星、火星、土星、金星、水星の五星を意味する七曜が北斗七星の星名であったのと対比して、カシオペア座のWを五曜と呼んだ。野尻抱影氏によると、五曜はそう多くは言われていないが、静岡、茨城、群馬等で伝えられている。

また、静岡県榛原郡白羽村（現・御前崎市）で記録した浅居正雄氏の報告が次のように『日本星名辞典』に掲載されている。

「しんぼし（北極星）をシンとして、七曜と五曜があり、七曜（北斗）が西にいる時には五曜は東、七曜が見えない時には五曜が見えると申し、北の方の中空を指して教えてくれました。五曜とはどんな形ですかと尋ねますと、五つの星が『く』の字を二つつないだようだと、土の上に点を打って

書きましたので、確かにカシオペヤだと知り、大変うれしく、思わず『おーじさん！』と肩をたたきました」［野尻1973］

三上晃朗氏は、埼玉県秩父郡横瀬町で、ゴヨウセイを記録した［三上C］。

●クヨー（九曜）、クヨーノホシ（九曜の星）

本来は、九曜はプレアデス星団を意味する（第1章第1節おうし座参照）しかし、内田武志氏によると、静岡県志太郡焼津町（現・焼津市）にクヨー、クヨーノホシ、榛原郡川崎町静波（現・牧之原市）にクヨー、静岡県静岡市鷹匠町にクヨーノホシが伝えられている。

内田武志氏は、志太郡焼津町にて路傍の一老人から次のように記録した。

「ネノホシ（北極星）を中にして、ニボシ（小熊座二星）やシチヨー（北極〈ママ〉七星〈筆者注＝北斗七星の誤植と思われる〉）とは反對側にある五つの星を、クヨーノホシと云ふ」

内田氏は、変体仮名の「く《く》」字形の配列に見て「く《く》星」すなわちクショーと呼んでいたのが転訛してクヨーとなったと推測している。一方、野尻抱影氏は、浅居正雄氏から五曜（前述）の報告を受けて、静岡のカシオペヤ座のWを意味するクヨウについて、「初めは正しく星の数に応じたゴヨウであったに相違ないと思った。しかし、星の数と無関係のこういう方言は珍しいことではない」と記している。一般的にはプレアデス星団の呼び名であるムヅラがオリオン座三つ星と小三つ星を意味するケースなど、同じ星名が複数の星を意味するケースは多く、プレアデス星団（九個数えるのは困難である）、カシオペヤ座W双方の星の数でない九曜が星名になるのは不思議なことではない。「〈九曜〉は主としてすばるの異名で今もいわれているが、わたしの母はカシオペヤをこの名でいっていた。半ばは信仰から来ていたことで、誤りだとはいえないだろう」と野尻氏が記しているように、星への信仰が原意を失ってカシオペアのWを九曜と呼ぶことは伝承であるが故の多様性、豊かさであり、正しい、誤りという物差しではかってはいけないと思う。

●ホクヨウセイ（北曜星）

兵庫県宍粟郡に、「北に出てちょうどいなづまみたいな形をしとっての星さんをほくようせいと言いよったなあ。日本は狭い狭いいうけどなあ、よう山に入ったら迷うてしまうことがあるんや、そんな時このほくようせいを捜したら北がわかるんや」と伝えられている。Wを稲妻の形にたとえた［桑原1963］。野尻抱影氏は、「九曜・五曜から出たものらしい」と記している［野尻1973］。

武具

◉ユミボシ（弓星）

五つの星に弓を重ね合わせた。姫路市北条に伝えられている［桑原1963］。

その他

◉エイモジボシ（英文字星）

英文字のWに似ていることから英文字星。カシオペヤ座のWの知識が入ってから形成された比較的新しい星名である。桑原昭二氏が、兵庫県姫路市網干周辺の和名採集を行なった際に記録した［桑原1963］。

第2節 ペガスス座、アンドロメダ座、さんかく座

日本の星座の多くは、西洋の星座の一部であるが、次のような二つの西洋の星座にまたがる日本の星座が形成された。

❖ペガスス座β、α、γとアンドロメダ座αで構成する秋の四辺形

❖秋の四辺形とアンドロメダ座δβγで構成する柄のついた桝の形

アンドロメダ座δβγ、さんかく座についても、本項に記する。

01 ペガスス座β、α、γとアンドロメダ座α

1 特徴を認識する過程において形成された星名

星の数や四隅の星があるという特徴の認識が星名となった。

数

◉シボシ（四星）

浅居正雄氏によると、静岡県榛原郡白羽村（現・御前崎市）に自然で素朴な星名「シボシ（四星）」が伝えられている。

「しぼしは桝の底のやうに四角で大きい、それが満時に

なると、砂糖をロクロで搾り始める。丁度11月から12月頃にかけて〻、夜12時頃起きて仕事にかゝる」［淺居1943］
話者は、昭和一八年当時で七五、六歳のおばあさんであることから、明治の初めの生まれである。一一月から一二月頃、日が暮れて午後八時頃、シボシが満時すなわち頭の上に見える頃、砂糖をロクロで搾る季節の到来だった。なぜ一二時頃起きて絞るかについて、柴田宸一氏は、「そのころ砂糖絞りが禁止されていたからであろうか」と記している［柴田1976］。星空の下で見つからないように砂糖搾りをする光景が思い浮かぶ。野尻抱影氏が『日本星名辞典』のシボシの項で引用したのも、淺居氏のこの記述である［野尻1973］。

●ヨツボシ（四つ星）

静岡市清沢に伝えられている。ヨツボシは、からす座βδγεを意味するケースが多いが、この場合は秋の四辺形［柴田1976］。

形状

●ヨツマボシ（四隅星）

四隅に星があることからヨツマボシ。『日本星名辞典』には、埼玉県入間郡入西村（現・坂戸市）生まれの井上八重さんが三つ星とヨツマボシを用いて夜なべの時刻をはかったと掲載されている［野尻1973］。オリオン座三つ星が昇ってくる前は、ヨツマボシが夜なべ仕事の時刻を教えてくれたのだった。ヨツマボシについて、「広さは八畳ぐらい」と伝えられており、八畳と喩えたことに野尻抱影氏は「端的に天馬の大方形をいい表わして、感心させられた」と記している［野尻1973］が、同感である。

また、内田武志氏によると、静岡県富士郡富丘村淀師（現・富士宮市）［内田1949］、柴田宸一氏によると、榛原郡御前崎町白羽（現・御前崎市）にヨツマボシが伝えられている［柴田1976］。

ヨツマボシは、からす座βδγεを意味するケースもある（第2章第4節からす座参照）。

◉**ヨスマボシ**（**四隅星**）

ヨツマボシと同様、四隅に星があることからヨスマボシ。静岡県清水市両河内（現・静岡市）で春田博男氏が記録。ヨスマボシが時計の代用［柴田1976］。柴田宸一氏の次の記述は、ヨスマボシが時計であったことを実に見事に表現している。

「便所が母屋とは離れて建てられていた農家では、夜なべをして小用に立ち、よすまボシが大分西へ傾いているのを見て、思わず時が流れてしまったことを感ずる星、というようなことであろうか」

2 暮らしと星空を重ね合わせる過程において形成された星名

食生活

オリオン座三つ星と小三つ星とη星で構成する形を桝に見立てたケースが多い（第1章第2節オリオン座参照）が、秋の四辺形を意味する場合もある。

◉**マスボシ**（**桝星**）

❖富山県射水郡大島町（現・射水市）……増田正之氏による記録［増田1990］。

後述（アンドロメダ座$\delta\beta\gamma$の項参照）の水野保氏による記録の新潟県三条市のマスボシもペガスス座β、α、γとアンドロメダ座αを意味すると思われる。

◉**マスガタボシ**（**桝形星**）

❖新潟県中ノ条（現・胎内市）……野尻抱影氏の甥が農夫から「中秋の天頂に、大きなまっ四角なますがたぼしがかかる」と記録した［野尻1973］。

❖広島県賀茂郡……略して「マスボシ」ともいう［野尻1973］。

山仕事

◉**カワハリボシ**、**カアハリボシ**、**カハリボシ**（**皮張り星**）

皮張り星は、からす座$\beta\delta\gamma\varepsilon$を意味するケースもある（第2章第4節からす座参照）が、この場合は秋の四辺形である。柴田宸一氏によると、春田博男氏が静岡県静岡市梅ヶ島、玉川地区でカワハリボシ、カアハリボシ、静岡市井川でカハリボシを記録した。柴田氏は、「この地域では、鹿、猪、兎、たまには熊などもみられる。獲れた動物の皮を木の板に張り、乾燥させるため、四隅を釘で止める。その四本の釘に見たてたものであろう」と記している［柴田1976］（静岡市足久保の「皮張り星？　川堀り星？」については、第3章第4節いるか座参照）。

02 秋の四辺形とアンドロメダ座δβγで構成する柄のついた桝の形

食生活

●サカマス（酒桝）

サカマスも、オリオン座三つ星と小三つ星とη星で構成する形を桝に見立てたケースが多いが、次のように秋の四辺形とアンドロメダ座δβγで構成する柄も含めた形を意味する場合もある。

❖熊本県北部……京橋図書館長より「ペガサスの大方形を桝と見、つづくアンドロメダの一文字を柄と見た大北斗の形をいう」［野尻1973］。

❖新潟県村上地方……熊本県北部と同じ見方［野尻1973］。

03 アンドロメダ座δβγ

農業

●トカキボシ（斗掻き星）

『日本星名辞典』にトカキボシ（斗掻き星）が掲載されているが、二十八宿のひとつの奎宿と同じ星で構成されるのではなく、アンドロメダ座δβγを意味するようである［野尻1973］。秋の四辺形を桝に見立てて、桝に盛った穀類の盛り上がった部分を平らにならす斗掻きに見立てる星名形成は見事であるが、現時点ではアンドロメダ座δβγを意味するケースの分布ははっきりとしない。今後の課題である。なお、オリオン座小三つ星を意味するケースもある

（第1章第2節オリオン座参照）。

●コメツキボシ（**米搗き星**）

新潟県三条市に伝えられている。水野保氏は、「十月ごろ、頭の上にますぼしが出、それにつづいてこめつきぼし（米搗き星）があるといい、これはすばるのことらしい」と野尻抱影氏に報告したが、野尻氏は、「十月にこだわれば、〈こめつきぼし〉はとかきを長い杵と見たものと考えられぬでもない」と記している。水野氏の報告の、「十月ごろ、頭の上にますぼし」は、オリオン座三つ星と小三つ星とη星ではなく、秋の四辺形であり、「それにつづいて」は位置関係から考えると、野尻氏が斗掻《とか》きすなわちアンドロメダ座δβγであると述べているのに同感である。仮にマスボシがオリオン三つ星と小三つ星とη星であるならば、頭の真上ではなく、さらには「すばる」は「つづいて」ではなく「前に」のぼってくる。また、一〇月頃の南中は、夜明けに近づく頃になる。一〇月頃の夜なべ仕事のときに頭の上に見える「ますぼし」は秋の四辺形であり、それに続いてのぼる米搗き星はアンドロメダ座δβγと考えるのがぴったりである。

04 さんかく座αβγ

さんかく座を構成するαβγの三角形の配列にもとづく星名が形成された。

形状

●サンカクボシ（**三角星**）、**サンカクサマ**（**三角様**）

野尻抱影氏の甥が山形県越戸で記録した。秋の収穫時と雪の下りる直前までの夜なべ仕事のときの時計代わりであり、「サンカクサマがお入りになるので、もう仕事を休もう」と言った〔野尻1973〕。なお、サンカクボシは、多くの場合おおいぬ座δεηでつくる三角形を意味する（第1章第3節おおいぬ座参照）。

第3節 みなみのうお座

秋の星座の日本の星名を記録することは難しい。みなみのうお座の一等星フォーマルハウトの和名こそはとは思っても、なかなか出会えない。野尻抱影氏は、『日本星名辞典』で、神奈川県鎌倉市腰越に伝わるミナミノヒトツボシ（南の一つ星）の報告を受けたときの感激を、「とうとう巡り逢えたと思った」と記している。確かに、ミナミノヒトツボシは、フォーマルハウトにぴったりの名前である。しかし、ミナミノヒトツボシは、「北にも〈北のひとつ星〉というのがある。南の星はめったに見えないが、これが見えると風が吹く」と話者が語ったことからフォーマルハウトではなく、野尻氏が「季節・方角・高度・また風の前兆というのもメラ星で、まさに孤独な〈南のひとつ星〉である。後に儀貝君が江ノ島の漁夫から聞いたダイナンボシは、この異名だった」と記しているようにカノープスを意味する［野尻1973］（第1章第7節りゅうこつ座参照）。

フォーマルハウトについては、調査事例が少なく今後の調査が必要であるものの、次のように数や季節、地名等にもとづく様々な星名伝承が伝えられている。

1 特徴を認識する過程において形成された星名

数

◉ヒトツボッサン（一つ星さん）

静岡県駿東郡小泉村佐野（現・裾野市）に「冬の東南方に唯一つ現れてゐる星」と伝えれており、内田武志氏はフォーマルハウトと断定をしておらず、「甚だ簡単な説明ではあるが、恐らく……」と記しているにとどまるが、野尻抱影氏は、「『冬の』に疑問があるが、まずフォーマルハウトと思われる」としている。一二月一日の日の入り後、薄明のなかフォーマルハウトは東南方ではなく、南よりも一〇度近く東によるだけでありほぼ南中という感覚である、一一月七日〜八日の立冬の頃からを冬というように考えれば日の入り後一時間ぐらいの南南東のフォーマルハウトを「東南方に唯一」と表現してもよいのではないだろうか。その時季には冬の一等星はカペラがフォーマルハウトとは随分と離れて北東よりも北よりの低空に顔を出しただけであり、アルデバラン、リゲル、ベテルギウスはまだ昇っておらず、「唯一」という表現でよい。従って、私もヒトツボッサンはフォーマルハウトを意味すると考える。

位置

◉キョクボシ（極星）

三上晃朗氏によると、山形県酒田市飛島に伝えられている。六月頃の夜中一二時頃に南東の方角に現れ、付近に明るい星はなく、キョクボシが高く昇ると北東からイカ釣りの星が現れると伝えられていた。三上氏は、北極と対になる南方を意識したことから「極」という言葉をあてるのが適当と指摘しているが、同感である。キョクボシは、イカ釣りの役星が順に登場するのを教えてくれる星でもあった［三上C］。

2 暮らしと星空を重ね合わせる過程において形成された星名

見る目的

◉フナボシ（船星）

フナボシ（船星）がフォーマルハウトを意味するケース（静岡県焼津市）がある。おおぐま座γ、δ、ε、ζ、η星を意味する船星（フニブス、第2章第1節おおぐま座参照）のように、船の形に見立てたのではなく、船を進める目標にすることからフナボシと呼んだ。

「秋の南の空に一つぽつんと見える星で、目じるしにしている」［野尻1973］

方角を知る目標は必ずしも北極星ではない。一度北極星できっちりと方角を確かめておけば、南のほうに進むときにわざわざ反対方向を見なくても、船星を見て船を進めることができた。

ほかに、明けの明星で東の方向を決めた事例もある。

季節

●**アキボシ**（秋星）

石橋正氏によると、岩手県九戸郡洋野町にアキボシ（秋星）が伝えられている。

「薪を背負って山から帰って来る時、森を抜けて小道が下りにかかる頃、南が一面に見渡せる所がある。いつもちょっとそこで立ち止って休むのだが、もう薄暗い南の空に、ポッツリとアキボシが光っているのが見える。私達は、また寒い冬の近いことを思いながら、足もとに気を付けて、急な下り道にかかってゆくのだ」［石橋2013］

山からの帰り道、南が見渡せるところで一休みしたとき、フォーマルハウトが輝いていると、厳しい冬が近いことを知ったのだった。日常の場面に星があって、季節を感じたのである。

地名

●**ヤバタボシ**（矢畑星）

内田武志氏によると、ヤバタボシを漁の目標にしていた。

「これが昇る時刻には魚がよく釣れるといひ、此處の漁師達はこの星の出に烏賊などの立釣りをする」［内田1949］。

ヤバタについては、次のように八幡と結びつけていた。

「ヤバタは、八幡の意で、この地方に多く勸請されてゐる八幡様の本社である京都の石清水八幡宮は、丁度此處から正南東方に當たるので、その方向の星としてかう名付けたと、土地の人は語つてゐたといふ」［内田1949］

石清水八幡宮の八幡は「はちまん」と読むが、八幡は、「やはた」「やわた」「やばた」と読める。時代とともに読み方は転訛していくことがある。

礒貝勇氏も京都府竹野郡間人町（現・京丹後市丹後町間人）でヤバタボシ（矢畑星）を記録している。しかし、八幡ではなく矢畑であり、間人から見ると東南の方向にある矢畑（現・京丹後市丹後町矢畑）の方向から出ることから矢畑星と呼んだのだった［礒貝1956］。

矢畑だろうか、八幡だろうか。礒貝氏は、「ヤバタは矢畑と書く間人に近い集落で、間人から東南の方向にある」「ぼくが採集したのは八月五日で、今頃はすこしおそくなって矢畑の方向から出る星だと教えられた。遠く京都までその出現の方向を求める必要はなさそうである」と記している。

もとはどちらかであったとしても、世代を超えて伝えられていくにしたがって、八幡と矢畑と両方の伝承が形成された可能性はないだろうか。私は、伝承の豊かな多様性の形成のほうを信じたい。

3 その他

◉サスボシ

春田博男氏は、静岡県静岡市清沢地区においてサスボシを記録した。サスが英語のサウスであるなら昔から伝えられた星名ではなくなってしまうが、柴田宸一氏は、屋号の「さす」との関連の可能性も指摘している[柴田1976]。

◉ワボシ（和星）

ワボシは、一九七八年と二〇〇九年に新潟県佐渡郡相川町姫津（現・佐渡市）において記録した。いずれもイカ釣りの目標にする役星として伝承されていた。

一九七八年に出会った話者は、ワボシはアカボシ（アルデバラン）の次に昇る星であり、オリオンの盾である可能性がある（第1章第2節オリオン座参照）。

しかし、二〇〇九年に出会った話者は、ワボシはサキボシの一時間足らず前に昇るひとつの星と記憶していた。ワボシは和星で、スモルの前にサキボシ（先星）、その前にワボシが登場するのだった。スモルはプレアデス星団、サキボシはカペラであるから、ワボシはフォーマルハウトの可能性がでてくる。話者は、サキボシより暗いと伝えているが、実際、カペラ（〇・一等）よりフォーマルハウト（一・二等）は相当暗く感じる。

果たして、ワボシはカペラの前にのぼるフォーマルハウトすなわちイカ釣りの役星の最初の星であろうか。それともアカボシの次にのぼるオリオンの盾であろうか。同地域においても同じ星名が複数の星を意味するケースも考えられ、それがまた伝承の多様性でもあるので、両方のケースがあったとも考えられる。

第4節 みずがめ座、やぎ座

01 みずがめ座θγηλ

みずがめ座θγηλについて、暮らしと重ね合わせた星名が形成された。調査事例が少なく、現時点では不明な点が多い。

農業

●トウキョウミ（東京箕）

山口県吉敷郡佐山村須川（現・山口市）に伝えられている。西方の長崎箕（いて座ζτσφ）に対して、東方にある「みずがめ座θγηλ」を東京箕と呼んでいた［内田1949］。秋の夜東京の方角に輝く「みずがめ座θγηλ」と長崎の方角に輝く「いて座ζτσφ」を対比したのであろう（第3章第6節いて座参照）。

02 やぎ座αβ

人

●ミヨウトボシ（女夫星）

内田武志氏によると、静岡県静岡市に伝えられている。「夏から秋にかけて出てゐる黄色の小さい二箇の星をミョートボシと云ふ。その間隔は一丈位もあり、これは時間の星だ」［内田1949］

野尻抱影氏は、「星の色は当っているし、注意すれば目につく常用恒星で、牛宿（やぎ座）の角の先に位置する。〈みょうとぼし〉の名もうなずけるが、縦に並んでいて、間隔は二度である。『一丈位も』は大き過ぎる」と記している。

時刻を知る目標にしていたとあり、生活に密着した星であったが、内田氏が「多分山羊座を指してゐるらしいが……」と記しているように、断定するには調査事例が少なすぎる。

付編

第1節 明けの明星

夜明けを教えてくれる明けの明星、薄明が進んでも、輝き続ける明けの明星。星空から青空へ、星との別れのときであった。そして、一日の仕事のはじまりであった人びと、一日の仕事の終わりであった人びと、それぞれの生活のなかから多様性豊かな星名伝承が形成された。

1 特徴を認識する過程において形成された星名

見える時間帯／明け・夜明け

◉ヨアケボシ（夜明け星）

見える時間帯「夜明け」が星名となったケースで、極めて広範囲に分布する。例えば、鹿児島県で記録した事例は次の通りである。

鹿児島県出水市住吉町名護港、出水郡東町獅子島弊串（現・長島町）、東町伊唐島（現・長島町）、阿久根市黒之浜、佐潟、薩摩川内市寄田町、薩摩郡鹿島村（現・薩摩川内市）、揖宿郡開聞町川尻（現・指宿市）、山川町（現・指宿市）、指宿市今和泉、鹿児島市喜入生見町、垂水市海潟、肝属郡南大隅町佐多大泊。

ヨアケボシは、多くの場合、夜明けの時間を知る目標にしていた。

❖鹿児島県肝属郡南大隅町佐多大泊の事例

「夜明けには大きな星が東のほうに出る。大きな星が。何時間すれば夜あける。ヨアケボシ」［北尾C］

❖鹿児島県垂水市海潟の事例

「ヨアケボシを見て、網を張ったりした。地曳網《じびきあみ》して、朝に網をはる」

「朝早く行って、時計持たなかったので、ヨアケボシ、

明けの明星（秋田県田沢湖にて、秋田勲氏撮影）

あれで、どのくらいの時間じゃ。時期によって、時間早かったり、遅かったりする」

「にわとり、一番鶏《いちばんどり》、二番鶏。一番鶏は、ヨアケボシより早い。一番鶏は二時頃。三時か四時、二番鶏。ヨアケボシは二番鶏と同じくらい」［北尾C］

❖鹿児島県阿久根市佐潟の事例

ヨアケボシの高度を竿竹にたとえたケースである。

「ヨアケボシ、竿竹あがると、夜明く」［北尾C］

ヨアケボシは、東の空に見える。西や北、南には見えることはない。したがって、北極星のように正確ではないが、方角を知る目標として用いることができた。

❖鹿児島県揖宿郡開聞町川尻（現・指宿市）の事例

西へ行くとき、東の空のヨアケボシをうしろに見て船を進めた。

「遠いところやったらな、星を頼りにしとったけどな。ヨアケボシが出るでしょうがな、大きいやつが。ヨアケにちょうどな、大きな明るい星が出る。西のほうに行くから

な、それ(ヨアケボシ)を見て、うしろ見ながらこう行くんじゃな」[北尾C]

ヨアケボシは、鹿児島県だけでなく、全国的に分布する。北海道檜山郡江差町柏町の場合、ヨアケボシと呼ぶ人もオオボシと呼ぶ人もいた。青森県むつ市大畑町湊村では、ヨアケボシをイカ釣りの役星として用いていた。

❖福岡県行橋市稲童の事例

漕ぎ網やアナゴ縄をした。夜の仕事だった。仕事から帰る時間をヨアケボシが教えてくれた。

「星を頼りに。港帰る頃、ヨアケボシどこからあがって。コンパスないでしょ。ヨアケボシ、東からあがる。あこうなってくる。ヨアケボシ、だいたい姫島のあたまくらいからあがる」

「ヨアケボシ、あがったけん、帰る時間じゃろ」[北尾C]

◉ヨアケブシ(夜明け星)

鹿児島県大島郡宇検村屋鈍、平田、大和村今里にて記録した[北尾C]。奄美大島においては、ヨアケボシがヨアケブシへ転訛した。

宇検村平田で聞いた話である。

「そうそう夜明けるまでやりますからね。東の空が明るくなってくるのですよね。そのヨアケブシいうのがピカピカ光る。ヨアケブシがあがる前にね、ブルブシが先にあがって、ブルブシが、いっぱい集まった星がこうあがって。ブルブシ、それがあがったら、あがってしばらくしたらヨアケノミョージョーいうでしょ。あれがあがってくるでしょ。あれがあがって、もうしばらくしたら、お日さまが……」

「ヨアケノミョージョーのことはね、ヨアケブシ、ヨアケブシ。ヨアケブシあがって、もうこの辺あがってきたら、もう今度は太陽があがってくる」

八月踊りのとき、一晩中踊った。そして、みんなでブルブシ(プレアデス星団)、ヨアケブシ(明けの明星)、太陽……と、順番にあがってくるのを迎えたのだった[北尾C]。

◉ユアケプシ(夜明け星)

『日本星名辞典』によると、鹿児島県大島郡宇検村に伝えられている[野尻1973]。

●ヨアケノホシ（夜明けの星）

鹿児島県いちき串木野市小瀬町に伝えられている［北尾C］。

●アケンボシ（明けん星）

鹿児島県垂水市下境に伝えられている。明け星の転訛。「アケンボシ見えなくても、曇でも、長年の勘で夜が明けるのがわかる」というように、曇り空でも、雲の向こうのアケンボシを想い、夜明けが近いと感じた［北尾C］。

見える時間帯／朝

●アサボシ（朝星）

見える時間帯「朝」が星名となったケースである。広島県豊田郡豊浜町豊島（現・呉市）で明治四四年生まれの漁師さんから聞いた話である。

「世の中がいいときには、アサボシが大きい光を照らす。不景気なときは、小さい星になって見える。昔の人が言っておりましたよ」［北尾C］

アサボシ（明けの明星）の光と景気とを結びつけたのである。科学的根拠は、全くない。時間を知る目標にするとともに、自分たちの暮らしが豊かになるようにアサボシが大きい光を照らすことを願ったのであろうか。

数

●ヒトツボシ

周辺に明るい星がなくぽつんと一つ光っている「こぐま座α星（北極星）」を意味するケースが多いヒトツボシという星名が宵の明星とともに明けの明星を意味するケースがある（第2章第2節こぐま座、付編第2節宵の明星参照）。

三上晃朗氏によると、夕暮れの西天ではまっ先に一つ星として現れ、東天に移れば夜明けに最後の一つ星となることから、宵の明星と明けの明星のいずれもヒトツボシと呼ばれている。栃木県下野市、千葉県安房郡鋸南町、三重県尾鷲市などでは明けの明星がヒトツボシである［三上C］。

明るさ

◉オオボシ（大星）

明るく輝くことから大星と呼んだ素朴な星名である。オオボシは、宵の明星、シリウス、こぐま座α星（北極星）を意味することもある。（付編第2節宵の明星、第1章第3節おおいぬ座、第2章第2節こぐま座参照）

二〇〇八年七月、福岡市中央区伊崎漁港で昭和六年生まれの漁師さんから聞いた話である。

「オオボシ、夜明け前のオオボシさま。オオボシが出たけん夜明けが近いね」［北尾C］

昔、延べ縄をやった。今頃はチヌ（クロダイ）。冬はカレイだった。そして、オオボシの出る頃、家を出たのだった。

二〇〇九年二月、三重県熊野市甫母町で昭和七年生まれの漁師さんから聞いた話である。

「朝方、オオボシって、オオボシあがった。夜明け前に、オオボシあがった。それ見たらもうそろそろ夜が明ける。光が普通の星とは違う」［北尾C］

北海道檜山郡江差町柏町の場合、オオボシと呼ぶ人もヨアケボシと呼ぶ人もいた。

広島県竹原市二窓の明治三三年生まれの漁師さんは、「オオボシいうのが夜明けに出るのがあるわいな。それが太い。それが大きな。オオボシいうてね、絹で見たら、九つになって見えるのじゃ。絹もって見たらね、三つずつ並んで九つある星もあるんだ。絹もって見たら、九つなって見える星があるんだ」と語った。オオボシ（明けの明星）を絹ですかして見たら、三つずつ並んで九つに見えたのである［北尾C］。

野尻抱影氏は、『日本星名辞典』において、宵の明星を絹星、絹屋星という地方があり、「高い天の星や絹屋の娘、絹でおがめば九つに（広島県安佐郡）」という俚謡が残っていると述べている［野尻1973］（付編第2節宵の明星参照）。

しかし、竹原市二窓の場合、宵の明星ではなく明けの明星で、絹星、絹屋星という呼び名は伝えられていなかった。星との暮らしのなかで、ひとりひとりがいろいろな星を絹ですかしながら語り合い地域をこえて伝えていったことが、宵の明星と明けの明星のちがいに示されているのではなかろうか。

●アカボシサマ（明星様）

鹿児島県西之表市西之表に伝えられている［北尾AC］。明るい星という意味。

次のように、草切節の節にアカボシサマが登場する。

「主は夜明けのアカボシサマ（明星様）よ。心がけねば見りゃならぬ」（あなたは夜明けの金星のようなもので、朝早くから〈暗いうちから〉仕事にお出かけになさる。つとめて早く起きないとお目にかかることができないよ）［北尾AC］。

アカボシが赤い星を意味するケースについては、第1章第1節おうし座、第3章第5節さそり座参照。

●メイジョボシ（明星星）

熊本県牛深市加世浦（現・天草市）の明治三八年生まれの漁師さんは、「メイジョボシ出た。夜明け間近。夜明ける準備せねば……。一回網やったら夜明け」と語った。星ぼしを気づかいながら、松の木を八しめくらいたき、三回か四回鰯の網をやると、メイジョボシがのぼる。さらに一回網をやれば、夜明けで、仕事を終えることができた。メイジョは、明星のこと。ミョージョーがメイジョに転訛。さらに星がついた［北尾C］。

●ミョージョー（明星）

明るく輝くことからミョージョー。アケノミョージョー、ヨアケノミョージョーを略してミョージョーという（後述、熊本県宇城市松合漁港のケース等）［北尾C］。

●ハールブシ

沖縄県八重山郡竹富町新城島に伝えられている。「ハール」とは明るいこと、「ブシ」は「ホシ即ち星」で、夜明けに出て明るい星をハールブシと呼んだ［北尾AC］。

見える順番

●イチバンボシ（一番星）

一番星と言えば、日が暮れて、最初に見える星。例えば、宵の明星。しかし、明けの明星が朝一番にのぼることから一番星と呼んでいたケースがあった。

静岡県由比町由比漁港で聞いた話である。

「イチバンボシ、伊豆の山に上がると夜が明ける。まもなく夜が明ける。イチバンボシ、夜明けの星。夜が明ける」［北尾C］

見え方

◉トビアガリ（飛び上がり）、トビアガリボシ（飛び上がり星）

夜明けが近づくと、飛び上がるように東の空に現れることからトビアガリ（ボシ）という星名が形成された。野尻抱影氏は、「トビアガリボシ、カケアガリボシ」について、「日が暮れるなり空に出ているのが、飛び上ったり、駆けあがったりした感じだからである」というように、宵の明星を意味すると述べるとともに、「暁の明星の場合にもいう」として、次のような房州勝浦のトビアガリの伝承をあげている[野尻1973]。

「この星は三時ごろに水平線から三間ぐらいに飛びだす」「夜釣りに行っていて、ああ、もうトビアガリがあんなに高くなったから、そろそろ帰り支度すべえなどという」

ところが、筆者（北尾）は、宵の明星を意味する「トビアガリ」に出会ったことはなく、すべての事例が明けの明星であった。内田武志氏も、「東の山端に現れる際の印象からの命名で、突然輝く大星が昇るので飛上がり星と呼ぶのである」というように、明けの明星の星名として位置づけている[内田1949]。三上晃朗氏も、宵の明星をトビアガリと呼ぶ事例は記録していない。現時点では、宵の明星を意味した確実な伝承事例を見つけることはできていない。

朝の暮らしのなかに、次のような多様で豊かなトビアガリとのかかわりがあった。

❖東京都大田区羽田

昭和六年生まれ（大森出身）の漁師さんは、東京オリンピック（一九六四年）までは、トビアガリを目当てに海苔の仕事をしていた。

「昔ね、うちで、ノリをすいててね、東のほう、ぴょんとね、星があがるのですよ。トビアガリボシって、自分たち言っていたのですよね。飛び上がるんです。飛び上がるというより、ぱっと、だいたいこのへんのね、東の空に……　だいたいあれ何時頃だろうな、まだ暗いうちになんですよね。四時か、そうすると、夜明けが近いて、それで判断するんですよ」

「だいたい四時頃、あ、トビアガリあがったぜ、夜が明けるぞ、というひとつの目安だったのだね。トビアガリあがるまで、なんとかこう六〇〇枚か七〇〇枚、もうトビアガリあがって、いまだいたいこのくらい製造している

桜島の上に輝く明けの明星（金星）と木星（倉山高幸氏撮影）

から、六、七時までには終わるな、という目安が。トビアガリボシあがったぜ、早くしろなんて」［北尾C］

❖静岡県伊東市富戸《ふと》

昭和六年生まれの漁師さんは、一晩中仕事をして、トビアガリで、夜明けの近づくのを知った。

「星が飛び上がる言ってね。大きい星が、ヨアサ出るですよ。一個ね。それが出て何時てわかるからね。飛び上がる。急に出てくるからね。トビアガリってね。それが出るとあと何時間か沖の漁《りょう》やれば、夜《よ》が明けるとか言ってね」［北尾C］

❖静岡県御前崎市御前崎

昭和九年生まれの漁師さんは、夕方刺し網を入れて、トビアガリの昇る頃出かけて刺し網をあげた。

「トビアガリ、夜明けを知らせる星。トビアガリ、そのじぶん出ていく。刺し網あげるのに三〇分から一時間かかる」［北尾C］

❖静岡県浜松市西区舞阪町舞阪

昭和四年生まれの漁師さんは、トビアガリについて、漁師言葉だと教えてくれた。

「明けの明星をトビアガリって言う。漁師言葉で。今、トビアガリの星あがったぜ、二時間すれば、夜明けるな」［北尾C］

ところで、内田武志氏によると、次のようにトビアガリが二つあるという伝承が伝えられている。

❖静岡県静岡市大谷濱

出漁時間の目標とした。『日本星座方言資料』に「トビアガリは稀には二つ現れ、出ると間もなく又隠れる」と記されている［内田1949］。金星とともに水星あるいは木星、他の一等星とともに現れることがあるのを意味するのだろうか。

❖静岡県志太郡焼津町（現・焼津市）

『日本星座方言資料』に、「トビアガリは二箇の星で、先きのが大きく、後に出るのは小さい」「此處では先きの大星が金星で、後の小星は恒星であらう」と記されている［内田1949］。「後の小星」については水星の可能性もあると思う。

また、静岡県田方郡宇佐美村留田（現・伊東市）には、「トビアガリは夜明けの明星より約一時間も早くでる星で、明星よりは小さい」と伝えられている［内田1949］。この場合のトビアガリは明けの明星を意味しない。明けの明星よりも早くのぼる惑星あるいは一等星であろうか。

●トンビアガリ（飛んび上がり）

三上晃朗氏は、トビアガリが転訛したトンビアガリを、埼玉県大里郡寄居町鉢形、千葉県鴨川市天津、静岡県伊豆市土肥で記録している［三上C］。

●イジケボシ

桑原昭二氏が兵庫県明石市東二見で記録した。寒くなるとだんだん朝上るのが遅くなるので、これを星が寒さでいじけて遅くなると捉えてイジケボシ［桑原1963］。

●ズルンコボシ

桑原昭二氏が兵庫県赤穂市で記録した。上るのが遅くなるのをずるけていると捉えてズルンコボシ［桑原1963］。

●ハネッコ、ハネコボシ

千田守康氏が宮城県宮城郡七ヶ浜町で次のように記録した。

「漁に出た時のことさ。明け方近くになると、東の水平線上に突然ピョコンと飛び出して、物すごく明るく光るのが明けの明星だ。昇ってくるなんて感じではねえ。跳ね出して来るようなんだな。そんで〝ハネッコ〟とか〝ハネコボシ〟と言うんだ」［千田1987］。

跳ね出して来るように登場することから「ハネッコ」「ハネコボシ」という星名が形成されたのである。

●トンキョボシ（頓狂星）

三上晃朗氏と横山好廣氏が静岡県沼津市馬込静浦漁港で記録した。三上氏によると、漁港の背後の鷲頭山《わしず》付近に、突如としてだしぬけに現れることからトンキョボシ。『遠州方言集』には、「トンキョー　突拍子。調子外れ」とあり、明けの明星の性格をうまく表現している［小池誠二1968］。

●ヒョンコ

西山洋氏は、二〇一〇年一〇月、茨城県かすみがうら市田伏でヒョンコという星名を記録した。西山氏によると、昔帆引きをしていた最高齢の漁師（昭和九年生まれ）に夜の帆引き漁のときに星を時刻や方角を知る判断にしたか聞いたところ、次のような答えがかえってきた。

「岸が近いから、人家の灯りを目印にすることはあった。今のように光が多くなかったからむしろ目印になった。星を頼りにするということはなかった。雲や月は見た」

「明け方の三時頃、東の方角に出る明るい星。ヒョンコと言う。この辺の人ならそれで通じる。詳しい人ならあの星が何か分かるだろうが自分は知らない。季節に関係なくいつでも出ている。かなり明るい星」［西山洋C］

『続　土浦の方言』に、「ひょんこばね　飛び上がること」とある［土浦市文化財愛護の会2004］。また、インターネット上の『昔の茨城弁集』に、「ひょんこ　飛び跳ねる様」とある。ヒョンコという星名は、明けの明星が東の空に飛び跳ねるようにのぼる様子を表現した星名だと思われる。前述のトビアガリ、ハネッコと似た捉え方にもとづいて形成された星名である。

見える時間帯と明るさ／明け・夜明け＋明星

◉アケノミョージョー（明けの明星）

見える時間帯「明け」と明るさ「明星」が星名となったケースで、極めて広範囲に分布するので、その一部のみ掲載する。

神奈川県鎌倉市長谷では、アケノミョージョーの見える頃・アサマヅメに魚がたくさん取れたと伝えられていた［北尾C］（付編第2節宵の明星参照）。

愛媛県南宇和郡城辺町深浦（現・愛南町）の大正三年生まれの漁師さんは、「アケノミョージョー出たぜ、きりあげてオカに帰らないけんね」と語った。明けの明星は、仕事を終える時間を教えてくれた。

福岡県北九州市門司区大字柄杓田で昭和八年生まれの漁師さんから聞いた話である。

「アケノミョージョー、三時なるとか。網をあげて帰る。せりに間に合うよう」［北尾C］

明けの明星がのぼるのを見て、網をあげ、市場の競りに間に合うように帰ったのだった。

なお、ヨアケノミョージョーとアケノミョージョーを両方使うケース、ときにはヨアケノミョージョーを略してアケノミョージョー、さらにはミョージョーというケースもある（熊本県宇城市松合漁港のケースについては後述）。

◉ヨアケノミョージョー（夜明けの明星）

見える時間帯「夜明け」と明るさ「明星」が星名となったケースで、極めて広範囲に分布する。また、同じ地域で、漁師さんによって、アケノミョージョーと呼んだり、ヨアケノミョージョーと呼んだ。福岡県北九州市門司区大字柄杓田で昭和八年生まれの漁師さんはアケノミョージョーと呼んだが、大正六年生まれの漁師さんは、次のようにヨアケノミョージョーと呼んでいた。

「夜が明けて、沖のほうに、星の大きな上がってる。普通の星よりちょっと大きいなのが東から上がる」

「底引き網、晩に。ヨアケノミョージョー、あの星がこれくらいあがった。せりに」［北尾C］

底引き網の仕事をヨアケノミョージョーののぼるまで行

なった。そして、前述の昭和八年生まれの漁師さんと同様、ヨアケノミョージョーののぼる高度を見て、せりに行く時間を判断した。

長崎県西彼杵郡野母崎町野母の明治三三年生まれの漁師さんも、魚を売りに行く時間を知った。

「鯵釣りに行くときにね。時計も持っていかんじゃけんのことですから……。ここの人は、ヨアケノミョージョーとか何とか言いよったですけどね。その星が見える時分に、ちょうど山かげからこうのぼってくるというとね、もう帰る時分だな言うて。それでいくら魚釣れよってもやっぱりこっちの時間の都合がありますからね、帰りよったです。漁業会のあそこに売りよったですよ」[北尾C]

熊本県宇城市松合漁港で明治三七年生まれの漁師さんは、ミョージョー、アケノミョージョーと言ってからヨアケノミョージョーと言った。ヨアケノミョージョーを略して、アケノミョージョー、さらに略してミョージョーと呼ぶこともあった。

「スバル、ふつうの星とかわらん。ミョージョー、大きか。アケノミョージョー、大きか。ヨアケノミョージョー、かなりあがったから、夜が明けて東のほうしらむ」

スバルは、ふつうの星と変わらない明るさだが、ヨアケノミョージョーはギラギラと明るく光った。そして、ヨアケノミョージョーがかなりあがった頃、太陽の出る前が、太陽が沈んだときとともに車エビが取れるときだった。

鹿児島県鹿児島郡十島村中之島の昭和一二年生まれの漁師さんの話である。

「ヨアケノミョージョーやったかな。それも月のないときに、山の上からちょっと山の上から二・三メートルあがったら、夜が明けるよって」

「ヨアケノミョージョー、東。方向わかる」[北尾C]

岡山県小田郡美星町星田(現・井原市)の大正一二年生まれのおばあさんは、夜明けの明星がのぼるのと競争して朝起きた思い出を語った。

「夜、おじいさんや、おばあさんがな、私の子どもの時分、早起きよ、ヨアケノミョージョーがあがっとってのー、というて言うのですわ。私ら、ヨアケノミョージョーじゃ言われて何かわからんで、はい、言うて起きるんですわ。あれがのお、もうちょーとあがっての、姿が見えんようなるまで仕事して戻って、ごはん食べて……。それから、あのミョージョーサマとどっちが早う起きるか、毎朝起きっこしょうや言うて、ようおじいさんや、おばあさん言いよりましたけんな。あれが出たら大人起きてんのじゃな、と思いよりましたけど」［北尾C］

ヨアケノミョージョーと呼んだり、ときには親しみをこめてミョージョーサマと呼んだ。

また、明けの明星がのぼっていても寝ていると、次のように戒められた。

「ヨアケノミョージョーといっしょに起きな貧乏なるぞ。朝寝をしよる者はこまるんじゃ、早起きした方がええんじゃよと言いよりましたけど、昔は星をたよりにしよったかな思いますがな」

●ヨアケメジョ、ヨアケノメジョ、ヨアケメージョ（夜明け明星）

ヨアケメジョが熊本県八代市金剛に、ヨアケノメジョが宇城市三角町郡浦舟津に、ヨアケメージョが鹿児島県日置市東市来町伊作田に伝えられている。メジョ（メージョ）は、明星のこと。ヨアケノミョージョーがヨアケメジョ、ヨアケノメジョ、ヨアケメージョに転訛［北尾C］。

●ヨアケメゾ（夜明け明星）

鹿児島県川邊郡西南方村坊（現・南さつま市）に伝えられている。メゾは、明星のこと。ヨアケノミョージョーがヨアケメゾに転訛［内田1949］。

●ヨアケノメジロ（夜明け明星）

鹿児島県出水郡東町獅子島弊串（現・長島町）に伝えられている。ヨアケノミョージョーがヨアケノメジロに転訛［北尾C］。

見える時間帯と明るさ／ヨアサ＋明星

●ヨアサノミョージョー

ヨアサ（夜朝）即ち夜が終わって朝になりかける頃に輝くことからヨアサノミョージョー。千葉県富津市竹岡にて記録［北尾C］。

見える時間帯と明るさ／暁＋明かり

●アートゥチ・ヨーファー、アートゥチ・ヨーワー、アートチオ

サー、アートチオーハー（暁の前の明かり）

『喜界島方言集』には、次のような星名が掲載されている。

❖アートゥチ・ヨーファー、アートゥチ・ヨーワー……鹿児島県大島郡喜界町阿伝［岩倉1941］

筆者も一九八〇年喜界島において、次のように記録した。

❖アートチオサー…喜界町上嘉鉄［北尾C］

❖アートチオーハー…喜界町手久津久、荒木［北尾C］

見える時間帯「あかつき（アートチ）の前（オ、オー）」と「あかり（ファー、ハー）」が星名となった。

喜界町上嘉鉄で聞いた話である。

「アートチオサー、明け方の星。あれが出た夜明けと、時間もわかるわけさ」［北尾C］

2 暮らしと星空を重ね合わせる過程において形成された星名

食生活

◉メシタキボシ（飯炊き星）

「朝飯を炊く」という日常的な光景が星名となった。宵の明星の場合、夕飯が星名となったのと同様、朝の飯炊きが明けの明星の星名となった。

野尻抱影氏によると、主として海上で暁の明星が出るころ見習いの炊夫が飯を炊くことから「めしたきぼし（飯炊き星）」と言われ、静岡・三重・高知・函館に伝えられている［野尻1973］。内田武志氏によると、メシタキボシは、静岡県賀茂郡田子村（現・西伊豆町）、宇久須村（現・西伊豆町）等六か所、茨城県北相馬郡菅生村（現・常総市）、三重県志摩郡越賀村（現・志摩市）、國府村（現・志摩市）、鹿児島県川邊郡西南方村坊（現・南さつま市）に伝えられており、「朝飯を炊く頃現れてゐるのでかう呼ばれる」と記している［内田1949］。

メシタキボシは、イカ釣り漁師さんが目当てにしていた星だった。秋田県男鹿市加茂と塩崎でメシタキボシを記録した［北尾C］。加茂の場合、イカ釣りの役星として、ムヅラボシ（六連星、プレアデス星団）、サンコウ（三光、オリオン座三つ星）、アオボシ（シリウス）、メシタキボシを用いたが、最もよく釣れるのはメシタキボシの出であると伝えていた。北海道瀬棚郡瀬棚町瀬棚と蛇羅のイカ釣り漁師もメシタキボシを伝えていた［北尾C］。

メシタキボシは、二一世紀になっても記録することができる。二〇一〇年一一月、三重県鳥羽市石鏡町で聞いた話である。

「メシタキボシって、出るわさ。ごはんたく。明るい、大きい星。東に出てくるわ、五時頃」［北尾C］

◉カシキダオシ

桑原昭二氏は、「かしきだおし（兵庫県姫路市飾磨）」という星名について、次のように記している。

「船の中で炊事する人をかしきと呼び、このかしきは毎朝金星が東から上ってくると、『やあ夜明けが近いな』ということで、ねむい眼をこすりながら朝御飯をたいたのです。夜仕事をして遅く寝た日などは、朝起きるのがつらくて、この星を恨みながら辛棒して起きたということです。そこで、かしきをたおしてしまう星と考えて、かしきたおしと呼ぶそうです」［桑原1963］

「この星を恨みながら辛棒して……」という言葉に、日々の暮らしの情景を星名にした重みを感じさせられる。

◉カシキオコシ、カシキナカシ

野尻抱影氏は、メシタキボシとともに、「かしきおこし（炊夫起し）」という星名もあると記している。また、紀州大島（和歌山県東牟婁郡串本町）に伝わる「かしきなかし（炊夫泣かし）」（梶川勝氏による報告、漁夫の話。）という星名について、「年少の炊夫が泣き泣き働いている様子を思わせる」と述べている［野尻1973］。

◉ママタキボシ

増田正之氏によると、富山では、メシはママ・マンマである。富山県新湊市海老江、富山市四方、富山市水橋に伝えられている［増田1990］。

●アサバンフシ（朝飯星）

鹿児島県大島郡瀬戸内町古仁屋にて、昭和八年生まれの漁師さんから聞いた話である。

「昔は農作業。アサバンフシ見て、早《は》よ起きる。アサバンフシ。昔の人、時計ないから。あっても各集落にひとつかふたつか」［北尾C］

昔は、集落に一つか二つしか時計がなかったので、アサバンフシが時間知るのに役立った。

明けの明星の朝飯星に対して、宵の明星をユーバンフシ（夕飯星）と呼んだ（付編第2節宵の明星参照）。

●チャータキボシ（茶炊き星）

朝、お茶を炊くというふだんの暮らしが星名となった。

三重県鳥羽市答志島と愛知県知多郡南知多町豊浜中洲において、チャータキボシを記録した。答志島の昭和一一年生まれの漁師さんの話である。

「チャータキボシ、あがってくると、朝四時、五時なる。東のほうあがる」

「チャータキボシあがると、じき、夜《よ》が明けてくる」

「チャータキボシあがってくる。昔の人は起きてお茶をわかしてしよったのとちがう？」

チャータキボシは、明治四五年生まれの父親から伝え聞いた星名である［北尾C］。

●オチャタキボシ（お茶炊き星）

桑原昭二氏によると、引田（現・東かがわ市）でオチャタキボシと呼んでいる。桑原氏は、お茶炊き星について、「『おおーい、もう、おちゃたきぼしが東に上ってきたぞ、お茶炊けよ』ということで、お茶を炊いて朝の食事にしたのです」［桑原1963］と記している。

●チャタケボシ（茶炊け星）

野尻抱影氏によると広島地方にチャタケボシが伝えられてる［野尻1973］。

漁業

●アミトリボシ（網取り星）

兵庫県揖保郡御津町岩見（現・たつの市）に伝えられている。桑原昭二氏は、アミトリボシ（網取り星）について、「この星が東の空に上ってくると、夜が明けるのが近いので、網を片づけて市に間に合うように急いで帰るので、この名があるそうです」と記している［桑原1963］。日々の仕事の場面である「網の片づけ」が星名となったのである。

◉アワテボシ（周章星）

香川県大川郡津田町（現・さぬき市）に伝えられている。桑原昭二氏は、アワテボシ（周章星）について、「金星が上ってくるとすぐに夜が明けてくるので、はやく仕事をすませなければならないので、あわてて仕事をするというところからあわてぼしと呼ぶそうです」［桑原1963］と記している。一日の仕事の終わりを告げてくれる星だったのである。

生活

◉キキャーノミズクミブシ（喜界の水汲み星）

鹿児島県大島郡喜界町に、「明るいうちしか水がないので、明星が出ている間に水汲みをする」と伝えられている［野尻1973］。

信仰

◉ヨアケノミョージン（夜明けの明神）

夜明けに明るく輝く明けの明星を神格化して、ヨアケノミョージョンという星名が形成された。高知県幡多郡佐賀町の大正三年生まれの漁師さんから聞いた話である。

「それからヨアケノミョージンいうてね。ヨアケノミョージンいうて、遅うにもなり、のちには早うになるけどね、出るんが。それで時間をとって。わかります」［北尾C］

その他、鹿児島県出水郡東町獅子島弊串（現・長島町）においても記録した。

◉ヨアサノミョージン（夜朝の明神）

ヨアサノミョージョーを神格化してヨアサノミョージンという星名が形成された。石川県羽咋郡富来町福浦港（現・志賀町）で明治三三年生まれの漁師さんから聞いた話である。

「ヨアサノミョージンて言うてね、大きな、この特に大きな星が東から上がる。それがあがって、約一時間ほどたてば目に見えるだけの明るさになってきます。そのときに、その星があがったときには、やっぱり魚の釣り具合がよい。その星の出る時間はね」

「そりゃ、鱒でも鱸でも……。あらゆる魚はヨアサのナドキいうて、ヨアサのエサを魚が食べる時間で……」

魚の釣れる時間を、ヨアサノミョージンが教えてくれたのだった。

人（特定の人名）

●サンリンボシ

内田武志氏によると、鹿児島県川邊郡枕崎町（現・枕崎市）に、「昔サンリンと云ふ人が夜中酒を飲んでゐて、夜が明けこの星が出たので逃げ帰へつた」と伝えられている［内田1949］。サンニョンボシについては、付編第2節宵の明星参照。

●ミキョウボウズボシ（三京坊主星）

松山光秀氏によると、鹿児島県大島郡徳之島町に次のように伝えられている。

「その昔、三京《みきょう》というところに住んでいた高僧三京坊主様が死んだとき、その目玉が天に上がって星になったからだという。三京という場所は徳之島の中央部山間に位置する小集落で、古く三京坊主ガナシという高僧が住んでいたという伝承がある。いまでも立派な座禅を組んだ石像が残っている」［松山1984］

人（特定の人以外）

●オヤブシ（親星）

奄美市住用町市にて記録。親のように大きいことから親星。太陽が上がる前、オヤブシの見える頃、魚がよく釣れた［北尾C］。

第2節 宵の明星

宵の明星が他の星と大きく異なる点は、何と言っても、日が暮れて、夜を迎える前に見えはじめることであろう。即ち、宵の明星は、昼間の生活から連続して存在し、多様で豊かな星名が形成されたのである。

1 特徴を認識する過程において形成された星名

見える時間帯／宵

見える時間帯「宵」が、ヨウ、エイ……と地域によって転訛をして星名となった。

●**ヨイボシ**（宵星）

静岡県清水市、志太郡東益津村（現・焼津市）、濱松市、青森県下北郡大奥村（現・大間町）、福島県石城郡江名町（現・いわき市）、富山県下新川郡下立村（現・黒部市）［内田1949］、富山県下新川郡宇奈月町（現・黒部市）［増田1990］に伝えられている。

●**ヨウボシ、エイボシ**（宵星）

ヨウ、エイは宵を意味する。鹿児島県西之表市西之表に伝えられている［北尾AC］。

●**ヨイノホシ、ヨイノホ**（宵の星）

静岡県志太郡東益津村、磐田郡富岡村（現・磐田市）、濱名郡芳川村（現・浜松市）に、ヨイノホシが伝えられている［内田1949］。鹿児島県垂水市牛根境に、ヨイノホが伝えられている。星のことを「ホ」と言う［北尾C］。

見える時間帯／宵の口

見える時間帯「宵の口」が、ヨノクチ、エノクチと地域によって転訛をして星名となった。

●**ヨノクチボシ、エノクチボシ**（宵の口星）

内田武志氏によると、ヨノクチボシが鹿児島県川邊郡西南方村（現・南さつま市）、エノクチボシが鹿児島県川邊郡加世田町津貴（現・南さつま市）に伝えられている［内田1949］。

見える時間帯／暮れ・夕暮れ・日暮れ

見える時間帯「暮れ」「夕暮れ」「日暮れ」が星名になった。

●**クレボシ**（暮れ星）、**クレノホシ**（暮れの星）

見える時間帯「暮れ」が星名となった。内田武志氏によると、クレボシが静岡県静岡市、周智郡熊切村（現・浜松市）に、クレノホシが青森県中津輕郡裾野村（現・弘前市）に伝えられている［内田1949］。

●**ユーグレプシ**（夕暮れ星）

見える時間帯「夕暮れ」が星名となった。鹿児島県大島郡宇検村に伝えられている［野尻1973］。

●**ヒグレボシ**（日暮れ星）

見える時間帯「日暮れ」が星名となった。静岡県静岡市に伝えられている［内田1949］。

見える時間帯／夕・夕方

見える時間帯を意味する「夕」「夕方」が星名になった。

●**ユーボシ**（夕星）

見える時間帯「夕」が星名となった。静岡県榛原郡金谷町（現・島田市）に伝えられている［内田1949］。

●**ヨウネブシ**（夕方星）

ヨウネは、夕方のこと。見える時間帯「夕方」が星名となった。沖縄県国頭郡伊江村に伝えられている［北尾ＡＣ］。

数

◉ヒトツボシ

周辺に明るい星がなくぽつんと一つ光っている「こぐま座α星（北極星）」を意味するケースが多いヒトツボシ（第2章第2節こぐま座参照）という星名が宵の明星を意味するケースがある。

三上晃朗氏によると、夕暮れの西天ではまっ先に一つ星として現れ、東天に移れば夜明けに最後の一つ星となることから、宵の明星と明けの明星のいずれもヒトツボシと呼ばれている。埼玉県大里郡岡部町（現・深谷市）や山梨県笛吹市などでは宵の明星がヒトツボシである［三上C］。

明るさ

◉オオボシ、オーボシ（大星）

明るさ「大星」が星名となった。

❖オーボシ……島根県八束郡恵雲村片句浦（現・松江市）［宮本1942］

宮本常一氏は、「大きい星はすべて大星である。主として宵の明星を指してゐるが、宵の明星をトキシラズともいふ」と記している［宮本1942］。トキシラズについては後述。

❖オオボシ…鹿児島県日置市東市来町伊作田［北尾C］

「オオボシの入り。それ（オオボシ）が水面に消えるとき、魚来た」というように、漁の目当てにしていた。

宮本氏の記述のように、大星は宵の明星以外、たとえば明けの明星、シリウス、こぐま座α星（北極星）を意味するケースがある（付編第1節明けの明星、第1章第3節おおいぬ座、第2章第2節こぐま座参照）。

見える順番

◉イチバンボシ、イチバンブシ（一番星）

見える順番「一番」が星名となった。

内田武志氏によると、静岡市、沼津市等、静岡県内四八か所、青森県、岩手県、福井県、富山県、三重県、鹿児島県等三三か所に「イチバンボシ(サン)」が分布している[内田1949]。

筆者(北尾)も、次の地域で一番星を記録している。

❖イチバンボシ…北海道根室市、山口県下関市豊北町角島、福岡県前原市加布里、鹿児島県南さつま市坊津町泊［北尾C］

❖イチバンブシ…沖縄県島尻郡渡名喜村［北尾AC］

鹿児島県南さつま市坊津町泊では、「ヨアケボシ、太かと、四時くらいヨアケボシ。大きな夕方、イチバンボシ。ヨアケボシと同じくらい光ってる」というように、明けの明星と対比して捉えていた。

北海道根室市で聞いた話である。

「イチバンボシ。日が暮れて、すぐ出てくるのがイチバンボシ」

「イチバンボシ、見つけた。ニバンボシ、見つけた。サンバンボシ見つけた」

櫓を押して、日の出から日没まで、昆布を採る。仕事が終われば、星ぼしが迎えてくれる。一番星、二番星、三番星と探す。そして、やがて満天の星。夜中一時、二時過ぎまで昆布を干した。昼間は、海に出るから、昆布を干すのは星空の下だった。

必ずしも一番星は金星ではない。宵の明星約八か月→太陽のそばで見えない(見ることが難しい)約一か月→明けの明星(約八か月)→太陽のそばで見えない(見ることが難しい)約一か月→宵の明星約八か月→太陽のそばで見えない(見ることが難しい)約一か月……というように繰り返されるので、一番星が金星(宵の明星)である確率は約四／九であり、約五／九は木星等の他の明るい惑星やシリウス等の明るい恒星である。したがって、一番星が金星を特定しているわけではない。話者のなかには、宵の明星も明けの明星もいつも見えると自信を持って語るケースもあり、一番星だけでなく「宵の明星」という名称も金星以外も含めて示すケースもあったであろう。

山口県下関市豊北町角島では、「イチバン、ニバンボシ言いよった。日が沈むとき、同時に星が太陽のほう、星が見えだす。そのイチバン先見えるのがイチバンボシ」と聞いた。日が沈み、イチバンボシ、ニバンボシ……と数える。イチバンボシが金星のこともあるし、木星のときもあっただろう。この場合も、金星の星名として固定するものではなかった。

次に福岡県前原市加布里で聞いた話（話者の出身は芥屋村〈現・糸島市〉）である。

「イチバンボシ見つけた。ニバンボシ見つけた。はや見つけた人がよかこと、よいことある」

子どものころ、友達と、家族と、一番星、二番星を探す競争をしたのだった。

見え方

◉トキシラズ（時知らず）

宮本常一氏著『出雲八束郡片句浦民俗聞書』によると、島根県八束郡恵雲村片句浦（現・松江市）に伝えられている。［宮本1942］。

内田武志氏は、「在天場所が常に一定しない遊星のことて金星は季節の當てにはならなかつた」という意味であろうと記している［内田1949］。金星が季節を知る目標にできないことから、形成された星名である。

◉イリボシ（入り星）

日が暮れると、すぐ西の山に入るという見え方の特徴から形成された星名である。

❖イリボシ……南あわじ市丸山、淡路市生穂［桑原1963］

◉ヨイトドボシ（宵とど星）

金星が現れてすぐ引っこむことから、早く眠ったと捉えた。ヨイトド（宵とど）とは、宵から早く眠る意味である。島根地方に伝えられている［野尻1973］。

見える時間帯と明るさ／宵＋明星

◉ヨイノミョージョー（宵の明星）

見える時間帯「宵」と明るさ「明星」が星名となったケースで、極めて広範囲に分布するので、その一部のみ記述する。

❖ヨイノミョージョー……千葉県富津市竹岡、神奈川県足柄下郡湯河原町福浦、鎌倉市長谷、福井県坂井郡三国町（現・坂井市）、滋賀県草津市北山田町等［北尾C］

神奈川県鎌倉市長谷で聞いた話である。

「アサマヅメ、ヨイマヅメ。アサマヅメ、アケノミョージョー、見えている。ヨイマヅメ、ヨイノミョージョー、見えている」

宵の明星の見える頃・ヨイマヅメ、明けの明星の見える頃・アサマヅメに魚がたくさん取れた。宵の明星と明けの明星の見えるときのいずれがたくさん魚がとれるか聞くと、「どちらか言うと朝の方がよい」という答えが返ってきた。

福井県坂井郡三国町で聞いた話である。

「ヨイノミョージョーというのは、晩方、この島に上がってるのじゃ。船で行く時分に、六時、七時に。それで、八時頃になれば、宵の明星のはいるときに魚が釣れるんだ。スズキでもタイでも何でも。その星のはいるときにばたばたと」

宵の明星が沈むとき、スズキやタイがたくさん釣れたのである。

●ヨイノメジョ（宵の明星）

熊本県宇城市三角町郡浦舟津に伝えられている。メジョは、明星のこと。「ヨイノメジョ、ヨアケノメジョ。ヨイノメジョ、星の入《い》らんなら何時。ヨアケノメジョ、星、出らんなら何時」というように、ヨアケノメジョ（明けの明星）とともに時間を知る目標にした。

「ヨアケノメジョの出から、ヨイノメジョ、入《い》られるまで、がんだせば、なんぎはせん」［北尾C］

「がんだせば」とは、「がんばれば」「働けば」、「なんぎはせん」とは、「こまらない」という意味。ヨアケノメジョ（夜明けの明星）が出てから、ヨイノメジョ（宵の明星）が入るまで頑張って働けば困らないという意味である。

見える時間帯と数

●ヨイノヒトツボシ（宵の一つ星）

見える時間帯「宵」と数「一つ」にもとづいて形成された星名である。三上晃朗氏によると、埼玉県秩父郡両神村（現・小鹿野町）に伝えられている［三上C］。

見える時間帯と明るさ／宵の口・暮れ・夕・夕方等＋明星

◉**エノクチヨメジヨ**（**宵の口の明星**）

見える時間帯「宵の口」と明るさ「明星」が星名となったケースである。鹿児島県川邊郡加世田町津貫（現・南さつま市）に伝えられている［内田1949］。

◉**クレノミョージョー、クレヌミョージョー**（**暮れの明星**）

見える時間帯「暮れ」と明るさ「明星」が星名となったケースである。

❖クレノミョージョー……愛知県幡豆郡一色町（現・西尾市）［北尾C］

❖クレヌミョージョー……鹿児島県大島郡大和村［長田1977］

『奄美方言分類辞典』には、「クレヌミョージョー、非常に明るく、船乗りなどの方向の目標になる」とある。クレヌミョージョーは、西の空に見え、決して北や東、南に見えないため、おおよその方角の目標になった［長田1977］。

◉**ユウノミョウジョウ**（**夕の明星**）

見える時間帯「夕」＋明るさ「明星」が星名になったケースである。埼玉県坂戸市に伝えられている［三上C］。

◉**ユウガタノミョウジョウ**（**夕方の明星**）

見える時間帯「夕方」＋明るさ「明星」が星名になったケースで、群馬県邑楽郡大泉町に伝えられている［三上C］。

◉**ユウグレノミョウゾウ**（**夕暮れの明星**）

見える時間帯「夕暮れ」と明るさ「明星」が星名となったケースである。三上晃朗氏によると、山梨県北都留郡小菅村に伝えられている［三上C］。

◉**ユウヒノミョウジョウ**（**夕日の明星**）

三上晃朗氏は、ユウヒノミョウジョウについて、「単に夕方を表現したものか、入り間際の夕日とともに輝く金星に注目したものか、由来については明らかでない」と記している。埼玉県秩父郡横瀬町に伝えられている［三上C］。

「見える時間帯と明るさ」に分類したが、心意のなかで夕日のイメージと連続したものであるかもしれない。

見える時間帯と明るさ／夕方＋明かり

◉ヨーネーヨーファ、ヨーネー・ヨーファー、ヨーネー・ヨーワー

（夕方の明かり）

『喜界島方言集』には、次のような星名が掲載されている。

❖ヨーネー・ヨーファー、ヨーネー・ヨーワー……鹿児島県大島郡喜界町阿伝［岩倉1941］

筆者（北尾）も一九八〇年喜界島において、次のように記録した。

❖ヨーネーヨーファー……喜界町小野津［北尾C］

❖ヨーネーヨーファ……喜界町上嘉鉄、荒木［北尾C］

「ヨーネー」は、夕方、「ファ（ー）」は、明かりを指して言う。

喜界町小野津で聞いた話である。

「ヨーネーヨーファー、一日の農作業が終わって帰るときに見える。あれはよい星です」

2 暮らしと星空を重ね合わせる過程において形成された星名

食生活

◉ダイヤメボシ

繰り返される日々の事柄が、宵の明星と結びついて実に様々な星名が形成された。楽しいことも苦しいことも、星名形成のきっかけとなった。二〇〇五年に鹿児島県枕崎《まくらざき》の漁港で、日々の暮らしの一場面「晩酌」が星名となったケースに出会った。

❖ダイヤメボシ……鹿児島県枕崎市

鹿児島の方言で晩酌のことをダイヤメと言う。晩酌で一日の疲れ（ダレ→ダイ）を止める（止め→ヤメ）のでダイヤメ。

一日の疲れを癒してくれる晩酌のときに輝くことから形成された星名である。

◉ユーバナブシ(夕飯星)、ユーバナマンヂャーブシ(夕飯を待つ者の星)、ユーイーフォーブス(夕飯の時分に出る星)

野尻抱影氏は、『日本星名辞典』に、宮良當壮氏著『採訪南島語彙稿』に掲載されている「ユーバナブシ(夕飯星)」「ユーバナマンヂャーブシ(夕飯を待つ者の星)」を引用している[野尻1973]。おそらく、次の記述を引用したのであろう。

❖ju:bam-bus'i'……沖縄本島国頭郡名護

❖ju:bam-mandz'a:(夕御飯待つものの義)……沖縄本島首里市、那覇市

❖ju:bam-mandz'a:-bu s'i'……沖縄本島中頭郡嘉手納[宮良1980]

また、『日本星名辞典』には、比嘉春潮氏(沖縄の歴史・民俗の研究者)の「ユーハンマンヂャー」についての「夕飯がほしくて見ている者の意」という指摘と、次のような解説が掲載されている[野尻1973]。

❖マンジュンとは、「ほしくて見ている」。マンヂャーは、その名詞形。マーの語尾(筆者注=「ャー」のことと思われる)は「……なる者」。

さらに、夕飯に関する名前として、宮古島の「ユーイーフォーブス(夕飯《ユーイー》の時分に出る星)」が掲載されている[野尻1973]。

これについて、『採訪南島語彙稿』には次にように掲載されている。

❖ju:jï-fo:-busu(夕食食ふ「時分に出る」星の義)……宮古島平良[宮良1980]

『日本星名辞典』には、「夕飯《ユーイー》の時分に出る星」とあり、「食ふ」が記されていないが、「宮古の豆知識(宮古の方言)」にも、「ふぉー」は「食べる」という意味とあり、「夕飯を食べる(時分に出る)星」とするべきであろうか。私は、後述のように「夕食を食べる星」という可能性があるのではないか、と思う。これは、比嘉春潮氏の「ユーハンマンヂャー」の

「夕飯がほしくて見ている者の意」、後述のユウメシモライに通ずる。

一九八三年〜一九八四年に実施したアンケート調査においても、次のように沖縄県で記録することができた。

❖ユーバンマンジャー……読谷村〔北尾AC〕
❖ユウバンマンジャーブシ……渡嘉敷村〔北尾AC〕
❖ユウバンマウヤー……伊是名村〔北尾AC〕
❖ユーバンマブヤ……粟国村〔北尾AC〕
❖ユズフオブス……平良市（現・宮古島市）〔北尾AC〕
❖ユズフアウブス……上野村（現・宮古島市）〔北尾AC〕

なお、平良市、上野村（宮古島）の場合、スの半濁音を用いて、夕飯を「ユズ」と言う。ウェブサイト「世界の特殊文字ウィキ」によると「CU」とある。

読谷村においては、「夕食のときに見られるので、その名がつけられた」〔北尾AC〕、伊是名村においては、「夕食を早く準備しないと、ユウバンマウヤーに食べられてしまいますよ」「マウヤーとは、食べたそうに眺めていること」〔北尾AC〕と伝えられていた。意味については、比嘉氏の指摘・解説とほぼ同じであるが、次のような粟国村の伝承は、伝統的な暮らしのなかの宵の明星とのかかわりを見事に表現している。

「昔、電気のない時代に、電気の代わりにユーバンマブヤの光で夕食をした」〔北尾AC〕

また、平良市の「ユズフオブス」の「ユズ」は「夕飯」、フオは「食べる」の意味で、この場合は、「夕飯を食べる星」であった〔北尾AC〕。

◉ユーバンブシ、ユーバンフシ（夕飯星）

沖縄県久米島にて、「ユーバンブシは、夕食のときに光る、一番大きく西のほうに光る」と記録することができた〔北尾C〕。

また、アンケート調査で次のように記録することができた。

❖ユーバンブシ……伊江村〔北尾AC〕

鹿児島県大島郡瀬戸内町古仁屋にて、昭和八年生まれの漁師さんから聞いた話である。

「ユーバンフシ、夕飯、宵のうち西に沈むのがユーバンフシ」〔北尾C〕

宵の明星の夕飯星に対して、明けの明星のほうは、アサバンフシ（朝飯星）と呼んでいた（付編第1節明けの明星参照）。

◉**ユウメシモライ（夕飯もらい）**

人々の暮らしの情景から、「夕飯」のときに輝く金星も夕飯をもらう、という擬人化がされて、ユウメシモライという星名が形成された。

鹿児島県出水郡長島町獅子島片側で聞いた話である。

「西のほうに大きくひかって、夕飯すんだときに西に落ちていく。夕飯もらって落ちていくから、ユウメシモライ」［北尾C］

日が暮れて、家族で夕食を囲む頃、窓から夕飯をもらって嬉しそうに輝く宵の明星（金星）。きっと、ユウメシモライは、夕飯を食べ終えたら満足して沈んでいったのだろう。

生活一般

◉**モンリーボシ**

子守は、子どもたちにとって、とても大切な仕事であった。内田武志氏は、静岡県内に分布するモンリーボシ（モンリーは子守の方言）について、「農家の子守女が夕方明星の現れるまで、外で子守をする習ひなのでかう呼ぶ」と記している［内田1949］。静岡県小笠郡下内田村（現・菊川町）、相草村（現・小笠町）、六郷村（現・菊川町）に伝えられている。

生業

◉**サカマプチ、シカマブシ、シカマフシ（仕事星）**

太陽が沈んで、宵の明星が輝く頃になっても続く仕事。その日々のつらい勤めが星の名前になった。

❖サカマプチ……沖縄県八重山郡竹富町小浜島

サカマは「仕事」、プチは「星」。小浜島には次のように伝えられている。

「夕方仕事をしているときに見える星です。天気の良い日は、サカマプチの光の見えるまで野良仕事をやって帰るのが普通です」［北尾AC］

ところが、野尻抱影氏は暁の明星として、「サカマブシ（仕事星）八重山」と記し、「田畑の仕事を促がす星の意味らしい」「シカマブシ（朝の星　各島）からの転訛と考えられる」と解説している［野尻1973］。しかし、『採訪南島語彙稿』には、次の星名が宵の明星として掲載されている［宮良1980］。

❖sakama-busï……小浜島
❖siïkama-busï……新城島上地、波照間島
❖s'ïkama-fus'ï……与那国島祖納
❖s'ïkama-pus'ï……石垣島真栄里
❖siïkama-pusï……石垣島字平得

筆者は、一九七九年三月、竹富島の上勢頭亨氏より、シカマブシ(仕事星)は宵の明星であり、人頭税時代、夕方、シカマブシの光で農業をしたと聞いた。

上勢頭亨氏は、『竹富島誌』において、「シカマ星……日没後西方に三時間ほど大きく光る星」［上勢頭1976］と述べている。さらに、上勢頭氏は、『沖縄・聞き書きの旅』において、「みーんな貢納用に働いて、自分たちの食べる畑をやるひまがないから、太陽が落ちて夜になって、星の光るころになると自分たちの食べるいもなどを作ったよ。その時、一番光って明るいのが宵の明星だったから、シカマフシ(仕事星)と呼ぶんだよ。一時間ほど光るから、その間に仕事をしなければならない」と述べている［下嶋1980］。太陽が明るいうちは、人頭税のために粟や豆を作る。竹富島では、米が取れなかったので、米作りは船に乗って西表島まで行った。シカマフシが入ってしまうと真っ暗になる。タバコの根っこに肥やしをやろうと、「ああ、これはタバコの根っこなんだと……」と左手で根っこを摑んで右手で肥やしをかける。仕事星を思い、星空の下で得たタバコの収入で子どもを養ったのだった［下嶋1980］。なお、野尻氏の記述、筆者の記録では、シカマブシであるが、ここでは、シカマフシとなっている。上勢頭氏によると、普通ブシと濁らずにフシであるが、実際は、話者によって、あるいは同じ話者でも話の中で、フシとブシを両方使う場合もある。

地名

暮らしが営まれている場所から見える方向の地名が星名となったケースは、カノープスの場合に圧倒的に多く形成されている。例えば紀州星、淡路星、鳴門星、家島《えじま》星、讃岐星、薩摩星等。それに次ぐのがカペラで、例えば能登星、

佐渡星等。宵の明星の場合、地名から星名が形成されたケースは少ない。また、ナナユヒーブシは、見える方向の地名ではなかった。

●ヒオキヤマブシ（日置山星）

日置山は芦検地区の西側にある山。その山の近くに見えるので日置山星と呼んでいた。鹿児島県大島郡宇検村に伝えられている［北尾AC］。

●ナナユヒーブシ

沖縄県國頭郡本部村渡久地（現・本部町）に伝えられている。この地方の泊というところにあった畑の名称「ナナユヒー」が星名となった。畑の所有者がナナユヒーという畑を忠実な召使にあげたところ、召使は昼間は主人の仕事に励み、夕方宵の明星輝く時刻からナナユヒーで働いたことからナナユヒーブシと呼ばれた。この場合は、宵の明星が見える方向に「ナナユヒー」という畑があったのではない［内田1949］。

信仰

●ヨイノミョウジン、ヨイノミョージン（宵の明神）

見える時間帯「宵」＋神格化「明神」が星名となった。ヨイノミョウジンは、静岡県熱海市網代［野尻1973］、富山県魚津市［増田1990］、兵庫県淡路市岩屋［北尾C］等に伝えられている。『日本星座方言資料』によると、ヨイノミョージンは、静岡県内に多数、静岡県外では、神奈川県、愛知県、福井県等に伝えられている［内田1949］。

●クレノミョウジン（暮れの明神）

見える時間帯「暮れ」＋神格化「明神」が星名となった。山形県西置賜郡小国町に伝えられている［野尻1973］。

人（特定の人名）

●ダイケノアーヤプシ

沖縄県八重山郡竹富町鳩間に伝えられている。「大工（ダイケ）」は人の名前、「アーヤ」は父親。大工という人が、日が暮れてこの星が明るくなるまで畑仕事をして帰ったことから「大工のアーヤプシ」と言った〔北尾AC〕。地域で共に暮らし、働いていた人が星名になった。

●サンニョンボシ

『日本星座方言資料』によると、酒好きのサンニョンが星名となった。鹿児島県川邊郡枕崎町西村（現・枕崎市）に伝えられている。

「日没後に出て午後九時頃かくれる一箇の大星を云ふ。昔、サンニョンといふ者が頗る酒好きで、常に日が暮れると飲みだし、この星の没する九時頃には漸く止めたので、人が名付けてこれをサンニョン星と云ふ」〔内田1949〕とあるが、午後九時で酒をやめて「漸く止めた」と記されているのに疑問を感じる。枕崎には、明けの明星を意味する「サンリンボシ」について、「昔サンリンと云ふ人が夜中酒を飲んでゐて、夜が明けこの星が出たので逃げ歸へつた」〔内田1949〕と伝えられており、朝まで飲むほうが話の趣旨に合う。もとはサンニョンボシも明けの明星を意味していたと推測する。

●ケンキチボシ

前島に住んでいたケンキチが星名となった。鹿児島県出水郡東町獅子島弊串（現・長島町）に次のように伝えられている。

「ケンキチというのは、私たちの小学校時代から一七・八くらいにいた人。その人が、がんばりする人間。きばる人間、その人の名前をとってケンキチボシ。ケンキチは星の出るまで働く。ケンキチボシは夕方暗くならないと見えない。夕方暗くなって見えるときまできばった」

「前島に住んでいた。昭和一〇年か一一年くらい、ケンキチさんが天草から来て、前島を買って、弊串の個人の人が持ってたのを、ケンキチさんが買うて。そこに住んで、山の手入れをした。杉とか樫の木の手入れをした。山仕事がんばって、夕方、ケンキチボシ出るまで手入れしていたので、かずらも切ってなかった」〔北尾C〕

地元の人ではなかったが、宵の明星が輝きだしても仕事をやめない働き者のケンキチが星名となったのである。

●ゼンタロウボシ

宵の明星の輝くときまで仕事をしていた働き者のゼンタ

ロウが星名になった。愛媛県西宇和郡三崎町（現・伊方町）に次のように伝えられている。

「ゼンタロウボシというのがあった。その星出るまで山におった。仕事していた……」［北尾C］

人（特定の人以外）

●ヌシトボシ（盗人星）

野尻抱影氏は、『大分地方方言集』に掲載されている「ぬしとぼし（盗人星）」について、「盗人の如く出入りの早いことらしい」と記している［野尻1973］。

●キヌボシ（絹星）、キヌヤボシ（絹屋星）

野尻抱影氏は、『日本星名辞典』で、宵の明星を「きぬぼし（絹星）」「きぬやぼし（絹屋星）」という地方が、広島・愛媛・岡山・島根・岐阜・八王子などにあって、「高い天の星や絹屋の娘、絹でおがめば九つに（広島県安佐郡）」「わたしゃ九つ絹屋の娘、星になるから見ておくれ（愛媛県大三島）」という俚謡が残っていると述べている［野尻1973］。

なお、「九つに見える……」について、筆者が広島県竹原市二窓において記録したのは、明けの明星のケースであった（付編第1節明けの明星参照）。

●ワタクシブシ（私星）

内田武志氏は、「ナナユヒーブシと同様、下男等が私有（ワタクシ）の仕事をなす夕方に出る星として、宵の明星をかう名付けたものと思ふ」と記している。沖縄県國頭郡今歸仁村に伝えられている［内田1949］。

第3節 流星

星ぼしは、絶対止まらない大自然の時計、生業に関係する行動を起こす時季を教えてくれるカレンダーであり、あるときは方角を知るためのコンパスであった。しかし、流星は、突発性という特性を持つ現象であり、時間を知るために用いることはできなかったものの、人びとは暮らしのなかで流星との多様で豊かなかかわりを育んだ。なお、流星は、微小天体が上層大気と衝突して発光するものであり、星ではない。したがって厳密には星名としてはいけないのであるが、心意のなかで星ぼしと連続したものであり、他項と同様に星名とした。

1 特徴を認識する過程において形成された星名

日々の労働や生活の場において、流星と多様で豊かなかかわりが育まれた。

動き

◉ナガレボシ、ナガレフチィ（流れ星）

ナガレボシは、地方名ではなく一般的に使用している名前である。私自身も、日常会話では、リユウセイというよりもナガレボシというほうが多い。

そして、地上より一〇〇キロメートル前後の高さの現象であり、当然のことながら地上の風とは関係がないナガレボシが、科学的かどうかは別にして、自分のからだで感じることのできない風の前兆を感じることができると信じて観察した。

石川県珠洲市狼煙町の明治四五年生まれの漁師さんは、「私どもの経験で、ナガレボシ、あれで明くる日の風の方向が調べられると……。そうそう、東の方向に流れていけば、あす西風がきます」と語った［北尾C］。流れる方向から翌日の風を予測したのである。

熊本県牛深市加世浦（現・天草市）の明治三八年生まれの漁師さんは、「太かナガレボシ飛んでいったら風が太か」と語った。明るい流星のことを「太かナガレボシ」と呼んで、明るい流星が現れると強い風が吹くと予測した［北尾C］。

風と同様、実際は、雨も流れ星と関係がないが、自らそのことに気づいたのは、岡山県邑久郡牛窓町（現・瀬戸内市）の明治三九年生まれの漁師さんである。

「ナガレボシ……、雨でもなかろうか。あてにならん」［北尾C］

たとえ失敗に終わっても、流れ星を観察し学び、少しでも的確な判断を行なおうとした。それが人びとと星とのかかわりの原点でもあった。

群馬県利根郡水上町藤原（現・みなかみ町）では、「ナガレボシ、どこの方へ飛んだから人死ぬなんて言う。飛んだ方向の人が死ぬ」と伝えられていた［北尾C］。流れ星を人の死と結びつけたのである。

沖縄県八重山郡与那国町に、ナガレフチィが伝えられている。星のことをフチィと呼んだ。竹富町新城島では、ナーリブシと呼んだ。流る星という意味。星のことをブシと呼んだ。沖縄県宮古郡上野村（現・宮古島市）では、ナガゾウブスと呼び、ナガゾウブスが流れたら有名人が近いうちに死ぬと伝えられていた。星のことをブスと呼んだ［北尾AC］。

●ハシリボシ（走星）

流星を星が走るのだと考えて走星という星名が形成された。静岡県志太郡東益津村（現・焼津市）、福井県遠敷郡口名田村（現・小浜市）等に伝えられている［内田1949］。

●ヌケボシ（抜け星）

岡山県邑久郡牛窓町（現・瀬戸内市）に伝えられている、本当の星がひとつ抜けるのが流星だと考えて、ヌケボシ（抜け星）という星名が形成された［北尾C］。

内田武志氏によると、静岡県志太郡小川村（現・焼津市）、岡山県浅口郡西阿知町（現・倉敷市）等に伝えられている［内田1949］。

●ホシコボレ（星零れ）

本当の星がひとつこぼれるのが流星だと考えて、ホシコボレ（星零れ）という星名が形成された。内田武志氏によると、静岡県庵原郡興津町（現・静岡市）、岩手県氣仙郡米崎村（現・陸前高田市）に伝えられている［内田1949］。

●マイボシ（舞い星）

本当の星が舞うのが流星だと考えて、マイボシ（舞い星）という星名が形成された。内田武志氏によると、静岡県静岡市、志太郡焼津町（現・焼津市）等に伝えられている［内田1949］。

2 暮らしと星空を重ね合わせる過程において形成された星名

生活一般

●ヨバイボシ、ユーバイプチ（夜這い星）

ヨバイボシという星名は、約千年前に『枕草子』で、「よばひぼしをだになからましかば、まして」と登場している。ヨバイボシは尾を引いていなければ、もっとよいのだが……と、素朴な思いを抱いた。

夜這いは、男が女のところへ通う婚姻形式が一般的であった頃は、決して不道徳なものではなかった。人々は天にも同様に暮らしの光景があると考えた。夜這いも星空にあると信じ、ヨバイボシという星名が形成された。

群馬県利根郡水上町藤原山口（現・みなかみ町）では、「果報をくれ、ヨバイボシ果報くれ、と三度くりかえす」と伝えられていた［北尾C］。

流れ星の項においては、「不吉なものとしてのおそれ」が伝承されていたが、この場合は「願い事をかなえてくれるものとしての期待」であり、同じ流星に二つの矛盾した伝承が伝えられていたのである。星空は、山や海と同様、生活と密着した日常的な景観であり、山や海へのおそれ、願いと同様、流星に対するおそれ、願いが育まれたのではないだろうか。

また、沖縄県八重山郡竹富町小浜島においては、ユーバイプチと呼んでいた。ユーバイとは、男が女の所に夜遊びにいくという意味で、流星を星が夜遊びにいったのだと考えてユーバイプチと呼んだのである。プチは星（ホシ）のことである［北尾AC］。

◉ホシノヨメイリ（星の嫁入り）

内田武志氏は、「星の流れたことを星がヨメーツタと云ひ、静岡縣では星ノ嫁入リの名稱が廣く使用され、殊に志太、榛原郡地方に分布してゐる」と記している。静岡県志太郡焼津町（現・焼津市）、榛原郡御前崎村（現・御前崎市）等、広範囲に分布している［内田1949］。

◉ユーライブシ（遊来星）

沖縄県石垣市新栄町にて記録［北尾C］。流星を、星が遊びに来るのだと考えて、ユーライブシ（遊来星）と名付けた。夜這い星よりの転訛と思われる。

◉フシヌヤドウチイ（星ぬ宿移い）

沖縄県島尻郡渡名喜島村に伝えられている。星が何かの都合で住所をかえると言われており、フシヌヤドウチイは、「星ぬ宿移い」即ち星が宿をうつるという意味である［北尾AC］。

人

◉ナガレモン

横山好廣氏が神奈川県中郡二宮町梅沢にて記録［横山C］。ナガレモノ（流れ者）がナガレモンへ転訛したと思われる。一定の場所に定住するのではなく土地から土地へと流れ歩く人に見立てたのであろうか。

人・動物その他

◉ホシクソ

内田武志氏は、ホシクソについて、「流星は星のたれた糞が流れて落ちてくるものと信じられて、かう呼ぶので、隕石となつたものを指すのではないらしい」と記している。青森県下北郡大奥村（現・大間町）等青森県四か所、岩手県気仙郡高田町（現・陸前高田市）等岩手県五か所、新潟県佐渡郡河崎村（現・佐渡市）に伝えられている。

◉クソボシ

鹿児島県西之表市西之表に伝えられている。星が人や動物のように糞をしたのが流星だと考えてクソボシという星名が形成されたと考えられているが、一方で、クズ星がクス星、さらにクソ星と転訛したという説もある。昔は、豊作を願って、「米三俵《こめさんびょう》・米三俵・米三俵」とクソボシに向って声を出したという。たいてい途中でクソボシは消えるという［北尾AC］。

物

●トビモン

横山好廣氏が神奈川県中郡二宮町梅沢にて記録した［横山C］。トビモノ（飛び物）がトビモンに転訛したと思われる。流星のなかで特に明るいもの即ち火球を飛び物に見立てたのだろうか。

第4節 彗星

1 特徴を認識する過程において形成された星名

形状

◉オビキボシ（尾引き星）

京都府舞鶴地方に伝えられている［野尻1973］。尾を引いている形状にもとづいて尾引き星という星名が形成された。

2 暮らしと星空を重ね合わせる過程において形成された星名

農業

◉イナボシ（稲星）

内田武志氏は、「彗星は稲穂の如き状にみえるので、稲星と呼ぶのである。そして稲星の現れた年は豊作だといふ」と記している。静岡県静岡市、志太郡焼津町（現・焼津市）、岩手県氣仙郡米崎村（現・陸前高田市）等に伝えられている［内田1949］。

◉ホウネンボシ（豊年星）

内田武志氏は、「彗星の現れる年は豊年だといふ俗信があるのでこの名がある」と記している。静岡県榛原郡相良町(現・牧之原市)に伝えられている[内田1949]。

生活用具

●**ホーキボシ、ホウキボシ、ホーチブシ、ポオキプシ(箒星)**

ホーキボシは、地方名ではなく、一般的に使用している名前である。私自身も日常会話で、流星をナガレボシと呼ぶのと同様、彗星ではなくホーキボシと呼ぶ方が多い。

香川県坂出市櫃石島の明治四〇年生まれの漁師さんは、磁石より正確だとネノホシ(北極星)を頼りにし続けた。また、一七、八歳になるまでは舟に時計がなかったので、スマル(プレアデス星団)、ミツボシ(オリオン座三つ星)、ホクトヒチセイ(北斗七星)で時間を知った。星空は、まさに毎日の生活環境であったが、彗星にはなかなか出会えなかった。「ホーキボシいうて、めったに見えん。箒ではいたような」[北尾C]

彗星がまれにしか見えないことについては、千葉県浦安市猫実の明治三七年生まれの漁師さんも、「ホウキボシ、普通にはあらわれない。何かあったとき知らせる。おかしなことあるとよくあがった。普段はあがらない」と伝えていた[北尾C]。

「めったに見えん」「普段はあがらない」という言葉が示すように、星と暮らした人びとにとって、彗星は、流星よりもはるかに突発性の大きな現象であり、次のように不吉な前兆となった。

❖群馬県利根郡水上町藤原平出(現・みなかみ町)……ホーキボシが出れば戦争がある[北尾C]。

❖神奈川県小田原市本町……ホーキボシ見えた。うまくないぜ[北尾C]。

❖鳥取県東伯郡泊村泊(現・湯梨浜町)……西の方にホーキボシ、竹箒の格好のが出た。病《やまい》がはやるって言った[北尾C]。

❖愛媛県伊予郡双海町上灘(現・伊予市)……「ホーキボシ出たけん悪いことあらへんじゃろか」と言った。また、「ホーキボシの出そこないみたいな人だ」と変な人間のことを言った[北尾C]。

不吉な前兆と彗星をおそれながらも、伊予市の事例のように「ホーキボシの出そこない」とたとえる一面もあった。

沖縄県島尻郡渡嘉敷村では、ホーチブシと呼んでおり、「たこの形をしている」「ホーチブシが現れると災害や戦争勃発の前哨だと言われていた」と伝えられていた。沖縄県八重山郡竹富町鳩間島では、竹ほうきに似ていることからポオキプシと呼んでいた[北尾AC]。

●オーギブシ（扇星）

沖縄県島尻郡仲里村真泊に伝えられている。彗星を扇の形に見立てた[北尾C]。

●イリガンブシ（入れ髪星）

沖縄県国頭郡伊江村に伝えられている。女性が髪を結ぶときにカンプ（うずまき状に髪を結ぶこと）が小さい人は、イリガン（入れ髪）（髪の毛でできたもの）を加えカンプを大きく見せた。彗星がそのイリガン（入れ髪）に似ていることから、入れ髪星と呼んだ[北尾AC]。

●ホーチョウブシ（包丁星）

鹿児島県大島郡和泊町に伝えられている。彗星を遠くから見た場合、包丁のように見えることから包丁星と呼んだ。ホーキボシの転訛の可能性がある[北尾AC]。

武器

●ナギナタボシ（薙刀星）

三重県志摩郡和具町（現・志摩市）に伝えられている。薙刀に見立てた[野尻1973]。

第5節 現時点で同定できていない星名

日本の星名のなかでは、現時点で、どの星を意味するのか同定できていないものがある。今後の調査の課題である。

●クダマキプシ（管巻き星）

『日本星名辞典』の「奄美の星名」の項に、「どの星とも判らぬもの」として「クダマキプシ（管巻き星）　宇検」が掲載されている。

野尻抱影氏は、クダマキプシ（管巻き星）について、「大島つむぎを巻く管に似ていて、接近して回っている星という」と記している［野尻1973］。

しし座とほぼ同じ星列を糸車に見立ててイトカケボシと呼ぶが、糸繰り用具の一種である管巻（第2章第3節しし座参照）に見立てて管巻星と呼んだと考えるのは、「接近して回っている星という」という記述から困難である。しし座の頭「λεμζγηα」の星ぼしが日周運動している様子を「接近して回っている星という」と表現したと言えるのかどうかであるが、これも難しい。また、ケアイボシ、センタクボシ、スモウトリボシ［桑原1963］のように、さそり座の二重星を「接近して回っている星という」と表現したという可能性についても否定できないが、やはり難しいだろう。

いずれにしても、今後の調査の課題であり、「現時点では同定できていない星名」に含めたい。

●ブタヌマチ（豚の牧）

『日本星名辞典』の「奄美の星名」の項には、クダマキプシとともに「どの星とも判らぬもの」として宇検村に伝えられている「ブタヌマチ（豚の牧）」が掲載されている。「大きな星を中心に小さい星が点々と取りまいている」という記述からだけではどの星か同定できない。

クダマキプシとブタヌマチの真相が知りたくて、二〇〇一年に鹿児島県大島郡宇検村を調査したが、記録することができなかった。

◉**ノドロ**

横山好廣氏によると、秋田県にかほ市平沢と金浦に伝えられていた。平沢では、「あまり明るくなく、夜明けに沈む一つの星」「八時頃あまり明るくなく北の方に見える」、金浦では、「聞いたことはあるが、よくわからない」と記録［横山C］。ノドロという意味は不明で、現時点では、どの星を意味するか確定できていない。

◉**ンマノフシ**(午の星)、**ウマノハブシ、ウマノファブシ、ンマノファブシ、ンマヌパプシ**(午の方星)

沖縄県に広く分布する。野尻抱影氏は、沖縄県糸満市のンマノフシについて、「色が赤いというのは、夏の南のさそり座の主星だろうと推定した」「しかし、宮良氏の《南島叢考》には、ンマノファツヌ(午の方角)は東南隅に当るとある。それで一時は、秋の東南に昇る南のうお座の一等星かと思った」と記している。また、「わたしの甥も、沖縄の人から、ネノハブシの正反対にある星を、『ウマノハブシ(午の方の星)糸満』と聞いたが、何の星かはっきりしなかったという」と記している［野尻1973］。

沖縄県八重山郡竹富町鳩間島においては、ンマヌパプシは南十字を意味した。鳩間島からは西表島に隠れて南十字の下の星が見えない。ンマヌパプシの両サイドの二つの星が水平になるとカキノ(米刈)バンジン(最中)と伝えられていた［北尾AC］。五月～六月の稲刈の季節の日没後に南十字を見ることができる。これに関連して、一九六二年の乾幸之助氏から野尻抱影氏への便りには、パイガブスについて、「この南の空に低く出る二つの大星がマキタ(平行線)になると、稲刈の時期との事でした。八重山の稲刈は六～七月の候ですから、明らかにケンタウルスと思います」と記している［野尻1973］。パイも南、ウマ(ンマ、午)も南であるので、南の星という意味であり、地域によってケンタウルス座αβでなく南十字を用いることもあるかもしれない。

しかし、一九七九年三月、沖縄県八重山郡竹富町竹富島の上勢頭亨さんから、「ウマノファが隠れるように、雨だれ(庇)を下げたら台風が来ても安心」と聞いた。ケンタウルス座αβ、みなみじゅうじ座βδは高度五度～六度くらいであり、立っ

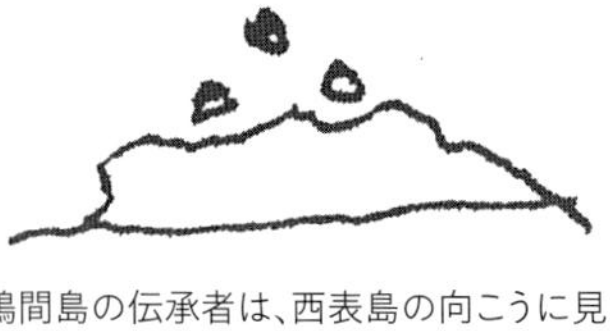

鳩間島の伝承者は、西表島の向こうに見える南十字の絵を描いてくださった。

て見たとしても、もう少し高度の高い星である可能性もあるかもしれない。今後の課題である。

あとがき

星の名前の語り手のひとりひとりの顔を思い出しながら、事典の執筆を始めたのは十五年ほど前だった。

語り手にとって、星は「夢」でも「ロマン」でもなかった。なりわいとその苦労が絶えない現実と連続した世界だった。海で家族のために魚を取る。山、海、星の知識も、生活に必要なものを生産するために欠かすことのできないものとして習得された。嵐、干ばつ、病い……。自然との闘いのなかで子どもが生まれ、成長し、一人前になり、そして、その子もやがて親になり老いていく。苦労や困難の日々の営みのなかに「星」があった。

あとがきに際して、まずは、星の名を語ってくれた方々に心から感謝を申し上げたい。

また、野尻抱影先生に星の和名を報告し、『日本の星』『日本星名辞典』に掲載されている石橋正氏、金田伊三吉氏、岸田定雄氏、桑原昭二氏、香田壽男氏、辻村精介氏(五十音順)から貴重な話を聞くことができた。千田守康氏、増田正之氏、三上晃朗氏、横山好廣氏(五十音順)をはじめ野尻先生以降の調査者の貴重な和名の記録をご提供いただくことができた。多大なる感謝を捧げるとともに、膨大な量の伝承資料のすべてを掲載できなかった私の力不足をお詫びしたい。

また、星の和名を、わかりやすく解説するために、多くの写真をご提供いただいた。三上晃朗氏からは、星の民俗館所蔵の星の和名に関する民具の写真をご提供いただいた。これらについても、私の能力のなさからすべてを掲載できなかったことをお詫びしなければならない。

本書は、東亜天文学会発行『天界』二〇〇六年八月号から二〇〇七年四月号、二〇〇九年十・十一月号から二〇一七年十月号までに掲載された「天文民俗学試論」をもとに新たな章を追加して大幅に加筆してまとめたものである。長谷川一郎先生、そして山田義弘理事長は、中断しそうになった「天文民俗学試論」の執筆を勇気付けてくださった。本書の完成までに多くの方々に数々の助言や励ましをいただいた。すべての方の名前をあげて感謝を申し上げられないことをお許しいただきたい。

また、調査をすればするほど書き足さなければならないことに気がつき……、の連続で様々な我がままを言いながら出版を遅らせている私に思い切ってこの段階で出版を決断させ、本の形に到底遠い原稿を編集いただいた原書房の百町研一氏、そして、約十年の年月を待っていただいた成瀬雅人社長に厚く感謝の意を表します。

許されることなら、もう少し現世《うつしよ》で調査研究を続けて加筆修正をして事典をさらに大事典へと発展させていきたい。しかし、執筆中に二度にわたる手術、癌闘病があった。いつまで歩き書き続けることができるかはわからない。この仕事を引き継いでくれる人が一人でも多く現れるきっかけになれば——という願いをこめて、本書を世に送りたい。

二〇一七年一一月

星の伝承研究室にて

北尾浩一

文献略号一覧

［著者名五十音順］

浅居1943……浅居正雄「星の和名探訪記」東星會『東星』第7・8号、東星會、1943
「アジアの星」国際編集委員会2014……「アジアの星」国際編集委員会編『アジアの星物語』万葉舎、2014
アチックミューゼアム1940……アチックミューゼアム編『瀬戸内海島嶼巡訪日記』アチックミューゼアム、1940
石田1989……石田五郎『野尻抱影──聞書〝星の文人〟伝』リブロポート、1989
石橋1989……石橋正『乾杯！海の男たち』成山堂書店、1989
石橋1992……石橋正「『星空への手紙』続オリオン霊園気付　野尻抱影先生」『星の手帖』第57号、河出書房新社、1992
石橋1993……石橋正「続『星空への手紙』続々オリオン霊園気付　野尻抱影先生」『星の手帖』第59号、河出書房新社、1993
石橋2003……石橋正「星の名さがして55年（1）〜（3）」『天界No.939〜941』東亜天文学会、2003
石橋2013……石橋正『星の海を航く』成山堂書店、2013
石橋C……石橋正氏による調査
磯貝C……磯貝勇氏による調査
磯貝1956……磯貝勇『丹波の話』東書房、1956
岩倉1938……岩倉市郎『薩州山川ばい船聞書』アチックミューゼアム、1938
岩倉1940……岩倉市郎『沖永良部島昔話』民間傳承の會、1940
岩倉1941……岩倉市郎『喜界島方言集』中央公論社、1941
上勢頭1976……上勢頭亨『竹富島誌　民話・民俗篇』法政大学出版局、1976
内田1949……内田武志『日本星座方言資料』日本常民文化研究所、1949
益軒会1973……益軒会『益軒全集全八巻之一』国書刊行会、1973

大崎1987……大崎正次『中国の星座の歴史』雄山閣、1987
長田1977……長田須磨・須山名保子編『奄美方言分類辞典　上巻』笠間書院、1977
越智C……越智勇治郎氏による調査
勝俣1995……勝俣隆「日本神話の星と宇宙観(2)」『天文月報』第88巻第12号、日本天文学会、1995
金田C……金田伊三吉氏による調査
狩谷1883……狩谷棭斎『箋注倭名類聚抄』印刷局、1883
岸田1950a……岸田定雄「大和に残る星の古名(上)」『近畿方言3』近畿方言学会、1950
岸田1950b……岸田定雄「大和に残る星の古名(下)」『近畿方言4』近畿方言学会、1950
喜舎場1970a……喜舎場永珣『八重山古謡　上巻』沖縄タイムス社、1970
喜舎場1970b……喜舎場永珣『八重山古謡　下巻』沖縄タイムス社、1970
北尾C……北尾による調査
北尾AC……北尾によるアンケート調査
北尾1981……北尾浩一「長谷川信次氏宅をたずねて」『てんぶんがく　42号』てんぶんがく同人、1981
北尾1991……北尾浩一『ふるさと星物語』(発売＝神戸新聞総合出版センター)、1991
北尾2001……北尾浩一『星と生きる　天文民俗学の試み』ウインかもがわ(発売＝かもがわ出版)、2001
北尾2002……北尾浩一『星の語り部　天文民俗学の課題』ウインかもがわ(発売＝かもがわ出版)、2002
北尾2004……北尾浩一『星を見よう！　おじいさん、おばあさんの星の話』ごま書房、2004
北尾2005……北尾浩一「『源氏星』と『平家星』」『天界　No.966』東亜天文学会、2005
北尾2006……北尾浩一『天文民俗学序説』学術出版会(発売＝日本図書センター)、2006
北尾2008……北尾浩一「かごしまの星名伝承」福澄孝博・北尾浩一『ふるさと星事典』南日本新聞開発センター、2008
草下1982……草下英明『星の文学・美術』れんが書房新社、1982
倉田1944……倉田一郎『佐渡海府方言集』中央公論社、1944
倉田1995……倉田一郎「陸前荒浜漁村語彙」『日本民俗文化資料集成第十六巻』三一書房、1995
桑原1963……桑原昭二『星の和名伝説集――瀬戸内はりまの星』六月社、1963

桑原1996……桑原昭二「星の和名とその分布」『言語学林1995-1996』三省堂、1996
小池章太郎1986……小池章太郎「桑名屋徳蔵」大隅和雄他編『日本・架空伝承・人名辞典』平凡社、1986
小池誠二1968……小池誠二『遠州方言集』泰光堂書店、1968
香田1960……香田壽男「奥揖斐の星」『岐阜日日新聞』岐阜日日新聞社、1960年2月16日
香田1973……香田壽男「村の民俗」『久瀬村誌』揖斐郡久瀬村、1973
香田C……香田壽男氏による調査
越谷1775……越谷吾山『物類称呼』、1775
櫻田1934……櫻田勝徳『漁村民俗誌』一誠社、1934
櫻田1936……櫻田勝徳『土佐四萬十川の漁業と川舟・土佐漁業民俗雑記——土豫漁村採訪旅行報告第二』アチックミューゼアム、1936
柴田1960……柴田宸一『静岡県の星の方言』静岡天文研究会・静岡県立中央図書館葵文庫、1960
柴田1976……柴田宸一「星の方言」『ふるさと百話第16巻』静岡新聞社、1976
下嶋1980……下嶋哲朗『沖縄・聞き書きの旅』刊々堂出版社、1980
下中1982……下中邦彦編『音楽大事典　第3巻』平凡社、1982
下野1994……下野敏見『トカラ列島民俗誌』第一書房、1994
住田1930……住田正一『海事資料叢書　第一二巻』巖松堂書店、1930
高城1982……高城武夫「紀州の星の和名」『喜の国』ゆのき書房、1982
高萩1933……高萩精玄「京都方言襍記」『方言』(昭和8年9月)春陽堂、1933
竹内1984……竹内理三編『角川日本地名大辞典　12千葉県』角川書店、1984
武田1976……武田みさ子『岩内歳時記第2集　星の歳時記』、1976
玉川1946……玉川一郎「再生綺譚(二)」『ホープ　1巻3号』実業之日本社、1946
千田C……千田守康氏による調査
千田1987……千田守康「ふるさとの星」『河北新報』、1987
千田1993……千田守康氏から一九九三年に提供を受けた資料

辻村1937……辻村精介『莵田の星』、1937
辻村1939……辻村佐平『奈良縣宇陀郡方言集「莵田の方言」』、1939
＊筆者注＝『莵田の星』は辻村精介となっているが、祖父が占いでみてもらい辻村佐平に改名した。
土浦市文化財愛護の会2004……土浦市文化財愛護の会『続　土浦の方言』土浦市教育委員会、2004
東北歴史史料館1984……東北歴史史料館『三陸沿岸の漁村と漁業習俗（上巻）』東北歴史史料館、1984
徳江校注2000……徳江元正校注「閑吟集」『新編日本古典文学全集42』小学館、2000
都丸1977……都丸十九一『上州の風土と方言』上毛新聞社、1977
鳥道1925……鳥道勘四郎『正續　今宮草』天青堂、1925
中島・松尾C……山口県立山口博物館の中島彰氏、松尾厚氏による調査
永山C……永山卯三郎氏による調査
西崎亨1994……西崎亨『日本紀竟宴和歌』翰林書房、1994
西野校注1998……西野春雄校注『謡曲百番　新日本古典文学大系57』、1998
西山洋C……西山洋氏による調査
西山峰雄C……西山峰雄氏による調査
日本随筆大成編輯部1974……日本随筆大成編輯部『日本随筆大成〈第2期〉20』吉川弘文館、1974
日本民具学会1997……日本民具学会編『日本民具辞典』ぎょうせい、1997
能田1932……能田太郎「肥後南ノ関方言類集」『方言と土俗第三巻第三號』、一言社、1932
野尻1936……野尻抱影『日本の星』研究社、1936
野尻1952……野尻抱影『新星座めぐり』研究社出版、1952
野尻1957……野尻抱影『日本の星』中央公論社、1957
野尻1958……野尻抱影『星と東西民族』恒星社厚生閣、1958
野尻1973……野尻抱影『日本星名辞典』東京堂出版、1973
野尻1978……野尻抱影「北極星を語る」「浪速の名船頭」『星の民俗学』講談社（学術文庫）、1978
野尻1989……野尻抱影「日本名によるオリオン」『星空のロマンス』、1989

（『星』(1941年)に掲載されたものを『星空のロマンス』に所収）
長谷川一郎2002……長谷川一郎氏が二〇〇二年に行った計算
長谷川信次C……長谷川信次氏による調査
浜田義一郎1987……浜田義一郎編『大田南畝全集第十五巻』岩波書店、1987
濱田隆一1932……濱田隆一『天草島民俗誌』郷土研究社、1932
早川1977……早川孝太郎「悪石島見聞記」『民族学研究3』国書刊行会、1977
福澄C……福澄孝博氏による調査
福澄他2009……長嶋俊介、福澄孝博、木下紀正、升屋正人『日本一長い村トカラ～輝ける海道の島々～』梓書院、2009
増田1990……増田正之『ふるさとの星——越中の星ものがたり』、1990
増田1992……増田正之『ふるさとの星——続越中の星ものがたり』、1992
松山1984……徳之島町の松山光秀氏から一九八四年に提供を受けた資料
松山2004……松山光秀『徳之島の民俗2　コーラルの海のめぐみ』未來社、2004
三上C……三上晃朗氏による調査
三上H……三上晃朗「星の民俗館ホームページ」
三上2000……三上晃朗「星の和名研究III☆ノトボシ」『ほしと民俗　二八』、2000
宮地2009……宮地竹史「星見石の探求～幻の「川平湾の星見石発見」の顛末～」『国立天文台ニュースNo.188』、2009
宮良1980……宮良當壮「採訪南島語彙稿」『宮良當壮全集7』第一書房、1980
宮本1937……宮本常一「若狭漁村民俗」『民間傳承』第三巻第三號、昭和十二年十一月二十日發行)、1937
宮本1942……宮本常一『出雲八束郡片句浦民俗聞書』アチックミューゼアム、1942
宮本1994……宮本常一『周防大島を中心としたる海の生活誌』未來社、1994
宮本1995……宮本常一「出雲八束郡片句浦民俗聞書」未來社、1995
村田1899……村田了阿編『俚言集覧　中巻』皇典講究所印刷部、1899
目良1937……目良龜久「壹岐島漁村語彙——氣象天文篇」『旅と傳説第十年第十二號』三元社、1937
柳田1936……柳田國男「犬飼七夕譚」『信州随筆』山村書院、1936

山岡、江戸中期……山岡浚明『類聚名物考』成立年未詳（江戸中期、明治36～38年近藤活版所）
山口1930……山口麻太郎『壹岐島方言集』刀江書院、1930
山口1934……山口麻太郎『壹岐島民俗誌』一誠社、1934
山本1748……山本格安「尾張方言」『近世方言辞書　第3輯』港の人、2000（復刻版）
柚木1990……柚木学「近世の大阪とみおつくし」『大阪春秋61号』大阪春秋社、1990
横山C……横山好廣氏による調査
横山1981……横山好廣「星の方言を求めて(3)」『YAA天文会報406』横浜天文研究会、1981

ヨスマ(四隅) 101, 308, 384
ヨスマサマ 308
ヨスマボシ(四隅星) 384
ヨツ(四つ) 306
ヨツガラ 177, 314
ヨツボシ(四つ星) 306, 383
ヨツボシサン(四つ星さん) 307
ヨツボッサン(四つ星さん) 307
ヨツマボシ(四隅星) 308, 383
ヨツメ(四つ目) 313
ヨノクチボシ(宵の口星) 413
ヨバイボシ(夜這い星) 429
ヨボスサン(四星さん) 307
ヨメイリボシ(嫁入り星) 363
ヨモドリ(夜戻り) 249
ヨリアイボシ(寄り合い星) 076
ヨンチョウノホシ 307–308
ヨンボシ(四星) 307

り

リョウガン(両眼) 185
リョウワケ 101, 149

ろ

老人星 220, 242
ロクジゾウサン(六地蔵さん) 071
ロクタイボシ(六体星) 071
ロクブノホシ(六部の星) 206, 214, 235
ロクヨウセイ(六曜星) 073

わ

ワキボシ(脇星) 101, 149
ワタクシブシ(私星) 426
ワボシ(輪星) 143
ワボシ(和星) 390

ん

ンニプシィ 021, 053
ンマヌパプシ(午の方星) 436
ンマノチラブシ(馬の面星) 094
ンマノフシ(午の星) 436
ンミブス 021, 045, 053
ンミムヌブス 021

ヤナギボシ(柳星) 365
ヤバタボシ(矢畑星) 389
ヤマガタボシ(山形星) 377
ヤマダボシ(山田星) 158
ヤマデ 090
ヤママワリ(山まわり) 233
ヤヨイノホシ 299
ヤヨイホシ 299
ヤライノホシ(矢来の星／遣らいの星) 297–300, 377
ヤライボシ(矢来星) 183, 298, 299–300
ヤレーノフタツボシ(矢来の二つ星) 299
ヤロウボシ 299–300
ヤロボシ 299–300

ゆ

ユアキブシ(夜明け星) 050–051
ユアケプシ(夜明け星) 396
ユウアカシブシ 053
ユウガタノミョウジョウ(夕方の明星) 418
ユウグレノミョウゾウ(夕暮れの明星) 418
ユーグレプシ(夕暮れ星) 413
ユウノミョウジョウ(夕の明星) 418
ユーバイプチ(夜這い星) 429
ユーバナブシ(夕飯星) 420
ユーバナマンヂャーブシ(夕飯を待つ者の星) 420
ユーバンフシ(夕飯星) 409, 421
ユーバンブシ(夕飯星) 421
ユウバンマウヤー 421
ユーバンマブヤ 421
ユーバンマンジャー 421
ユウバンマンジヤーブシ 421
ユーハンマンヂャー 420
ユウヒノミョウジョウ(夕日の明星) 418
ユーボシ(夕星) 413
ユウメシモライ(夕飯もらい) 422
ユーライブシ(遊来星) 430
ユキボシ(雪星) 158
ユブス 021, 053–055
ユブスオン 055
ユミボシ(弓星) 381

よ

ヨアケノホシ(夜明けの星) 397
ヨアケノミョージョー(夜明けの明星) 122, 396, 399, 404–406
ヨアケノミョージン(夜明けの明神) 410
ヨアケノメジョ 406, 417
ヨアケノメジロ(夜明け明星) 406, 417
ヨアケブシ(夜明け星) 396
ヨアケボシ(夜明け星) 025, 115, 394–396, 398, 415
ヨアケメージョ(夜明け明星) 406
ヨアケメジョ 406
ヨアケメゾ(夜明け明星) 406
ヨアサノミョージョー 041, 406, 410
ヨアサノミョージン(夜朝の明神) 410
ヨイトドボシ(宵とど星) 416
ヨイドレボシ(酔いどれ星) 208–209, 238
ヨイノヒトツボシ(宵の一つ星) 417
ヨイノホ(宵の星) 412
ヨイノホシ(宵の星) 299, 412
ヨイノミョウジン(宵の明神) 424
ヨイノミョージョー(宵の明星) 416
ヨイノミョージン(宵の明神) 424
ヨイノメジョ(宵の明星) 417
ヨイボシ(宵星) 412
ヨウネブシ(夕方星) 413
ヨウボシ(宵星) 129, 412
ヨーネーヨーファ 419
ヨーネー・ヨーファー 419
ヨーネー・ヨーワー(夕方の明かり) 419
ヨコサン(横桟) 140
ヨコゼキ 035, 038, 123, 129, 133, 256
ヨコミツボシ(横三つ星) 140

め

も

や

み

む

フタツボシサン(二つ星さん) 179–180
フタツボッサン(二つ星さん) 179
ブタヌマチ(豚の牧) 435
フダルプシ 252
ブッチガイ 249
ブドーノホシサン(葡萄の星さん) 066
フドーボシ(不動星) 284
フナープシィ 021, 053–054
フナボシ(船星) 388
フニブス(船星) 262
フヨタロー(不用太郎) 233
ブリフシ 021, 045–046, 049–052, 058–059, 061, 365
ブリブシ 021, 045–047, 049, 051–053, 060–061
ブリムシ 021
ブリムン(群れ物) 021, 045, 047, 052, 364
フルタナバタ(古七夕) 347
ブルブシ 021, 046, 052, 058, 396
ブレブシ 021, 046–048, 049, 061
ブレ星(六つ星) 050
フンドシバイボシ(褌奪い星) 367

へ

ヘイケボシ(平家星) 099, 102
ヘシボシ 350
ヘタノタナバタ(下手の七夕) 347
ヘッツイボシ(竈星) 316

ほ

ホウガクボシ(方角星) 287
ホウキボシ(箒星) 433
ホーガクボシ(方角星) 287
ポオキプシ(箒星) 433
ホーキボシ(箒星) 070, 134, 433–434
ホーチブシ(箒星) 433, 434
ホーチョウブシ(包丁星) 434
ホーネンボシ(豊年星) 355
ホカケボシ(帆掛け星) 256, 310, 374
ホキボッサン(箒星さん) 070
ホクサンボシ(北山星) 175
ホクシンミョーケンサマ(北辰妙見様) 288
ホクセイ 271
ホクトシチセイ(北斗七星) 006–007, 009–010, 027, 034, 041, 059, 061, 067, 069, 073, 075, 077, 092, 123, 130–133, 244, 245–246, 248–249, 251, 253–265, 271, 282, 286, 297–298, 300–301, 309–310, 373–374, 376–380, 433
ホクトセイ 132
ホクトヒチセイ 244, 286, 433
ホクトヒチセー 244
ホクヨウセイ(北曜星) 380
ホシクソ 430
ホシコボレ(星零れ) 428
ホシノヨメイリ(星の嫁入り) 430
ホタルボシサン(蛍星さん) 369
ホッキョクサマ 278
ホッキョクセイ 277
ホッキョクボシ 278
ホッケホシ(法華星) 288
ボテイフリ(棒手振り) 362
ボテーボシ(棒手星) 363
ボレフシ 021, 046
ボンデンボシ 140

ま

マイボシ(舞い星) 429
マエダボシ(前田星) 228
マクラボシ(枕星) 311
マシカタブシ(桝形星) 131
マス(桝) 130
マス 040
マスカタフシ(桝形星) 254
マスカタプシ(桝形星) 131

は

ハールブシ 399
パイガブス 436
ハイナナツンブシ 248, 373–374
バクチボシ(博打星) 320
ハグン(破軍) 265
ハグンノホシ(破軍の星) 258, 265
ハゴイタボシ(羽子板星) 074, 092
ハザノマ(稲架の間) 122
ハカマボシ(袴星) 313
ハシラボシ(柱星) 312
ハシリボシ(走星) 428
ハトボシ(鳩星) 325
ハナビボシ(花火星) 080
ハネコボシ 403
ハネッコ 403–404
ハホガタボシ(破風形星) 076
ハホダ 076
ハリサシボシ(針刺星) 256
ハルノイチバンボシ(春の一番星) 326
ハンカケボシ 315
ハンゴンボシ(反魂星) 302
ハンショノツッカラガシ(半鐘のつっからがし) 089
バンノホシ(番の星) 300
バンノホシサマ(番の星様) 300
バンボシ(番星) 300

ひ

ヒオキヤマブシ(日置山星) 424
ヒガシタナバタ(東七夕) 340
ヒカリボウズ(光坊主) 158
ヒカリボシ 097
ヒガンボシ(彼岸星) 230
ヒグレボシ(日暮れ星) 413
ヒシガタボシ 350
ヒシボシ 350
ヒシャク(柄杓) 250
ヒシャクノエボシ(柄杓の柄星) 252
ヒシャクノホシ(柄杓の星) 251
ヒシャクノホシサマ(柄杓の星様) 251
ヒシャクボシ(柄杓星) 251
柄杓星 250–252
ヒズメノホシ 321–322
ヒダリムジラ 140, 142
ヒチジョウノホシ(七星の星) 248
ヒチセイノホシ(七星の星) 286
ヒチヨ 073
ヒチョウノホシ 073
ヒチヨー(七曜) 258
ヒツケボシ 068
ヒッツイボシ(竈星) 316
ヒトツ 269
ヒトツノホシ 269
ヒトツボシ(一つ星) 174, 208, 239–240, 268–270, 276, 281–283, 288, 290, 292, 294, 300, 379, 387, 397, 414, 417
ヒトツボシサマ 270
ヒトツボッサン(一つ星さん) 387
ヒノホシサン(梭の星さん) 353
ヒバリ 013, 020, 031–033, 115
ヒバリホッサマ 033
ヒボシ(火星) 098
ヒボシ(梭星) 352
ヒャグボシ(杓星) 252
ヒョンコ 403
ビリボシ 183

ふ

フクボシ(福星) 331
フシヌヤドウチイ(星ぬ宿移い) 430
フジミボシ(藤箕星) 373
フスクーバイ 364
プスクー・バイ 364–365
フタツボシ(二つ星) 168, 179–180, 184

ナナヅラ(七連) 061
ナナツレブシ(七連星) 021, 061
ナナボシ 247–248
ナナホシテンコロボシ 250
ナナユヒーブシ 424, 426
ナナヨセボシ(七寄せ星) 249
ナナヨノホシ(七曜の星) 258
ナナヨボシ 073
ナルトボシ(鳴門星) 225
ナンキョクセー(南極星) 208–209, 239
ナンキョクボシ(南極星) 208–209, 239

に

ニーウーフシ 252
ニーチィブシ 106
ニーヌハブシ(子の方星) 279
ニイヌハブシ(子の方星) 279
ニーヌパブシ(子の方星) 279
ニイヌパプシ(子の方星) 280
ニーヌファブシ(子の方星) 279
ニイヌフハノフシ(子の方星) 279
ニイヌフハブシ(子の方星) 279
ニイボシ(二星) 308
ニカツギボシ(荷担ぎ星) 358
ニシタナバタ(西七夕) 334
ニシナナチブチ(北七つ星) 249
ニシナナツンブシ(北七つ星) 248
ニジボシ(虹星) 322
ニチナナチ(北七つ) 249
ニナイボシ(荷い星) 096, 128, 345, 357, 363
ニヌハフシ(子の方星) 279
ニヌハブシ(子の方星) 279
ニヌハブス(子の方星) 280
ニヌパブス(子の方星) 280
ニヌファブシ(子の方星) 279
ニヌワブチ(子の方星) 280
ニノパブス(子の方星) 280
ニバンボシ 110, 115, 415–416
ニブシ 276
ニボシ(二星) 180
ニュウジョウボシ(入定星) 195–196, 198, 205–206, 208, 216, 236
ニラミボシ(睨み星) 185, 189

ぬ

ヌカボシ(糠星) 066
ヌケボシ(抜け星) 428
ヌシトボシ(盗人星) 426

ね

ネコノメ(猫の目) 369
ネコノメボシ(猫の目星) 187
ネノヒトツボシ(子の一つ星) 283
ネノホウ 278
ネノホウフシ(子の方星) 278
ネノホウブシ(子の方星) 278
ネノホー 278
ネノホーボシ(子の方星) 278
ネノホシ(子の星) 024, 227, 242, 259, 271–272, 274, 291, 297, 378
ネノホシ(根の星) 285
ネノホシサマ(子の星様) 274
ネノホシサン(子の星さん) 274
ネブシ 275
ネボシ(子星) 274
ネンノホウブシ(子の方星) 279

の

ノーボシ(農星) 068
ノシボシ(熨斗星) 311
ノトネラミ(能登睨み) 327
ノトボシ(能登星) 173, 175–177, 446
ノドロ 436

つ

て

と

な

スワラ 020
スワリ 020, 039–040, 071, 074, 092
スワリサマ 039–040
スワリジゾウ(坐り地蔵) 071
スワリボシ 039–040, 074, 092
スワリボシサン 040
スワル 020, 039–041
スワルサマ 040–041
スワルボシ 040
スワルボッサマ 039
スンバラサン 033
スンバリ 020, 033, 096, 329
スンバリノオムシ 096

せ

セチボシ(節星) 189
セックノキリモチ(節句の切り餅) 320
セツブンボシ(節分星) 189
センタクボシ(洗濯星) 366
ゼンタロウボシ 425–426
センドノカマ(せんどの釜) 318
ゼンボシ(膳星) 311

そ

ゾウリボシ(草履星) 162
ソーダンボシ(相談星) 076
ゾーニホシ(雑煮星) 182
ソガボシ(曾我星) 369
ソデボシ 148

た

ダイガラボシ(台唐〈台碓〉星) 309
ダイケノアーヤプシ 424
タイコボシ(太鼓星) 320
タイツリボシ(鯛釣り星) 364
ダイトウボシ(大東星) 205–206, 224
ダイナンボシ 208, 210, 387
ダイヤメボシ 419
ダエガラボシ(台唐〈台碓〉星) 255
タガイナボシ 126
タカダボシ(高田星) 240
タガノバボシ 126
タカミボシ(竹箕星) 372
タガラボシ(箍ら星) 093
タケツギボシ 129
タゲノフシ 129
タツノオトシゴ 132
タテアミボシ(建網星) 256
タテサン(縦桟) 140
タナバタサン(七夕さん) 336–337
タナバタノアトボシ(七夕の後星) 346
タナバタノオコゲ(七夕の麻小笥) 336
タナバタボシ(七夕星) 338
タノクサボシ(田の草星) 255
タマカザリ(玉飾り) 075
タマンジャク(玉の杓) 253
タメシボシ(試し星) 287
タラボシ(鱈星) 157
タロミボシ 372
タワラボシ(俵星) 318
ダンゴボシ 119

ち

チイサイオウボシ(小さい大星) 167
チイサイニボシ(小さい二星) 300
ヂゴクノカマド(地獄の竈) 317
チソー(四三) 261
チソボシ(四三星) 261
チャータキボシ(茶炊き星) 409
チャガユボシ(茶粥星) 323
チャタケボシ(茶炊け星) 409
チョウジャノカマド(長者の竈) 317

す

し

サカナウリノホシ(魚売りの星) 360
サカボシノオオボシ(酒星の大星) 156
サカマス 035, 130–132, 139–140, 154, 254, 385
サカマス(酒桝) 385
サカマスセイ(酒桝星) 254
サカマスノアトボシ(酒桝の後星) 154
サカマスボシ(酒桝星) 013, 131, 139, 142, 144, 156, 254
サカマイドン 131
サカマスボシ(酒桝星) 131, 139
サカマプチ(仕事星) 422
サカヤノマス(酒屋の桝) 132, 139
サカヤンマッスサン(酒屋の桝さん) 255
サカヨイボシ(酒酔い星) 355
サキタナ(先タナ) 335
サキボシ 065, 086, 123, 143, 172, 259, 264, 390
ザク 065
ザクノアトボシ(笮の後星) 095
ザクノサキボシ 065
ザクノサギボシ(ザクの先星) 173
ザクボシ(笮星) 065
サケヨイボシ(酒酔い星) 355
サシダモ 091
サスボシ 390
サツマボシ(薩摩星) 228
サドボシ(佐渡星) 174
サヌキノミボシ(讃岐の箕星) 309
サヌキボシ(讃岐星) 227
サノキノオーチャクボシ(讃岐の横着星) 237
サバウリ(鯖売り) 359
サバウリボシ(鯖売り星) 359
サバカタギ(鯖担ぎ) 359
サバンナイ(鯖荷い) 359
ザブザブボシ(寒寒星) 232
サブサボシ(寒さ星) 232
サホウボシサン(作法星さん) 258
ザマタ 089–090, 189–190
サミダレボシ(五月雨星) 326
サムサボシ(寒さ星) 232
サムライボシ(侍星) 101, 144
ザルコボシ(笊こ星) 066
サンカク 086, 162
サンカクサマ(三角様) 386
サンカクボシ(三角星) 162, 189, 386
サンカラボシ 116
サンギ 126
サンキボシ 125
サンギボシ 125, 126
サンギリボシ 126
サンゲンボシ(三間星) 118
サンコウ(三光) 113–115, 134, 142–143, 153, 157, 159, 161, 307, 408
サンコウサン 113
サンコウノアトヒカリ(三光の後光り) 157
サンコウノアトボシ(三光の後星) 153
サンコウノタマ(三光の玉) 115
サンコウボシ 113, 142
サンコボシ(三個星) 125
サンジャクボシ(三尺星) 118
サンジャサマ 110, 112
サンシュウサマ 110
サンジョ 112
サンジョウ 110
サンジョウサマ 110, 118, 141–142, 248
サンジョウサマノアシ 141–142
サンジョウノホシ(三丈の星) 110, 118
サンジョウボシ 110
サンジョサマ 001–002, 110, 112, 118
サンジンサマ(三神様) 126
サンズイボシ 117
サンダイシサマ(三大師様) 125
サンダイショウ 110, 115, 125
サンダイショー 115–116
サンタイブツサン 125
サンタイボシ(三体星) 125
サンダイボシ(三大星) 115–116

く

け

こ

さ

カネボシ(鐘星) 089
カハリボシ(皮張り星) 384
カマイリボシ(釜煎り星) 317
カマノクチ(釜の口) 317
カミノタナバタ(上の七夕) 334
カラウスボシ(唐臼星) 327
カラカサボシ(唐傘星) 318
カラスキ 136, 143
カラスキノアトボシ(唐鋤の後星) 154
カラスキボシ(唐鋤星) 120, 127, 136, 139, 142, 309, 360
カラスマノアトボシ 154
カラツキ 120
カラツキノアイテ 150
カラツキノオノホシ(カラツキの尾の星) 155
カラツキノオノボシ 155
カラツキノオムシ 156
カリマタ(雁股) 094
カレーンホシ(鰈の星) 187
カレーンメ(鰈の目) 187
カロヤサン 186–187
カワハリ(皮張り) 310
カワハリサマ(皮張り様) 310
カワハリボシ(皮張り星?／川堀り星?) 310–311, 351, 384–385
カワホリボシ 351
カンザシボシ(簪星) 075
ガンノメ(蟹の目) 186
カンビンボシ(燗壜星) 173
カンムリボシ 133
カンロク 326
カンロクサン 326

き

キキャーノミズクミブシ(喜界の水汲み星) 410
キシュウノミカンボシ(紀州の蜜柑星) 236
キシュウボシ(紀州星) 224
キタシッチョウ 258
キタズマイ 171
キタニヒトツ(北に一つ) 282
キタノアイカタサン(北の相方さん) 171
キタノイッセイ(北の一星) 283
キタノイッチョボシ 283
キタノイッチョンボシ 283
キタノイッテン(北の一点) 283
キタノイロシロ(北の色白) 166
キタノオオカジ(北の大舵) 256
キタノオーボシ(北の大星) 284
キタノオオボシ(北の大星) 284
キタノオボシ 276, 284
キタノネノホシ 277, 291–293
キタノヒトツ(北の一つ) 281
キタノヒトツボシ(北の一つ星) 281
キタノヒトリボシ(北の一人星) 288
キタノホウノホシ 280
キタノホシ(北の星) 246, 270, 277, 289, 292
キタノマツグイ(北の松杭) 168, 177, 188
キタノミョウケン 288
キタノミョウジョウ(北の明星) 284
キタヒトサマ 283
キタワキボシ(北脇星) 149
キタンヒトツボシ(北の一つ星) 282
キヌボシ(絹星) 426
ギャクボシ(笮星) 065
キャフバイボシ(脚布奪い星) 366
ギュウノウボシ(牛農星？) 341
キョウダイボシ(兄弟星) 184
キョクボシ(極星) 388
キラキラボシ 064, 156
キンチャコボシ(巾着星) 318
キンボシ 097
キンメギンメ(金目・銀目) 181
キンワキ(金脇) 099, 102
ギンワキ(銀脇) 099, 102

オシバリサマ 033
オシャリサン(御舎利さん) 071
オジュウジサン(お十字さん) 348
オショウボシ(和尚星) 212–214, 216, 219–220
オスマル 020–022
オスマルサン 021–022
オスワリサン 039–040
オチャタキボシ(お茶炊き星) 409
オッタノタナバタ 335, 341
オトエボシ(弟兄星) 184, 367
オトデエボシ(弟兄星) 184, 367
オトドイボシ(弟兄星) 184, 360, 367
オトトエボシ(弟兄星) 184, 367
オドリコボシ(踊り子星) 320
オナガワボシ(小野川星) 368
オニノオカマ(鬼のお釜) 317
オニノカマ(鬼の釜) 317
オニボシサン(鬼星さん) 259
オノホシ 155
オノボシ 155
オハンゴンボシ(お反魂星) 302
オビキボシ(尾引き星) 432
オプサノアト(ボシ) 095
オボシ 276
オヤカツギボシ(親担ぎ星) 128, 363–364
オヤコボシ(親子星) 128
オヤスミボシ 080
オヤニナイ(親荷い) 345, 363
オヤニナイボシ(親荷い星) 128, 345, 363
オヤブシ(親星) 411
オヤボシ(親星) 288
オリコボシ(織り子星) 335
オンタナバタ 335, 341, 345

か

カアハリボシ 384–385
カアホリボシ 351
カエリボシ(返り星) 250
カギボシ(鍵星) 257
カゴカタギ(籠担ぎ) 357
カゴカタギボシ(籠担ぎ星) 357
カゴカツギ(籠担ぎ) 357
カゴカツギボシ(籠担ぎ星) 357
カゴニナイ(籠荷い) 357
カゴニナイボシ(籠荷い星) 357
カザエイ 187
カザヤサン 186–187
カシウボシ 175
カジカイ 324
カジガイ 174, 248
カシキオコシ 408
カシキダオシ 408
カシキナカシ 408
カジボシ(舵星) 069, 255
カジマヤーブシ(風車星) 262
カスカイボシ(粕買星) 234
カセボシ 101, 124, 260–261
カゾクボシ(家族星) 076
カタギボシ(担ぎ星) 357
カタマリボシ 062–063, 086, 097, 130
カタヤサン 186–187
カチボシ(舵星) 256
ガチャガチャボシ 064
カヅヤボシ 064
カドグイ(門杭) 188
カドチガイボシ 377
カドヤサン 186, 187
カナツキ 101, 123, 125, 149–150, 154–155
カナツキノアトボシ(金突きの後星) 154
カナツキノエーテボシ 149–150
カナツキノオウボシ 155
カナツキノリョウワキダチ 101
カナツキのリョーワキダチ 149
カナツキボシ(金突き星) 123
ガニノメ(蟹の目) 185
カネツキボシ(鐘撞き星) 089
ガネノメ(蟹の目) 186

イネウエノホシ(稲植の星) 069, 082
イモクイボシサン(芋食星さん) 230
イモタキボシ(芋たき星) 230
イユークッシヤブシ 365
イユチーヤブシ(魚釣り星) 365
イヨノオーチャクボシ(伊予の横着星) 237
イヨボシ(伊予星) 228
イリアイボシ(入りあい星) 068
イリガンブシ(入れ髪星) 434
イリボシ(入り星) 416
イロシロ(色白) 166
イワシボシ(鰯星) 329
インカイサマ(犬飼いさま) 342
インカイサン(犬飼いさん) 342
インカイボシ(犬飼星) 342
インキョボシ 14–142
インコドンボシ 344

う

ウオジマボシ(魚島星) 325
ウオツリブシ(魚釣り星) 364
ウオツリボシ(魚釣り星) 052, 364–365
ウシカイボシ(牛飼い星) 345
ウシデクバブシ(臼太鼓星) 313
ウスウマサダティブス(牛馬サダティ星) 344
ウスツキボシ(臼搗星) 310
ウズラ 042–045, 060, 062–063, 086, 115, 131
ウズラノカタマリボシ 062–063, 086
ウズラボシ 042–043, 045, 060, 131
ウソヒチヨー(嘘七曜) 301
ウヅラノサキボシ 172
ウマノチラー 094
ウマノツメアト(馬の蹄跡) 321
ウマノツラボシ(馬の面星) 094
ウマノハブシ(午の方星) 436
ウマノファブシ(午の方星) 436
ウマボシ(午星) 355
ウリキリマナイタ(瓜切り俎) 336
ウリバタケ(瓜畑) 351
ウンヅラ(六連) 044

え

エイボシ(宵星) 412
エイモジボシ(英文字星) 381
エジマボシ(家島星) 227
エヌグボシ(絵の具星) 238
エノクチボシ(宵の口星) 413
エノクチヨメジョ(宵の口の明星) 418

お

オイツキ(追いつき) 118
オエイボシ 235
オオキイニボシ(大きい二星) 180
オオキナスマルサン(大きなスマルさん) 156
オーギブシ(扇星) 434
オーギヤマボシ(扇山星) 174
オオクサボシ 077
オーコプシ(朸星) 263, 362
オーコボシ(朸星) 362
オオサンジョ 111, 139
オーチャクボシ(横着星) 233
オオブサ 070
オーボシ(大星) 276, 414
オオボシ(大星) 024, 034, 131, 155–157, 167, 276, 284, 396, 398, 414
オオボシサン(大星さん) 155
オカゴボシ(お籠星) 358
オカマボシ(お釜星) 317
オキノタナバタ(沖の七夕) 334
オクサ(お草) 077
オクサノアトボシ(お草の後星) 095
オクサノアドボシ(お草の後星) 095
オクサノニラミ(お草の睨み) 173
オクサボシ(お草星) 077
オクドサン(お竈さん) 316

索引

あ

アートゥチ・ヨーファー 406–407
アートゥチ・ヨーワー 406–407
アートチオーハー(暁の前の明かり) 407
アートチオサー 406–407
アイノホシ(間の星) 096
アオボシ(青星) 044, 097, 115, 130–131, 143, 151–152, 157, 159, 161, 165, 408
アオボッサマ(青星様) 152
アオミノホッサマ(青味の星様) 152
アカボシ 097, 143, 159, 354–355, 390, 399
アカボシサマ(明星様) 399
アカボッサン(赤星さん) 238
アキナイボシ(商い星) 358
アキボシ(秋星) 389
アキラコボシ(秋蛸星) 234
アキンドボシ(商人星) 345, 358
アケノミョージョー(明けの明星) 122, 161, 396, 399, 404–406, 417
アケンボシ(明けん星) 397
アサバンフシ(朝飯星) 409, 422
アサボシ(朝星) 397
アシアライボシ 124
アズキボシ(小豆星) 097
アツマリボシ(集まり星) 046, 063
アトタナ(後たな) 341
アトタナバタ(後七夕) 346
アトヒカリ(後光り) 157
アトボシ(後星) 044, 065, 095–096, 143, 153–154, 159, 175, 329, 346
アドボシ(後星) 153
アトムヅラ(後六連) 154
アネサマボシ 325, 328
アネハンボシ 328
アブラゴー(油合) 132
アマイノホシ(雨夜の星) 326
アマゴイボシ(雨乞い星) 326
アマノガワボシ(天の川星) 346
アマノハシダテ 143
アミタテボシ(網立て星) 319, 370
アミトリボシ(網取り星) 409
アワイナイサン(粟荷いさん) 360
アワイナイボシ(粟荷い星) 360
アワイニャボシ(粟荷い星) 127, 360
アワジボシ(淡路星) 224
アワテボシ(周章星) 410
アンサマボシ 325, 328

い

イカビキボシ(烏賊引き星) 158
イカリボシ(錨星) 378
イカリボッサン(錨星さん) 378
イカレボシ(錨星) 379
イザリボシ 234
イジケボシ 402
イチバンブシ(一番星) 414
イチバンボシ(一番星) 035, 109–110, 115, 326, 399, 414–416
イッショーボシ(一升星) 063
イッショボシ(一所星) 063
イツツボシ(五つ星) 062, 170, 376
イツボシ(五星) 062, 376
イトカケボシ(糸掛け星) 303
イトツボシ 270
イドバタボシ(井戸端星) 321
イナムラボシ(稲叢星) 091
イヌカイサン(犬飼いさん) 342
イヌカイボシ(犬飼星) 342
イヌノメ(犬の目) 188
イヌヒキドン(犬曳きどん) 344
イヌヒキホシサン(犬曳き星さん) 344

［著者］——
北尾浩一◉きたお・こういち
一九五三年、兵庫県生まれ。群馬大学卒業。大阪教育大学大学院教育学研究科修了。公益財団法人大阪科学振興協会中之島科学研究所研究員。星の伝承研究室主宰。一九七八年より星の伝承の調査を開始。東亜天文学会会員。日本民俗学会会員。日本社会教育学会会員。著書に『天文民俗学序説——星・人・暮らし』（学術出版会）、『星と生きる　天文民俗学の試み』（ウインかもがわ）、『ふるさと星物語』（神戸新聞総合出版センター）などがある。

日本《にほん》の星名事典《せいめいじてん》

二〇一八年五月三〇日　初版第一刷発行
二〇一八年六月三〇日　第二刷発行
二〇二一年四月三〇日　第三刷発行

著者——北尾浩一《きたおこういち》

発行者——成瀬雅人
発行所——株式会社原書房
〒一六〇-〇〇二二
東京都新宿区新宿一-二五-一三
電話・代表〇三-三三五四-〇六八五
http://www.harashobo.co.jp
振替・〇〇一五〇-六-一五一五九四

ブックデザイン——小沼宏之[Gibbon]
印刷——新灯印刷株式会社
製本——東京美術紙工協業組合

ISBN978-4-562-05569-2
Printed in Japan